工业清洗工职业技能培训系列教程

编委会

工业清洗工
职业技能培训系列教程

化学清洗工
职业技能培训教程

HUAXUE QINGXIGONG
ZHIYE JINENG PEIXUN JIAOCHENG

中国工业清洗协会　组织编写

化学工业出版社
·北京·

内 容 简 介

《化学清洗工职业技能培训教程》详细介绍了化学清洗工职业技能培训的主要理论知识和实践技术。开篇深入讲解了化学清洗常见工业设备的构造、材质和结垢类型，以及常用化学清洗剂和缓蚀剂、还原剂、渗透剂等其他助剂的选择方法。在实践技术方面，详细讲述了化学清洗工艺技术准备、清洗方案制订方法、化学清洗设备选型、化学清洗现场操作技巧、化学清洗过程分析监控、清洗质量控制指标、化学清洗废液处理、施工安全要求等，并给出了部分化学清洗工程的成功案例和事故案例解析。本书结合多年的工程管理和施工经验，提供了作业现场所需的各类实用记录表格等内容。

本书可作为化学清洗操作工和技术人员的培训教材，也是工业生产企业设备使用和管理方面专业性很强的参考书。

图书在版编目（CIP）数据

化学清洗工职业技能培训教程 / 中国工业清洗协会组织编写. -- 北京 : 化学工业出版社, 2025. 11.
（工业清洗工职业技能培训系列教程）. -- ISBN 978-7-122-49516-7

Ⅰ. TE358

中国国家版本馆 CIP 数据核字第 20252Y4W30 号

责任编辑：熊明燕　刘心怡　　文字编辑：黄福芝
责任校对：宋　夏　　装帧设计：王晓宇

出版发行：化学工业出版社（北京市东城区青年湖南街 13 号　邮政编码 100011）
印　　装：北京天宇星印刷厂
710mm×1000mm　1/16　印张 24¼　字数 451 千字　　2026 年 3 月北京第 1 版第 1 次印刷

购书咨询：010-64518888　　售后服务：010-64518899
网　　址：http://www.cip.com.cn
凡购买本书，如有缺损质量问题，本社销售中心负责调换。

定　　价：75.00 元

序

加快技能人才队伍建设，是建设人才强国的重大举措，是解决就业结构性矛盾、稳定就业的必然选择。党的十九大报告指出，要“大规模开展职业技能培训”“建设知识型、技能型、创新型劳动者大军”，为做好新时期的技能人才工作指明了前进方向。

2019 年 1 月 24 日，国务院印发《国家职业教育改革实施方案》，指出要“坚持以习近平新时代中国特色社会主义思想为指导，把职业教育摆在教育改革创新和经济社会发展中更加突出的位置。牢固树立新发展理念，服务建设现代化经济体系和实现更高质量更充分就业需要，对接科技发展趋势和市场需求，完善职业教育和培训体系”。

中国工业清洗协会自成立以来，就非常重视行业职业技能人才队伍的建设，专门设立职能部门从事职业技能教育培训工作，以持续不断地推进行业从业人员的技能提升和知识更新，自 2011 年至今，已培训从业人员上万人。 2015 年，由协会负责申报的“工业清洗工”正式纳入《中华人民共和国职业分类大典》（2015 版，简称《职业大典》），这是中国工业清洗行业从业人员的“职业身份”首次在国家职业分类层面上得以确认。《职业大典》中，“工业清洗工”职业目前包含“化学清洗工”“高压水射流清洗工”“锅炉清洗工”“中央空调清洗工”“清罐操作工”五个子工种。

为做好“工业清洗工”五个工种的职业技能培训工作，协会组建了工业清洗工职业技能培训系列教程编审委员会，计划立足于行业实际，根据多年职业技能培训教育积累的理论知识和实践经验，陆续出版《高压水射流清洗工职业技能培训教程》《化学清洗工职业技能培训教程》《中央空调清洗工职业技能培训教程》《储罐清洗工职业技能培训教程》《管道清洗工职业技能培训教程》等系列职业技能培训教程，并将根据行业发展的需要，进行新工种的培育和拓展。

希望广大行业从业者能够从本系列教程中汲取知识、学以致用。让我们不断创新，开拓进取，为工业清洗行业“知识型、技能型、创新型”技能人才队伍的建设共同努力！

赵智科

前 言

现代工业清洗技术可以快速清除工业设备或设施上的污垢，使设备恢复原有性能或设施恢复原有状态，具有提高生产效率、产品质量，帮助企业节能减排、减少经济损失等重要作用，近几十年来在我国迅速发展，并形成了新兴的中国工业清洗行业。而化学清洗更是以技术含量高、清洗质量高、经济效益好和清洗用途广等特点，长期在工业清洗行业占据主导地位。认识、了解并熟练掌握化学清洗技术，是中国工业清洗行业广大从业人员的一门必修课。

《化学清洗工职业技能培训教程》主要从化学清洗常见设备入手，详细阐述了在化学清洗工作中常见工业设备的材质、常用清洗剂和清洗助剂的选择方法，然后介绍了化学清洗工艺从准备阶段到施工过程管理，再到工业设备清洗质量验收全过程的具体操作方法。本书是专业从事化学清洗工程施工及操作人员技能培训的教科书，也是工业生产企业设备管理部门的参考书。

第 1 章简要介绍了化学清洗的基本概念、基本原理、清洗的目的和意义；第 2 章对化学清洗常见设备、设施及结垢特点进行了阐述；第 3 章详细描述了常见清洗设备设施的材质和在化学清洗中的注意事项；第 4 章介绍了化学清洗剂的选择原则及其基本性质；第 5 章~第 12 章按照化学清洗工程施工基本顺序，从化学清洗工艺的技术准备、清洗方案制订、施工现场准备、设备选型、现场操作技巧、清洗过程分析与监测、清洗质量验收、化学清洗废液处理、施工安全要求等方面进行了全面阐述；第 13 章针对化学清洗的特点对化学清洗经典成功案例进行了分析，并对多年来出现的化学清洗事故案例进行了剖析，让化学清洗操作人员熟知化学清洗的风险，防微杜渐；附录包括化学清洗中常用物质的物理化学性质和现场记录表格参考样本。

本教程由李德福、刘炀、胡根英、陈怀宇等多位专家合作撰写，由李德福主编，李德福、陈怀宇最终统稿。在本教程的编写过程中，郭强、高波、黄俊博等给予了很多有益的意见和建议，在此表示感谢。

由于编者水平有限，书中难免存在不足之处，敬请读者批评指正。

编者

2025 年 9 月

目　录

第 1 章

概　述

在工业生产领域，各类工业设备或设施表面，由于受到物理、化学或生物的作用，在局部或整体常常会形成一层污染物或覆盖层，一般将这些污染物和覆盖层称为污垢。清除这些工业设备或设施表面的污垢，使其恢复到原有表面状况的过程称为清洗。所有工业部门均存在不同形式的清洗作业，但由于各部门对清洗的重视程度、依赖程度及技术应用基础不同，清洗技术的发展水平也有所不同。常用的工业清洗技术主要包括化学清洗与物理清洗两大类。化学清洗技术是我国规模化应用最早、技术发展最成熟、应用范围最广的工业清洗技术。本书将详细介绍化学清洗技术，揭示化学清洗技术的原理和应用规律。

1.1　化学清洗的概念和分类

1.1.1　化学清洗的概念

化学清洗是指采用一种或几种化学药剂（或其水溶液）清除设备工艺侧或水侧表面污垢的方法，借助清洗剂对物体表面的污染物或覆盖层进行化学转化、溶解、剥离，以达到脱脂、除锈和去污的效果。

1.1.2　化学清洗的分类

1.1.2.1　按清洗对象的工业领域分类

石油化工装置、海洋石油设施、交通运输工具、航空航天设备等的清洗。

1.1.2.2　按清洗对象的运行状态分类

① 开车前清洗：新建装置投产前进行全面的清洗和防腐处理。

② 不停产清洗：装置运行过程中，先后进行除垢去污、预膜保护等水处理作业。

③ 停产检修清洗：装置运行一段时间后，利用检修时间实施清洗除垢作业，

恢复设备使用性能。

1.1.2.3 按清洗对象的设备类型分类

锅炉清洗、管道清洗、换热器清洗、储罐清洗、成套装置清洗、船舶清洗等。

1.2 化学清洗的意义

1.2.1 新建装置、设备的化学清洗

设备在安装建设完成后，正式开车运行前，为去除制造、运输、储存和安装等过程中在设备和管线内部产生或残留的铁锈、焊渣、轧制鳞皮、油脂氧化物、浮尘和砂石等杂质，必须对其进行彻底的化学清洗。

① 工业生产设备的开车前清洗，是达到满负荷生产工艺设计的要求、创造良好的开车生产条件、保证投料开车和生产顺利进行的必要手段。

开车前生产系统内存在污物，将严重影响工艺的正常运行。例如，催化反应依靠的催化剂极易因污染物的作用而降低催化性能，甚至丧失反应活性；分馏塔内若存在油脂、铁锈等污物，将造成浮阀塔浮阀失灵、筛板塔筛孔被堵塞、溶剂变稠变黏、溶剂夹带量增加、塔底液面不稳定等现象，使分馏塔操作效率下降，甚至引发泛塔、冲塔而导致停车。

石油、化工生产需要消耗大量的能量，为减少总的能量消耗，在生产过程中常采用串级重沸作业技术工艺，实施大量的热联合。这就要求整个生产过程中所有设备（或装置）的传热效率良好。如果设备（或装置）内附着锈蚀、油脂或涂层，将使加热炉配套的废热锅炉（如乙烯装置、合成氨装置的废热锅炉）、塔器、换热器、再沸器等换热面的热传导效率大幅下降，系统热损失增大，总能量不能满足生产工艺设计需要，影响开车生产，使生产效率下降。

② 实施开车前清洗，是杜绝生产投料开车事故、消除安全隐患、延长生产设备和装置使用寿命的有效手段。

工业生产工艺流程中常配置多台工艺气压缩机，工艺气可能是易燃、易爆气体，当工艺气管道、压缩机内附着铁锈、油脂时，开车后可能引起爆炸、燃烧等重大安全事故。例如高压氧气管道、氧压机对内表面的含油量要求极高。

许多转动设备，如汽轮机等，它们工作时载荷大、转速高，若这些转动设备上附着污垢，会破坏其动平衡使设备出现偏振，给投料开车造成安全隐患。例如超高压、高压蒸汽管线，进入涡轮机的管线在打靶吹扫前需要进行化学清洗。

③ 实施开车前清洗，是提高产品合格率、保证产品品质和缩短开车试生产时间的有效手段。

生产系统中附着的铁锈、油脂等杂物，随物料流入成品中，造成产品色度变差、产品等级下降，延长开车后的稳定时间，增加开车费用。例如甲醇储罐等的化学清洗。又如，新安装的锅炉启用前若不进行清洗，在制造、运输、安装及存放过程中残留在炉内的各种杂质和腐蚀产物将直接影响炉管管壁的热传导；锅炉投运后将加速水垢生成，使炉管金属过热而损坏；进入炉管内的碎片和沉积物还将破坏水循环，致使水循环不良，导致水冷壁管过热而爆管；存留在设备内的一些污物（包括硅酸盐）若不彻底清除干净，会延误汽水品质合格时间和机组试运时间。所以，必须进行开车前清洗。

1.2.2 在役设备的化学清洗

工业装置在生产运行一定的时间后，其内表面会附着无机盐垢、金属锈蚀产物、工艺介质黏附物、分解产物、碳化物、油脂等，对工业生产的正常持续或稳定运行产生严重或潜在不良影响，必须进行清洗。

① 在役设备的清洗，是恢复工业装置生产能力、保证生产连续高负荷运行的必要手段。

例如，换热器在石油化工生产中具有举足轻重的地位，保证换热器的换热效率对稳产、高产具有重要意义。换热器运行积垢之后，换热效率下降，难以满足正常生产的需求，必须对其进行彻底的化学清洗。又如，食品机械设备为了控制微生物的繁殖，设备投运前需要进行化学清洗和消毒灭菌作业。再如，纺织行业棉布煮练工艺中，往往使用烧碱、肥皂液和硫酸钠在100～125℃、高压下进行煮练，一段时间后其设备会积结硫酸钙纤维素复合垢，影响煮练效果。此外，在造纸过程中，毛布会因设备结垢而沾染杂质，从而影响毛布脱水效果和纸张质量，对印刷设备油墨进行定期化学清洗是保证高质量印刷的重要措施。

由以上实例可以看到，严重的积垢不但影响生产的正常、稳定进行，而且严重影响产品产量和质量。

② 在役设备的清洗，可以有效地延长设备的使用寿命。

工业设备所接触的多为腐蚀性介质，如水、蒸汽、酸、碱、盐、有机溶剂、催化剂、油墨、有机质等。设备一旦结垢，垢层紧密附着于设备壁面，被腐蚀性介质润湿后的垢层往往具有更强的腐蚀性，这使得设备表面在腐蚀性介质中的局部腐蚀速率加快，缩短了其使用寿命。

对于受热装置，如造气炉、转化炉、锅炉等设备，污垢使受热面金属壁温度大幅度上升，轻则引起金属疲劳，重则导致碳化、脆化甚至爆管，引发生产事故。

③ 在役设备的清洗，有利于节能降耗、提高效率。

当传热设备结垢时，热量传递受阻，传热效率下降，这将增加加热蒸汽的消耗量或冷却系统的能耗，从而增加生产成本。

④ 在役设备的清洗，是减少安全事故发生的有效途径。

结垢易造成设备腐蚀、穿孔、爆管。对于石油化工生产而言，设备和管道的腐蚀性泄漏，会造成易燃易爆、有毒有害物料的“跑冒滴漏”，无疑使设备安全、人身安全受到严重的威胁，同时加大了环境的污染风险。

例如，对于在役锅炉，在锅炉炉管内表面，特别是热负荷较高的部位沉积了热导率很低的水垢后，锅炉热效率降低，能耗增加，爆管危险增大，锅炉使用寿命缩短，必须进行清洗。

1.3 化学清洗技术的发展现状

化学清洗技术的发展与清洗剂的进步密切相关，清洗剂按需要清洗的垢型主要分为水垢锈垢清洗剂、油污清洗剂和工艺侧污垢清洗剂等几大类，清洗剂的进步经历了简单型—组合型—功能复合型三个发展阶段。

第一，简单型即“三酸两碱”阶段：所用的清洗剂主要是盐酸、硝酸、硫酸、氢氧化钠、碳酸钠等。当时，酸洗缓蚀剂品种少、性能差，仅适用于某一种酸和某种金属材料的腐蚀控制，对多种金属材料及其组合件的缓蚀性能较差，限制了化学清洗的应用范围。清洗对象主要是石油、化工、电力、供热等行业中与传热有关的单元设备，例如用硝酸和 Lan-5 硝酸缓蚀剂清洗蒸汽锅炉，用盐酸和乌洛托品（六亚甲基四胺）缓蚀剂清洗换热器等。

油污清洗剂以溶剂型和两相乳液型为主，其特点是易燃、易爆、毒性大、废液对环境污染性极强。例如用四氯化碳或三氯乙烯清洗氧气管线；用汽油清洗机器零件；用乳化二甲苯清洗煤焦油；等等。

此阶段清洗剂组成简单，缓蚀性能差，综合技术水平低，失误操作极易引发腐蚀、有机溶剂中毒和火灾事故。清洗操作和控制需要具备专业化水平，这促进了各种专业化清洗队伍的诞生和成长。

第二，组合清洗阶段：出现了以 LAN-826 为代表的多功能型酸洗缓蚀剂，即一种缓蚀剂对十几种酸和常见的多种金属材料及其组合件、焊接件都有良好的缓蚀保护作用。其不但能有效控制金属的均匀腐蚀，而且对点蚀、应力腐蚀、渗氢腐蚀有较好的抑制作用。同时，用有机弱酸、配位剂取代强酸强碱，组合型的弱酸性配位清洗剂和中性清洗剂占主导地位。

各种功能型清洗助剂如渗透剂、剥离剂、促进剂、催化剂、三价铁离子还原剂和铜离子抑制剂等也逐渐进入清洗剂配方，从而清洗剂的功能性更强，协同性能更好，除垢性能和缓蚀效果更佳。这使得金属材料品种多、结构复杂、污垢种类繁多的大型成套工业装置的化学清洗成为可能，例如国内化肥装置、乙烯装置开工前化学清洗高潮的出现。这时的化学清洗不仅需要化学、材料学、金属腐蚀学、材料加工学等多学科的理论知识，清洗操作和控制更需要专业化水平，这些需求推动了清洗行业向专业化、规模化、集团化方向发展。

油污清洗剂淘汰了污染性极强的溶剂型清洗剂，组合型的水基清洗剂和乳液型清洗剂占主导地位，如美国的 Turco5854 型乳液清洗剂、国内的 FJ-1 型乳液清洗剂、除油王等水基清洗剂都具有很好的除油清洗效果。

第三，功能复合清洗阶段：功能复合型清洗剂、专用清洗剂和不停车清洗剂的大量应用，使工业清洗趋向更加专业化、精细化、高效化、安全化、系列化、功能化，形成了各种功能复合型清洗剂，例如除油、除锈、钝化“三合一”系列清洗剂将传统工艺中碱洗除油、水冲洗、酸洗除垢、水冲洗、漂洗、钝化等多步骤合并为一步完成，操作更简单；中性除油除锈剂则是在 pH 值维持在 6～8 的情况下完成除油、除锈或除垢的，降低了设备腐蚀风险等级，功能性大幅度提高；低剂量不停车化学清洗剂应用于生产过程中，除垢效果好、不影响生产、污染性小，更受用户的欢迎，例如中央空调不停机清洗剂、循环冷却水不停车清洗剂等。

第 2 章

化学清洗常见设备、设施及结垢分布

化学清洗是专业性很强的工业技术，因此，被清洗对象的结构和其内部结垢情况对清洗来说至关重要，本章主要对需要化学清洗的工业设备、设施进行介绍。

2.1 锅炉

（1）锅炉的基本参数

锅炉是生产蒸汽或热水的换热设备。锅炉的基本参数主要有出力（蒸发量或供热量）、额定压力、额定温度。

① 出力：锅炉出力又称容量，蒸汽锅炉用额定蒸发量表示，热水锅炉用额定供热量表示。

额定蒸发量表示锅炉使用设计燃料品种，在设计工作压力和温度下长期连续运行，每小时所产生的蒸发量。

额定供热量表示热水锅炉每小时输出的有效热量，用符号“Q”表示，单位为千卡/时（kcal/h，1kcal＝4.186kJ）或兆瓦（MW）。

② 额定压力：习惯上把压强称为压力。锅炉产品铭牌上标示的压力是这台锅炉的设计工作压力（表压），单位是MPa，表示锅炉内部水或蒸汽的压力最大允许超过大气压的数值，锅炉的设计工作压力又称额定出口压力。对于有过热器的蒸汽锅炉，其额定出口压力是指过热器出口处的蒸汽压力；对无过热器的蒸汽锅炉，其额定出口压力是指锅筒内蒸汽压力或干蒸汽出口处的蒸汽压力；对于热水锅炉，其额定出口压力是指锅炉出口处的水压力。

③ 额定温度：锅炉产品铭牌上标示的温度是指锅炉输出介质的最高工作温度，又称额定温度，单位为℃。对于无过热器的蒸汽锅炉，蒸汽由锅筒上部的主汽阀直接引出，其额定温度是指该额定蒸汽压下的饱和蒸汽温度；对于有过热器的蒸汽锅炉，其额定温度是指过热后主汽阀出口处的过热蒸汽温度；对于热水锅

炉，其额定温度用锅炉出口与进口的水温表示。

（2）锅炉的分类

按用途分为：电站锅炉、工业锅炉、船用锅炉和机车锅炉等。

按输出介质分为：蒸汽锅炉、热水锅炉和汽水两用锅炉等。

按燃料分为：燃煤锅炉、燃油锅炉、燃气锅炉、余热锅炉和废料锅炉等。

按蒸发量分为：小型锅炉（蒸发量小于 20t/h）、中型锅炉（蒸发量为 20～75t/h）、大型锅炉（蒸发量大于 75t/h）。

按压力等级分为：低压锅炉（工作压力不高于 2.5MPa）、中压锅炉（工作压力为 3.0～5.0MPa）、高压锅炉（工作压力为 8.0～11.0MPa），超高压锅炉（工作压力为 11.8～14.7MPa），亚临界锅炉（工作压力为 16～22.5MPa），超临界锅炉（工作压力不低于 31MPa）。

2.1.1 工业锅炉

工业锅炉的型式较多，用途很广。我国蒸汽锅炉和热水锅炉的额定参数系列见表 2-1 和表 2-2。

表 2-1　工业锅炉（蒸汽锅炉）额定参数系列

额定蒸发量/(t/h)	额定蒸汽压力(表压)/MPa											
	0.1	0.4	0.7	1.0	1.25			1.6		2.5		
	额定蒸汽温度/℃											
	饱和	饱和	饱和	饱和	饱和	250	350	饱和	350	饱和	350	400
0.1	△	△										
0.2	△	△	△									
0.3	△	△	△									
0.5	△	△	△	△								
0.7		△	△	△								
1.0		△	△	△								
1.5			△	△								
2			△	△	△			△				
3			△	△	△			△				
4			△	△	△			△		△		
6				△	△	△	△	△	△	△		
8				△	△	△	△	△	△	△		
10				△	△	△	△	△	△	△	△	△
12					△	△	△	△	△	△	△	△
15					△	△	△	△	△	△	△	△
20					△	△	△	△	△	△	△	△
25					△		△	△	△	△	△	△
35							△	△	△	△	△	△
65											△	△

注：符号“△”处所对应的参数宜优先选用。

表 2-2 热水锅炉额定参数系列

额定热功率/MW	额定出水温度/进水温度/(℃/℃)											
	95/70				115/70			130/70		150/90		180/110
	额定出水压力(表压)/MPa											
	0.4	0.7	1.0	1.25	0.7	1.0	1.25	1.0	1.25	1.25	1.6	2.5
0.05	△											
0.1	△											
0.2	△											
0.35	△	△										
0.7	△	△	△	△	△							
1.05	△	△	△	△	△							
1.4	△	△	△	△	△							
2.1	△	△	△	△	△							
2.8	△	△	△	△	△	△	△	△	△	△		
4.2		△	△	△	△	△	△	△	△	△		
5.6		△	△	△	△	△	△	△	△	△		
7.0		△	△	△	△	△	△	△	△	△		
8.4				△		△	△	△	△	△		
10.5				△		△	△	△	△	△		
14				△		△	△	△	△	△	△	
17						△	△	△	△	△	△	
29						△	△	△	△	△	△	△
46						△	△	△	△	△	△	△
58						△	△	△	△	△	△	△
116									△	△	△	△
174											△	△

注：符号"△"处所对应的参数宜优先选用。

2.1.1.1 工业锅炉的规格、型号

根据国标《工业蒸汽锅炉参数系列》(GB/T 1921—2004) 和《热水锅炉参数系列》(GB/T 3166—2004)，工业锅炉产品型号由三部分组成，各部分之间用短横线连接。第一部分表示锅炉型式、燃烧方式和额定蒸发量或供热量，共分三段：第一段用两个汉语拼音表示锅炉总体型式（见表 2-3）；第二段用一个汉语拼音代表燃烧方式（见表 2-4）；第三段用阿拉伯数字表示蒸汽锅炉额定蒸发量，单位为 t/h，或热水锅炉额定供热量，单位为 kW/h，各段连续书写、互相衔接。

第二部分表示介质参数，共分两段（热水锅炉分三段），中间用斜线相连。第一段表示额定蒸汽压力或允许工作压力；第二段表示过热蒸汽温度（蒸汽温度为饱和温度时不表示），热水锅炉第二段和第三段表示出水温度和进水温度。

第三部分表示燃料种类（见表 2-5），用汉语拼音字母代表，同时用罗马字母代表燃料品种分类，即设计顺序。

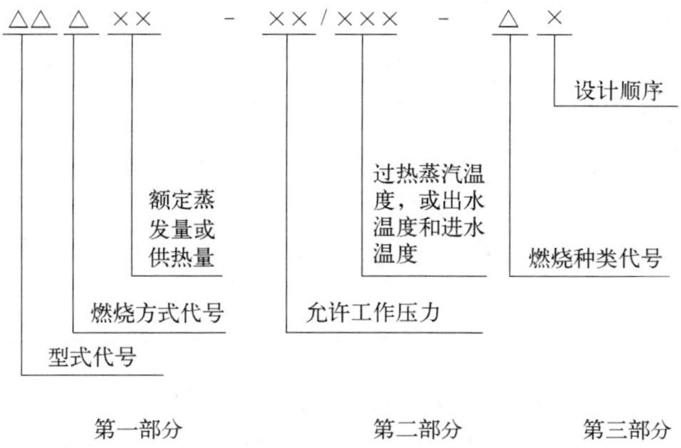

表 2-3　工业锅炉型式代号

锅炉整体型式	代号	锅炉整体型式	代号
立式水管	LS(立，水)	单锅筒立式	DL(单，立)
立式火管	LH(立，火)	单锅筒纵置式	DZ(单，纵)
卧式外燃	WW(卧，外)	单锅筒横置式	DH(单，横)
卧式内燃	WN(卧，内)	双锅筒纵置式	SZ(双，纵)
卧式双火管	WS(卧，双)	双锅筒横置式	SH(双，横)
纵横锅筒式	ZH(纵，横)	强制循环式	QX(强，循)

表 2-4　工业锅炉燃烧方式代号

燃烧方式	代号	燃烧方式	代号
固定炉排	G(固)	振动炉排	Z(振)
活动手摇炉排	H(活)	下饲炉排	A(下)
链条炉排	L(链)	沸腾炉	F(沸)
往复推动炉排	W(往)	半沸腾炉	B(半)
抛煤机	P(抛)	室燃炉	S(室)
倒转炉排抛煤机	D(倒)	旋风机	X(旋)

表 2-5　工业锅炉燃料种类代号

燃料种类	代　号	燃料种类	代　号	燃料种类	代　号
无烟煤	W(无)	褐　煤	H(褐)	稻　糠	D(稻)
贫　煤	P(贫)	油	Y(油)	甘蔗渣	G(甘)
烟　煤	A(烟)	气	Q(气)	煤　石	S(石)
劣质烟煤	L(劣)	木　材	M(木材)	油页岩	Y_M(油母)

2.1.1.2 工业锅炉的组成

锅炉由一系列设备构成，这些设备可分为主要部件和辅助设备两类。现代大型自然循环高压锅炉所具有的主要部件及其作用如下。

① 炉膛：保证燃料燃尽并使出口烟气温度冷却到对流受热面能安全工作的数值。

② 燃烧设备：将燃料和燃烧所需空气送入炉膛并使燃料着火稳定、燃烧良好。

③ 锅筒：是自然循环锅炉各受热面的闭合件，将锅炉各受热面联结在一起，并和水冷壁、下降管等组成水循环回路。锅筒内储存汽、水，可适应负荷变化，内部设有汽水分离装置等以保证汽、水品质。直流锅炉无锅筒。

④ 水冷壁：是锅炉的主要受热部分，它由数排钢管组成，分布于锅炉炉膛的四周。它的内部为流动的水或蒸汽，可接受锅炉炉膛火焰的热量。主要吸收炉膛中高温燃烧产物的辐射热量，工质在其中做上升运动，受热蒸发。

⑤ 过热器：可将饱和蒸汽加热到额定温度的过热蒸汽。饱和蒸汽锅炉和热水锅炉无过热器。

⑥ 再热器：将汽轮机高压缸（或中压缸）的排汽加热到较高温度，然后再送到汽轮机中压缸（或低压缸）中膨胀做功。常用于大型电站锅炉，以提高电站热效率。饱和蒸汽锅炉和热水锅炉无再热器。

⑦ 省煤器：利用锅炉尾部烟气的热量加热给水以降低排烟温度，节约燃料。

⑧ 空气预热器：加热燃烧用的空气，以加强着火和燃烧，吸收烟气余热，降低排烟温度，提高锅炉效率，为煤粉锅炉制粉系统提供干燥剂。

⑨ 炉墙：是锅炉的保护外壳，起密封和保温作用（小型锅炉中的重型炉墙也可以起支承锅炉部件的作用）。

⑩ 其他辅助设备。

2.1.1.3 工业锅炉的构造

（1）立式火管锅炉

该炉型旧称考克兰锅炉，型号是 LHG（立·火·固）型，主要由封头、锅壳、前管板、烟管、后管板和炉胆等部分组成。燃烧设备为固定炉排、人工投煤，烟气流程较长，先冲刷炉胆，再由喉管到达燃烧室，接着转弯 180°流经平行装置的烟管，汇集于前烟箱，最后通过烟囱排出。这种锅炉的工作压力多为 0.8MPa 以下，蒸发量可达 1t/h，其优点是：封头呈半球形，因而强度高，蒸汽空间较大，有利于负荷变化；烟管全部浸入水中，传热较好；整个锅炉结构紧凑，弹性较好，清洗和检修方便。缺点是：锅炉形状复杂，加工困难，造价较高；炉膛空间小，水冷程度大，不利于燃烧；排烟温度在 350～400℃，热效率低，又难以机械化燃烧，属于淘汰的炉型。

（2）立式横水管锅炉

立式横水管锅炉的型号是 LSG（立·水·固）型。主要由锅壳、炉胆、封头、炉胆顶、横水管和冲天管等部分组成。横水管有大横水管与多横水管之分。燃烧设备为固定炉排、人工投煤。燃煤产生的高温烟气向上冲刷横水管，再经过冲天管由烟囱排出。

这种锅炉的工作压力一般在 0.8MPa 以下，蒸发量不超过 1t/h。其优点是：结构简单，安装、移动及管理方便，操作容易，点火、升压及停炉的时间较短。缺点是：受热面积小，蒸发量低，排烟温度在 500℃以上，热效率较低。

（3）立式直水管锅炉

主要由封头、锅筒、上管板、下降管、直水管、下管板和炉胆等部分组成，燃烧设备也是固定炉排、人工投煤。烟气先冲刷炉胆，再由烟气出口管进入直水管群，围绕下降管旋转 360°，对全部水管作横向冲刷，同时加热上下管板，然后被隔烟墙阻挡汇集于烟箱，从烟囱排出。

这种锅炉的工作压力多为 0.8MPa 以下，蒸发量可达 1t/h。其优点是：烟气流程长，传热好，排烟温度较低，热效率较高；水管多，除中部含有一根大直径的下降管外，其余均为上升管，水循环较高；蒸汽空间大，蒸汽品质好，清垢与检修方便。缺点是：下管板容易积烟灰，使用吹灰器也难以清除，既影响传热，又腐蚀铜板；炉膛水冷程度大，炉温较低，不适合燃劣质煤。立式直水管锅炉示意图见图 2-1。

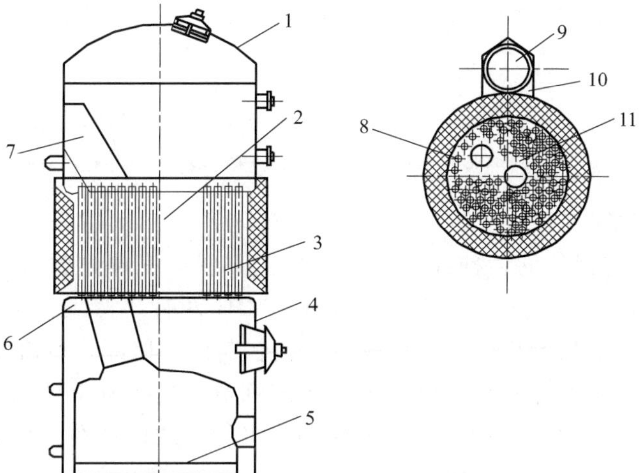

图 2-1　立式直水管锅炉示意图

1—封头；2—下降管；3—直水管；4—锅壳；5—炉排；6—下管板；
7—角拉撑板；8—喉管；9—烟囱；10—烟道；11—隔烟墙

(4) 立式弯水管锅炉

它由封头、锅壳、炉胆顶、炉胆、弯水管和耳形弯水管等主要受压部件组成（见图 2-2）。

锅炉炉排搁置在炉胆内 U 形下脚的上部，火焰直接冲刷炉胆和安装在炉胆内的弯水管。高温烟气经喉管进入锅壳中部的烟箱，然后分为左右两路各自旋转 180°。对部分锅炉壳如装置在锅壳上的耳形弯水管作横向冲刷，最后汇集于烟箱的前部，从烟囱排出。

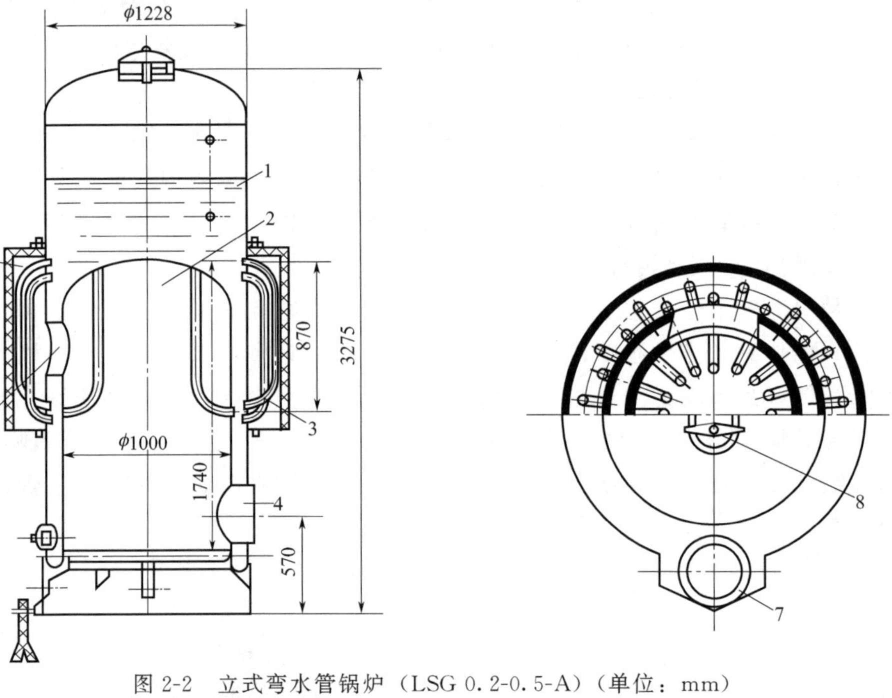

图 2-2 立式弯水管锅炉（LSG 0.2-0.5-A）（单位：mm）

1—锅壳；2—炉胆；3—耳形弯水管；4—炉门；5—喉管；6—烟箱；7—烟囱；8—人孔

(5) 快装锅炉

快装锅炉是将锅炉的各种部件在制造厂全部组装完毕，整机运往使用单位的新型锅炉。工作压力一般有 0.8MPa 和 1.3MPa 两种，蒸发量有 0.5t/h、1t/h、1.5t/h、2t/h 和 4t/h 等几种。容量较大的快装锅炉，尾部装有铸铁省煤器。

① 卧式内燃快装锅炉。这种锅炉属于多回程火管锅炉，型号有 KNG（快·内·固）型和 WNL（卧·内·链）型两种，锅炉的结构是在一个直径较大的锅筒内布置许多烟管，作为主要受热面，在烟管的下部布置炉胆。

② 卧式外燃快装锅炉。与卧式内燃快装锅炉相比，主要区别在于将炉排移到锅筒之外，即炉膛由内燃改为外燃，并在两侧加装水冷壁，属于多回程烟水管锅炉，型号有 KZG（快·纵·固）型、KZL（快·纵·链）型及 KZZ（快·纵·

振）型三种。KZL 4-1.27-A 型快装水火管锅炉见图 2-3。

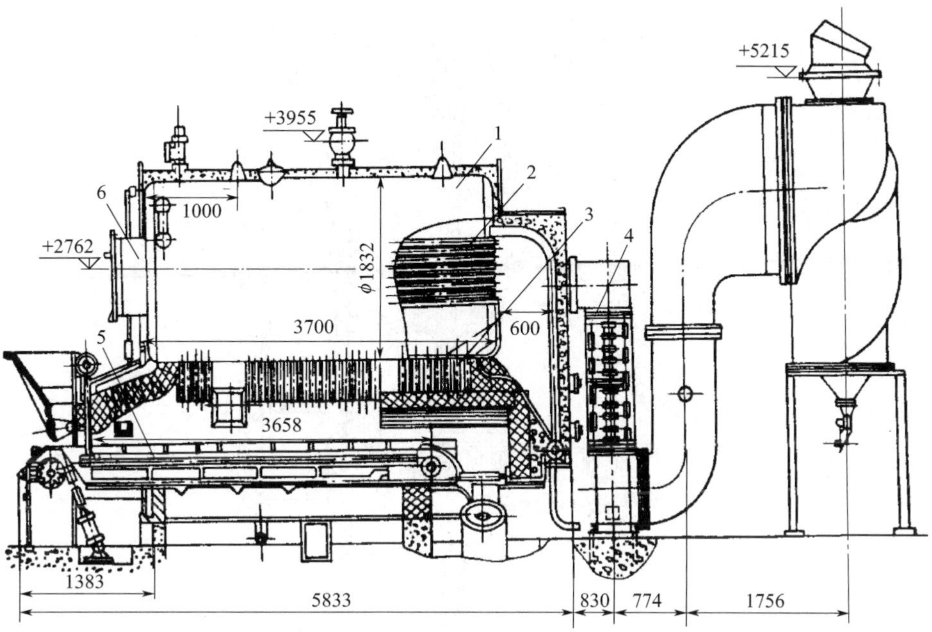

图 2-3 KZL 4-1.27-A 型快装水火管锅炉（单位：mm）

1—锅壳；2—烟管；3—水冷壁；4—省煤器；5—链条炉排；6—前烟箱

采用水冷壁外燃炉膛，炉膛高度可以适当增加，以改善燃烧条件，从而减少飞灰含碳量及气体完全燃烧而造成的损失，还可以在炉膛内砌拱以利于燃烧劣质煤。

（6）双锅筒横置式水管锅炉

这种锅炉容量较小，型号有 SHG（双·横·固）型、SHZ（双·横·振）型及 SHL（双·横·链）型等，工作压力为 1.3MPa，蒸发量为 2t/h、4t/h 等。SHL 20-1.27 型双锅筒横置式锅炉见图 2-4。

其优点是结构紧凑、制造容易，每排主炉管都弯成一定的弧度，富于弹性；有足够的炉膛容积，适于燃烧多种煤种。缺点是水垢清理困难，对水质要求严格；多数是手工操作，劳动强度大；没有尾部受热面，烟气流程较短，排烟温度较高。

这种锅炉容量较大的是 SHL（双·横·链）型，工作压力为 1.3MPa，蒸发量为 10t/h、20t/h，此炉的设计煤种是无烟煤，因此在炉膛内采用了低而长的后拱和较高的前拱，并使前后拱在炉膛内形成一个狭窄的喉部，促使空气和煤屑充分混合，以利燃烧。

此外还有 SHS（双·横·室）型，工作压力为 1.3MPa、2.5MPa，蒸发量为 6.5t/h、20t/h。此炉的优点是结构紧凑，金属消耗量低；弹性水循环可靠。缺点是对给水水质要求高，炉顶为轻型炉墙，容易破裂。

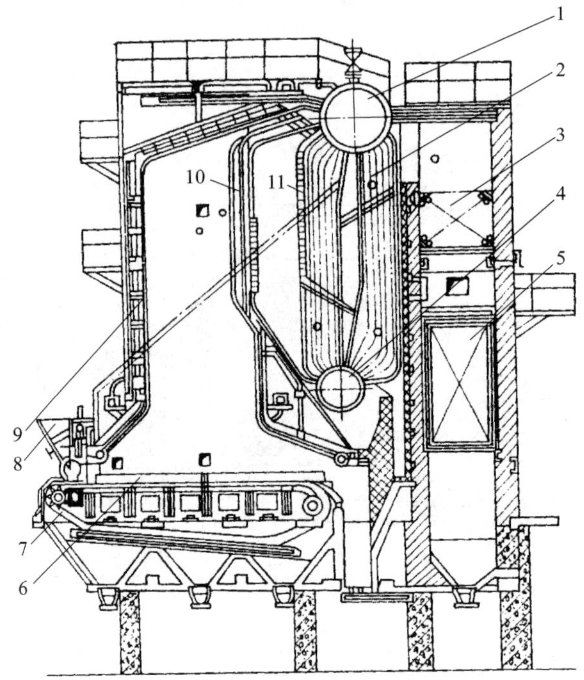

图 2-4 SHL 20-1.27 型双锅筒横置式锅炉

1—锅筒；2—锅炉管束；3—省煤器；4—下锅筒；5—空气预热器；6—水冷壁下集箱；7—链条炉排；8—煤斗；9—水冷壁；10—凝渣管；11—烟气隔墙

(7) 双锅筒纵置式水管锅炉

① SZZ（双・纵・振）型。可制成快装锅炉。工作压力为 1.3MPa，蒸发量为 2t/h 或 4t/h，其优点是通过改变下、上锅筒间距离，以及改变对流管束排数、管距等方法使烟气流速控制在需要的范围内。SZZ 4-1.27-A 型双锅筒纵置式“D”型锅炉见图 2-5。

② SZP（双・纵・抛）型。工作压力为 1.3MPa，蒸发量为 6.5t/h 或 10t/h，有长上锅筒和短上锅筒两种，其结构紧凑，外形尺寸较小；烟气横向冲刷炉管，传热效果较好。但采用抛煤，其烟尘大，飞灰含碳量较高，而且对质量要求较高。

(8) 单锅筒横置式直水管锅炉

DHL（单・横・链）6-1.27-L 型单锅筒横置式锅炉见图 2-6，国内已停止生产，但清洗时常常遇到，暂不详细介绍。

(9) 单锅筒纵置式水管锅炉

型号为 DZD（单・纵・倒），工作压力为 1.3MPa 或者 2.5MPa，蒸发量为 20t/h。优点是：在对流排管中没有隔墙，烟气一次流过，锅炉结构紧凑；采用单锅筒后减少了钢耗。缺点是：水容量小，运行时蒸汽压力波动大，管理困难。

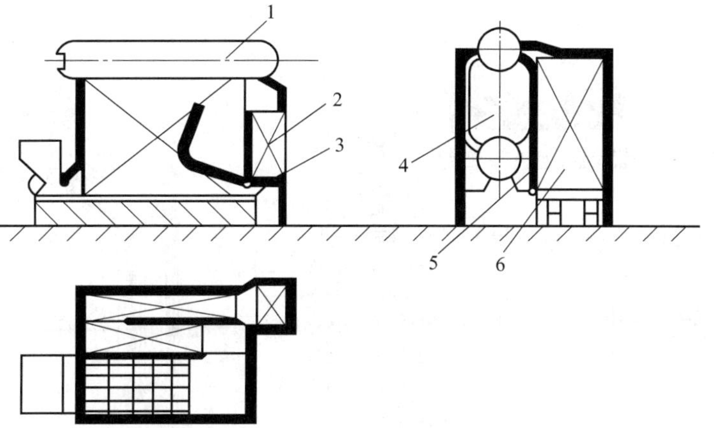

图 2-5　SZZ 4-1.27-A 型双锅筒纵置式“D”型锅炉

1—锅筒；2—省煤器；3—振动炉排；4—锅炉管束；5—烟气隔墙；6—水冷壁

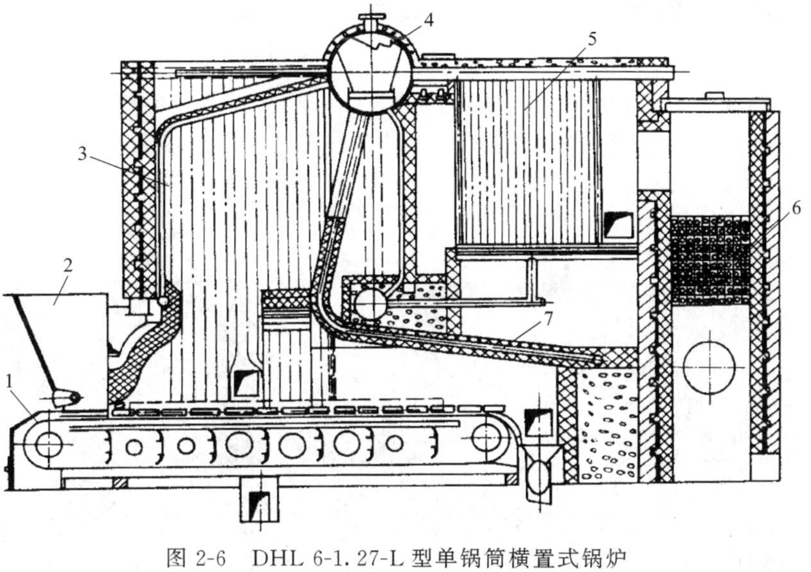

图 2-6　DHL 6-1.27-L 型单锅筒横置式锅炉

1—炉排；2—煤斗；3—水冷壁；4—锅筒；5—锅炉管束；6—省煤器；7—后拱

图 2-7 是专门用来生产热水的单筒纵置式锅炉，主要用于满足北方地区采暖需要。因此烟气与炉水的温度较高，传热效果好，与蒸汽锅炉相比，具有明显的节煤效果。

（10）热水锅炉

热水锅炉绝大多数通过水泵的压力进行强制循环传递热量，只有极少数锅炉采用自然循环。热水锅炉的压力取决于供暖循环系统的高度和阻力。图 2-8 为 QXZ 2.8-0.98/130 型热水锅炉的结构图，其额定供热量为 2810kW，运行压力为 0.98MPa，出口温度为 130℃，回水温度为 90℃。

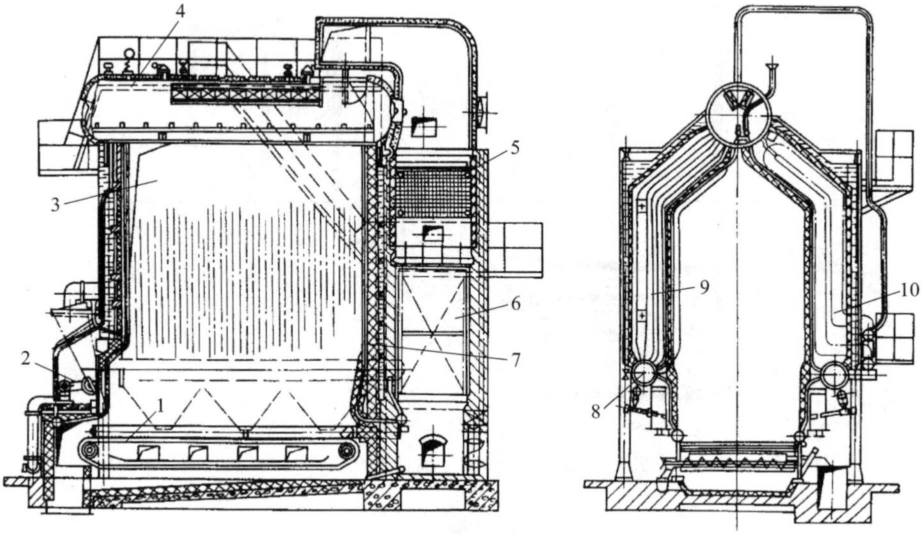

图 2-7　DZD 20-2.5/400 型单筒纵置式锅炉

1—倒转链条炉排；2—风力-机械抛煤机；3—炉膛；4—炉筒；5—铸铁式省煤器；6—空气预热器；7—水冷壁；8—下集箱；9—锅炉管束；10—蒸汽过热器

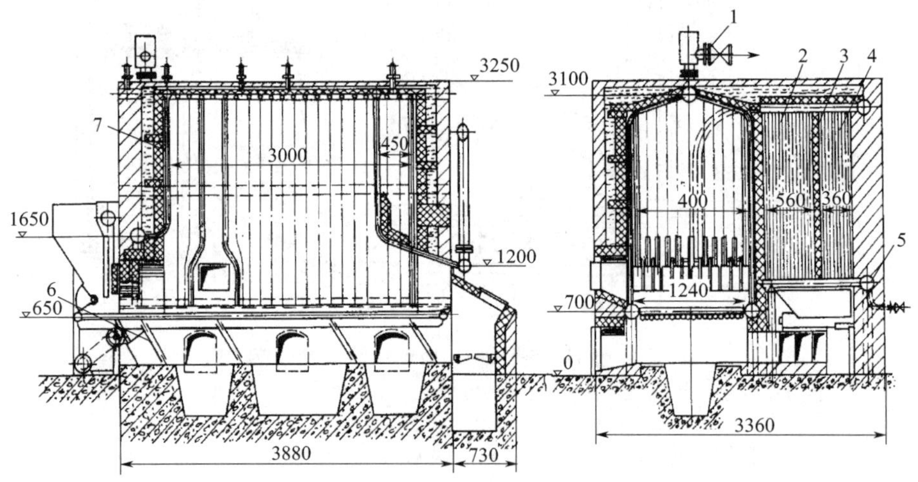

图 2-8　QXZ 2.8-0.98/130 型热水锅炉（单位：mm）

1—出水管；2—第一锅炉管束；3—隔墙；4—第二锅炉管束；5—进水管；6—振动炉排；7—水冷壁

2.1.1.4　工业锅炉的结垢分布

工业锅炉运行一段时间后，结垢主要以水垢为主，水垢的组成和结垢速度一般与下列因素有关：

① 锅炉水中溶解固形物的含量、硬度、碱度、pH 值；

② 锅炉给水水质的预处理和软化处理情况；

③ 炉内介质的温度、压力；

④ 锅炉运行时间；

⑤ 锅炉补水率；

⑥ 锅炉运行管理情况；

⑦ 锅炉停用保养情况。

(1) 钙镁碳酸氢盐的热分解形成碳酸盐垢

天然水中钙离子、镁离子和碳酸氢根离子的总含量占可溶性杂质总量的60%以上，它们组成的盐在受热时将失去部分二氧化碳而形成水垢。其反应如下：

$$Ca(HCO_3)_2 \xlongequal{} CaCO_3\downarrow + CO_2\uparrow + H_2O$$

$$Mg(HCO_3)_2 \xlongequal{} Mg(OH)_2\downarrow + 2CO_2\uparrow$$

碳酸钙在水中的溶解度不足7mg/L，氢氧化镁的溶解度与之接近。如果锅炉补充水的硬度是200mg/L（以碳酸钙计），则每补充1t水，将产生193g以上的水垢。这是工业锅炉水垢的主要来源之一。

水垢主要分布在直接受热部位，如水冷壁管、下降管内侧，呈灰白色，厚而坚硬，热阻极大，其热导率一般为0.58～5.8W/(m·K)。

(2) 悬浮物、胶体物质及腐蚀产物的沉积形成硅酸垢和铁锈垢

锅炉给水的悬浮物允许含量小于20mg/L，含油量为2mg/L。天然水中以胶体状态或颗粒状态存在的二氧化硅含量可达5mg/L，可溶的二氧化硅（偏硅酸）在受热时会失水，形成胶体颗粒并聚集，成为不溶的二氧化硅，这部分二氧化硅含量可达10mg/L，它们的沉积形成了硅酸垢。以铁的氧化物为主的腐蚀产物以胶体状态或颗粒状态存在，它们受热时同样会聚积为沉积物，其腐蚀产物含量可达2mg/L。这种垢是铁锈垢的一部分，主要分布在直接受热部位和流速较小的部位，如水冷壁管、下降管内侧，以及锅筒、联箱等部位，垢质较为疏松，其热导率一般为0.058～0.23W/(m·K)。上述一些悬浮物、胶体物质的析出量可达35g/t，在有油存在时，其黏附能力强，对传热的影响更大。

(3) 锅炉运行期间，成垢离子经蒸发浓缩，达到过饱和而形成水垢

① 复合型水垢的形成。大容量热水锅炉和大容量低压蒸汽锅炉受热面的热负荷较高，成垢离子在高温的锅炉水中可结合为碳酸钙、氢氧化镁、氢氧化亚铁等沉淀。如果在采暖系统中设有铜或铜合金设备，那么不进行脱氧或氧含量超标时，可发生腐蚀而产生铜离子。铜离子除可形成氢氧化铜沉淀外，还可对钢铁设备产生电化学腐蚀，即铜在受热面管子中析出，同时产生亚铁离子。而亚铁离子或氢氧化亚铁在有氧的水中最终会被氧化为氢氧化铁，并转化为氧化铁水垢，形成含有碳酸钙、氧化铁、铜的复合型水垢。

② 硫酸盐垢的形成。使用硫酸作为再生剂的氢钠离子交换软化水中硫酸根离

子含量高，而有的水中硫酸根离子含量本身就高（例如河北省某电厂原水中硫酸根离子含量达 300mg/L），硫酸根离子进入锅炉后可与残余的钙离子结合为难溶的硫酸钙，这是由于硫酸钙在水中的溶解度随温度升高而急剧下降。在常温下硫酸钙的溶解度可达 1000mg/L，在低压锅炉的炉水温度下其溶解度降为 10mg/L 左右。

③ 锈垢的形成。大容量热水锅炉和低压采暖锅炉均可能发生严重的腐蚀。原因之一是锅炉给水溶解氧往往不合格，存在氧腐蚀；原因之二是锅炉水 pH 值较高，含有较高浓度的氢氧化钠，而且仅进行软化处理就使水的相对碱度远高于 0.2，存在碱腐蚀；原因之三是采暖锅炉仅采暖季节运行，非采暖季节难免产生停用腐蚀。

锅炉运行中的氧腐蚀以点蚀为主，轻者产生散见的坑点，重者产生连成片的坑点，在坑点内及坑口区域腐蚀产物堆积，形成丘状凸起，这是由于腐蚀产物密度不足钢铁的 1/2。在一般情况下，腐蚀产物的成分是磁性氧化铁（Fe_3O_4）。

当炉水中的氢氧化钠与溶解固形物之比超过 0.2 时，炉水的 pH 值超过 11，如果受热面有垢或其他附着物，在垢下氢氧化钠局部浓度将增加 1000 倍以上，使该处炉水 pH 值达 14 或更高，可对钢铁产生腐蚀溶解，即碱腐蚀。其反应如下

$$Fe+2NaOH \longrightarrow Na_2FeO_2+H_2\uparrow$$

当锅炉钢铁表面有氧化膜（保护膜）时，氧化膜也可被氢氧化钠溶解，反应如下

$$Fe_3O_4+4NaOH \longrightarrow 2NaFeO_2+Na_2FeO_2+2H_2O$$

腐蚀过程产生的亚铁酸钠和铁酸钠随即水解变成腐蚀产物，由于腐蚀产物的密度低于钢铁，它除了存在于腐蚀坑中外，还呈贝壳状凸出于腐蚀坑外。腐蚀产物的形成反应为

$$Na_2FeO_2+H_2O \longrightarrow FeO+2NaOH$$

$$2NaFeO_2+H_2O \longrightarrow Fe_2O_3+2NaOH$$

$$Fe_2O_3+FeO \longrightarrow Fe_3O_4$$

氧腐蚀和碱腐蚀的结果，形成了以氧化铁、四氧化三铁为主的铁锈垢。

（4）锅炉停用期形成的铁锈垢

锅炉的停用腐蚀是锈蚀，其腐蚀产物是氧化铁（Fe_2O_3），呈铁红色。停用腐蚀除了产生均匀的锈蚀而影响传热外，在锅炉恢复供暖运行时高价的氧化铁因其相当高的电极电位，可对锅炉钢铁产生氧化腐蚀，而增加腐蚀产物量。电化学腐蚀过程为

$$2Fe^{3+}+2e^- \longrightarrow 2Fe^{2+}$$

$$Fe-2e^- \longrightarrow Fe^{2+}$$

写成分子式时，其总反应为

$$Fe_2O_3+Fe \longrightarrow 3FeO$$

（5）水中残余硬度、硅酸盐及回收水杂质成垢

工业锅炉的补水率一般超过50%，因此水处理工艺及补充水质量直接影响锅炉结垢倾向。较小容量工业锅炉的补充水仅作软化处理，其残留硬度较大，是锅炉结垢的主要原因。

对工业锅炉补充水进行沉淀处理时，有时用水玻璃（偏硅酸钠）作为助凝剂，向补充水中引入二氧化硅，是受热面结硅垢的主要原因。

工业锅炉回水中常含有被加热工质携带或泄漏的成分，不论是溶解还是悬浮状态，这些成分都有可能在受热面成垢。回水中总带有以铁的氧化物为主的设备系统腐蚀产物，它们随给水进入锅炉后都会以垢的形式析出。

（6）水渣转化为二次水垢

碳酸钙、氢氧化镁和硫酸钙在受热面上结垢时要经过一系列过程：形成过饱和溶液，微细的结晶在过饱和溶液中处于溶解-结晶平衡的亚稳定状态，结晶长大聚集而失去稳定性，成垢物质在受热面上黏附并依序使晶粒长大，结成硬垢。这样形成的垢即一次水垢。在采暖锅炉、工业锅炉和各种换热器中所结的垢都属于此类。

为防止2.45MPa及以上参数的锅炉结（一次）水垢，需进行锅内防垢处理，最常用的药剂是磷酸三钠，它可与钙离子结合成碱性磷灰石，镁盐可与硅酸盐结合为蛇纹石，它们不黏附在受热面上，呈絮状水渣形式，能随排污排走。其反应如下：

$$10CaSO_4+6Na_3PO_4+2NaOH \longrightarrow Ca_{10}(OH)_2(PO_4)_6+10Na_2SO_4$$

$$3MgSO_4+2Na_2SiO_3+2NaOH \longrightarrow 3MgO \cdot 2SiO_2 \cdot H_2O+3Na_2SO_4$$

如果水渣不能被及时排走，那么其在随炉水循环流转的过程中，又会黏附在受热面上变成硬垢，即二次水垢。

2.1.2 余热锅炉

余热锅炉的特点是一般不用燃料，因而没有燃烧装置。其与一般锅炉受热面部分结构相近，由省煤器、蒸发器（包括锅炉管束和水冷壁）、过热器等部件组成。余热锅炉的热源主要有冶金、机械、化工等行业中各种炉窑（包括转炉、平炉、均热炉、加热炉、有色金属冶炼炉、回转窑等）产生的废气，内燃机、燃气舱机的排气等。

2.1.2.1 余热锅炉分类

余热锅炉按使用场合分为乙烯轻工柴油裂解气余热锅炉、重油气化余热锅炉等，按蒸汽参数分为高压、中压、低压余热锅炉，按安装情况分为立式和卧式余热锅炉，按循环方式分为自然循环和强制循环式余热锅炉，按结构特征分为管壳

式和烟道式余热锅炉。

2.1.2.2 余热锅炉构造和结垢分布

（1）管壳式余热锅炉

图 2-9 所示的 DL 480-0.6 型管壳式余热锅炉主要用于小化肥工业，蒸汽压力为 0.588MPa，温度为饱和蒸汽温度，受热面积为 480m^2，属这一系列的锅炉还有 DL 100-0.6、DL 480-1.2 等型号。

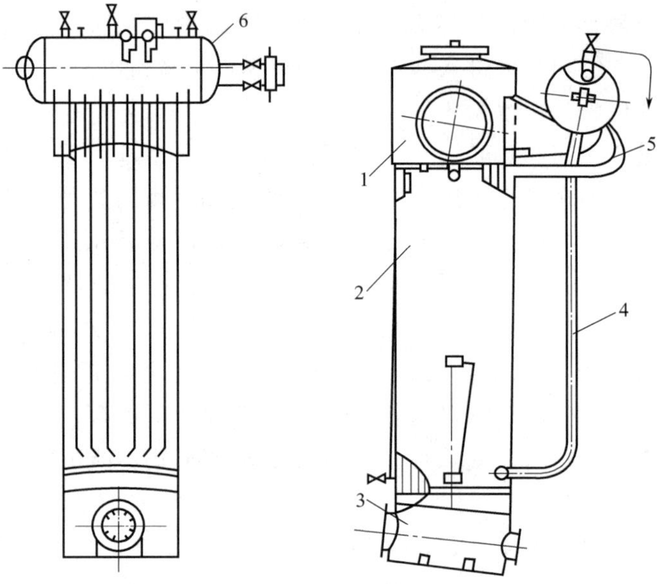

图 2-9 DL 480-0.6 型管壳式余热锅炉

1—出口气室；2—蒸发器；3—进口烟室；4—下降管；5—上升管；6—锅筒

（2）烟道式余热锅炉

图 2-10 所示的强制循环烟道式余热锅炉，主要用于硫酸生产过程中，是利用余热气体加热工质的余热锅炉。结构与一般锅炉相似，输出的蒸汽为 450℃的过热蒸汽。

（3）余热锅炉结垢

在运行过程中，余热锅炉的结垢主要以循环水管系统内为主，水垢以碳酸盐、硫酸盐和硅酸盐垢为主。

2.1.3 电站锅炉

电站锅炉以过热蒸汽推动蒸汽轮机带动发电机，从而为电网提供电力。按循环方式电站锅炉可分为自然循环锅炉、强制循环锅炉、直流锅炉和复合循环锅炉。

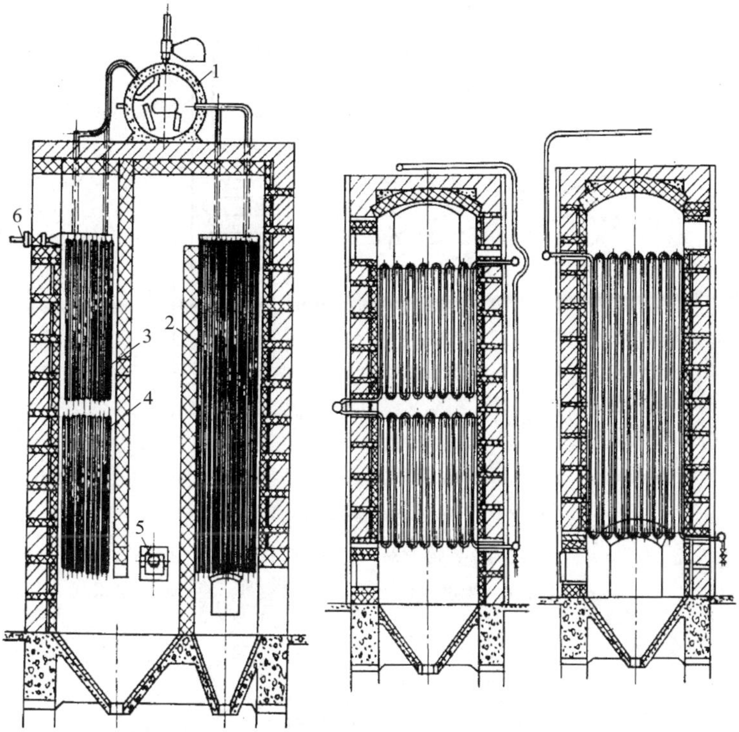

(a) 锅炉侧视图　　(b) (a) 中3、4的正视图　　(c) (a)中2的正视图

图 2-10　强制循环烟道式余热锅炉

1—锅筒；2—蒸发受热面；3—第二级过热器；4—第一级过热器；
5—启动时加热用的燃烧装置；6—过热蒸汽输出管

2.1.3.1　自然循环锅炉

自然循环锅炉利用循环回路中上升管内汽水混合物和下降管内水的密度差建立循环。其循环回路由锅筒、集箱、下降管和上升管等组成，下降管布置在炉墙外面，不受热，上端与锅筒相连，锅筒内炉水流入管内，下端与集箱相连。上升管也称水冷壁管，布置在炉膛四周，吸收火焰辐射热，炉水由下降管经下集箱进入上升管吸收热量汽化并产生蒸汽。上升管下端与下集箱相连，上端与锅筒相连，汽水混合物回入锅筒内进行分离，分离后的炉水进入下锅筒，饱和蒸汽流入过热器进一步受热。

（1）中压自然循环锅炉

国产中压自然循环电站锅炉的额定蒸汽压力为 3.822MPa，额定蒸发温度为 450℃，额定蒸发量为 35～130t/h，用于功率为 6～25MW 的汽轮机发电机组。

几种常见的中压自然循环电站锅炉的结构示意图见图 2-11～图 2-13。

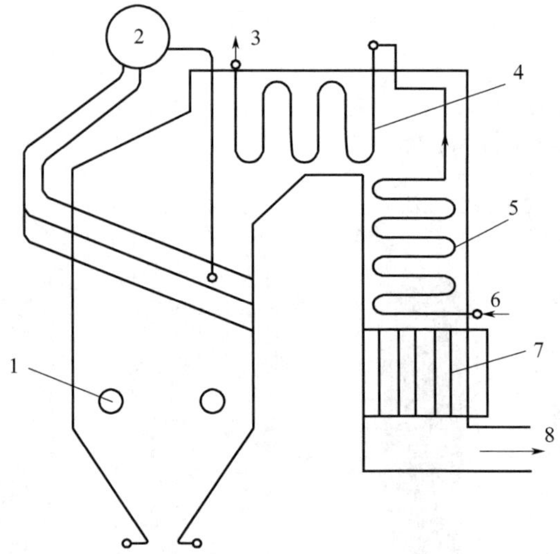

图 2-11　中压粉煤锅炉结构示意图

1—燃烧器；2—锅筒；3—过热蒸汽出口；4—过热器；
5—省煤器；6—给水入口；7—空气预热器；8—烟气出口

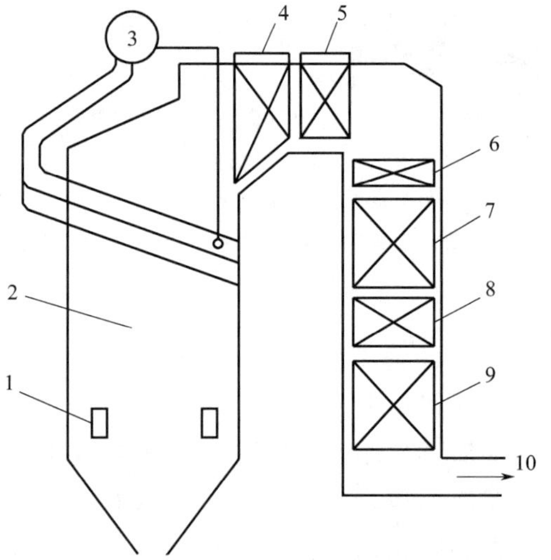

图 2-12　SG-130/39 型煤粉锅炉结构示意图

1—燃烧器；2—水冷壁；3—锅筒；4—第一级过热器；5—第二级过热器；6—第二级省煤器；
7—第二级空气预热器；8—第一级省煤器；9—第一级空气预热器；10—烟气出口

（2）高压自然循环锅炉

国产高压自然循环电站锅炉的额定蒸汽压力为 9.8MPa，额定蒸汽温度为 510℃和 540℃，额定蒸发量为 220t/h 和 410t/h，多数采用火室燃烧方式，其他为沸腾燃烧方式。图 2-14 为 HG220/100 型高压自然循环电站锅炉结构示意图。

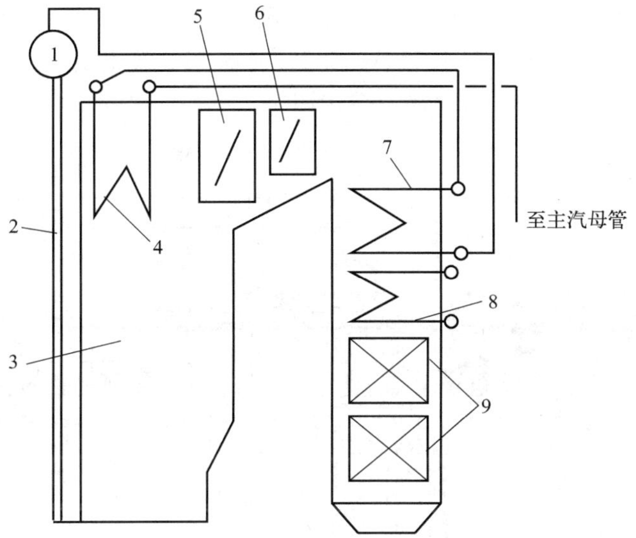

图 2-13　CG35/3.82-MX 型循环流化床锅炉结构示意图

1—锅筒；2—下降管；3—水冷壁；4—高温过热器；5—一级烟灰分离器；6—二级烟灰分离器；7—低温过热器；8—省煤器；9—空气预热器

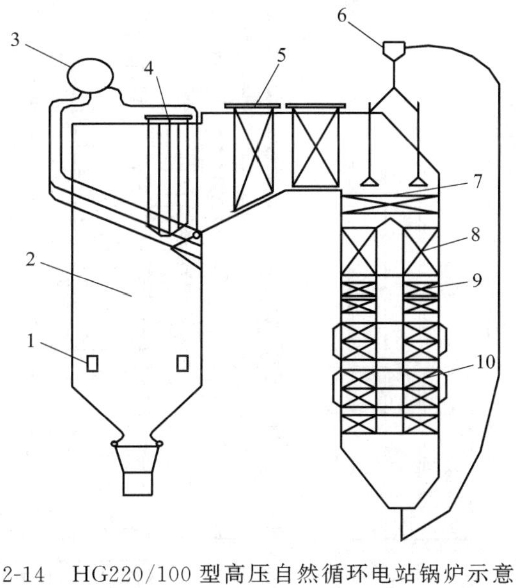

图 2-14　HG220/100 型高压自然循环电站锅炉示意图

1—燃烧室；2—水冷壁；3—锅筒；4—屏式过热器；5—对流过热器；6—钢珠除灰装置；7—第二级省煤器；8—第二级空气预热器；9—第一级省煤器；10—第一级空气预热

（3）超高压自然循环锅炉

国产超高压自然循环电站锅炉的额定蒸汽压力为 13.7MPa，过热蒸汽/再热器温度有 540℃/540℃和 555℃/555℃两种，额定蒸发量有 400t/h 和 670t/h 两种，给水温度为 240℃，分别配有 125MW 和 200MW 汽舱发电机组，一般采用火室燃烧方式。图 2-15 为 400t/h 燃煤锅炉结构图。

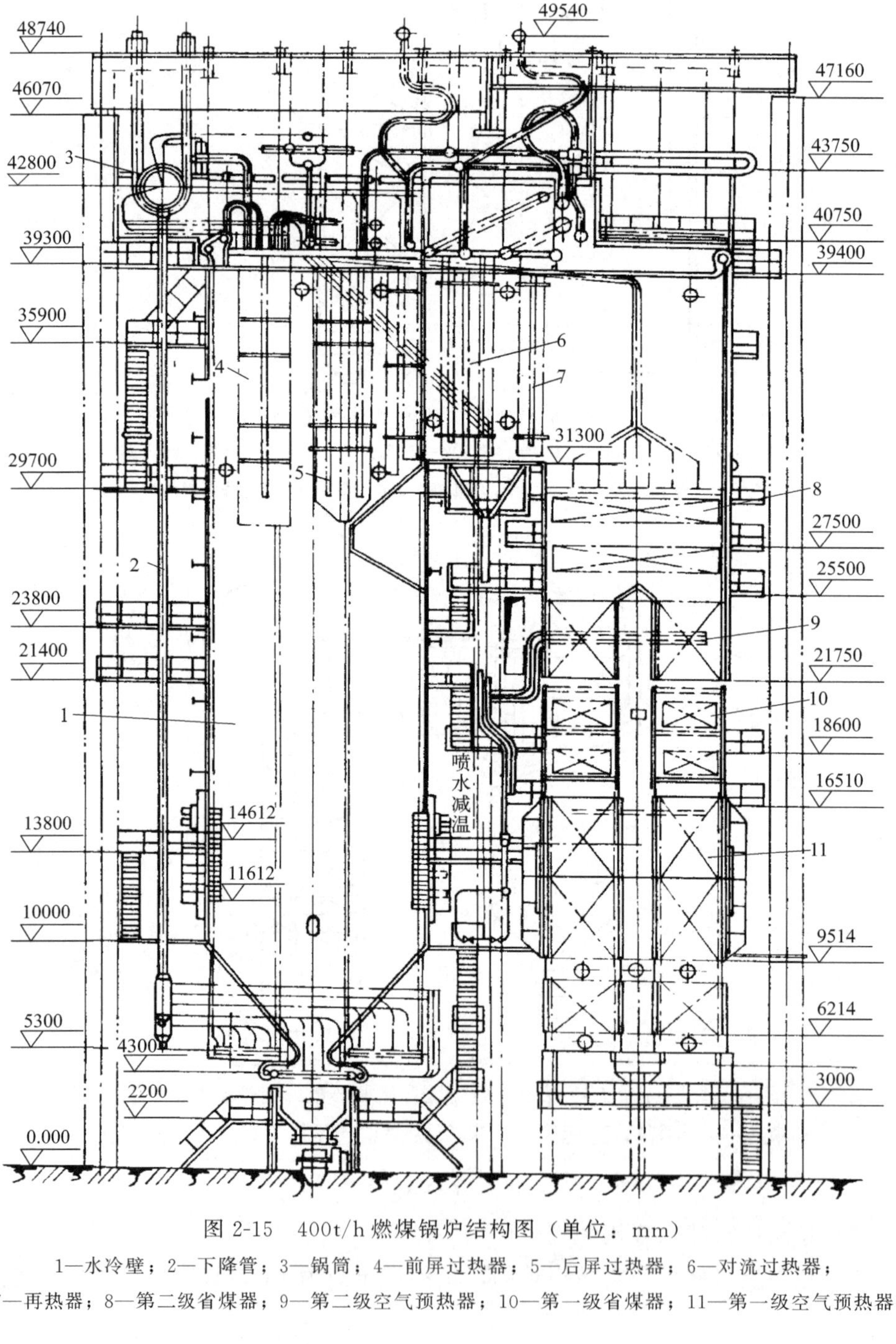

图 2-15　400t/h 燃煤锅炉结构图（单位：mm）

1—水冷壁；2—下降管；3—锅筒；4—前屏过热器；5—后屏过热器；6—对流过热器；7—再热器；8—第二级省煤器；9—第二级空气预热器；10—第一级省煤器；11—第一级空气预热器

（4）亚临界压力自然循环锅炉

国产亚临界自循环电站锅炉的额定蒸汽压力为16.67MPa，过热蒸汽/再热器温度为540℃/540℃、550℃/550℃和570℃/570℃等，额定蒸发量为1000t/h和2000t/h，给水温度为260℃，配300MW和600MW汽轮机发电机组。图2-16、图2-17分别为1000t/h和2020t/h燃煤亚临界压力自然循环电站锅炉示意图。

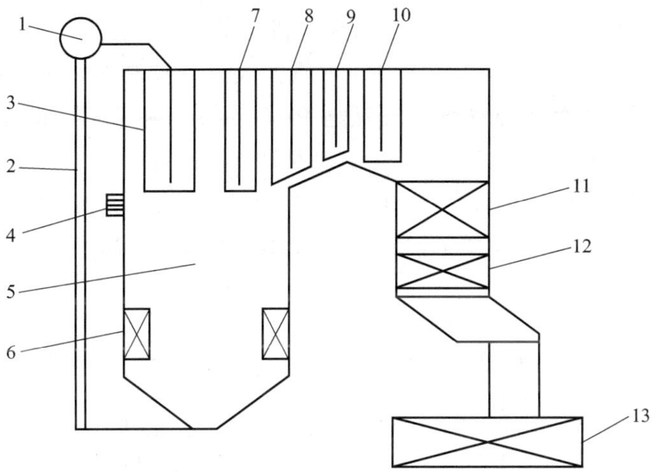

图2-16　1000t/h燃煤亚临界压力自然循环电站锅炉示意图

1—锅筒；2—下降管；3—全大屏过热器；4—壁式再热器；5—水冷壁；6—燃烧器；7—后屏过热器；8—中温再热器；9—高温再热器；10—高温过热器；11—水平烟道包墙管；12—尾部竖井包墙管；13—悬吊管

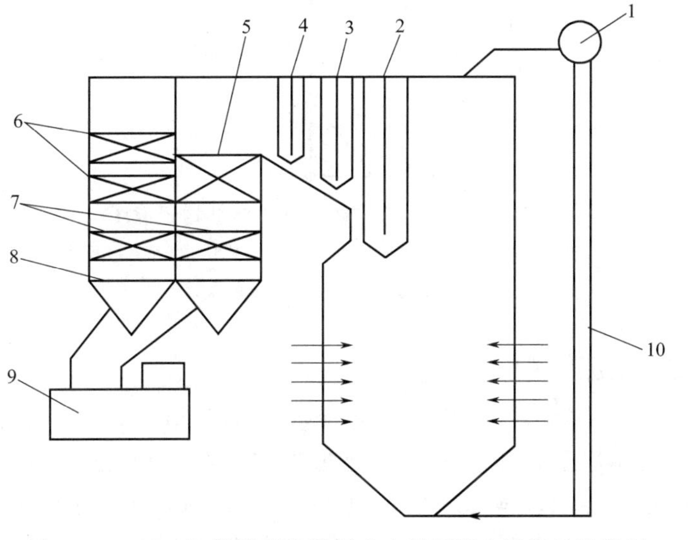

图2-17　2020t/h燃煤亚临界压力自然循环电站锅炉示意图

1—锅筒；2—屏式过热器；3—第二级过热器；4—第二级再热器；5—第一级过热器；6—第一级再热器；7—省煤器；8—烟气调节挡板；9—回转式空气预热器；10—下降管

2.1.3.2　强制循环锅炉

多次强制循环锅炉也称为控制循环锅炉或辅助循环锅炉，与自然循环锅炉一样具有锅筒，但不同点是，在自然循环回路的下降管和上升管之间加装循环泵，以提高循环回路的流动压头。由于工质作强制流动，因而可以采用直径较小的锅筒、上升管和下降管。控制循环锅炉的循环倍率一般控制在 3～5。控制循环锅炉多用于亚临界压力机组，但也有用于超高压机组的。

图 2-18 为 1025t/h 亚临界一次中间再热的改进型控制循环锅炉的结构示意图，其在最大额定蒸发情况下的过热蒸汽流量为 1025t/h，在额定工况下的过热蒸汽流量为 931.8t/h，过热蒸汽出口压力为 17.3MPa，过热蒸汽出口温度为 541℃，再热蒸汽流量为 762t/h，再热蒸汽进口压力为 3.48MPa，再热蒸汽出口压力为 3.31MPa，再热蒸汽进口温度为 319℃，再热蒸汽出口温度为 541℃，给水温度为 275℃。

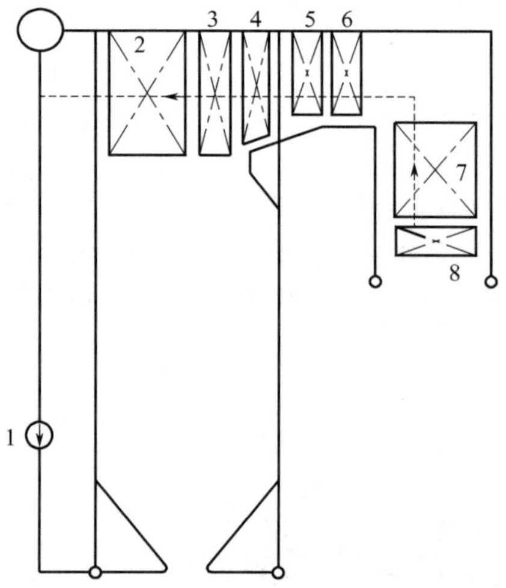

图 2-18　1025t/h 控制循环锅炉结构示意图

1—循环泵；2—分离屏过热器；3—后屏过热器；4—屏式再热器；5—末级再热器；6—末级过热器；7—低温水平过热器；8—省煤器

2.1.3.3　直流锅炉

直流锅炉是一种使给水一次通过各个受热面的电站锅炉，即直流锅炉的给水在水泵压头的作用下，顺序地一次通过加热、蒸发和过热受热面，转变成为所要求参数的过热蒸汽。其循环倍率为 1.0，无锅筒，适用于各种压力，蒸发受热面的布置比较自由。此外，直流锅炉启停迅速，调节灵敏。但是，直流锅炉的给水品质及自动调节要求较高，蒸发受热面阻力较大，给水泵耗电量也较大。

直流锅炉的形式与构造差异主要体现在水冷壁（蒸发受热面）的结构设计上。根据炉膛蒸发受热面布置方式的不同，直流锅炉可分为垂直上升管屏式、回带管屏式和水平围绕管圈式三种，见图 2-19。

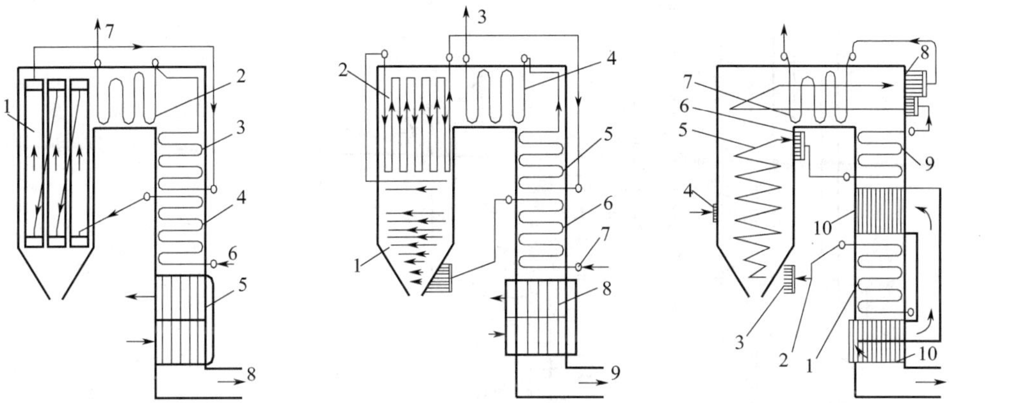

(a) 垂直上升管屏式
1—垂直管屏；2—过热器；3—外置式过渡区；4—省煤器；5—空气预热器；6—给水入口；7—过热蒸汽出口；8—烟气出口

(b) 回带管屏式
1—水平回带管屏；2—垂直回带管屏；3—过热蒸汽出口；4—过热器；5—外置式过渡区；6—省煤器；7—给水入口；8—空气预热器；9—烟气出口

(c) 水平围绕管圈式
1—省煤器；2—炉膛进水管；3—水分配集箱；4—燃烧器；5—水平围绕管圈；6—汽水混合物出口集箱；7—对流过热器；8—壁上过热器；9—外置式过滤区；10—空气预热器

图 2-19　三种直流锅炉的结构示意图

2.1.3.4　复合循环锅炉

复合循环锅炉是在直流锅炉和控制循环锅炉的基础上发展起来的一种新型锅炉。根据循环负荷，复合循环锅炉可分为部分负荷复合循环锅炉和全负荷复合循环锅炉。全负荷复合锅炉又称为低循环倍率锅炉。这两种锅炉的工作原理是相同的，都是在直流锅炉给水管管路上安装循环泵，借助循环泵的作用，保证锅炉在启动、停炉及低负荷运行时，通过蒸发受热面的流量大于锅炉的给水流量。蒸发受热面出口的一部分工质通过循环泵返回到该蒸发受热面的入口，从而使锅炉蒸发受热面在整个负荷范围内均有足够的质量流速。

部分负荷复合循环锅炉的工作特点是：在低负荷时，一部分水经过再循环管路在蒸发受热面中进行再循环，以充分冷却辐射受热面；而在高负荷时，可自动切换成直流锅炉模式，再循环管路中循环流量为零，以减小蒸发受热面管中的流动阻力。部分复合循环锅炉多用于临界压力机组。

图 2-20 为某一配 425MW 汽轮发电机组的部分负荷复合循环锅炉，锅炉额定压力为 20MPa，过热蒸汽温度和再热蒸汽温度均为 535℃，锅炉蒸发量为 1270t/h。

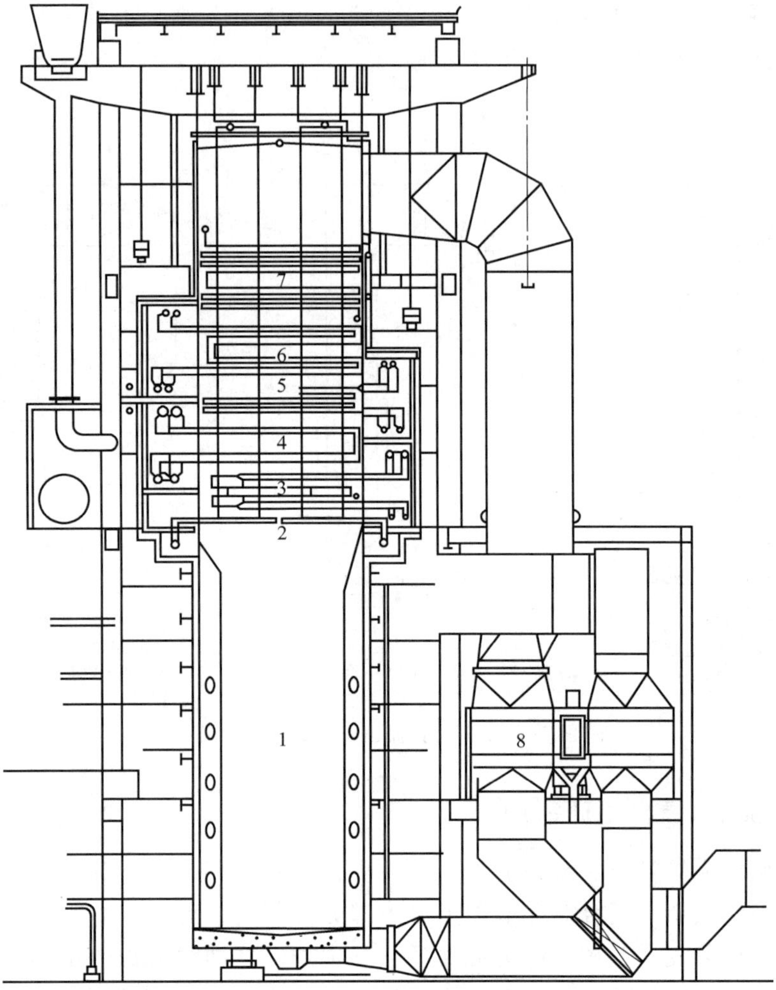

图 2-20　亚临界压力部分负荷复合循环锅炉

1—蒸发受热面；2—第一级对流过热器；3—第三级对流过热器；4—第二级再热器；5—第二级对流过热器；6—第一级再热器；7—省煤器；8—回转式空气预热器

低循环倍率锅炉在额定负荷时的循环倍率为 1.2～2，随锅炉负荷的降低，循环倍率增大。它既有直流锅炉的特点，又有控制循环锅炉的特点。与自然循环锅炉和控制循环锅炉相比较，它没有锅筒而只有汽水分离器。图 2-21 为某一配 300MW 汽轮发电机组的亚临界压力低循环倍率锅炉，锅炉额定蒸发量为 921t/h，最大连续蒸发量（MCR）为 947t/h，主蒸汽压力为 18.50MPa，主蒸汽温度为 545℃，再热蒸汽温度为 545℃，再热蒸汽流量为 815.4t/h，锅炉给水温度为 256℃。

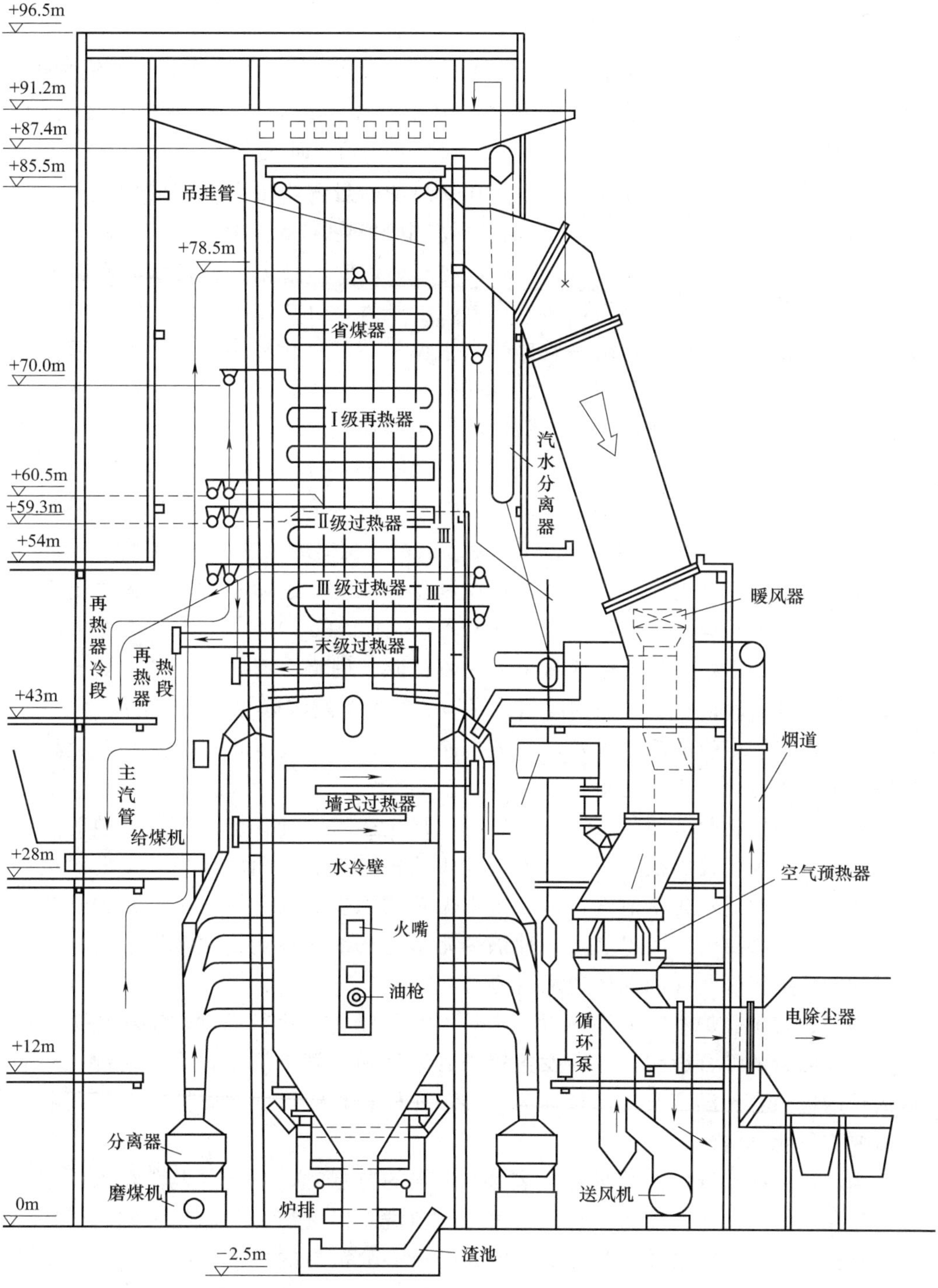

图 2-21　921t/h 亚临界压力低循环倍率锅炉

2.1.3.5 电站锅炉结垢分布

电站锅炉的用水都是经过化学分厂处理过的，因此其结垢速率比工业锅炉慢，但因水中含有各种钙、镁盐，其中以 $Ca(HCO_3)_2$、$Mg(HCO_3)_2$ 形式存在的盐，在锅炉受热时会分解成难溶的 $CaCO_3$、$Mg(OH)_2$ 而沉积成垢；以 $CaSiO_3$、$CaSO_4$、$Ca_3(PO_4)_2$ 形式存在的微溶盐在受热浓缩过程中也会沉积成垢。水中含有 CO_2、O_2 及酸性盐等物质，可使锅炉材料中的钢铁或铜受到腐蚀，从而产生铁的氧化物、铜的氧化物和碳酸盐。因此，电站锅炉中的结垢主要是水垢和腐蚀产物，主要分布在锅炉的受热面，如省煤器、上升管、过热器上，电站锅炉的汽轮机发电机组的转子上也会积结一层硅酸盐水垢和高温氧化铁垢。另外，结垢影响传热，每结 1mm 厚的水垢，传热效率即降低 5%～10%；结垢也会引起垢下金属腐蚀，加速金属材料的破坏，影响锅炉的使用寿命。所以，积垢达到一定程度就需要清洗，一般情况下，压力为 17.65MPa（$180kgf/cm^2$）的大型锅炉 2～3 年要清洗一次，压力为 12.75～14.71MPa（$130～150kgf/cm^2$）的中型锅炉要 3～5 年清洗一次，压力为 9.8MPa（$100kgf/cm^2$）左右的小型锅炉也应 4～6 年清洗一次。

新安装锅炉，因锅炉及其附属设备在制造、装配、运输和安装过程中受到各种污染，如钢垢、焊垢、腐蚀产物（FeO、Fe_2O_3、Fe_3O_4）、尘土、污泥和临时保护涂物等，若不在锅炉投运前将上述污物清除，则将会影响锅炉的热导率，并加剧锅炉及其附属设备的腐蚀和结垢，对锅炉的安全经济运行造成较大威胁。

从预防锅炉事故的观点出发，在运行前对新建锅炉进行化学清洗和对运行中的锅炉定期进行化学清洗均是必要的。

若锅炉在垢物附着的状态下长期运行，则往往因炉管管壁过热和腐蚀而引起破损等事故。为了提高锅炉效率和安全性，从预防事故的角度出发，定期对运行锅炉和新建锅炉进行化学清洗，以除去水垢及腐蚀生成物，使锅炉经常处于清洁状态，是十分必要的。所以了解各种锅炉化学清洗剂的性能，并掌握它们与被清洗垢物的反应机理是准确选择清洗剂的先决条件。

锅炉运行中受炉水的处理质量、锅炉本身的结构、运行条件、工作压力、燃烧方式等因素的综合影响，常会发生锅炉管壁结垢、管壁温度过高等情况，一般以锅炉的极限容许温度及技术指标为标准，在检查管壁温度和腐蚀情况后判断是否需要进行化学清洗。

当锅炉水冷壁管内的垢量达到表 2-6 规定的范围时，应对省煤器和水冷壁系统进行化学清洗，高压加热器水侧也可参与清洗。以重油和天然气为燃料的锅炉和液态排渣炉，应按表 2-6 中的规定提高一级参数锅炉的垢量标准来确定化学清洗，一般只需清洗锅炉水系统。当锅炉化学清洗间隔年限达到表 2-6 规定的条件时，可进行化学清洗。

表 2-6　电站锅炉化学清洗间隔

炉型	电力行业			其他行业	
	工作压力/MPa	沉积物含量/(g/m^2)	清洗间隔/a	沉积物含量/(g/m^2)	清洗间隔/a
汽包炉	＜5.9	＞600	12～15	600～800	6～7
	5.9～12.60	＞400	7～12	400～500	4～6
	12.70～15.6	＞300	≥10	300～400	3～5
	＞15.6	＞250	≥10	200～300	2～4
直流炉		＞200	≥10		

当锅炉因结垢而导致水冷壁管爆管或明显胀粗时，应及时进行化学清洗。

当酸性水、生水或海水进入热力系统，导致给水水质劣化至GB/T 12145规定的三级标准以下时，应紧急停机处理，割管检查，根据检查结果，考虑是否进行化学清洗。

当直流锅炉给水泵出口至启动分离器出口压差超过设计值并影响机组正常运行时，可进行化学清洗。

锅炉省煤器、水冷壁更换比例低于30%，且更换的新换热管内表面垢量不超过$35g/m^2$，可不安排化学清洗；如受热面更换比例低于30%，但更换的新换热管内表面垢量超过$35g/m^2$时，应对新换热管内表面先进行化学清洗再安装更换；如受热面更换比例在30%以上，应对锅炉省煤器和水冷壁系统进行整体化学清洗。

2.2　换热器

换热器又称为热交换器，是指两种流体通过分隔两流体的固体壁面进行热量传递的设备。换热器是化工生产中最常用的典型设备之一，一般来说换热器约占化工装置设备总质量的30%～40%，在化工厂建设中换热器约占总投资的12%。在炼油厂的一些装置中，换热器占总投资的20%。换热器是石油化工生产装置中极其重要的组成部分，也是食品、染料、医药、动力、纺织等工业中广泛应用的通用设备。

换热器按流体交换方式分为直接接触式、蓄热式、间壁式换热器，其中间壁式换热器是石油化工装置中使用最多的换热器设备，因为两流体不相混，不会影响热流体或冷流体的浓度。根据使用场合的不同，换热器还可被分别称作加热器、冷却器、冷凝器、蒸发器或再沸器。按传热面形式可分为管式换热器和板式换热器。

2.2.1 管式换热器

管式换热器是换热壁面为管子的一类换热器，分为管壳式、套管式、螺旋管式、蛇形管式、夹套式等多种型式。

2.2.1.1 管壳式换热器

管壳式换热器又称作列管式换热器，是石油化工中应用最广泛的换热器，具有结构坚固、适应性强等优点，按其结构特点可分为以下几种形式。

(1) 固定管板式换热器

此类换热器系不同温度的两种流体分别从管内、外流过，通过间壁进行热交换。其结构较简单，制造较方便，造价较低，从而得到广泛使用。在传热面较大的情况下，管外、管内的截面很大，当流体流量较小时，为提高载热体的流速及搅动性以改善给热条件，可在壳程中装折流挡板。固定管板式换热器见图 2-22、图 2-23。

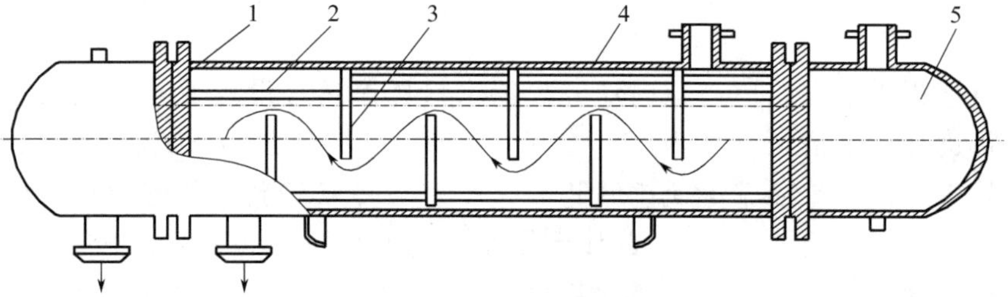

图 2-22　固定管板式换热器结构示意

1—管板；2—换热管；3—折流挡板（或支撑板）；4—筒体；5—封头

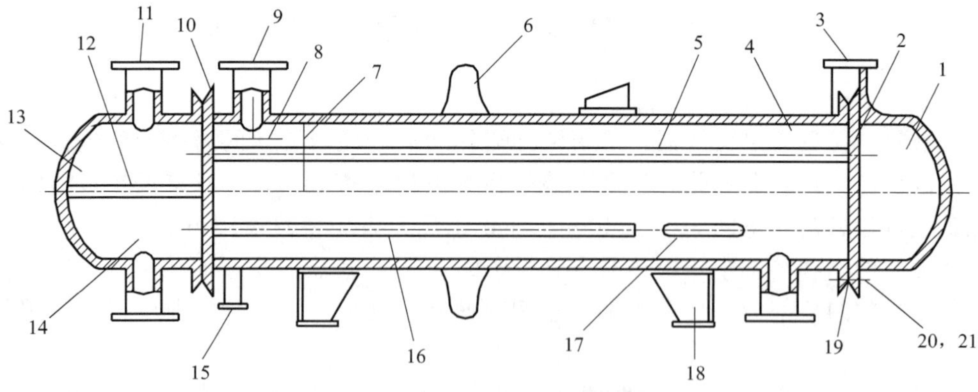

图 2-23　双程固定管板换热器结构示意

1—封头；2—法兰；3—排气口；4—筒体；5—换热管；6—波形膨胀节；7—折流挡板（或支撑板）；8—防冲板；9—壳程接管；10—管板；11—管程接管；12—隔板；13—封头；14—管箱；15—排液口；16—定距管；17—拉杆；18—支座；19—垫片；20，21—螺母、螺栓

(2) 浮头式换热器

此类换热器一端管板固定，另一端管板可在壳内移动，与壳体不相连的部分称为浮头，浮头式换热器的管束可以拉出，从而方便维修和清洗。浮头式换热器结构见图 2-24。

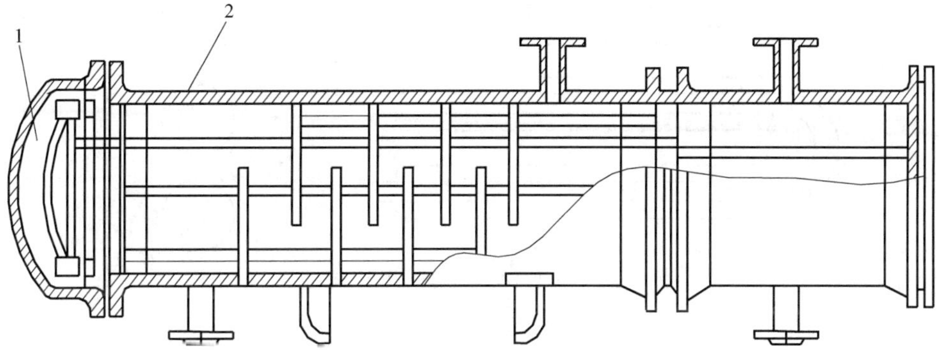

图 2-24 浮头式换热器示意

1—浮头；2—筒体

(3) U 形管式换热器

此类换热器系将 U 形管两端固定于管板，至少有两个管程，板上管束可因冷热变化而自由伸缩，从而不会造成温差应力。U 形管式换热器能承受较高温度和压力，管束可以抽出，管外壁清洗方便，管内一般通过干净或不需要机械方法清洗的介质。U 形管式换热器见图 2-25。

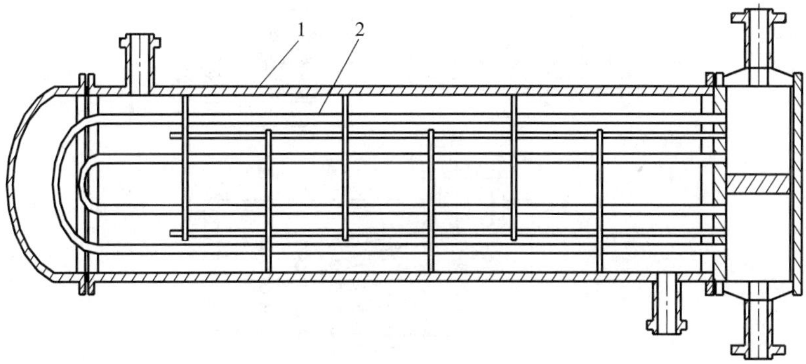

图 2-25 U 形管式换热器结构示意

1—外壳；2—U 形管

2.2.1.2 套管式换热器

此类换热器系将两种直径大小不同的标准管连接成同心套管，然后将管内和管间分别串联起来，每一段套管称为一程，一般程数较多时做上下排列，固定于管架上，两种不同温度的流体分别从内管和套管间隙流过，并多以逆流方式进行换热。见图 2-26。

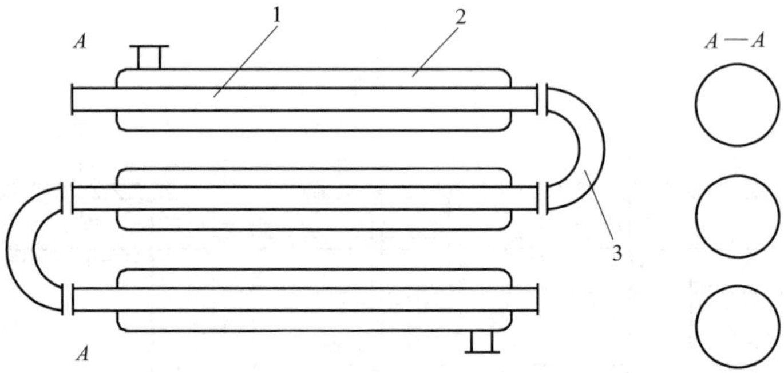

图 2-26　套管式换热器结构示意

1—内管；2—外管；3—U 形肘管

2.2.1.3　蛇形管式换热器

蛇形管式换热器又分为沉浸式和喷淋式两种。

（1）沉浸式蛇管换热器

此类换热器由肘管连接直管构成或由螺旋形弯管构成，除安装成排外，蛇管还可构成一个平面，水平安装在容器底部，沉浸于介质中换热，根据容器的形状，将蛇形管弯成有利于操作的形状。见图 2-27、图 2-28。

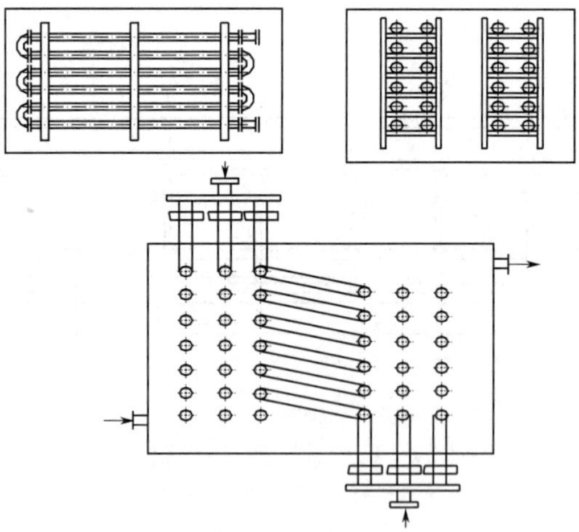

图 2-27　沉浸式蛇管换热器

（2）喷淋式蛇管换热器

该换热器常用作冷却器，是一种高效率的设备，蛇管结构做成平板式，固定在管架上，被冷却的液体在蛇管内流动，冷却水通过最上面的喷淋装置均匀地淋下，因结构简单，故便于维修和清洗。其结构见图 2-29。

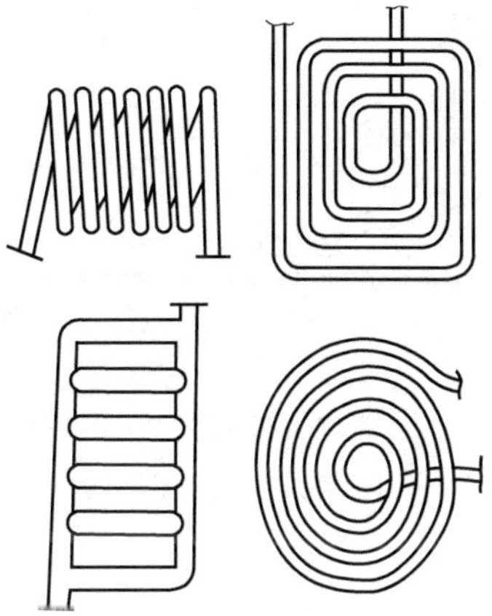

图 2-28　沉浸式蛇形管的形状

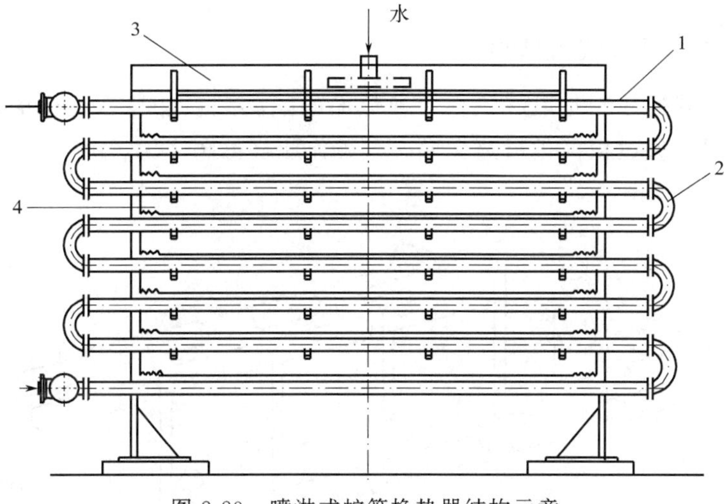

图 2-29　喷淋式蛇管换热器结构示意

1—直管；2—U 形管；3—水槽；4—齿形檐板

2.2.1.4　夹套式换热器

夹套式换热器常用于反应器的加热或冷却，容器中间放液料，用蒸汽加热时，蒸汽由连接管 3 进入夹套 2，冷凝水则由夹套下部连接管 5 流出，连接管 4 一般用来放空夹套内空气。冷却时，冷却水由下部连接管 5 进入，而后从夹套上部连接管 3 流出。见图 2-30。

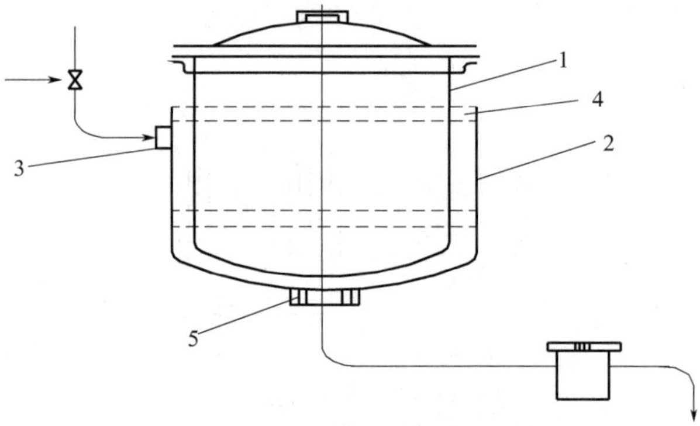

图 2-30　蒸汽夹套式换热器结构示意

1—容器；2—夹套；3～5—连接管

2.2.2　板式换热器

板式换热器是换热壁面为平板的一类换热器，有可拆式板式、螺旋板式、板翅式、板壳式等多种型式。

2.2.2.1　可拆式板式换热器

可拆式板式换热器是以波纹板为换热面的紧凑型换热器，冷热流体交替地在板片两侧流过，通过板面进行热交换。其工作原理见图 2-31。

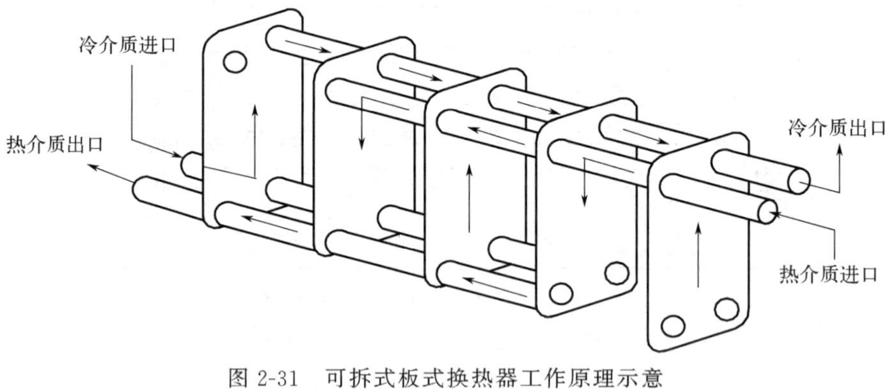

图 2-31　可拆式板式换热器工作原理示意

2.2.2.2　螺旋板式换热器

它由两张平行的薄钢板卷制而成，构成一对互相隔开的螺旋形流道，冷热流体以螺旋板为传热面相间流动。螺旋板式换热器传热效率较高，是一种新型的换热器，见图 2-32。

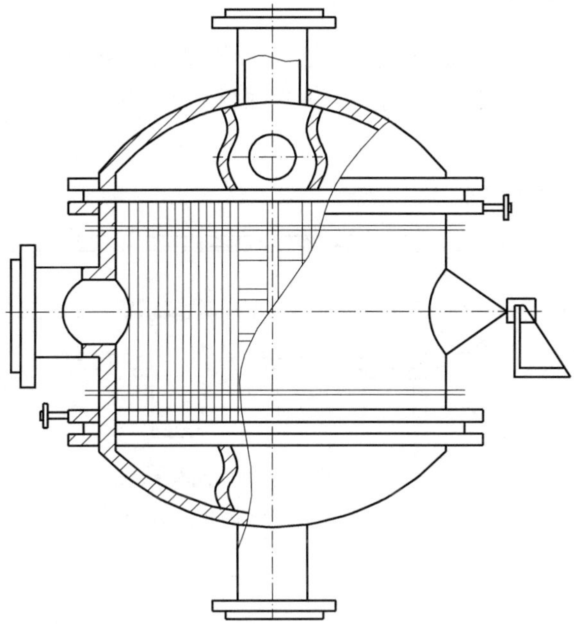

图 2-32　螺旋板式换热器结构示意

2.2.2.3　板翅式换热器

板翅式换热器的基本结构是由平隔板和各种形式的翅片构成板束，再与其他部件组装而成。其具有传热系数大，传热效率高，结构紧凑，单位传热面积大（比一般列管式大 10～20 倍），质量轻，适应性强等特点，可用于气-气、气-液、液-液的热交换，也可用于冷凝和蒸发，一般要求使用介质较清洁。见图 2-33。

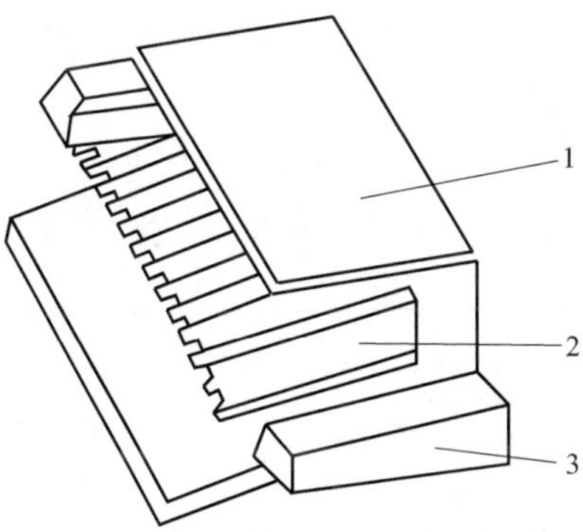

图 2-33　板翅式换热器的板束结构示意

1—隔板；2—翅片；3—封条

2.2.2.4 板壳式换热器

板壳式换热器是一种高效换热器，主要由传热面板束和壳体组成，具有管式和板式换热器的特点，属于两者之间的一种换热器，图 2-34 是双壳程板壳式换热器。

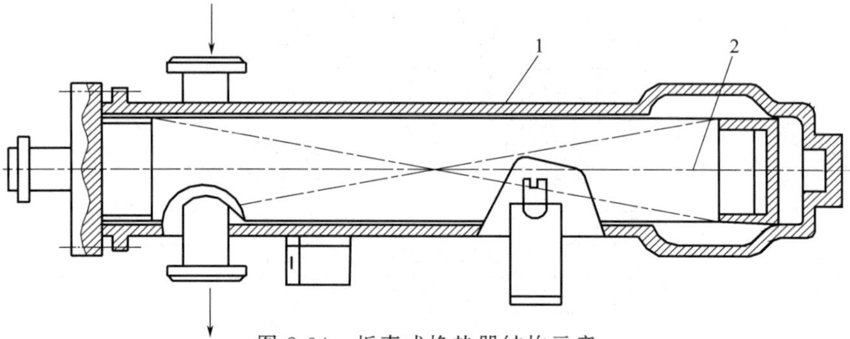

图 2-34 板壳式换热器结构示意

1—壳体；2—板束

2.2.3 换热器的结垢分布

换热器在石油化工等行业生产过程中具有十分重要的地位，许多生产工艺过程和产品制造都与介质的冷却和加热密切相关，因此，最大化换热器的冷却（加热）效率十分重要。污垢可将换热器堵塞，危害很大，清洗污垢是装置检修的一项重要任务。不同装置，换热器结垢不同，主要有水垢、黏泥、结焦及腐蚀产物等。

污垢来源主要有以下几种情况：

① 循环冷却水因无机离子浓缩，在传热面形成无机盐垢层，如 $CaCO_3$、$Ca_3(PO_4)_2$、$CaSO_4$、$MgSiO_3$ 等；

② 加热蒸汽因无机离子浓缩，在传热面形成无机盐垢层；

③ 换热器等设备被溶解在冷却水中的氧所腐蚀而形成铁锈垢；

④ 补充水携带的固体悬浮物，以及冷却水洗涤空气时吸附的灰尘垢；

⑤ 菌藻的繁殖和死亡造成的生物黏泥垢；

⑥ 生产过程中物料泄漏造成的污垢等；

⑦ 长期加热或冷却物料形成的物料垢，如油垢、积炭垢、聚合物垢等。

2.3 塔器

塔是石油化工等工业生产中广泛应用的重要设备，主要功能是为气、液两相充分接触提供充分的空间，使相间传质及传热有效进行。因此塔内设置有气、液接触的必要构件。以下介绍多种塔的结构及结垢分布情况。

2.3.1 板式塔

2.3.1.1 板式塔结构

图 2-35 所示为板式塔的典型结构（以泡罩塔为例）。塔板上有若干自下而上通气用的短管，上部有圆形的罩盖，罩盖的下沿开了小孔或齿缝。操作时，液体进入塔顶的第一层板，沿板面从一侧流向另一侧。越过溢流堰，落进降液管到第二层板，逐层下流。溢流堰使塔板有一定液层高度，用以将泡罩下沿的小孔（或齿缝）淹没。气体从塔底最低一层塔板下方，经由塔板上升气管逐层上升。由于板上液层的存在，气体通过每一层板上的泡罩时，分散成许多气泡，使液层成为泡沫层，从液面升起时又带出一层液沫。气泡与液沫的生成，为两相的接触提供了相当大的界面面积，并造成一定程度湍动，有利于提高传质速率。气、液两相沿逐层塔板错流及逆流流动，以达到传质、传热目的。

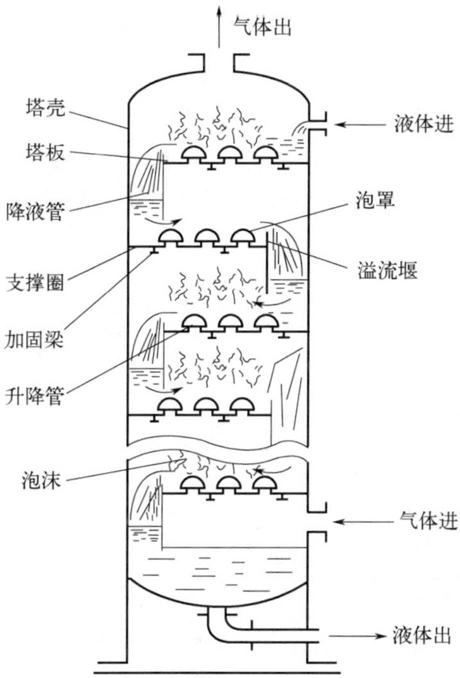

图 2-35　板式塔的典型结构示意图

2.3.1.2 板式塔类型

板式塔中最早出现的是泡罩塔，但现在应用比较广泛的是筛板塔、浮阀塔等。

(1) 筛板塔

筛板塔与泡罩塔的基本结构相同，区别在于省去了泡罩与升气管，直接在塔板上开设大量小直径筛孔。操作时气体以高速通过小孔上升，塔板上的液体不能经过小孔落下，只能通过降液管流到下一层塔板，分散成泡的气体使板上液层成为强烈湍动的泡沫层。

筛板多由不锈钢或合金钢板制成，使用碳钢者较少。孔的直径为 3～8mm，以 4～5mm 居多，板的厚度为孔径的 0.4～0.8 倍。

筛板塔的结构简单，造价低。与泡罩塔相比，其生产能力高 10%～15%，板效率高 10%～15%，而每板压降则低 30%左右。

（2）浮阀塔

浮阀塔是 20 世纪末发展起来的，现已和筛板塔一样，成为使用最广泛的一种板式塔。

浮阀塔板上有正三角形排列的阀孔，每个孔上面安置一个阀片，图 2-36 是我国标准 F-1 型浮阀的结构示意图。阀片为圆形（直径 48mm），其下三条带脚钩的垂直腿插入阀孔（直径 39mm）。气速达到一定值时，阀片被推起，但受脚钩的限制，最高升起位置不会脱离阀孔。气速减小，则阀片落到塔板上，靠阀片底部三处凸起物支撑，仍与板面保持约 2.5mm 的距离。塔板阀孔开启数量根据气体流量的大小而有所改变。因此，气体经浮阀送出的线速度波动幅度不大，鼓泡性能可以保持均衡一致，使得浮阀具有较大工作弹性。浮阀标准质量有两种：轻阀约 25g，重阀约 33g。一般情况下用重阀，轻阀则用于真空操作或落差较大的液体进板部位。

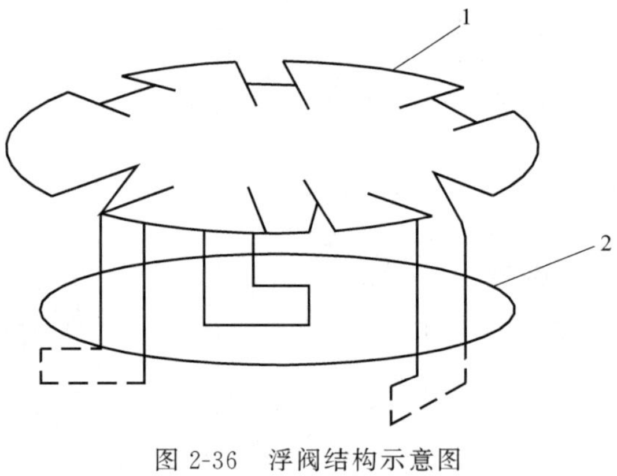

图 2-36　浮阀结构示意图

1—阀片；2—塔板上的阀孔

浮阀直径比泡罩直径小，排列更紧凑，从而可增大塔板开孔面积，同时气体以水平方向通入液层，带出液沫量减少而气液接触时间延长，故可增大气体流速，从而提高生产能力（比泡罩塔提高约 20%），板效率亦有所增加。浮阀塔的结构比泡罩塔简单，但比筛板塔复杂，其压降比泡罩塔小。为避免阀片生锈后与塔板粘连，以致盖住阀孔而不能流动，浮阀及塔板均需用不锈钢制成。

板式塔除上述三种外，还有许多别的型式，并且新的型式也不断涌现。其中，设降液管的塔板包括舌形板、网孔板、导向筛板等；而不设降液管的塔板如穿流栅孔板等亦较常见，它们多数是针对现有塔板某些方面的弱点进行改进的，因而能满足特定要求，其中有些已在特定领域内获得广泛使用。

2.3.2 填料塔

2.3.2.1 填料塔构造

填料塔为一直立式圆筒，塔内填料以乱堆或整砌的方式铺设在塔底支承板上（图 2-37）。

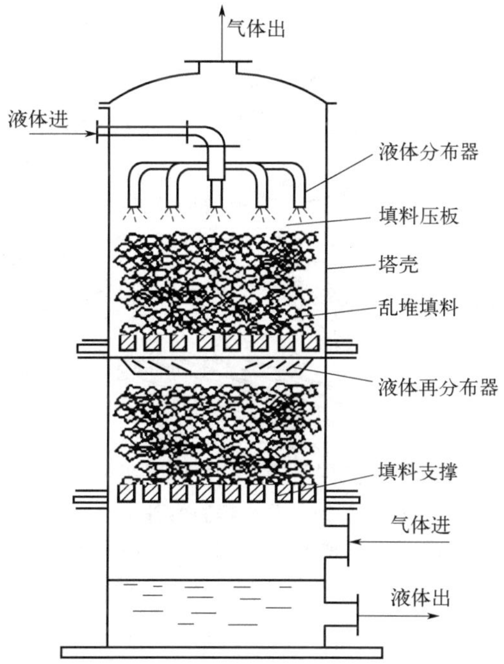

图 2-37 填料塔的典型结构示意图

气体从底部被送入，液体在塔顶经过分布器被淋洒到填料层表面。液体在填料层中有向塔壁流动的趋势（壁流效应），故当填料层较高时，通常将其分成数段，段间设置液体再分布器，以避免液体因长期壁流聚集成液滴落下而影响传质效率。填料层的润湿表面为气、液接触的传质表面。填料层内气、液两相呈逆流接触（近年也出现并流式塔，气体也从塔顶进入，可减小阻力及避免液泛）。两相的组成是沿塔高连续改变的，这一点与板式塔内组成作阶跃式变化迥然不同。

2.3.2.2 塔填料类型

塔填料的作用是为气、液两相提供充分的接触面，并为提高其湍动程度（主要是对气相）创造条件，以利于传质（包括传热）。选择的塔填料应能使气、液接触面积大，传质系数高，同时通量大且阻力小。制造材料需对处理的物料具有耐腐蚀性，并具有一定的机械强度，确保塔底部的填料不因受压而碎裂、变形。

常用的填料有两大类：散装填料和规整填料。

散装填料有实心的固体块、中空的环形填料、表面开口的鞍形填料等。其常用的构造材料包括陶瓷、金属、玻璃、石墨等。规整填料由薄板条、波纹板等按一定间距有规律地排列而成，称为栅栏板填料或波纹板填料，可用木材、塑料、金属制造。工业上常用的填料有拉西环、鲍尔环、阶梯环、弧鞍、矩鞍、栅栏板等，见图 2-38。

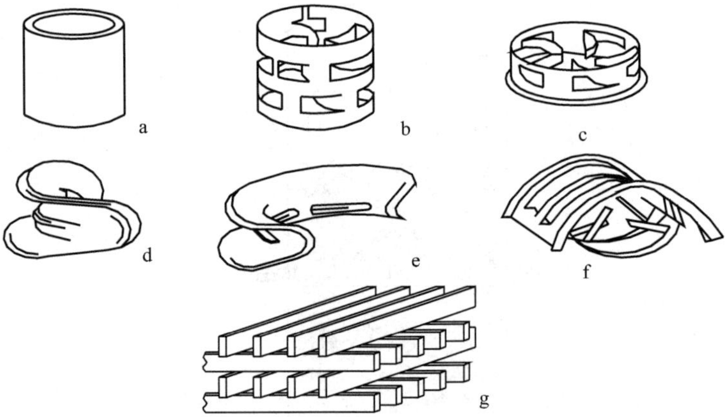

图 2-38 几种填料的外形

a—拉西环；b—鲍尔环；c—阶梯环；d—弧鞍；e—矩鞍；f—金属环；g—木栅板

2.3.3 萃取塔

2.3.3.1 重力赋能萃取塔

重力赋能萃取塔是两液相靠重力作逆流流动而不输入机械能的萃取塔，结构简单，适用于表面张力不大、要求理论塔板数不多（如不超过三四级）的场合。主要可分为以下几种。

(1) 喷洒塔

图 2-39 中以重液相 1 为连续相，其分两路由塔顶进入，由塔底流出；轻液相 2 通过塔底的喷洒器分散为液滴后，在连续相内浮升，到达塔顶，并聚成轻液层后流出。塔顶、塔底的扩径结构，是为了使轻、重液相能得到较长的停留时间，

以实现较完全的分离。

喷洒塔的优点是：结构简单，投资少，易于维护。其缺点是：两相的接触面积和传热系数不大，传热、传质效率低。图 2-39 所示的是一种结构最简单的喷洒塔型。

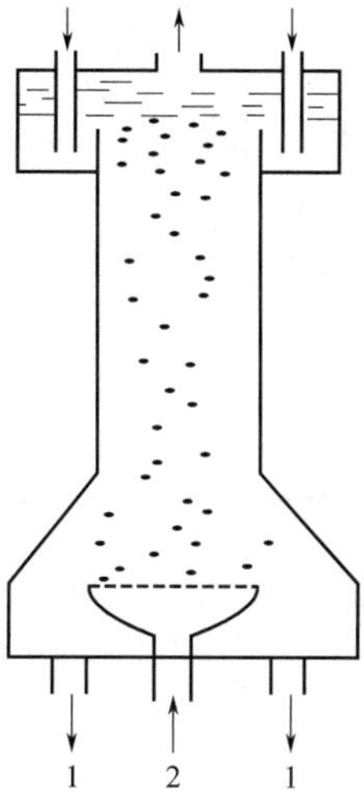

图 2-39　喷洒塔结构示意图

1—重液相；2—轻液相

(2) 填料萃取塔

连续接触式逆流萃取通常在塔内设备中进行，如图 2-40 所示，重液、轻液分别从塔顶、塔底进入。选择轻液作为分散相，以扩大两相间的接触面积。在填料萃取塔中，轻液被塔底的喷洒器分散成液滴，在填料层 2 中曲折上升并撞击填料，液滴浮出填料层后，逐渐合并、集聚形成轻液液滴并聚层 3，并在塔顶形成轻液层 4，然后流出塔外。重液则为连续相，由上而下通过填料层，与轻液滴接触、传质，到塔底段成为澄清的重液层，经溢流管排出。

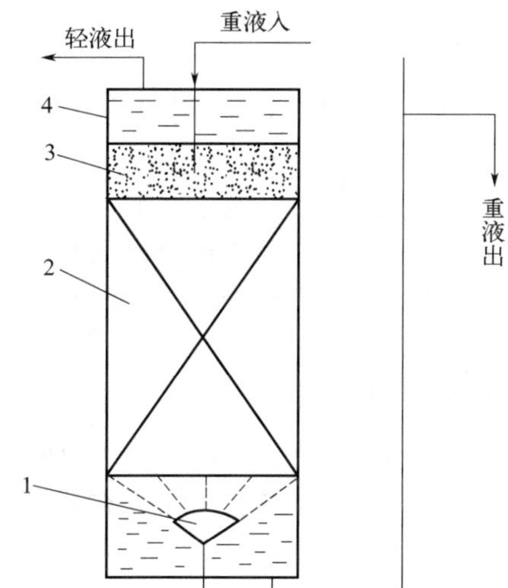

图 2-40　填料萃取塔结构示意图

1—喷洒器；2—填料层；3—轻液液滴并聚层；4—轻液层

填料不仅可以使液滴表面更新，同时也能抑制连续相在塔内的回流而减少返混。所以，填料萃取塔的传质效率比喷洒塔的高。常用的填料为拉西环和弧鞍。

(3) 筛板萃取塔

筛板萃取塔的结构与气液传质设备中的筛板塔类似，图 2-41 是以轻液作为分散相的示意图。轻液从塔的近底部处进入，因浮力作用通过筛孔而被分散。依此，轻液每通过一层筛板就被分散-合并一次，直到在塔顶集聚成轻液层后引出。作为连续相的重液则在筛板上流过，与轻液液滴进行传质，然后沿降液管流到下一层筛板。逐板与轻液传质，一直到塔的底段后流出。筛板萃取塔塔板的特点是：降液管不设置溢流堰。

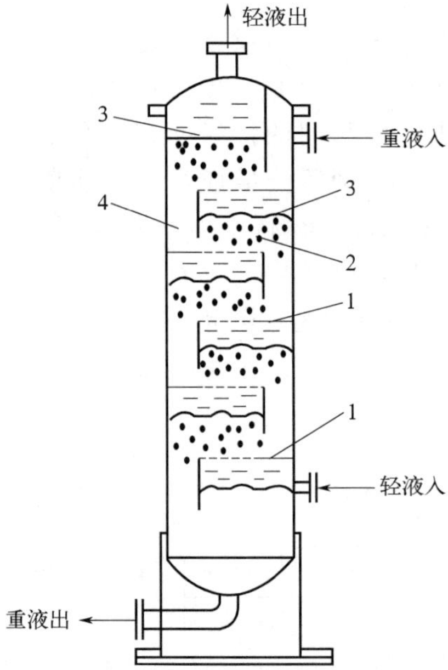

图 2-41　筛板萃取塔结构示意图

1—筛板；2—轻液分散在重液内的混合液；3—分散相并聚界面；4—降液管

2.3.3.2　机械赋能萃取塔

机械赋能常用方式有转动式和脉冲（或振动）式两种。前者主要有转盘萃取塔和搅拌填料塔，后者有脉冲筛板萃取塔、脉冲填料萃取塔。

（1）转盘萃取塔

转盘萃取塔的结构示意见图 2-42，在塔壁上从上到下装设一组等距离的固定环，塔的轴线上设有中心转轴，轴上固定着一组水平转盘，每个转盘都位于两相邻固定环的中间。操作时，转轴由电动机驱动，从而两相液流中产生相当大的速度梯度和剪切应力，一方面使连续相产生旋涡运动，以更新和增大相界面积；另一方面也促使分散相的液滴变形、破裂及合并，以提高传质系数。固定环则起到抑制轴向返混的作用，使旋涡运动大致被限制在两固定环之间的区域。转盘和固定环都比较薄而光滑，所以液体中不会形成局部高应力区，易于避免乳化现象的产生，有利于轻重液相分离。

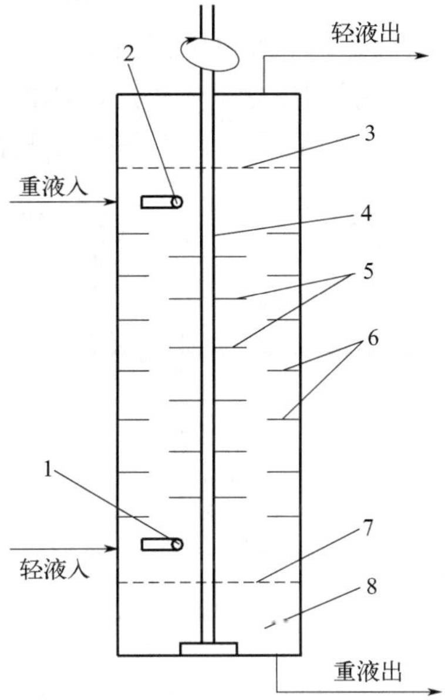

图 2-42 转盘萃取塔结构示意图

1，2—液体的切线入口；3，7—栅板；4—转轴；5—转盘；6—固定环；8—塔底澄清区

（2）搅拌填料塔

搅拌填料塔也称夏贝尔（Scheibel）塔，是最早工业化的一种转动或输入能量式萃取塔。如图 2-43 所示，将搅拌填料塔沿塔高分为几等分，在两段填料之间的区域进行搅拌。搅拌器为涡轮式，都装在同一根中心转轴上。填料采用空隙率为 98%的丝网填料，其作用是：一方面促进液滴合并，使轻液上浮，重液下沉；另一方面抑制轴向返混。在填料分段之间进行搅拌的塔设备属于逐级接触式，而不再是连续接触式的塔设备。实际上，一个搅拌区加填料段，相当于一级搅拌-澄清槽。

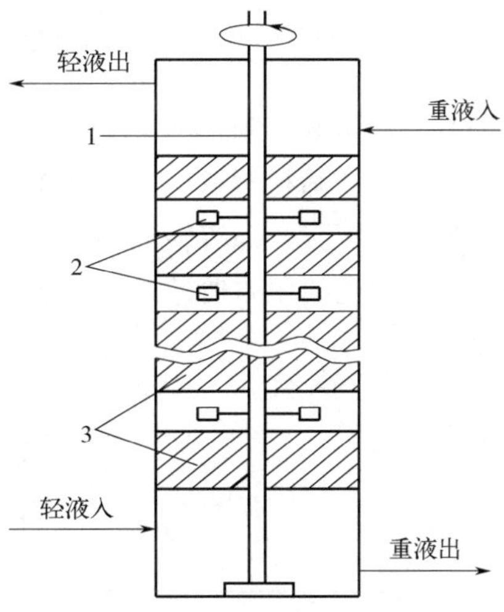

图 2-43 搅拌填料塔结构示意图

1—转轴；2—搅拌器；3—丝网填料

（3）脉冲筛板萃取塔

向萃取塔输入机械能的另一种方式为在塔的底部设置脉冲发生器，将脉冲输入塔内，使轻重液体在塔内流动的过程中叠加着上下脉冲运动。如图 2-44 所示的两种方法：图 2-44（a）是将发生脉冲的往复泵连接在轻液入口管中；图 2-44（b）

则是往复泵发生的脉冲通过隔膜输入塔底。以四氟乙烯波纹管制成的箱状隔膜，因具有优异的耐腐蚀性、机械强度，脉冲振幅及频率的可调范围大，而得到广泛应用。脉冲筛板萃取塔适用于腐蚀性或含有悬浮固体的液体，特别是其全封闭结构可以使设备与放射性液体保持安全隔离，故在核工业中得到广泛应用。

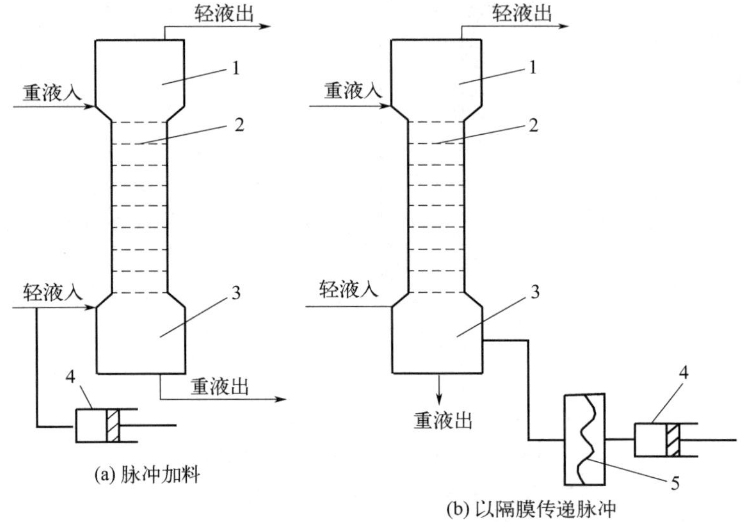

图 2-44　脉冲筛板萃取塔结构示意图

1—塔顶分层段；2—无溢流筛板；3—塔底分层段；4—脉冲发生器；5—隔膜

（4）自控周期式筛板萃取塔

自控周期式筛板萃取塔是一种无溢流筛板塔，其工作原理如图 2-45 所示，在每两层筛板间的区域内都有轻液和重液，并已部分分层，而筛孔的直径较小，使流体不能靠重力产生的压差通过。自控周期式筛板萃取塔在处理能力和传质效果两方面

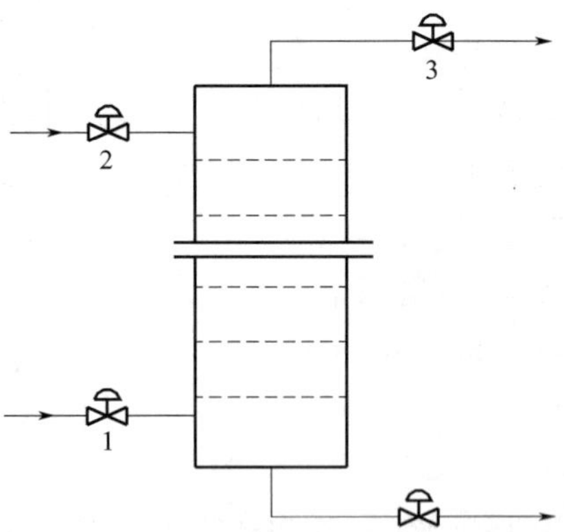

图 2-45　自控周期式筛板萃取塔示意图

1，3—轻液进、出口自控阀；2，4—重液进、出口自控阀

均优于其他输入机械能的萃取塔。同样的，自控周期操作也可用于其他塔型。

2.3.4 塔器结垢分布

板式塔的结垢主要有腐蚀产物、物料垢、聚合产物或中间体垢，分布在塔板和塔内表面；填料塔的结垢主要有填料环腐蚀产物、物料垢和腐蚀产物；萃取塔的结垢以物料垢和腐蚀产物为主，分布在塔板和塔内表面。

塔器结垢的结果是：泡罩的齿缝和筛板的筛孔被污垢堵塞，使气体的传质阻力增大，直接影响气液两相的物质交换，降低塔效率，严重时无法生产；使浮阀的脚钩与塔板锈死，增加浮阀的起浮阻力甚至无法动作，降低了塔效率；使填料间隙减小，增大传质阻力。另外，新塔在运行之前，如不进行清洗和钝化处理，油污、铁锈不但易引起物料催化分解，也加剧塔内件腐蚀。

2.4 储罐

本节以炼油厂储罐为例说明常用储罐结构。

2.4.1 储罐类型

我国炼油厂的各种钢制储罐可分为三类。

(1) 固定顶立式储罐

按罐顶结构类型不同，分为拱形顶、锥形顶和无力矩顶三种，其中以拱形顶居多。拱形顶罐的顶盖需用钢筋加强，结构简单、稳定，见图 2-46。

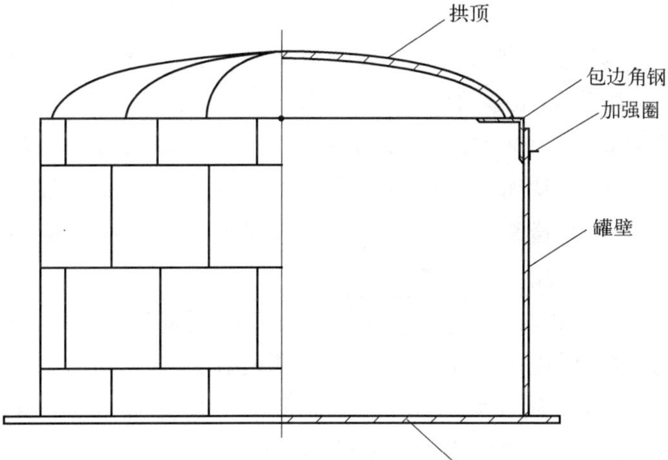

图 2-46 拱形顶罐

(设计压力：正压 1960Pa，负压 490Pa；试验压力：正压 2160Pa，负压 1170Pa)

当罐直径大于 32m 时，拱顶需用桁架加强，用钢量大而经济性变差。因而产生了 20000m^3 和 30000m^3 等网架结构的系列罐顶，以改善拱形结构大型化的经济性。锥形顶罐的顶盖全部由桁架支撑。无力矩顶罐系根据顶盖受外来负荷时在截面上不产生力矩的原理，将顶板分成多片的伞形罩，由罐体中心立柱支承，见图 2-47。

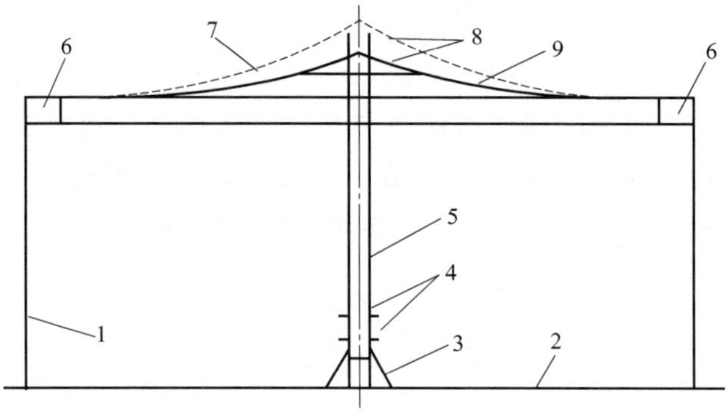

图 2-47　顶吸式无力矩顶罐

1—罐壁；2—罐底；3—支柱底座；4—支撑法兰；5—支柱；6—周边钢箅圈；7—罐内压力最大时的罐顶；8—金属伞形罩；9—罐内压力最小时的罐顶

固定顶罐顶部留有一定的气相空间，其中以拱形顶罐最大，锥形顶罐次之，无力矩顶罐最小。气相空间增大，会使罐内储存油品的蒸发损失加大，所以固定顶罐不适于轻质油品和原油的储存，主要用于储存低挥发性重质油品。

（2）浮动顶立式储罐

有浮顶和内浮顶两种形式，浮顶罐的浮盘随液面上下浮动，浮盘周边与罐壁之间的环形空间用密封装置加以封闭。浮盘又有单盘和双盘两种形式，通常 5000m^3 以下的用双盘；10000m^3 及以上的用单盘（见图 2-48 单盘式浮顶罐）。浮顶罐消除了气相空间，从而大大降低了蒸发损失，可用于原油及高挥发性油品的储存。我国原油多数含蜡量大，因此需设置刮蜡装置，以防止罐壁结蜡妨碍浮盘活动，或因蜡块局部跌塌损坏浮盘。

浮盘上下移动易引起静电荷在浮盘上积聚，为保证安全，需设置静电导出装置，且密封装置的材质也是绝缘的。内浮顶罐是在固定顶罐内加设浮动顶盘，大多数由拱形顶罐改造而成（见图 2-49 内浮顶罐），既能降低蒸发损耗，又可防止雨砂尘等侵入，适用于对质量要求严格的挥发性油品储存。

内浮盘通常由轻型钢材制成浅盘结构，也可采用现场组装、螺栓连接的铝合金浮盘，铝合金抗腐蚀能力强且质量轻，具有明显的优越性，但费用较高。

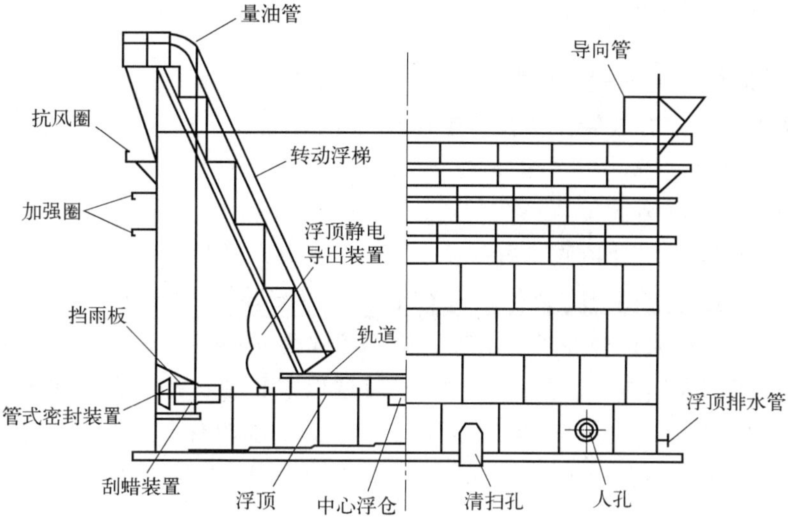

图 2-48　单盘式浮顶罐

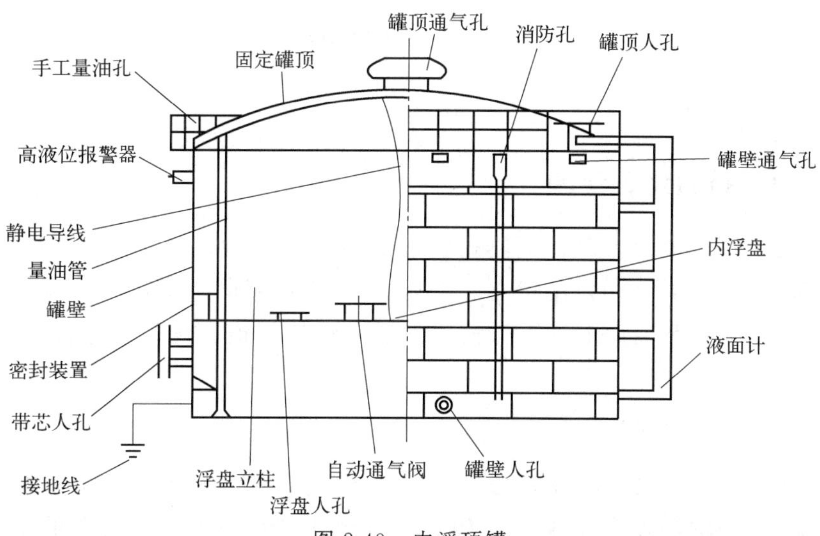

图 2-49　内浮顶罐

由于内浮顶罐具有固定顶盖，可防止雨雪沙尘等侵入，因此其密封装置更为简单，一般采用舌形密封袋，内芯为聚氨酯泡沫塑料，外包耐油橡胶，固定于浮盘，结合部位涂耐油密封胶。

（3）压力储罐

有卧式罐和球形罐两种。用于储存液化石油气、丙烷、丁烷、液氨等。卧罐的容积较小，通常不大于 $100m^3$。球罐的容积一般在 $500 \sim 6000m^3$ 范围内，材质为含锰碳素钢，立柱式结构。

2.4.2 储罐结垢分布

在役储罐的结垢通常为物料垢，具有以下危害：

① 减小了储罐有效储存体积，使储存量下降；

② 影响物料品质；

③ 加剧罐体腐蚀；

④ 物料硬化，增加检修难度。

因此，有必要定期对物料储罐进行清洗，以清除罐底渣料。同时，清洗后需满足对储罐进行动火检修要求。清理、检修间隔为4～6年。

新建储罐因在制造、装配、运输和安装过程中受到各种污染，如钢垢、焊垢、腐蚀产物（FeO、Fe_2O_3、Fe_3O_4）、尘土、污泥和临时保护涂料等，若在储罐投运前未清除，那么将会影响正常生产，如催化剂中毒、催化聚合、产品纯度下降、色泽不合格及堵塞过滤器等。

2.5 管道

2.5.1 石油化工管道

石油化工管道多为压力管道，我国将压力管道分为四大类：GA类——长输（油气）管道，GB类——公用管道，GC类——工业管道，GD类——动力管道。

清洗中常见的石油化工管道有输油管道、输气管道、化工工艺管道、下水管道、消防管道等。

2.5.1.1 输油管道

输油管道系统（简称输油管道）是用于运送石油及石油产品的管道系统，主要由输油管线、输油站及其他辅助相关设备组成，是石油储运行业的主要设施，也是原油和石油产品最主要的输送方式。输油管道的管材一般为钢管，通过焊接和法兰连接等方式连接成长距离管道，并使用阀门进行开闭控制和流量调节。输油管道主要有等温输送、加热输送和顺序输送等输送工艺。

输油管道一般为长输管道，大部分被埋藏在地下，清洗难度较大，清洗主要分为新建管道系统的吹扫清洗、在役管道系统的定期除蜡清洗、原油管道加热系统的除垢清洗，除加热系统清洗多用化学清洗外，长输管道清洗多采用通球清洗，清管器这里不再赘述。

在石油化工企业和食品加工企业内部也有各类成品油输送管道，这些管道一般不是长距离管道，可能是管网或单管，需要定期清洗或检维修清洗，化学清洗主要用于除油、除锈。

输油管道一般指原油的输送管线，原油从油井中开采出来，经脱气、脱水、脱盐处理后，进入输送过程。由于我国原油多属石蜡基原油，含蜡质多、黏度大、凝固点高，所以大多采用加热输送。输送过程中，压力和温度不断下降，需设置中间泵站继续加压、加温。输油管线经长期运行后，在管道内壁不同程度地形成垢层，影响原油的正常输送，结垢会缩小输油管的流通面积，增加输送阻力，降低输送能力。结垢容量造成垢下腐蚀，腐蚀严重时，还会导致管道腐蚀穿孔，容易引起安全和污染事故，造成较大的经济损失。原油是由有机物、无机物构成的多元多相混合物，有机物中的胶质、石蜡、沥青质是引起结垢的主要成分，其中的含硫、含氮化合物和环烷酸是引起管壁腐蚀的主要成分，无机物主要有水、氯化物、碳酸盐、硫酸盐等，而这些盐类呈离子状态，水中含有 Na^+、K^+、Cu^{2+} 及 H^+ 等阳离子，以及 Cl^-、SO_4^{2-}、CO_3^{2-} 和 HCO_3^- 等阴离子，其是导致输送管线腐蚀和结垢的主要物质之一。

根据对输油管线所结垢层的分析可知，垢层主要由蜡质、无机盐、铁的氧化物、硫化物、凝油胶质及泥沙等组成。由于各种原油产地不同，各组分所占比例不同，从而自身的特点不同，进而需采用不同的输送工艺。长输管线中的结垢以石蜡、凝油、胶质为主，矿区内短输管线的结垢以无机盐、铁的氧化物及硫化物为主。按结垢形成原因，结垢主要分为以下四类：铁腐蚀产物、无机盐垢、蜡垢、凝油胶质垢。油田原油输送管线内污垢的清除方法有两种：清管器清洗和化学清洗。长距离管线（10km 以上）利用石油或水作动力介质，原油输送泵作为临时清洗泵，该方法比较经济可行；10km 以下的短距离原油输送管线采用化学方法比较经济可行。

2.5.1.2 输气管道

(1) 天然气长输管道

西气东输天然气长输管道（一线工程）是中国距离最长、口径最大的输气管道之一，西起塔里木盆地的轮南，东至上海，全长约 4200km，管道最大直径约为 1016mm。

长输天然气管道建成开车前需要进行清洗和干燥，清洗的目的是清除管内施工垃圾、泥沙和浮锈，干燥是将管内残存水分彻底除去，防止将来水分冻裂管道。西气东输天然气长输管道采用压缩空气推动清管器清洗、干燥空气推动清管器干燥的工艺。

(2) 工厂界内压缩空气、氮气、工艺气体、氧气、蒸汽管道或管网

此类管道建成后一般需要吹扫、打靶，部分需要除油、除锈、钝化等化学清洗，尤其是氧气管道需要采取高水平除油、除锈和钝化措施，高压蒸汽管道需要

进行化学除油、除锈、钝化等操作，部分工艺气体管道需要进行除油清洗。

2.5.1.3 工艺管道

有人说，管道在工矿企业中的作用类似血管在人体中的作用，这很贴切。一套大型炼油装置的管线总长达 50～80km，一套 30 万吨合成氨装置的管线长度超过 100km，一套 52 万吨尿素装置中合金钢和不锈钢管线长达 10km。

工艺管道因内部输送的介质不同，对管道清洁度的要求差异非常大，共同特点是管道连接复杂，化学清洗是最有效的清洗方式。

工艺管道在运行过程中与介质接触，介质颗粒物沉积形成介质物料垢，管壁与介质发生电化学腐蚀反应形成腐蚀垢，因此运行一段时间后，需要进行清洗除垢。

2.5.2 城镇污水管道

城镇下水管道即污水管道，是十分重要的排水设施，下水管网的源头是厨房和卫生间。应该说，供水管道通到哪里，下水道管线就通到哪里，形成配套才能使用。

自来水使用后作为污水排放，比如厨房中排放的洗菜水、洗盆洗碗水、煮饭蒸饭后的锅底水、剩余的菜汤和饭料，卫生间排放的盥洗水、冲洗粪便的污水，在洗衣间排放的洗衣废水、墩布洗涤废水等，这些废水的组成比自来水复杂得多，其中一些固体或水不溶物对下水管道污染或堵塞严重。

另外，下水排放靠自然流动，流速较低，尤其是在水平下水道中，下水停留时间长，水中固体携带物（尤其是一些相对密度较大的固体颗粒）很容易沉积在管道底部，使管道通量变小，严重时造成堵塞。同时，为了防止下水管道臭气返回室内，下水道口需设置水封套管或水封槽，水封处为锈蚀和堵塞多发区。

2.5.3 供水管道

供水管道分城市供水管道和乡村供水管道。供水管道主管的直径一般在 DN300～DN600 之间，也有采用 DN800 管道的，供水管网的管径主要为 DN16～DN100。供水主管线材质一般为灰口铸铁管，全部采用承插式连接，DN50 以下的管线一般以镀锌管为主。一般供水管道的供水量比较大，如沈阳经济技术开发区供水管网承担着沈阳技术开发区工业、民用供水服务，日供水能力 6 万吨。

供水管网结垢特点：供水管网中的水源一般为雨水或地下水，水中含有铁、锰、钙、镁金属离子以及泥砂等，在长期运行中，管壁形成铁、锰的氧化物，水垢，以及一些微生物淤泥，导致供水品质下降，水的浊度增大，严重影响工业和城市居民用水。化学清洗是解决供水管网污垢问题的较好方法。

2.5.4 火电厂排灰管道

随着我国电力工业的发展，采用静电除尘器的电厂或机组越来越多，而静电除尘器所收干灰量庞大，需采用水力除灰方式将干灰排向灰场。这种方式的载体是排灰管道，然而运行一段时间后排灰管道普遍存在结垢现象，结垢后，过水断面积和输灰量减小，严重影响冲灰系统的安全运行。因此必须定期清洗，以除去管内污垢，使其正常运行。

煤经充分燃烧后所产生的煤灰中含有一定量的氧化钙，冲灰水在输送煤灰时，灰中所含有的氧化钙作为沉淀剂，将灰水中的碳酸盐和非碳酸盐沉淀，形成结垢。由于灰浆温度较高，一般在30～50℃，因此成垢速度较快。影响排灰管结垢的主要因素有：煤灰中的钙含量、冲灰水的pH值、硬度及温度等。指标越高，越易结垢。

排灰管道的污垢分布不均匀，一般距离灰浆泵越近，结垢越严重，距离灰浆池越近，结垢越少；从横断面看，呈月牙形状，底部结垢厚，管道顶部结垢少。

2.5.5 煤气管道

煤气的应用已有几十年历史，煤气主要以管道输送方式从厂家输送到用户。煤气在生产过程中需要经过脱焦、除硫、除水等净化过程，除去煤气中的煤焦油、萘、硫化物，以及一些胶质、聚合物等杂质，以保证煤气在输送和使用过程中的洁净。尽管如此，净化后仍含有少量上述物质。若煤气净化不彻底，则煤气管道结垢问题会比较严重，常常造成管道堵塞，负荷上升，输气能力下降，用户气量不足甚至中断等现象。煤气管道清洗是煤气行业十分重要的工作。

2.6 石油化工装置

2.6.1 石油化工装置概述

石油化工装置由各类工艺管道、塔器、换热设备、储罐（包括反应釜及工艺流程罐）及余热锅炉等设备设施按工艺要求集合而成。

在制造、运输、储存和安装等过程中，设备和装置内部会产生铁锈、焊渣、轧制鳞皮、油脂氧化物、浮尘和砂石等杂质，为了使新建设备和装置达到正常生产工艺设计要求，杜绝石油化工生产投料开车事故，消除安全隐患，延长生产设备和装置的使用寿命，防止催化剂中毒，提高产品合格率，保证产品品质，缩短开车时间，一般要求新建成套装置在投料开车前进行化学清洗。

在役石油化工装置生产运行一定周期后，内部会积结各种无机盐垢、金属腐蚀产物、工艺物料黏附物、物料分解产物、碳化物、聚合物等各种污垢，造成装置传热效率下降、产品合格率下降、能耗增加、设备故障率增加、安全事故率上升、产量下降、装置使用寿命缩短等一系列问题，难以满足正常生产需求，一般装置在运行一定周期之后需要进行系统清洗和保养。

大型成套装置清洗是一项系统工程，涉及设备数量和种类较多，且其材质较为复杂。如操作不当，可能造成选择性腐蚀、局部清洗不干净、串液、损坏仪器仪表、在设备内部遗留清洗液残余物等情况，从而对设备安全运行造成威胁。

在清洗之前，一般要全面了解设备工艺流程、构造、材质、运行状况、结垢情况、腐蚀状态、污垢分布、与外界连接情况、高位放空条件、低位和死角位置等，这些对清洗方案制订、清洗工艺流程选择、清洗配方选择、钝化方法和其他后处理方法的确定都非常重要。

石油化工装置中所含的污垢除了工艺物料垢、大气灰尘沉积及水垢外，常见的还有腐蚀产物、油垢、蜡垢、尿素难溶垢、脱碳液硫黄垢、脱硫系统硫化铁垢、裂解系统裂解油垢、导热油系统积碳垢及聚合反应爆聚形成的高聚物垢等。其中含硫污垢的清洗存在很大安全隐患。由于含硫原油的广泛存在，在石油化工设备内部会沉积以硫化铁或多硫化铁为主要成分的硫垢，在对这种污垢进行化学清洗的作业中，出现过多起施工人员中毒死亡事故，务必要注意安全。

石油化工设备所积结的污垢种类很多，其形成原因、化学组成、物化性质或清除性能等差异很大。

2.6.2 石油化工装置结垢分布

石油化工装置涉及多种类型污垢，包括大气尘垢、水垢、锈垢、微生物污垢、油垢、蜡垢、积碳垢、物料垢及工艺垢等（详见 5.1.4.2 垢样鉴别）。

2.7 海上石油设施

2.7.1 海上石油平台

2.7.1.1 概述

随着我国国民经济的迅速发展，能源作为基础产业，其重要性日益突出，其中海洋能源开发日益加速。2023 年，我国海洋油气产量再创新高，其中，海洋原油产量 6220 万吨，海洋天然气产量约 238 亿立方米。我国在渤海、东海及南海海域等建成了大型油气田，在黄海海域也有勘探突破，新上了大批海洋石油平台装置。

地下矿层的差异和原油的物理、化学特性，很容易对设备产生负面影响。例如，输油管道在很短的时间内就会被堵塞，使压力升高，输油不畅，需要定期停机、停输、检修。或水质的硬度偏低、腐蚀性增强，造成管道腐蚀、穿孔等。如不及时处理，将对生产造成严重的影响。同时，由于我国海洋石油已高速发展了20多年，一部分设备相继进入了服役晚期，需要进行检修、改造。但是这些设备中多含有易燃、易爆介质，为了维修工作的安全顺利进行，并达到动火的要求，必须进行化学清洗。

2.7.1.2 海上石油平台的结垢及清洗

海上石油平台是海洋石油工业中最重要的设备，具有将从海底采出的石油进行油污分离和初步油水分离的作用，海上平台设备及管道的污垢以油泥为主。

原油在采出后的初加工、外输和储存过程中，其中所含有的高熔点蜡质、沥青质、胶质，以及所夹带的泥沙、无机杂质和水一起沉降下来，在容器和管道内形成油泥，使原油输送管道的通径减小，降低管道的输送能力，降低原油计量仪表的计量精度，减小原油储罐的有效容积，含盐油泥还会使罐壁腐蚀加剧。原油经长期储存，还会发生氧化和缩合反应，使油泥量增加，并损失一部分原油，所以油泥必须定期清除。

此外，海上平台中的供热管道由于长期运行也结有大量水垢，应该定期清洗。

(1) 海上石油平台清洗内容

某公司1998年9月对某海上石油平台的油水分离罐（图2-50）进行了清洗。

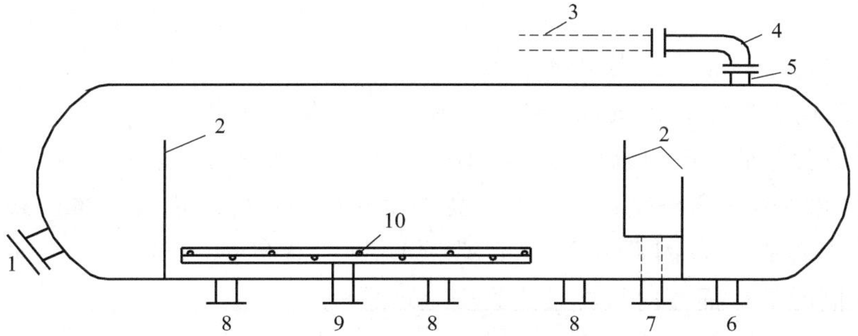

图2-50 海上石油平台的油水分离罐

1—人孔；2—挡板；3—临时引流管线；4—排空管线；5—放空口；6—净化油出口；7—含油废水出口；8—排污口；9—含水原油进口；10—进液分配器

该海上石油平台油水分离罐的直径为5m，长为11m，容积为200m^3，承担着部分原油的油水分离任务。随着原油开采量及分离罐底部油泥量增加，分离罐逐渐不能满足生产要求。为此决定将沉积在罐底的油泥和沉渣等杂质清除出罐，并对罐内表面进行清洗，达到足够清洁度，以便在罐内开展动火作业。考虑到海上平台空间和清洗时间的限制、设备结构及清洁度的要求，一般采用人工清除、化学清洗和高压水射流清洗三结合的清洗方法。整个清洗共用时 46h，清除了近 10t 油泥和泥砂，清洗结束后，罐内壁清洁无油，罐内空气中氧气含量为 20.5%，硫化氢气体的浓度为 0mg/L，可燃性气体浓度为 0%，空气中无任何异味，达到了预期的效果。

（2）海洋石油平台清洗注意事项

油泥清除是一项危险作业，在清洗前应制定切实可行的施工和安全操作方案并严格执行，严防发生泄漏、火灾及爆炸等事故，杜绝作业人员受伤。因此需了解在海上石油平台清洗作业的危险性，才能有效防止事故发生。

① 爆炸和火灾。C_1～C_4 等挥发性组分从原油中挥发出来，形成危险性极强的烃蒸气，当罐壁人孔开启时，烃蒸气从罐内释放，烃蒸气通常比空气重，如果烃蒸气在地面弥散，遇火源则引起火灾和爆炸。

在开启罐壁的人孔盖或清扫孔盖之前，应先在罐顶部人孔或放空口安装由蒸汽或压缩空气驱动的引流器，并使引流器先低速运转几分钟，以抽出烃蒸气，之后再打开罐壁的人孔盖或清扫孔盖时，烃蒸气严重溢出来的危险性就大大降低。当罐壁人孔盖或清扫孔盖打开后，引流器应进入全速工作状态，同时，从引汽机排出来的烃蒸气应通过引流管排至无危险区域，以用空气稀释。在清罐期间，在罐内及罐周围只允许使用被批准的移动式灯具和防爆安全灯，任何电气设备和工具都应该是防爆隔爆型，对于柴油发电机等非防爆型电机，只允许在防火堤外使用。此外为防止静电的产生，所有电气设备都应接地。

② 硫化氢。硫化氢是无色剧毒的可燃气体，在原油及原油油泥中均存在硫化氢气体。因此，在清罐过程中应持续向罐内通风，并且定时检测罐内硫化氢的含量，只有罐内空气中硫化氢含量低于 100mg/L、氧气体积分数高于 19.5%且其他有毒气体的含量低于各自临界的极限值时，不戴过滤毒面罩进入储罐才是安全的。

③ 过量烃蒸气和缺氧。人在吸入高浓度的烃蒸气时会出现眩晕、兴奋乃至不省人事等中毒症状，因此在清罐时必须控制烃蒸气的浓度，使其小于阈限值（TLV），同时要保证罐内氧含量达到安全水平。

为了使罐内的空气达到安全状态，在进入罐内之前，应对罐进行连续通风，直至罐内空间及出口附近的烃蒸气浓度降到临界值以下，清罐过程中还要进行连续机械通风，并定时检测罐内烃蒸气浓度及氧含量。

④ 放射性。在有些油田中，随原油开采出来的泥砂中含有铀、钴，铀和钴是放射性元素，其裂变产生的射线会对人产生不良放射性伤害，因此，在清除含有放射性物质的油泥时，还应注意辐射防护。

⑤ 其他人身伤害。除上述危险外，还可能因下述原因造成人身或器材损害事故，例如：滑倒、从罐顶或扶梯摔下、工具或其他物体从高空坠落、高压水或蒸汽等对人体伤害等。

因此，参加清洗的人员应接受足够的培训，熟悉清罐的程序、安全防护措施和控制、处理事故的方法。

2.7.2 浮式油轮

2.7.2.1 浮式生产储卸装置的构造和生产工艺

以“渤海明珠号”浮式生产储卸装置（FPSO）为例，介绍浮式生产储卸装置的构造和清洗内容。浮式生产储卸装置其实是海上的原油粗加工厂，即海上石油平台采出的原油经油气分离后，在浮式生产储卸装置上进行油水分离，分离合格后的原油再通过海底输油管道和大型油船，输送至陆地进行深加工。

“渤海明珠号”浮式生产储卸装置是中国海洋石油总公司SZ36-1油区（位于辽东湾口）的海上加工储油装置。“渤海明珠号”浮式生产储卸装置没有推进动力装置，不具备自航能力，船内配有齐备的保船设备，生产甲板上布置有油、气、水处理设备，发电设备，热介质锅炉，蒸汽锅炉和惰性气体发生装置。船艏有连接软钢臂的支架、相邻住舱，住舱顶部有直升机坪，船右舷配备系泊设施，载重量57624t，满载排水量75524t。

“渤海明珠号”接收来自SZ36-1矿A区平台（APP）油井的原油，经过原油处理系统后进行油、水、气分离，最终合格原油进入货油舱储存，之后通过原油外输设备，将合格原油输送给外输穿梭油轮；分离出的水进入除油水舱，通过生产污水处理系统进行处理，合格后排海；分离出的少量天然气，通过燃料气系统最终经火炬燃烧后放空。由于SZ36-1矿区石油开采尚处于初期，天然气含量很低，还不能作为A区平台和船上发电设备、热介质锅炉的燃料。为解决平台能源供给问题，将海底天然气管线作为反输柴油管线，自船上的柴油舱向A区平台反输柴油，供A区平台发电用。原油处理系统、生产污水处理系统中的含油污水通过开、闭排管线排入污油水舱，自污油水舱再次循环回原油处理系统进行处理。另外，船上还配备有洗舱系统、惰性气体发生系统等辅助系统。

2.7.2.2 清洗内容及达到的标准

“渤海明珠号”生产储卸装置的化学清洗范围是：原油海管系统、原油处理系统（包括生产污水处理系统、燃料气系统）。

清洗后达到的质量标准如下。

① 海底管线：清洗后管内无油滴；海水冲洗时含油量小于等于30mg/L；海管直管部分（即海底弯管至海平面）无海水。

② 热介质油系统：系统内无杂质。

③ 原油工艺系统管线和容器：管线和容器内无油迹；动火作业时不发生燃烧或爆炸；动火作业时无有毒气体析出；容器内氧气体积含量大于等于 20%，可燃气体浓度在爆炸极限以下。

④ 舱室：舱壁内管线、筋、梁、腐蚀坑洼处无油迹、垢质；动火作业时不发生燃烧或爆炸；动火作业时无有毒气体析出；舱室内氧气体积含量大于等于 20%；舱室内可燃气体浓度在爆炸极限以下。

“渤海明珠号” FPSO 清洗成功，开创了我国浮式生产储卸装置清洗的先例。“渤海明珠号” 改造工程的顺利进行，彻底打破了 pHILIPS 对我国工业清洗技术的质疑，有力证明了我国工业清洗技术的水平和实力，同时也为海上石油设施清洗积累了大量成功经验。

“渤海明珠号” 于 1993 年投入运行，SZ36-1 油矿原油含胶质较高，在长期的生产过程中，原油在生产系统中易析出胶质、蜡质等有机固体化合物，且原油中通常含有大量的水、H_2S、CO_2 及无机盐，导致管道、设备内壁发生电化学腐蚀。即使原油中 H_2S、CO_2 含量低，由于硫酸盐还原菌（SRB）的代谢产物为 H_2S、CO_2 及醋酸，它们造成的酸性环境也会引起腐蚀，即所谓的细菌腐蚀，腐蚀产物为 FeS、Fe_2O_3、FeO，有机析出物与腐蚀产物、泥沙、凝油、岩屑及其他机械杂质混合在一起形成复杂的油泥，吸附于管道、设备壁上。同时由于许多设备、管线并不经常投入运行，设备、管线易形成上述油污泥而被堵塞，甚至堵死。此类油污垢易挥发易燃、易爆气体，导致设备处于不安全状态。因此在对这些管线、设备进行动火检修、改造之前，必须对它们进行清洗，以保证这些管线和设备的内外部环境均可达到动火作业的要求。

2.8 冶金设备、设施

冶金行业是指开采、精选、烧结金属矿石，并通过冶炼等工艺将其加工成金属材料，进一步加工成薄板等产品的工业部门。分为：

① 黑色冶金工业，即生产铁、铬、锰及其合金的工业部门，主要为现代工业、交通运输、基本建设和军事装备提供原材料；

② 有色冶金工业，即生产非黑色金属的金属炼制工业部门，如炼铜工业、制铝工业、铅锌工业、镍钴工业、炼锡工业、贵金属工业、稀有金属工业等工业部门。

冶金行业既需要直接加热也需要蒸汽加热，既需要水冷也需要油冷，既需要压缩空气也需要氮气、氧气。因此，大量相关设备需要定期进行化学清洗。但是种类太多，现就其共性简述如下。

采矿厂需化学清洗的主要设备：空气压缩机、柴油机冷却系统。

选矿厂需化学清洗的主要设备：过滤机、管道。

制氧厂需化学清洗的主要设备：循环水管道、冷却器、冷却塔、储罐、空气压缩机。

烧结厂需化学清洗的主要设备：水冷系统、空气压缩机、氮气压缩机、氧气压缩机、氧气管线、氮气管线。

炼钢厂需化学清洗的主要设备：换热器、水冷却系统、油系统。

炼铁厂需化学清洗的主要设备：炼铁炉、水冷却系统。

薄板厂需化学清洗的设备：液压油系统。

焦化厂需化学清洗的主要设备：换热器、煤气管线、工艺管线、初冷器。

有色冶金工业需化学清洗的主要设备：锅炉、电炉、闪炼炉、贫化炉、转冷却水系统、空分装置、中频炉、高炉、烧结炉。

多晶硅生产装置无尘化安装前须进行化学清洗和钝化作业，安装完成后须对全系统进行化学清洗。

2.9 中央空调水系统

随着科学技术的进步、生产的发展和人民生活水平的不断提高，越来越多的工作、生活、娱乐等场所安装了中央空调，中央空调在运行几年后都存在着不同程度的结垢问题。

中央空调一般由制冷机组、水系统、空气调节系统等组成。

2.9.1 中央空调水系统简介

中央空调水系统一般分为冷冻水系统（或热水系统）和冷却水系统两类，是常见的清洗对象之一。

2.9.1.1 冷冻水系统（或热水系统）

经制冷机组冷却的冷冻水由水泵送到空气调节系统，使用后的冷冻水又回到制冷机组中进行再处理。因此，设置了管路系统，水系统按使用管道的数量可分为双水管、三水管和四水管；按循环方式又可分为开放式和密封式；按水流经的回路长短可分为异程式和同程式。

双管系统：一根为供水管，另一根为回水管，夏季时通冷冻水，冬季时供热水。这种系统结构简单，投资少。

三水管系统：采用三根水管，一根为热水管路，一根为专供冷冻水管路，回水共用一根管路，这种系统易导致冷量和热量的混合损失，在工程中采用很少。

四水管系统：送水管路和回水管路各两根，使冷冻水和热水分开循环，这种系统投资高，但运行经济，并且灵活性大。

开放式和密封式：开放式水系统是将外界水体汇集至建筑物底层或地下层的水池或蓄冷水池，再由水系统经过冷却或加热后输送至空气调节系统，开放式系统的水质易脏，易使管路产生污垢和腐蚀，管路系统复杂；密封式水系统是冷却水在系统中密封循环，不与大气相接触，常在系统最高点设置膨胀水箱。

同程式和异程式：同程式水系统是指冷冻水（或热水）流经每一个回路的路程相同，故很少需要进行阻力平衡；而异程式水系统管路简单，但通常需要流量调节阀实现阻力平衡。

2.9.1.2 冷却水系统

冷却水系统由水泵、冷却水管路等构成，中央空调冷却水系统一般为开式循环水系统，水的再冷却普遍在冷却塔中进行。

2.9.2 中央空调水系统换热设备

2.9.2.1 冷却器

冷却器又称“液化器”，是制冷装置中主要的热交换设备，也是化学清洗中最常见的设备，其作用是制冷剂蒸气在其中放出热量而液化，实现制冷剂向系统外放热。来自压缩机的制冷剂过热蒸气进入冷却器后，将热量传给周围的介质——水（或空气），自身因放出热量（主要是潜热）而凝结成液态。

根据冷却介质和冷却方式不同，冷却器可分为三类：水冷式、空冷式、蒸发和淋激式冷却器。

水冷式冷却器：根据结构的不同，水冷式冷却器又分为管壳式、套管式、沉浸盘管式、壳盘式、板式等多种形式。在冷却器中，制冷剂放出的热量被冷却水带走，冷却水可以是循环水，也可以是一次性水。水冷式的特点是传热效率高、结构紧凑，一般用于大中型冷凝装置。

空冷式冷却器：根据冷却空气流动方式的不同，空冷式冷却器分为自然对流空冷式冷却器和强制通风式冷却器两种。制冷剂放出的热量被空气带走。空冷式冷却器安装、使用方便，适用于小型制冷装置（电冰箱、窗式空调和车用空调装置等）和严重缺水地区，但它的传热系数低，体积和容量都很大。

蒸发和淋激式冷却器：它是利用水在管外蒸发时吸收热量而使管内制冷剂冷凝的换热器。它耗水量少，适用于气候干燥和缺水的地区。

2.9.2.2 蒸发器

蒸发器也是制冷装置中的主要热交换设备，也是常见的清洗对象之一，其作用是吸收被冷却介质的热量。蒸发器属于间壁式换热器，即被冷却介质的热量通过管壁或板壁传给制冷剂，制冷剂在低温下蒸发变成蒸气，而热量被蒸发剂带走，其是制冷系统中主要的产冷设备。制冷系统中的蒸发器按其冷却方式不同可分为直接冷却式和间接冷却式两大类。前者是指制冷剂在传热间壁的一侧蒸发而直接冷却另一侧空气的换热器，主要用于冰箱、小型冷库、小型制冷设备等；后者又称为“液态冷却器”，是指制冷剂先在蒸发器里冷却液体载冷剂——盐水或淡水，再由载冷剂冷却空气的换热器，这类蒸发器主要用于较大型空调和冷冻设备中。

2.9.2.3 冷却塔

冷却塔又称“凉水塔”，是通过水在空气中部分蒸发而实现冷却的混合式换热器，是常见的清洗对象。

根据通风方式，可分为自然通风式、机械通风式、机械和自然共用式；根据水与空气的流动方式，可分为错流式、逆流式、顺流式；根据散热方式，可分为湿式、蒸发冷却式、干式、湿干混合式；根据冷却水过程中水的形态，可分为水膜式、水滴式、喷雾式；根据冷却塔的外形，可分为圆形塔体和长形塔体。

冷却塔主要由塔体、填料、进风窗、布水器、引风设备等构成。塔体最下部分为水槽，汇集由填料落下的冷却水，用来储存及调节水量，水槽下部有水管和排污管，水槽上部有补水管和溢流管。

2.9.2.4 其他换热设备

在吸收式制冷机组中，除冷却器和蒸发器外，还有发生器、吸收器、溶液热交换器等换热设备，都是常见的清洗对象。

2.9.3 中央空调水系统结垢分布

2.9.3.1 中央空调水系统污垢危害

中央空调水系统污垢主要由水垢、淤泥、腐蚀产物和生物沉淀物构成。此类污垢会给中央空调的安全运行带来以下严重危害。

(1) 降低换热效率

多数换热器由碳钢构成，碳钢的热导率为46.7～52.2W/（m·K)，但碳酸盐垢的热导率为0.464～0.697W/（m·K)，只有碳钢的1%左右，由此可见，水垢或其他沉积物的热导率比金属的低得多，因此当水垢或其他沉积物覆盖在换热器的换热表面时，会大大降低换热器的换热效率。

（2）使循环水量减少

沉积物或微生物黏泥覆盖在换热器的换热管壁，甚至堵塞换热器管，使得循环水通道的截面积和通量减小，从而使换热效率进一步下降。

（3）降低了水处理药剂的使用效果

沉积物以及微生物黏泥覆盖在金属表面，阻止了水中的缓蚀剂、阻垢剂和杀菌剂到达金属表面发生缓蚀、阻垢和杀菌的作用，并且有些微生物还会与一些水处理药剂发生反应，从而破坏和降低这些药剂的使用效果。

（4）加速腐蚀

沉积物和微生物垢的产生，导致浓差腐蚀电池的形成及垢下腐蚀的发生，从而使金属的腐蚀加速加剧。

（5）缩短了设备的使用寿命

一方面，沉积物和微生物黏泥等覆盖在换热器表面，阻止了设备的有效换热，从而使换热面上的金属处于长期高温热负荷状态，导致金属疲劳；另一方面，腐蚀的发生会导致设备换热管管壁变薄，尤其是垢下腐蚀会导致设备穿孔泄漏。这些情况的发生，使得设备的使用寿命缩短。

（6）增加了运行成本

为使设备保持足够的换热效率，必须采取诸如增加水量等措施，同时维修因腐蚀等造成的设备损坏，必然会增加费用，从而增大了设备的运行成本。

2.9.3.2 中央空调水系统污垢分布

详见“2.10.3 循环冷却水系统结垢分布”相关内容。

2.10 循环冷却水系统

循环冷却水系统在许多工业领域中具有重要作用。利用循环冷却水系统可使生产工艺和装置维持稳定的温度和压力，从而提高生产效率和产品质量。

冷却水流经换热器后被加热成为热水，经过冷却后返回系统反复使用，这就是循环冷却水系统与直流冷却水系统的不同之处。循环冷却水系统又可分为密闭式和敞开式两种。

2.10.1 密闭式循环冷却水系统

密闭式循环冷却水系统中的热水经间接冷却变为冷水，再返回系统循环使用，也就是通过二次换热，在二次冷却中被其他介质冷却。水在系统中密闭循环时，没有蒸发损失及风吹损失，水质不浓缩，水量消耗少。见图 2-51。

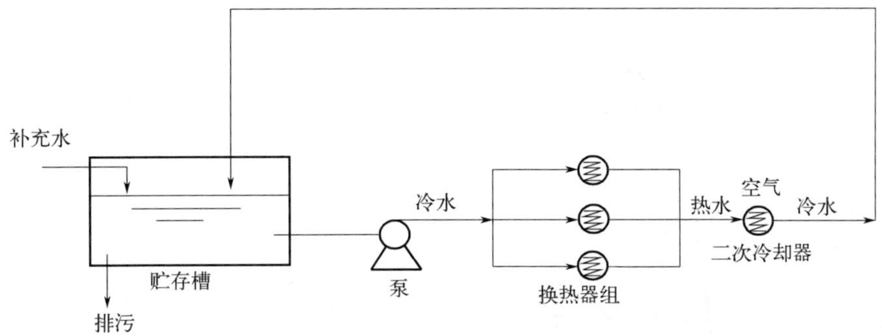

图 2-51 密闭式循环冷却水系统工艺流程

密闭式系统的特点是水不与大气接触。但由于阀门、管道接口、水泵等处可能泄漏，系统水量可能有少量损失。此外由于泄漏可能带进少量空气，而少量补充水也会带入溶解氧，故系统中仍然含有溶解氧，从而存在氧的电化学腐蚀。

密闭式循环冷却水系统中的设备通常是由不同金属材料制成的，系统中可能有铜、铜镍合金、镀锌钢或碳钢等材质，因此，存在由不同金属材质导致的电偶腐蚀。

密闭系统的补充水采用软化水、脱盐水或冷凝液，因而结垢的可能性很小，则其主要问题是防止腐蚀，一般通过选择合适的缓蚀剂投入水中并维持一定含量来实现，该方法比较简单。

密闭式循环冷却水系统一般仅用于热流量较小、水温较高或较低以及有特殊要求的工业生产系统，如空调、内燃机、变压器、油冷却器、反应堆辅助冷却器等介质温度高于 60℃或低于 20℃的设备等。

2.10.2 敞开式循环冷却水系统

2.10.2.1 敞开式循环冷却水系统运行原理

敞开式循环冷却水系统中，热水经冷却塔（又称凉水塔）或冷却池与空气直接接触冷却后变为冷水，再返回系统循环使用。敞开式系统流程见图 2-52 所示。

在冷却塔中热水的热量主要是通过以下两种过程传递到空气中的。

① 接触传热。水与空气对流接触时，如果空气的温度低于水的温度，则水的热量会直接传递给空气，使空气温度升高，水温降低，二者温差越大，传热越多。

② 蒸发传热。水与不饱和的空气接触时，部分水还会发生蒸发并被空气带走，水蒸发时需要大量汽化热，水蒸气将这部分汽化热带入空气，同时将其冷却，蒸发量与空气的湿度有关。冷却塔中空气的湿球温度与水温相差越大，蒸发量越大，水的冷却效果越好。

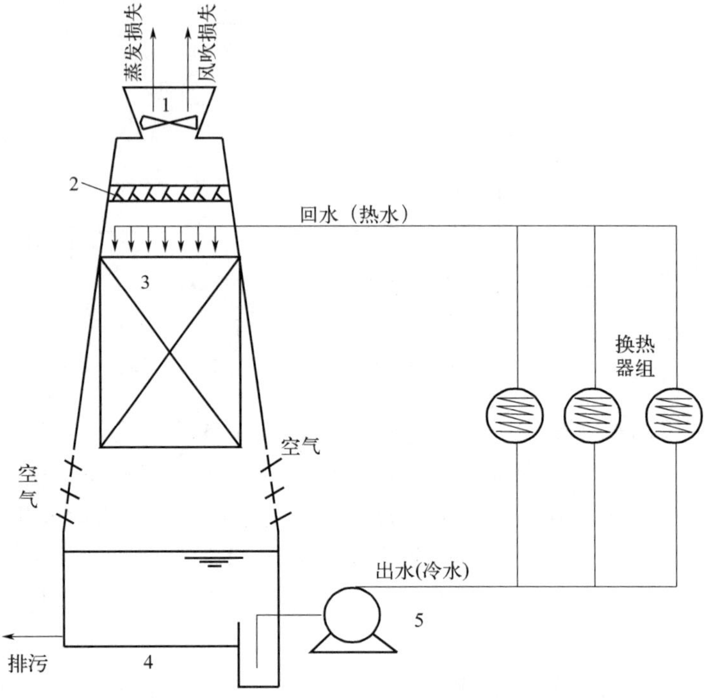

图 2-52　敞开式循环冷却水系统工艺流程

1—风机；2—布液器；3—填料；4—冷却水池；5—循环泵

敞开式循环冷却水系统污垢来源如下。

① 冷却塔的蒸发传热作用，使一部分循环冷却水被空气带走，系统中损失了一部分水，但这部分水没有带走所溶解的固体，使循环水中的溶解固体物质的浓度增加，这叫作浓缩现象。浓缩会改变水的腐蚀结垢性质，可能加重水的结垢或腐蚀倾向。

② 在冷却塔中，水与空气接触的过程中还会失去一部分游离二氧化碳，由于二氧化碳的逸出，水中的碳酸氢钙容易转化成碳酸钙沉积在换热器上；水与空气接触时，还会溶解空气中的氧气，使水中的溶解氧总是处于饱和状态，增加了水的腐蚀倾向。

③ 水与空气接触过程中，还会将空气中所带的灰尘、微生物、污染气体（如二氧化硫、硫化氢、氨等）或昆虫带入水系统，引起水质污染，可能产生腐蚀或污垢沉积等问题。

2.10.2.2　敞开式循环冷却水系统冷却设备

常见敞开式循环冷却水系统的冷却设备见图 2-53。

(1) 冷却池

冷却池分为自然冷却池与喷水冷却池两种。

- 冷却设备
  - 冷却池
    - 自然冷却池
    - 喷水冷却池
  - 冷却塔
    - 自然通风冷却塔
      - 开放式（横流式）
        - 喷水式
        - 点滴式
      - 风筒式（逆流式）
        - 点滴式
        - 薄膜式
        - 点滴薄膜式
        - 喷水式
    - 机械通风冷却塔
      - 鼓风式（横流式）
        - 点滴式
        - 薄膜式
        - 点滴薄膜式
        - 喷水式
      - 抽风式
        - 点滴式（横流或逆流式）
        - 薄膜式（横流或逆流式）
        - 点滴薄膜式（逆流式）
        - 喷水式（逆流式）

图 2-53　冷却设备的分类

自然冷却池池面水与空气接触，以接触、辐射和蒸发传热的方式散热，适用于冷却水量大、冷却幅宽不大的循环系统，所在地区还必须具备天然湖泊、洼地或人工水库等可利用水体，常用于火力发电厂。

喷水冷却池是利用人工或天然水池，通过在池上方布置水管和喷嘴将热水喷出，使水分散成细水滴，从而增加了水和空气的接触面积，使水的蒸发速率增加，其单位水池面积的冷却效率比自然冷却池高。该种冷却池适用于冷却水量较少、冷却幅宽不大的系统，并且具有天然湖泊、池塘等开阔水体。

冷却池的特点是冷却过程缓慢、效率低、冷热水温差小，需要很大的储水量和占地面积，同时水池露天，水质容易受污染。冷却池是最早采用的冷却系统，冷却塔是目前采用最多的冷却设备。

（2）冷却塔

冷却塔又称凉水塔，为塔形建筑物，热水在冷却塔中被喷散成水滴或水膜自上而下流动，与空气形成对流传热，使水冷却。冷却塔具有占地面积小、冷却效率高、水量损失小、处理水量较大和冷却幅宽较大等优点，应用较为广泛。

按空气流动的控制情况，冷却塔可分为自然通风和机械通风两类。机械通风冷却塔所需要的空气是由通风机供给的，即在塔中设有风机，而自然通风冷却塔中则不设风机。

自然通风冷却塔又可分为开放式和风筒式两种。在开放式冷却塔中，空气沿水平方向流动，与水流方向垂直，这种空气流动方式又称横流式。开放式冷却塔内没有填料的称喷水式，装有填料的称点滴式。风筒式冷却塔又称塔式冷却塔，设有较高的通风筒，利用风筒的抽力将塔内所需的空气流抽入塔内，空气自下而上流动，与水流方向相反，这种空气流动方式称为逆流式。各种自然通风冷却塔见图 2-54（a）～（c）。

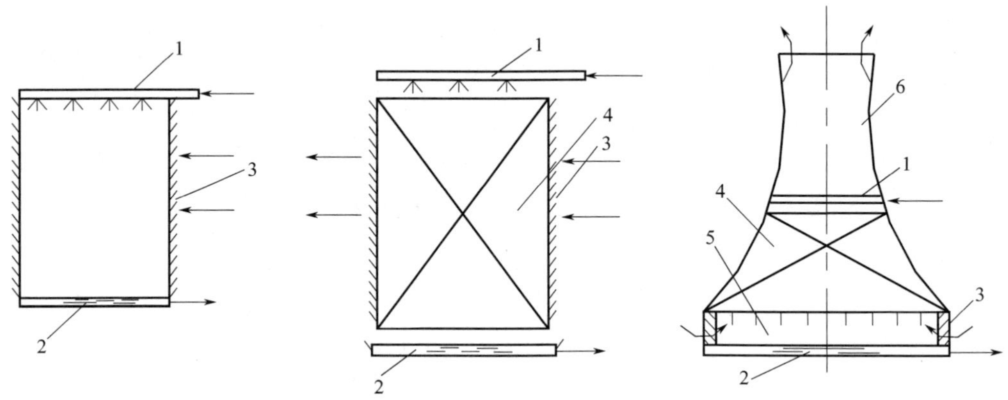

(a) 开放喷水式冷却塔　(b) 开放点滴式冷却塔　(c) 风筒式冷却塔

图 2-54　各种自然通风冷却塔

1—配水系统；2—集水池；3—百叶窗；4—淋水装置；5—空气分配区；6—风筒

风筒式冷却塔处理水量较大，并可满足较大温度幅宽，塔设计得越高，抽力越大，冷却效果越好。塔的横截面积取决于处理能力，多为钢筋混凝土结构，近年多设计成双曲线形，有利于空气流动，结构强度较好，而且可节约混凝土。国内外的火力发电厂多采用此种冷却塔，这种塔因未设风机等动力设备，节省能源，使用和维护方便，但一次性投资较高，在高温、高湿和低气压的场合不宜采用。

机械通风冷却塔按通风形式可分为鼓风式和抽风式两种，鼓风式冷却塔的风机安装在塔的旁侧，将新鲜空气鼓入塔中，为横流式。其优点是塔的结构简单、稳定，维修方便，风机不易被腐蚀。当水量不大且水中含有腐蚀性物质时，宜采用鼓风式冷却塔。抽风式冷却塔的风机安装在塔顶，湿热空气由塔顶排出，抽风式冷却塔又分为逆流式和横流式两种。各种机械通风冷却塔见图 2-55（a）～（c）。

机械冷却塔冷却效率较高，占地面积较小，在相同条件下其冷却后的水温比风筒式低 3～5℃，一次性投资比风筒式冷却塔低 50%左右。因此，机械通风冷却塔是一种比较完善的冷却方式，应用很广泛，大多数石油化工企业采用这类冷却方式。

国内设计的大中型冷却塔一般是钢筋混凝土结构，小型冷却塔多采用玻璃钢材质。国外的大型冷却塔多采用木结构，木结构采用定型木材进行搭接安装，施工周期短。在安装前，木结构须经化学药剂进行防腐处理，因而木结构塔耐腐蚀

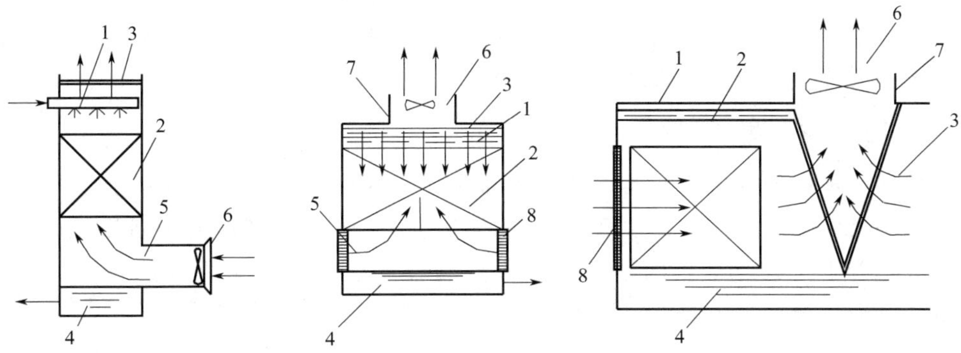

(a) 鼓风逆流式冷却塔　　(b) 抽风逆流式冷却塔　　(c) 抽风横流式冷却塔

图 2-55　各种机械通风式冷却塔

1—配水系统；2—淋水装置；3—收水器；4—集水器；5—空气分配区；6—风机；7—风筒；8—百叶窗

效果好，使用寿命长。有的塔采用钢结构，但钢结构较易腐蚀。木结构和钢结构与钢筋混凝土结构相比，梁柱的断面小，空气流动状况好，冷却效率较好。木结构塔虽具有很多优点，但国内限于资源情况很难推广。

国内石油化工系统使用的大型机械抽风冷却塔的基本数据见表 2-7。

表 2-7　国内石油化工系统使用的大型机械抽风冷却塔的基本数据

塔型	逆流式	横流式		
结构材质	混凝土	混凝土	钢	木
单塔处理水量/(m^3/h)	500～4200	2000	3000	2450
单塔放出热量/(MJ/h)	$(2.1～17.6)\times10^4$	10.1×10^4	12.3×10^4	17.6×10^4
进出口温差/℃	10	12	12	14
冷却效率系数	0.68～0.73	0.708	0.741	0.778
设计国家	中国	中国	日本	美国

2.10.3　循环冷却水系统结垢分布

2.10.3.1　难溶盐或微溶盐类水垢

在循环冷却水系统中，最常见的难溶及微溶盐类有碳酸钙、磷酸钙、硫酸钙、硅酸钙、磷酸锌等。当这些盐呈过饱和状态时，在一定条件下，可能在换热器的表面以水垢形态析出。水垢使换热器效率下降，系统阻力增加，严重时甚至使换热器堵塞。

多数致垢离子来自天然水，如 Ca^{2+}、Mg^{2+}、SO_4^{2-}、SiO_3^{2-}、HCO_3^- 等离子均由补充水带入。少数致垢离子由循环水加药带入，如 PO_3^{3-}、Zn^{2+} 等离子。其

中正磷酸根 PO_3^{3-} 多由聚磷酸盐类水处理药剂水解而产生。

当水中某盐类离子的物质的量浓度乘积等于其溶度积时，水溶液为饱和溶液；乘积大于溶度积时，为过饱和溶液，此时发生水垢沉积。

2.10.3.2 腐蚀产物

循环冷却水系统中的金属设备会产生溶解氧腐蚀、点蚀、缝隙腐蚀、垢下腐蚀、微生物腐蚀等一系列腐蚀现象，腐蚀产物附着于发生腐蚀的设备表面，或随水扩散附着于其他设备表面，形成了大量腐蚀产物垢。最常见的腐蚀产物垢是铁锈。

2.10.3.3 微生物黏泥垢

微生物、水垢和腐蚀为敞开式循环冷却水系统的三大并列危害，其中微生物危害最为突出，微生物既能促进污垢沉积，又能促进设备腐蚀。

循环冷却水系统的环境极有利于微生物生长和繁殖，阳光、空气、水是微生物生长和繁殖的三个基本要素，而且循环冷却水系统的温度、pH 值也适合微生物生存，特别是水中含有丰富的无机和有机营养物质，水浓缩之后，营养物质浓度也相应增大，另外，某种工艺泄漏物和加入的药剂也可能是营养物质，例如：工艺泄漏物氨中含氮元素，加入的磷系药剂含磷元素，氮、磷元素是菌藻的重要营养物。在循环冷却水系统中，由于水的循环，出水又返回系统，微生物难以排出，大部分又回到系统中。

微生物黏泥是由微生物群体及其分泌物所形成的胶黏状物，它具有特殊的黏结作用，具有很好的内聚性和黏着性。微生物黏泥因具有黏着性能，会促进污垢沉积。所以，微生物数量越高，越容易形成污垢。

第3章

化学清洗常见设备设施的材质

为高质量完成化学清洗工程项目，在高效清除设备或零部件污垢的同时，有效防止被清洗对象发生腐蚀同样至关重要。

化学清洗对象的材料一般可分为金属材料和非金属材料两大类，其中金属材料是最常见的化学清洗对象。各种金属制设备设施大多由金属材料加工制造而成，金属材料可细分为黑色金属和有色金属两大类。

黑色金属：如生铁、铁合金、钢等。钢和生铁都是以铁为基础、以碳为主要添加元素的合金，统称为铁碳合金。

有色金属：又称非铁金属，指除黑色金属外的金属和合金，其中除少数有颜色外（铜为紫红色、金为黄色），大多数为银白色，有色金属有60多种，又可分为九大类。

① 重金属：铜、铅、锌等；

② 轻金属：铝、镁等；

③ 稀有轻金属：锂、铍等；

④ 难熔稀有金属：钨、钛、钒等；

⑤ 稀散金属：镓、锗等；

⑥ 稀土金属：钪、钇及镧系元素等（共17种）；

⑦ 放射性金属：镭、锕等；

⑧ 贵金属：金、银、铂等；

⑨ 碱金属：钾、钠等。

非金属材料又分为有机非金属材料和无机非金属材料两类。

常见的有机非金属材料有塑料、橡胶、合成纤维，其中合成树脂归于塑料之中，如ABA、环氧树脂等；橡胶多被用作密封材料和衬里材料。工程上常见的无机非金属材料包括石墨、陶瓷、玻璃、铸石、混凝土等，其中石墨因导热性好、耐蚀能力强，常被用作换热材料；陶瓷多用于耐酸腐蚀性设备的制作，如陶瓷反应釜；玻璃也常用于制造耐强腐蚀性设备，如盛放溴、硫酸等介质的玻璃反应釜或管道；铸石多用于制造管道；混凝土常用于建造化学清洗中最常见的循环冷却水循环池等设施。

清洗中常见工程材料分类见图 3-1。

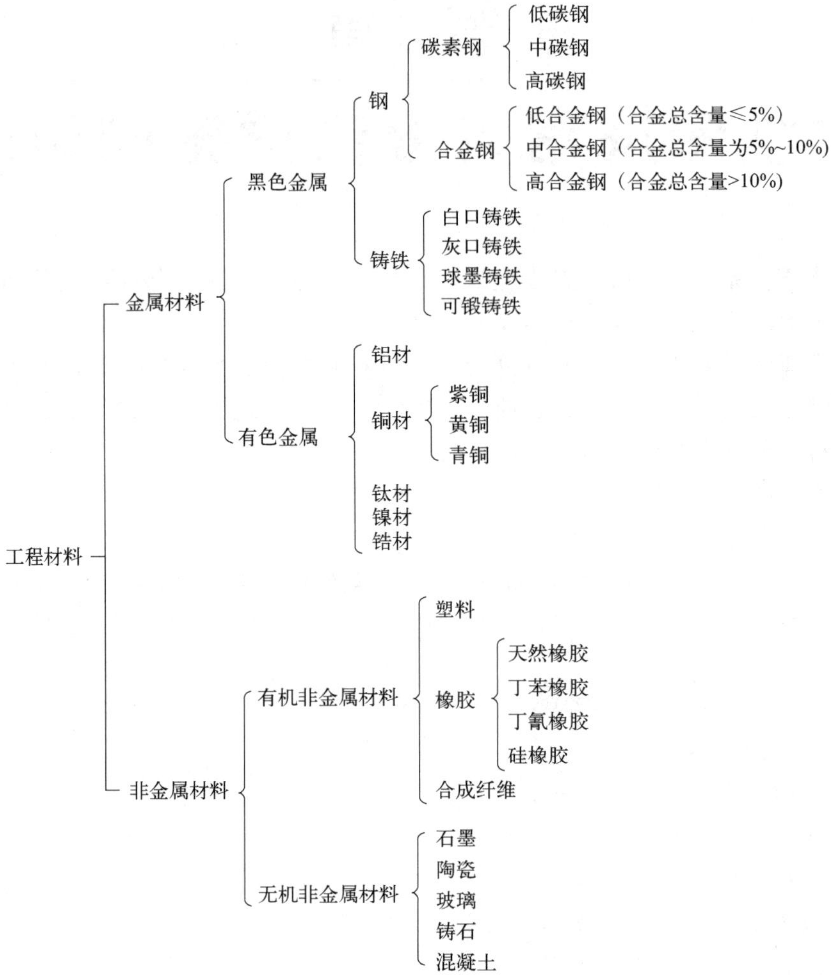

图 3-1　清洗中常见工程材料分类

3.1　金属材料

3.1.1　铸铁

铸铁的种类：灰口铸铁、白口铸铁、可锻铸铁、球墨铸铁、蠕墨铸铁、合金铸铁等。铸铁牌号的表示方法见表 3-1。

表 3-1 铸铁牌号表

名称	代号牌号	实例
灰口铸铁	HT	HT100
蠕墨铸铁	RUT	RUT400
球墨铸铁	QT	QT400-17
黑心可锻铸铁	KHT	KHT300-06
白心可锻铸铁	KBT	KBT350-04
珠光体可锻铸铁	KZT	KZT450-06

灰口铸铁——铸造性能和切削加工性能较好，用于制造机床床身、汽缸、箱体等结构件；

白口铸铁——多用作可锻铸铁的坯件和用于制作耐磨损的零部件；

可锻铸铁——用于制造形状复杂、能承受强动载荷的零件；

球墨铸铁——用于制造内燃机、汽车零部件及农机具等；

蠕墨铸铁——用于制造汽车的零部件；

合金铸铁——用于制造矿山机械、化工机械等的零部件。

铸铁材料抗蚀能力较强，比较厚实，应用比较广泛，化学清洗中常常会遇到铸铁材料的清洗和防腐蚀问题。

一般情况下，铸铁材料对常见的酸、碱、盐有良好的耐蚀性，酸洗时选用酸洗缓蚀剂基本能够保证清洗效果和防腐蚀效果，需要注意的是，即使选择了良好的缓蚀剂，铸铁材料的腐蚀速率一般也要大于普通碳钢材料的腐蚀速率。

铸铁材料酸洗后极易返锈，需要及时进行钝化处理或防锈保养处理。

3.1.2 碳钢

碳钢是一种含碳量在0.008%～2.11%之间的铁碳合金，为最常见的结构钢，适用于机械制造、建筑工程等制造业领域。其优点包括价格低廉、易加工、强度高、耐磨损及耐腐蚀等。

3.1.2.1 常见的碳钢分类

(1) 低碳钢（C 含量<0.25%） 常见的低碳钢规格包括：Q195、Q215、Q235 等热轧板带材，GG-A、GG-B 等建筑用钢，普通冷轧钢板等。

化学清洗中最常见的锅炉钢也是低碳钢，含碳量在0.16%～0.26%范围内。适合制造锅炉的钢材包括汽包用钢和锅炉管用钢。汽包用钢要求具有高的热强性、良好的韧性和组织稳定性，长期在高压中温水蒸气作用下不发生过大的永久变形及破裂。锅炉管用钢要求具有足够高的高温强度，良好的持久塑性、抗氧化性、耐蚀性、组织稳定性，以及良好的加工性。常用汽包用钢有 12Mn 钢、16Mn 钢、19Mn6 钢、

15MnV 钢、14MnMoV 钢、13MnNiMoNb 钢。常用锅炉管用钢有 12CrMo 钢、12Cr1MoV 钢、12MoVWBSiRE 钢、12Cr2MoWVB 钢及 12Cr3MoVSiTiB 钢。

（2）中碳钢（0.25%≤C 含量<0.60%） 常见的中碳钢规格包括：45＃等中碳钢。

（3）高碳钢（C 含量≥0.60%） 常见的高碳钢规格包括：65Mn、60Si2Mn 等弹簧钢；T8、T10A 等工具钢；GCr15 等轴承钢。

3.1.2.2 常见的碳钢型号

10＃钢：适用于制造机械结构件，如螺旋钢绞线、刨刀、剪刀等。

20＃钢：适用于制造各种对强度和硬度要求不高的机械零件（如无缝钢管、冲压件等）和焊接结构件。

45＃钢：适用于制造轴、连杆、螺栓等。

60Si2Mn 钢：适用于制造弹簧、传动齿轮、受力较大的螺母等。

Q235A 钢：适用于制造船舶结构、桥梁等工程结构部件。

3.1.2.3 碳钢化学清洗主要事项

目前市场上常见的酸洗缓蚀剂对碳钢的缓蚀效率都比较高，只要选择适当，清洗工艺条件控制合适，一般情况下，各种酸和碱都适用于清洗碳钢设备，只是碳钢设备经酸洗后容易返锈，所以酸洗后要及时对其进行钝化处理或采取其他防锈措施。

3.1.3 不锈钢

按组织状态不锈钢常分为：铁素体不锈钢、奥氏体不锈钢、奥氏体-铁素体（双相）不锈钢、沉淀硬化不锈钢、马氏体不锈钢等。按成分可分为：铬不锈钢、铬镍不锈钢和铬锰氮不锈钢等。此外，还有压力容器用的专用不锈钢。

3.1.3.1 铁素体不锈钢

铬含量为 15%～30%。其耐蚀性、韧性和可焊性随铬含量的增加而提高，耐氯化物应力腐蚀性能优于其他种类不锈钢。铁素体不锈钢因为含铬量高，耐腐蚀性能与抗氧化性能均比较好，但力学性能与工艺性能较差，多用于制造受力不大的耐酸结构，以及作为抗氧化钢使用。这类钢能抵抗大气、硝酸及盐水溶液的腐蚀，并具有高温抗氧化性能好、热膨胀系数小等特点，可用于硝酸及食品工厂设备，也可用于制作在高温下工作的零件，如燃气轮机零件等。常用铁素体不锈钢新代号及新旧牌号对比见表 3-2。

表 3-2 常用铁素体不锈钢新代号及新旧牌号对比表

序号	统一数字代号	牌号(旧标准)	牌号(GB/T 20878—2024)
1	S11163	0Cr12Ti	022Cr11Ti
2	S11306	0Cr13	06Cr13

续表

序号	统一数字代号	牌号(旧标准)	牌号(GB/T 20878—2024)
3	S11348	0Cr13Al	06Cr13 Al
4	S11972	0Cr18Mo2	019Cr19Mo2NbTi
5	S13090	00Cr30Mo	008Cr30Mo
5	S12690	00Cr26Mo	019Cr26Mo

3.1.3.2 奥氏体不锈钢

铬含量大于 18%，且含有 8%左右的镍及少量钼、钛、氮等元素。综合性能好，可耐多种介质腐蚀。这类钢中含有大量的 Ni 和 Cr，使钢在室温下呈奥氏体状态。这类钢具有良好的塑性、韧性、焊接性、耐蚀性能和无磁或弱磁性，在氧化性和还原性介质中耐蚀性均较好，可用来制作耐酸设备，如耐蚀容器、设备衬里、输送管道、耐硝酸的设备零件等。常用奥氏体不锈钢新代号及新旧牌号对比见表 3-3。

表 3-3 常用奥氏体不锈钢新代号及新旧牌号对比表

序号	统一数字代号	牌号(旧标准)	牌号(GB/T 20878—2024)
1	S35350	1Cr17Mn6Ni5N	12Cr17Mn6Ni5N
2	S45450	1Cr18Mn8Ni5N	12Cr18Mn8Ni5N
3	S30110	1Cr17Ni7	12Cr17Ni7
4	S30210	1Cr18Ni9	12Cr18Ni9
5	S30409	0Cr18Ni9	06Cr19Ni10
6	S30403	00Cr19Ni10	022Cr19Ni10
7	S30458	0Cr19Ni9N	06Cr19Ni10N
8	S30478	0Cr19Ni10NbN	06Cr19Ni9NbN
9	S30453	00Cr18Ni10N	022Cr19Ni10N
10	S30510	1Cr18Ni12	10Cr18Ni12
11	S30908	0Cr23Ni13	06Cr23Ni13
12	S31009	0Cr25Ni20	06Cr25Ni20
13	S31608	0Cr17Ni12Mo2	06Cr17Ni12Mo2
14	S31668	0Cr18Ni12Mo3Ti	06Cr17Ni12Mo2Ti
15	S31603	00Cr17Ni14Mo2	022Cr17Ni12Mo2
16	S31658	0Cr17Ni12Mo2N	06Cr17Ni12Mo2N

续表

序号	统一数字代号	牌号(旧标准)	牌号(GB/T 20878—2024)
17	S31653(原 316L)	00Cr17Ni12Mo2N	022Cr17Ni12Mo2N
18	S31688	0Cr18Ni12Mo2Cu2	06Cr18Ni12Mo2Cu2
19	S31683	00Cr18Ni14Mo2Cu2	022Cr18Ni14Mo2Cu2
20	S31708	0Cr19Ni13Mo3	06Cr19Ni13Mo3
21	S31703	00Cr19Ni13Mo3	022Cr19Ni13Mo3
22	S32168	0Cr18Ni10Ti	06Cr18Ni11Ti
23	34778	0Cr18Ni11Nb	06Cr18Ni11Nb

采用化学清洗法清洗奥氏体不锈钢材质时，切记不能选用含氯离子比较高的酸或盐类，不然容易造成奥氏体不锈钢应力腐蚀破裂。

3.1.3.3 奥氏体-铁素体（双相）不锈钢

奥氏体和铁素体组织各约占一半的不锈钢，兼有奥氏体和铁素体不锈钢的特点，并具有超塑性。在含碳量较低的情况下，铬（Cr）含量为 18%～28%，镍（Ni）含量为 3%～10%，有些钢还含有 Mo、Cu、Si、Nb、Ti、N 等元素。该类钢与铁素体不锈钢相比，塑性、韧性更高，无室温脆性，耐晶间腐蚀性能和焊接性能均显著提高，同时还保持铁素体不锈钢的 475℃脆性以及高热导率等。与奥氏体不锈钢相比，强度高，并且耐晶间腐蚀和耐氯化物应力腐蚀性能明显提高。双相不锈钢具有优良的耐孔蚀性能，也是一种节镍不锈钢。其是能耐盐酸腐蚀的不锈钢品种，甚至可以用来制造盐酸酸泵。常见的奥氏体-铁素体（双相）不锈钢型号：00Cr18Ni5Mo3Si2、0Cr26Ni5Mo2。

3.1.3.4 沉淀硬化不锈钢

基体为奥氏体或马氏体组织，沉淀硬化不锈钢的常用牌号有 04Cr13Ni8Mo2Al 等。其是可通过沉淀硬化（又称时效硬化）处理实现硬（强）化的不锈钢。

3.1.3.5 马氏体不锈钢

强度高，但塑性和可焊性较差。因含碳量较高，故具有较高的强度、硬度和较好的耐磨性，但耐蚀性稍差，可用于力学性能要求较高、耐蚀性能要求一般的一些零件，如弹簧、汽轮机叶片、水压机阀等。这类钢经淬火、回火处理后使用，锻造、冲压后需退火。

常见的马氏体不锈钢型号：1Cr12、0Cr13、2Cr13、3Cr13、4Cr13、3Cr16、7Cr17、1Cr13。

马氏体不锈钢经酸洗后务必进行钝化处理。

3.1.4 铝材

铝合金是一种用途广泛且备受欢迎的材料，它推动了航空航天、建筑等行业的发展。凭借其轻巧而坚固的特性，铝合金已成为全球许多制造商的首选。

铝合金的优点：一是具有高比强度（强度/密度），常用于航空航天工程或汽车制造；二是具有抗腐蚀能力，与暴露在潮湿环境中会生锈或腐蚀的许多其他金属不同，铝合金可以承受恶劣的环境条件，不会随着时间的推移而退化。

根据铝合金的化学成分和所含元素进行分类，不同类型的铝合金如下。

① 1000 系列：纯铝系列，具有出色的耐腐蚀性、高导热性和良好的可加工性。其铝的纯度为 99%以上，例如 1050、1100。

② 2000 系列：铜-铝合金系列，坚固但延展性差。

③ 3000 系列：铝-锰合金系列，含有锰，强度高但耐腐蚀性低。

④ 4000 系列：铝-硅合金系列，具有良好的焊接性能但强度低。

⑤ 5000 系列：铝-镁合金系列，含有镁，可提高强度、可焊性和耐腐蚀性。

⑥ 6000 系列：铝-镁-硅合金系列，含硅和镁，可热处理，具有出色的成型性、焊接性和机械加工性。

⑦ 7000 系列：铝-锌合金系列，以锌为主要合金元素，为飞机结构提供卓越的强度。

铝材在工程中应用较广，化学清洗时，一般使用硝酸、柠檬酸、氨基磺酸作为酸洗剂，不建议采用盐酸或氢氟酸进行清洗。另外，铝是两性金属，在酸和碱中都有较强的腐蚀作用，不建议采用强碱进行清洗。选择水基金属清洗剂清洗铝材时，建议清洗液的 pH 值要小于临界值 10.5。

3.1.5 钛材

钛合金的密度一般在 4.51g/cm^3 左右，仅为钢的 60%，一些高强度钛合金的强度超过了许多合金结构钢。因此钛合金的比强度远高于其他金属结构材料，可用于制造比强度高、刚性好、质轻的零部件。飞机的发动机构件、骨架、蒙皮、紧固件及起落架等都使用钛合金。

钛合金在潮湿的大气或海水介质中工作时，其抗蚀性远优于不锈钢，对点蚀、酸蚀、应力腐蚀的抵抗力特别强，对碱、氯化物、氯的有机物、硝酸、硫酸等有优良的抗腐蚀能力。钛材耐低温性能好，钛合金在低温和超低温下仍能保持其力学性能。间隙元素含量极低的钛合金，如 TA7，在 −253℃ 下还能保持一定的塑性。因此，钛合金也是一种重要的低温结构材料。

目前，已研制出的钛合金有 100 多种，其中的 20～30 种已经达到了商业化应用水平，如 T-6AL-4V、Ti-6A-2Zr1Mo-1V、Ti-2A-1.5Mn、Ti5AI-2.5Sn、Ti-

2Al-2.5Zr、Ti-32Mo、Ti-6242、Ti-1023 等。

钛合金具有优异的耐蚀性能，是因为其表面会生成一层非常致密的二氧化钛钝化膜，一旦膜被破坏，钛材其实很容易被腐蚀，钛材的致命弱点是极易受原子态氢影响而发生脆化腐蚀（即渗氢腐蚀）。所以化学清洗钛材时，建议选择具有一定氧化性的硝酸进行清洗，不建议选择盐酸进行清洗，严禁采用氢氟酸进行酸洗，即使加入缓蚀剂也不得使用氢氟酸或氟化钠等进行清洗。

3.1.6 铜材

铜合金是以纯铜为基体加入一种或几种其他元素所构成的合金。纯铜呈紫红色，又称紫铜。纯铜的相对密度为 8.96，熔点为 1083℃，具有优良的导电性、导热性、延展性和耐蚀性。主要用于制作发电机、母线、电缆、开关装置、变压器等电工器材，以及热交换器、管道、太阳能加热装置的平板集热器等导热器材。

常用的铜合金分为黄铜、青铜、白铜三大类。

黄铜是以锌为主要添加元素的铜合金，具有美观的黄色，故称黄铜。铜-锌二元合金被称为普通黄铜或简单黄铜。三元以上的黄铜被称为特殊黄铜或复杂黄铜。含锌量低于 36%的黄铜由固溶体组成，具有良好的冷加工性能，如含锌量 30%的黄铜常被用来制作弹壳，俗称弹壳黄铜或七三黄铜。含锌量在 36%～46%之间的黄铜，在室温下的显微组织由 α 固溶体和 β 固溶体两相组成，其中最常用的是含锌 40%的六四黄铜，为了改善普通黄铜的性能，常添加其他元素，如铝、镍、锰、锡、硅、铅等。铝能提高黄铜的强度、硬度和耐蚀性，但使其塑性降低，适用于制作海轮冷凝管及其他耐蚀零件。锡能提高黄铜的强度和对海水的耐腐蚀性，故称海军黄铜，用于制作船用热工设备和螺旋桨等，很多电厂凝汽器就是采用海军黄铜制造的，化学清洗时要严格控制铜和锡的腐蚀反应。铅能改善黄铜的切削性能，这种易切削黄铜常用于制作钟表零件。黄铜铸件常用来制作阀门和管道配件等。化学清洗中最常见的黄铜是铜 60%、锌 40%的六四铜，清洗这种黄铜时要严格控制腐蚀，防止黄铜脱锌。

青铜原指铜锡合金，后除黄铜、白铜以外的铜合金均称为青铜，并常在青铜名字前冠以主要添加元素的名称。锡青铜的铸造性能、减摩性能和力学性能较好，适用于制造轴承、涡轮、齿轮等。铅青铜是现代发动机和磨床广泛使用的轴承材料。铝青铜强度高，耐磨性和耐蚀性好，用于铸造高载荷的齿轮、轴套、船用螺旋桨等。铍青铜和磷青铜的弹性极限高、导电性好，适用于制造精密弹簧和电接触元件，铍青铜还用来制造煤矿、油库等场合使用的无火花工具。

白铜是以镍为主要添加元素的铜合金。铜-镍二元合金被称为普通白铜，加有铁、锌、铝等元素的白铜被称为复杂白铜。工业用白铜分为结构白铜和电工白铜两大类。结构白铜的特点是力学性能和耐蚀性好，色泽美观。这种白铜广泛用于制造精密机械、化工机械和船舶构件。电工白铜一般有良好的热电性能。锰铜、康铜、考铜是含锰量不同的锰白铜，是制造精密电工仪器变阻器、精密电阻、应变片、热电偶等用的材料。

3.2 非金属材料

3.2.1 工程塑料

3.2.1.1 树脂

(1) 天然树脂

天然树脂是指来源于植物分泌液、动物代谢产物或矿物渗出物的非晶态天然高分子化合物，无固定熔点，受热后可逐渐软化，多数能溶于某些有机溶剂，但不溶于水，如松香等天然产物。

(2) 合成树脂

以低分子有机化合物作为原料，经过化学合成制造出的与天然树脂某些性能相似的树脂状产物，称为合成树脂。

树脂是塑料的主要成分，它的种类、性质及其在塑料中占有的比例大小，对塑料的性能起决定性作用。所以，大多数塑料是以树脂的名称命名的。有些合成树脂可直接作为塑料，如聚乙烯、尼龙、聚碳酸酯等。

3.2.1.2 塑料

塑料是一类范围很大、应用很广的高分子合成材料。塑料的成分相当复杂，几乎所有的塑料都是以树脂为基础，再加入改善性能的各种添加剂，如填充剂、增塑剂、稳定剂、润滑剂、染料、固化剂等。

(1) 塑料的分类

① 按照树脂在加热和冷却时所表现的性质，分为热固性塑料和热塑性塑料。

② 按照塑料的应用范围，分为通用塑料、工程塑料、耐高温塑料。通用塑料有：聚乙烯、聚氯乙烯、聚苯乙烯、聚丙烯、酚醛塑料和氨基塑料等。工程塑料有：聚碳酸酯、聚酰胺（尼龙）、聚甲醛、聚砜、ABS、聚氯醚、聚四氟乙烯等。耐高温塑料有：氟塑料、有机硅树脂、芳杂环树脂等。

(2) 尼龙（聚酰胺，又叫锦纶）

尼龙常用来代替有色金属及其合金，用于制造齿轮、螺钉、螺母、管道等，它不仅有较高的机械强度，而且具有耐油、耐腐蚀、消音、防振、自润滑等多种特性。尼龙的主要品种有：尼龙6、尼龙66、尼龙610、尼龙1010、MC尼龙（铸型尼龙）和芳香尼龙等。

（3）聚四氟乙烯

聚四氟乙烯具有良好的耐腐蚀性能，几乎不受任何化学药品的腐蚀，无论是强酸（盐酸、硝酸）、强碱（氢氧化钠），还是强氧化剂，对它都毫无作用。其化学稳定性超过玻璃、陶瓷、不锈钢，被称为“塑料王”。它几乎不吸水，其摩擦系数极低，只有0.04，是现有固体材料中最低的。它还有较宽的温度使用范围，可以在−180～260℃下长期使用，是一种优良的密封材料。它还具有优良的电绝缘性能。但它具有冷流性、刚性差、不耐高温等缺陷，390℃开始分解并放出有毒气体。主要用作减摩密封零件，常见制品如垫片、生料带、密封圈、密封填料等。

工程塑料在清洗中也较常见，如PVC（聚氯乙烯）、PP（聚丙烯）制成的管道或常压容器，这些工程塑料的耐温性不如金属材料，不适合采用高温（高于100℃）清洗，也不适合采用高压水射流清洗或钢刷打磨清洗。但其具有良好的耐酸、耐碱性能，如果清洗系统中不含任何金属材料，清洗时可以不添加缓蚀剂。但是塑料在有些有机溶剂中会溶胀或脆化，所以工程塑料清洗时尽量不要采用有机溶剂作为清洗剂。

氟塑料具有耐酸、耐碱、耐溶剂腐蚀的特性，所以化学清洗时安全性较高，注意不要使用高温清洗即可。

3.2.2 橡胶

（1）天然橡胶

即橡胶树上流出的胶乳。其经过凝固、干燥、加压，可制成片状生胶。它有较好的弹性、电绝缘性、耐碱性和力学性能。但其不耐强酸，耐油和耐溶剂性差，不耐高温，主要用于制造轮胎、胶带、胶鞋、胶管等。

（2）合成橡胶

通用合成橡胶：主要有丁苯橡胶、顺丁橡胶、氯丁橡胶、乙丙橡胶等。

特种合成橡胶：耐油、耐溶剂——丁腈橡胶，耐热、耐寒——硅橡胶，耐腐蚀——氟橡胶。

注意：橡胶的耐酸碱性能较好，化学清洗中常见的橡胶材料为各种密封垫片或橡胶衬里，清洗时注意不要使用尖锐锋利的金属部件和工具，防止刺穿或撕裂，同时有些橡胶耐溶剂腐蚀能力有限，在使用有机溶剂清洗时务必核实是否会造成橡胶溶胀。

3.2.3 陶瓷

陶瓷是由天然或人工合成的粉状原料，经成型和高温烧结制成的，由金属和非金属元素的无机化合物构成的多晶固体材料。它具有耐高温、耐腐蚀、硬度高等优点，常用于制造反应釜。但是陶瓷没有塑性，容易脆化破裂，所以清洗拆卸时要特别小心，切勿暴力操作，最好不要用高压水清洗。

3.2.4 石墨

石墨材料在生产中常作为换热器使用，这种换热器通常由石墨和树脂通过模压成型制成。具有耐蚀性好、导热性好等特性。由于加工中常用环氧树脂或酚醛树脂，故化学清洗时要考虑碱性物质对树脂的腐蚀和破坏作用。

第4章

化学清洗剂

在对工业设备进行化学清洗前，必须针对其材质、结构、污垢种类及组成，通过分析化验、溶垢试验，综合考虑各种因素后选择最佳清洗剂。

4.1　清洗剂的分类

为全面了解清洗剂性质及其使用性能，使清洗剂的选择更趋合理，现将常用清洗剂分为几大类（见表 4-1）进行讨论。由于污垢种类及组成不同，其溶解性或剥离效率各异，加之酸对基材产生腐蚀，故将清洗剂与缓蚀剂等助剂复配使用，效果会更好。

表 4-1　常用清洗剂

主剂	无机酸	盐酸、硫酸、硝酸、磷酸、氢氟酸、氨基磺酸
	有机酸	柠檬酸、乙二胺四乙酸(EDTA)、乙酸(醋酸)、甲酸(蚁酸)
	碱洗剂	氢氧化钠、碳酸钠、磷酸盐、硅酸盐
	钝化剂	亚硝酸钠、联氨、双氧水、磷酸盐、浓硝酸
助剂	缓蚀剂、还原剂、助溶剂、铜离子掩蔽剂、表面活性剂、杀菌灭藻剂	

4.2　清洗剂的性质

工业清洗剂应具备以下特性，可针对不同清洗对象有所取舍。

① 除垢速度快，溶垢彻底。清洗剂自身对污垢有很强的反应、分散或溶解清除能力，在尽可能短的工期内，可较彻底地除去污物。

② 对清洗设备的损伤应在国家标准规定的范围内。

③ 清洗所用药剂便宜易得，并立足于国产化。

④ 清洗剂对人体、生物与环境无毒或低毒，废气、废液与废渣应能够被处理

至符合国家相关法规的要求。

⑤ 清洗条件温和，尽量不依赖附加的强化条件，如对温度、压力、机械能等无过高的要求。

4.2.1 无机酸

4.2.1.1 盐酸（HCl）

盐酸是氯化氢气体的水溶液，15℃时氯化氢在水中的溶解度最大，可生成42.7%（质量分数）的盐酸。市场上出售的浓盐酸为37.2%（质量分数）。

使用盐酸作清洗液时，浓度一般控制在10%（质量分数）以下，并在常温下使用，尽量避免升温使用以防产生酸雾。由于大多数氯化物是易溶于水的，因而呈碱性的碳酸盐水垢、铁锈、铜锈、铝锈都可以很好地溶解在盐酸中。盐酸因价格便宜，被广泛使用。盐酸清洗液适用于碳钢、黄铜、紫铜及其他铜合金设备的清洗。它对碳酸盐水垢和铁锈的清洗最有效且经济，广泛用于锅炉、换热器及各种反应设备的清洗。

盐酸极易腐蚀金属，必须添加缓蚀剂。氯离子会导致奥氏体不锈钢产生应力腐蚀开裂，虽然其具有促进金属腐蚀产物快速活化溶解的有利作用，但又会导致钝化材料表面的钝化膜局部破坏从而被腐蚀的情况，所以一般不选盐酸作不锈钢和铝材表面污垢的清洗液。

4.2.1.2 硫酸（H_2SO_4）

硫酸是三氧化硫的水合物，是一种无色黏稠的液体，通常在洗涤中应用的是浓度为98%（质量分数）及其以下的硫酸水溶液。

硫酸是一种价格便宜的强酸，它的水溶液对热的稳定性良好，在工业清洗中应用得很广泛。它的缺点是在清洗中生成的许多盐其水溶性较低，比如用硫酸去除含钙盐的锅炉污垢时，由于与硫酸反应生成水溶性较差的硫酸钙，在25℃时，$100cm^3$ 水中只能溶解0.208g硫酸钙。所以污垢中钙镁盐含量较高时慎用硫酸。硫酸不适合作为水垢清洗剂，但是可作为除锈剂除去钢铁轧制的鳞皮。

化学清洗中所用的硫酸，其浓度一般控制在15%以下，通常是将95%～98%的浓硫酸稀释后使用。稀释浓硫酸会产生大量的热，因此稀释时应将浓硫酸缓慢地加入水中，并且一边加酸一边搅拌使热量及时散去，防止溅出。稀释的顺序千万不能颠倒，不能把水加入浓硫酸中，因为当把少量水加入浓硫酸中时，放出的热可使水温迅速升高以致沸腾，从而引起酸液的飞溅对人造成伤害。另外，硫酸对人体和设备均有一定危险，使用时要注意安全。

工业上利用硫酸进行清洗时，通常加入非离子型表面活性剂以提高其除锈能力。硫酸中加入适量硝酸可去除焦油、焦岩、海藻类生物等多种污垢。为了降低硫酸对金属物体的腐蚀性，要在清洗剂中加入一定量的缓蚀剂。

4.2.1.3 硝酸（HNO_3）

硝酸属于氧化性酸，与金属的反应机理与其他酸不同。主要用于清洗不锈钢，也用于铝和不锈钢的钝化处理。铁和铜对硝酸没有耐腐蚀性。工业上使用的浓硝酸是65%（质量分数）的硝酸水溶液。它与硫酸、盐酸作为三种常用强酸而被广泛使用。

硝酸是一种易挥发、易分解的酸。硝酸在光、热或某些化学物质作用下分解，并放出二氧化氮和氧气。因此硝酸在实验室中保存在密闭的棕色试剂瓶中。在工厂中使用的硝酸也要在阴凉、避光的条件下密闭保存。

硝酸分解时产生的初生态原子氧有很强的氧化性，这是硝酸的重要特性，因此硝酸对贵金属（如金、铂）之外的许多其他金属都有广泛的溶解能力。在清洗去除金属表面污垢时，它既可以将有机污垢氧化分解去除，又可在某些金属表面形成致密的氧化膜，从而保护金属不被腐蚀。但应注意的是，硝酸分解产生的棕红色二氧化氮气体有很强的毒性，使用时应十分注意安全，要在通风良好的环境中进行操作。

工业上用于酸洗的硝酸的浓度一般在5%左右，在浓度较低的情况下，硝酸比较稳定，不易分解，但氧化性减弱，主要发挥酸性作用。由于硝酸盐大多易溶于水，硝酸本身又具有一定氧化性，因此对锅炉垢物和金属氧化物有很强的溶解性，一些用盐酸溶解不了的金属氧化物和垢物常用硝酸溶液来清洗，因此工业上普遍采用硝酸作酸洗剂。特别是用硝酸清洗不锈钢作基体的设备，不会像盐酸那样有导致孔蚀的危险，而且硝酸清洗铜锈效果比较好，所以在清洗不锈钢以及铜设备时常用硝酸。在工业上硝酸主要用于清洗不锈钢、碳钢、黄铜、铜及碳钢-不锈钢设备，以及黄铜-碳钢焊接的组合体设备。硝酸可以去除水垢和铁锈，因为其对碳酸盐水垢、Fe_2O_3 和 Fe_3O_4 锈垢有良好的溶解能力。

由于硝酸在低浓度下对大多数金属也有强烈的腐蚀作用，因此用硝酸作酸洗剂时，为防止其对金属的腐蚀要加入缓蚀剂。目前广泛采用LAN-826和LAN-5两种缓蚀剂，效果较好，而一般缓蚀剂容易被硝酸分解而失效，使用时应仔细阅读商品缓蚀剂的使用范围和使用条件。

4.2.1.4 磷酸（H_3PO_4）

纯磷酸是无色透明的固体，工业上使用的浓磷酸是85%～90%（质量分数）的磷酸水溶液。与上面介绍的三种无机酸相比，磷酸是较弱的酸，甚至比氨基磺酸和草酸等有机酸的酸性还弱。

在去除钢铁表面的锈污时，通常使用15%～20%（质量分数）的磷酸溶液，温度控制在40～80℃。当磷酸与其他强酸配合使用时，它起到缓冲试剂的作用以控制溶液 pH 值。

磷酸是难挥发性酸，在高温和高浓度下溶解能力很强，如能与钨、铜、铌等不活泼金属反应生成杂多酸型配合物，从而使它们溶解。它也可溶解铬铁矿、金红石（TiO_2）等矿石。

工业上，一般酸洗时采用的磷酸浓度为 8%～10%，温度为 40～60℃，由于溶解铁锈的产物磷酸铁在水中的溶解度小，酸洗时会产生磷酸铁沉淀而影响清洗效果。为避免酸洗产生此种沉淀，要保持磷酸浓度超过 25%，使形成溶解度较大的含磷杂多酸配合物，但这样会提高酸洗成本，也增加对废洗液处理的困难，因此用磷酸清洗的清洗成本比其他无机酸高。

磷酸还可用于预处理钎焊工件，因在高温、高浓度情况下，磷酸对金属氧化物具有较强的溶解能力，可有效清洗钎焊工件及其氧化区表面。用磷酸清洗生锈的金属表面，去锈的同时可形成磷化保护膜，对金属起保护作用。

由于采用磷酸清洗时存在其钙盐［$Ca_3(PO_4)_2$］难溶的问题，因此磷酸不适用于清除水垢；此外，其铁盐［$Fe_3(PO_4)_2$］在低浓度磷酸中的溶解度也较低。因此，除一些特殊情况外，通常不使用磷酸作酸洗剂。

磷酸对铁有溶解和络合作用，而且具有一定的钝化作用。在工业清洗中常用磷酸作为漂洗剂，以节省换水冲洗的时间与水量。

4.2.1.5 氢氟酸（HF）

氢氟酸是中等强度的酸，但是其溶解铁垢的能力远超过盐酸、硝酸和硫酸，这是由于它对铁的氧化物有溶解与络合的双重作用。它能与二氧化硅发生激烈反应并使其溶解，一般用作硅垢的清洗剂。由于氢氟酸可与硅化合物发生化学反应，在主要成分为二氧化硅的材料及半导体元件硅表面腐蚀物的清洗和酸洗过程中发挥重要作用。由于氟污染环境且有毒性，尽可能少用。

与盐酸类似，氢氟酸是氟化氢气体溶于水形成的溶液。市场出售的氢氟酸浓度一般为 30%～60%（质量分数）。它是一种弱酸，酸的强度与有机酸中的甲酸相似。

氢氟酸对人体有很强的毒性和腐蚀性，取用时应十分注意，要戴好橡胶手套、防护面罩或口罩。要防止氟化氢气体在环境中扩散，对已经扩散到空气中和水中的氟化氢要设法用氢氧化钠水溶液进行吸收，再用钙盐与它反应生成不溶性氟化钙沉淀加以回收。

可以代替氢氟酸达到同样目的的是氟化氢铵，它是氢氟酸与氟化铵反应的产物，其水溶液为酸性缓冲溶液。氟化氢铵的作用比氢氟酸要温和。

工业上使用氢氟酸作酸洗剂时，一般控制在有效浓度 2%以下，由于温度升高，反应速率明显加快，所以常控制温度在 50℃以下。用氢氟酸清洗铁锈和溶解氧化铁具有清洗时间短、效率高的特点。氢氟酸有很强的溶解氧化铁的能力，这主要归功于其独特的离子作用机制。当氢氟酸与四氧化三铁接触时，会发生氟-氧交换反应，随后氟离子与铁离子发生络合反应使氧化铁皮溶解。

工业上清除含二氧化硅的难溶水垢采取碱洗与酸洗相结合的工艺，先用 NaOH 等碱与部分二氧化硅反应，生成可溶性硅酸盐使其溶解，再用氢氟酸清洗进一步去除水垢，从而取得较好效果。含二氧化硅的水垢导热性极差，对锅炉危害较大，因此常用氢氟酸加以清除。

氢氟酸对金属有腐蚀性，对含铬 13%～15%的高合金钢的腐蚀性比低合金钢高约 10 倍，因此常配合适当的缓蚀剂使用。

氢氟酸清洗具有酸洗后残液易于处理的优点，在用石灰水中和残酸时，生成的氢氧化铁或氟化钙沉淀通过静置、过滤等方式可从水中除去。

工业清洗中，氢氟酸通常不单独使用，而是与氟氢化铵、盐酸、硝酸等其他物质配合使用，如氢氟酸-氟氢化铵清洗剂主要用于清洗硅垢，也可再加入盐酸、硝酸用于清洗铁锈。而盐酸-氢氟酸清洗液主要用于除去碳酸盐水垢、硅酸盐水垢和氧化铁皮的混合物，其中盐酸溶解碳酸盐水垢的速度很快，但不能溶解硅酸盐水垢，而氢氟酸可溶解硅酸盐水垢和氧化铁。有时在盐酸酸洗液中加入一定量的氟化氢铵，目的是利用氟化氢铵与盐酸反应生成氢氟酸，从而形成盐酸-氢氟酸混合清洗剂，以加强对碳酸盐垢、硅酸盐垢及铁垢混合物的溶解能力。而硝酸-氢氟酸对碳酸盐水垢、硅酸盐水垢、各种旧锈均有良好的溶解能力，而且去垢速度快，特别适合不耐盐酸的碳钢-不锈钢、碳钢-铜组合的设备清洗，具有腐蚀速率低、不产生渗氢、常温清洗速度快、节省能源、原料来源方便等优点，是目前国内换热器、锅炉及各种化工设备中碳酸盐水垢、硅酸盐水垢及铁垢的最佳酸洗剂。

为减小对金属基体的腐蚀，氢氟酸酸洗剂中要加入缓蚀剂。特别提醒的是，清洗过程中一旦遇到钛材设备，应尽量避免使用氢氟酸、氟化钠、氟化氢铵等含氟酸洗剂。

4.2.1.6 氨基磺酸

氨基磺酸分子式为 NH_2SO_3H，市售商品为固体，由尿素与发烟硫酸反应制取，其密度为 2.126g/cm^3（25℃），熔点为 205℃。它具有不挥发、无臭味、对人身毒性极小、对皮肤基本无刺激、使用方便等特点。

氨基磺酸水溶液具有与盐酸、硫酸等同的强酸性，故别名为固体硫酸。氨基磺酸易溶于水，当相对湿度大于 70%时，开始具有潮湿性，其溶解度见表 4-2。

表 4-2 氨基磺酸在水中的溶解度

温度/℃	0	20	40	60	80
溶解度/(g/100g 水)	12.8	17.6	22.8	27.1	32.0

氨基磺酸的水溶液在常温下较稳定，但在较高温度下，会水解成硫酸氢铵和硫酸铵。

$$NH_2SO_3H + H_2O \longrightarrow NH_4HSO_4$$

$$NH_4HSO_4 + NH_3 \longrightarrow (NH_4)_2SO_4$$

当温度高于130℃时，浓氨基磺酸水溶液在密闭容器中会快速分解，并产生大量蒸气而引起爆炸。研究表明，氨基磺酸水溶液在60℃以下几乎不分解，但在80℃时分解量较大。在使用氨基磺酸进行清洗时，温度一般控制在60℃以下。

氨基磺酸与常见污垢发生化学反应的方程式如下：

$$2NH_2SO_3H + CaCO_3 = Ca(NH_2SO_3)_2 + CO_2\uparrow + H_2O$$

$$2NH_2SO_3H + MgCO_3 = Mg(NH_2SO_3)_2 + H_2O + CO_2\uparrow$$

$$2NH_2SO_3H + Mg(OH)_2 = Mg(NH_2SO_3)_2 + 2H_2O$$

$$8NH_2SO_3H + Fe_3O_4 = Fe(NH_2SO_3)_2 + 2Fe(NH_2SO_3)_3 + 4H_2O$$

$$2NH_2SO_3H + FeS = Fe(NH_2SO_3)_2 + H_2S\uparrow$$

氨基磺酸对金属的腐蚀性较其他酸弱，又因其对钙盐的溶解力较强，常用于清洗钙垢。对铁锈等腐蚀产物的溶解力不大，通常要与有机酸混合使用。

通常使用7%～10%的氨基磺酸水溶液作清洗剂，在60℃以下除垢，一般在1h内可将90%的钙镁垢转变成可溶性氨基酸盐而去除。

由于多数氨基磺酸盐在水中的溶解度较高，不会在清洗液中产生沉淀，氨基磺酸对金属腐蚀性小，所以常被用来清洗钢铁、铜、不锈钢、铝及陶瓷等材质设备表面的铁锈和水垢。

4.2.2 有机酸

用于酸洗的有机酸很多，常用的有羟基柠檬酸、乙二胺四乙酸、乙酸等。与无机酸相比，有机酸酸洗具有成本较高，需要在较高温度下操作，清洗耗费时间较长的缺点。有机酸腐蚀性较小，有些有机酸有螯合能力，可用于不停车清洗。

4.2.2.1 柠檬酸

柠檬酸又称枸橼酸，分子式为 $H_3C_6H_5O_7 \cdot H_2O$（一水合物），化学名称为2-羟基丙烷-1,2,3-三羧酸，富有柠檬的水果香味，是易溶于水的晶体。

柠檬酸是工业清洗中使用最多的有机酸，它可以溶解氧化铁、氧化铜等锈垢，其作用原理是一方面利用 H^+ 与碱性金属氧化物作用，另一方面利用柠檬酸的络合作用。它与铁锈生成的柠檬酸铁在水中溶解度小，所以在柠檬酸溶液中加入氨(俗称氨化柠檬酸)，通过络合作用生成溶解度很高的柠檬酸亚铁铵和柠檬酸铁铵，从而提高氧化铁的去除效率。其反应过程为柠檬酸与氨水反应生成柠檬酸单铵盐后，再发生络合反应。

柠檬酸毒性小，呈水溶性结晶，使用方便。与氨基磺酸相比，对钙垢的溶解能力小，但对腐蚀物的溶解能力强。柠檬酸的铵盐（柠檬酸铵）对氧化铁的溶解能力较强。与盐酸等相比，柠檬酸的清洗能力较弱，一般都加热至80℃以上使用，以提高清洗效果。

柠檬酸铵与铁的氧化物反应生成柠檬酸亚铁铵和柠檬酸铁铵等易溶物质而使锈垢溶解。当设备中同时存在铁锈和铜锈时，可以通过控制 pH（加氨水）为3.5，使容易络合的铁离子形成柠檬酸亚铁铵和柠檬酸铁铵而被去除，也防止 $Fe(OH)_3$ 沉淀产生，在铁化合物被溶解之后，再调整 pH=9，提高溶液中柠檬酸根离子的浓度以络合铜离子而去除铜锈污垢。

柠檬酸在化学清洗中常被用于去除以铁锈为主的锈垢，为加快清洗速度，缩短酸洗时间，常保持较高温度操作。另外，为防止酸对金属的腐蚀，还需加入缓蚀剂。

通常锅炉经盐酸清洗后，常用较稀的柠檬酸来漂洗以去除留下的铁盐，可以使清洗后的金属表面更容易进行钝化处理。

4.2.2.2 乙二胺四乙酸（EDTA）

乙二胺四乙酸又称依地酸，能与许多金属离子形成稳定而易溶于水的螯合物，因此可用于金属化合物垢类的清洗。EDTA 是一种四元酸，常用 H_4Y 表示其分子式。

EDTA 溶解去除金属锈垢不是通过 H^+ 的溶解作用，而是利用 Y^{4-} 的螯合作用。EDTA 与一～四价金属离子均按 1∶1 的比例进行络合。

在室温下，乙二胺四乙酸在水中的溶解度很小，100g 水仅能溶解 0.02g EDTA，为了加大其溶解度，清洗温度需要提高至100℃以上，所以通常使用在水中溶解度较大的乙二胺四乙酸二钠盐，乙二胺四乙酸的钠盐也简称为 EDTA（注意不要混淆)。EDTA 对不同金属离子的螯合能力是不同的，对 Fe^{3+} 的螯合能力要比对 Ca^{2+}、Mg^{2+} 强，所以在较低 pH 值溶液中，游离的 Y^{4-} 较少时即可把 Fe^{3+} 完全螯合。为防止溶液中 Fe^{3+} 与 OH^- 结合成 $Fe(OH)_3$ 沉淀，要控制溶液 pH 值和 OH^- 浓度。所以一般溶解铁锈垢时，控制 pH≤9.5；而 EDTA 对 Ca^{2+} 及 Mg^{2+} 的螯合能力较差，控制 pH>10，使溶液中游离的 Y^{4-} 浓度较大时，才能完全去除碳酸钙等水垢。

由于 EDTA 价格昂贵，用它清洗除垢生产成本高，通常只用于不能使用盐酸清洗的特殊场合。比如，清洗不能使用盐酸清洗的高参数锅炉表面的铁垢（尤其是以磁性氧化铁形式存在的垢和腐蚀产物）。它适于对新建锅炉的投产前去锈及氧化铁鳞皮等的清洗。

4.2.2.3 醋酸（乙酸）

醋酸是低腐蚀性、无毒害作用的清洗剂。醋酸是一种一元有机弱酸，常温下为无色有一定刺激性醋味的液体，与水、乙醇、乙醚都可以混溶，其熔点为16.7℃。纯的醋酸在低温下结晶成固体，所以又称为冰醋酸。醋酸对金属腐蚀性小，对人体毒害作用小，它的盐易溶于水，所以适合清洗水垢和铁锈等腐蚀产物，特别适用于黄铜和对晶间腐蚀敏感的材料的清洗。采用醋酸清洗剂对已严重腐蚀、15.7MPa以上的高压锅炉进行清洗，较用盐酸安全性好。

4.2.2.4 羟基乙酸

羟基乙酸是一种很好的酸性清洗剂，因国内市场供应量不足等原因，未能广泛应用于清洗实践中。在国外，羟基乙酸已广泛应用于许多领域的清洗工程中，特别是美国杜邦公司已将羟基乙酸成功地用于火力发电厂材质为奥氏体不锈钢的超临界及亚临界锅炉的清洗。

羟基乙酸又名乙醇酸或甘醇酸，是α-羟基羧酸族的第一个成员。如甘蔗、甜菜、葡萄等中都含有微量的天然羟基乙酸，而商业市场上所需的大量羟基乙酸主要依靠人工合成的方法制造。

羟基乙酸的分子式为$HOCH_2COOH$，分子量为76.05。羟基乙酸易溶于水、甲醇、丙酮、乙酸和乙酸乙酯，但几乎不溶于碳氢化合物溶剂，熔点为78～79℃，沸点下分解。

羟基乙酸具有腐蚀性低、不易燃、无臭、毒性低、生物降解性强、水溶性高、挥发性低等特点，使用方便，因此用途广泛。

羟基乙酸对碱土金属类的垢物有较好的溶解能力，与钙、镁等元素作用较为剧烈，羟基乙酸钙、镁盐在水中的溶解度较大，所以羟基乙酸适合清洗钙、镁盐垢。

在试验过程中发现，当锈垢占比较大时，单一的羟基乙酸溶解效果不显著，改用2%的羟基乙酸+1%甲酸的混合酸清洗效果良好，但甲酸具有强刺激性，在应用上受到限制。

每1000mL2%的羟基乙酸+1%甲酸的混合溶液能够去除13.4g氧化铁垢，1000mL12%的EDTA二钠盐则能去除6.23g的垢，而每1000mL3%和6%EDTA的铵盐溶液则分别能去除3.0g和6.0g的垢。清洗剂溶解垢的情况见表4-3。

表 4-3 清洗剂溶解垢的情况

水垢的组成	1kg 清洗剂所能溶解水垢的质量/kg	
	羟基乙酸	EDTA
Fe_2O_3	2.18	0.65
$CaCO_3$	1.32	0.48
$CaSO_4$	1.80	0.65
$MgCO_3$	1.11	0.40
$MgSO_4$	1.63	0.58

注：清洗剂为 100%的原料。

实验室研究表明，2%羟基乙酸+1%甲酸的混合溶液不到 4h 就能除掉氧化铁垢（水垢≤$400g/m^2$），而 EDTA 则需要 6h 以上。

在清除三价铁垢时，羟基乙酸不需经任何附加的化学处理就能够去除三价铁垢；而 EDTA 则需用 N_2H_4 等还原剂将三价铁转化为二价铁。

羟基乙酸的应用：羟基乙酸可以像大多数无机酸、柠檬酸、EDTA 等用于高压不锈钢蒸汽锅炉及热交换器的清洗。它在许多领域都有很广阔的用途，如水井的清洗，乳制品设备的清洗，砖石材料的清洗，印刷电路板清洁剂，铜器增光，等等。

4.2.2.5 甲酸（蚁酸）

甲酸是无色发烟的易燃液体，具有渗透性刺激臭味。溶于水、乙醇和乙醚，相对密度为 1.2201，熔点为 8.3℃，沸点为 100.8℃。甲酸是基本有机化工原料之一，广泛用于农药、皮革、染料、医药和橡胶等工业。在医药工业上，甲酸可用于合成冰片、氨基比林、咖啡因和维生素 B_1 等药物。在农药工业中，甲酸可用于制取高效低毒农药杀虫脒。此外，用甲酸可以制取各种溶剂，如二甲基甲酰胺。甲酸对脂肪具有溶解性，所以可经皮肤吸收，对皮肤、黏膜的刺激性比乙酸强。甲酸由一氧化碳和烧碱在高温高压下反应生成甲酸钠，再用硫酸酸化分解而制得。

甲酸对铁锈的溶解能力在有机酸中是最强的，但其不具备螯合作用。甲酸及其水溶液能溶解许多金属、金属氧化物、氢氧化物及盐，所生成的甲酸盐都能溶解于水，因此可作为化学清洗剂。甲酸中不含氯离子，可用于含不锈钢材料的设备清洗。甲酸挥发性好，清洗后容易彻底除去，因而可用于对残留物敏感的清洗工程。对某些非常难溶的金属氧化物，例如过热器在运行中形成的致密氧化层，甲酸是一种特效清洗剂。在清洗浓度下，甲酸对人体无毒无害，对金属的腐蚀性不如无机酸强烈，因而是安全的清洗剂。国外常采用甲酸与羟基乙酸的混合酸进行清洗，单独使用甲酸清洗的实例较少。

4.2.2.6 乙二酸（草酸）

乙二酸是最简单的二元酸，作为金属清洗剂，草酸具有许多特殊的用途。经草酸溶液清洗过的铁和非铁金属表面可生成草酸盐沉积。在机械加工的过程中，草酸盐涂层起润滑剂载体的作用，能提高加工速度并可延长加工部件和设备的寿命。

草酸及其盐类在工业上用途很广，常用作还原剂、漂白剂、媒染剂、清洗剂、金属表面处理剂、提炼稀有金属的溶剂及有机合成原料等。

草酸对氧化铁的溶解能力较强，且可在较低温度下进行。但是，因为可析出草酸铁、草酸钙等溶解度小的盐，所以清洗时往往和其他有机酸配合使用。草酸是性能良好的络合剂，本身具有较强的还原性，对氧化铁尤其是高价氧化铁的溶解能力较强，可在较高温度下用于碳钢设备的除锈，但用于不锈钢设备的清洗时要谨慎，应配合良好的缓蚀剂。在清洗对象的内表面积和容积较大，氧化铁污垢量也较大，且清洗液量相对较小的情况下，更适合选用草酸作为清洗剂，而且适当提高清洗剂的浓度对污垢的去除更为有利。

4.2.2.7 羟基丁二酸（苹果酸）

苹果酸是一种羟基二元酸，属于较强的有机酸，能进行二元酸、一元醇和羟基羧酸具有的特征性反应，生成盐、酰胺和酰氯等。

在适当 pH 值的水溶液中，苹果酸能与金属离子形成络合物，以消除或控制金属离子的催化作用、清除腐蚀产物（如铁锈）和降低金属氧化电势（如电镀）等。苹果酸的螯合性能随金属离子种类、离子强度与 pH 值的不同而变化，但在许多情况下与其他羟基乙酸相当。苹果酸水溶液对碳钢略有腐蚀作用，在正常情况下对不锈钢几乎没有腐蚀作用，对镀锡钢板（俗称马口铁）基本上不腐蚀，其本身又不含氯离子，是一种安全、适用范围广泛的清洗剂。

4.2.2.8 羟基亚乙基二膦酸（HEDP）

羟基亚乙基二膦酸又叫羟基乙叉二膦酸、羟基乙烷二膦酸、氧乙叉二膦酸。本品的纯品为白色晶体状粉末，纯度为 97%～98%时，熔点为 196～198℃。目前国内生产的该产品一般为 50%的液体产品，羟基乙叉二膦酸的磷含量比无机磷酸（盐）或无机聚磷酸（盐）要低，为 30.1%。25℃时，在水中的溶解度为 68%，在其他有机溶剂中的溶解度均较低。

本品在工业水处理中广泛用作阻垢剂，也用作缓蚀剂。适用于锅炉水、循环冷却水及油田水的处理。还可用作无氰电镀的络合剂，金属的清洗剂，漂染工业的稳定剂、固色剂，过氧化物的稳定剂。羟基亚乙基二膦酸是良好的螯合剂，对铁离子的络合性能极佳，而且其络合能力受 pH 值的影响较小，是很有前途的中性和碱性除锈剂的主要原材料之一，但受生产工艺所限，其产品中含有较高氯离子，在不锈钢清洗中慎用，同时选择优质的分散剂与之配合，将取得更为理想的清洗效果。

4.2.2.9 氨基三亚甲基膦酸（ATMP）

别名为氨基三甲叉膦酸、氨基三甲烷膦酸、氮川三甲叉膦酸等。本品在通常条件下为白色颗粒状固体，熔点为210～212℃，不易吸潮，在25℃、50%的相对湿度下放置24h，吸潮增重仅占0.15%。本品脱水后，可生成磷化氢、一氧化碳、二氧化碳和氮氧化物。25℃下在水中的溶解度约为60%，不溶于大多数有机溶剂。目前国内生产的该产品一般为50%的液体产品。

本品主要用于工业水处理，它是一种高效水质稳定剂。具有良好的螯合作用和缓蚀作用，可用作螯合剂和缓蚀剂。也可作为阻垢剂和缓蚀剂，用于大型火力发电厂、炼油厂的循环冷却水、油田注水系统，以及低压锅炉水系统。ATMP也可用作过氧化物的稳定剂和用于工业清洗剂的配方（例如，玻璃瓶的碱洗配方），ATMP对Ca^{2+}、Mg^{2+}、Fe^{2+}具有良好的络合能力，在多种不停机清洗剂中使用该产品，但清洗时应选用合适的分散剂、缓蚀剂和pH值，使之能达到最佳的络合性能。

4.2.2.10 2-膦酸丁烷-1,2,4-三羧酸（PBTC）

通常状态下为50%的无色透明液体，特殊需要时将其制成玻璃状固体，本品具有良好的耐酸性、耐碱性、耐氧化性，易溶于水、50%的氢氧化钠、37%的盐酸、98%的硫酸、85%的磷酸和100%的醋酸。PBTC为五元酸，25℃下于0.1mol/L的PBTC四甲基硝酸铵溶液中测得的酸度常数为：$pK_1=1.8$，$pK_2=4.0$，$pK_3=4.9$，$pK_4=6.8$，$pK_5=10.8$。PBTC分子中磷含量为11.5%，其结构中兼具膦酸基和羧酸基，使其具有良好的缓蚀阻垢性能，且优于常用的有机膦酸（HEDP、ATMP、EDTMP），特别是在高温下其阻垢性能远远优于有机膦酸，能提高锌的溶解度，甚至在pH值为9.5时也能使锌处于溶解状态。对水解作用的稳定性较好，在120℃的中性水中，未发现水解作用。其对水解作用的稳定性在一定范围内随多价离子（如钙离子）增多或pH值的升高而增强。在水中对氯气、氯制剂及Fe^{3+}的耐受能力优于其他膦酸盐。与常用水处理剂配伍性好，并起协同效应。

PBTC可用于循环冷却水系统、油田注水系统的防腐防垢，特别适用于高温、高硬度、高pH值、高浓缩倍数的苛刻水质条件。也可用作锅炉给水软化剂、海水脱盐和炼钢厂煤气洗涤厂阻垢分散剂。还可用作颜料和钻井泥浆等的分散剂、金属表面处理的添加剂。

PBTC比众多有机膦酸具有更低的磷含量，分子中含有三个羧基和一个膦酸基，对Ca^{2+}、Mg^{2+}、Fe^{2+}具有很好的螯合能力，是性能稳定的有机弱酸、络合能力较强的络合剂，可以用于清除钙镁盐垢的锈类污垢，是良好的清洗剂原材料之一。

4.2.3 碱和盐类

4.2.3.1 氢氧化钠

氢氧化钠（NaOH），又称苛性钠、烧碱或火碱，白色固体，熔点为318.4℃。因为浓碱能腐蚀玻璃，故固体氢氧化钠常用塑料瓶或铁皮桶存储。氢氧化钠具有强碱性，与硅反应生成可溶性硅酸钠，故对硅垢有溶解能力。广泛用于金属处理的脱脂清洗。

固体氢氧化钠具有强烈的吸水性，0℃时它在水中的溶解度为42%。在化学清洗工程中，一般采用5%左右的氢氧化钠水溶液作碱性化学清洗液（有时根据具体需要，使用浓度常有较大范围的浮动），有时也添加一些碳酸钠或磷酸钠制成能动缓蚀溶液。

NaOH能与动植物油脂反应生成甘油和肥皂，反应生成的肥皂和甘油都是易溶于水的，肥皂作为表面活性剂还可产生乳化作用，进一步改善水溶液对垢层表面的润湿性能。

4.2.3.2 碳酸钠

无水碳酸钠为白色粉末或细粒结晶，无臭、味涩，相对密度为2.533，熔点为850℃，易溶于水、甘油，不溶于乙醇和丙酮，与酸反应生成盐，被酸分解时产生气泡。Na_2CO_3 是一种强碱弱酸盐，由于其水溶液呈强碱性，在化学清洗中，碱洗、中和、钝化等步骤都可以用 Na_2CO_3 作为主剂。

碱洗时，Na_2CO_3 和 $CaSO_4$、$CaSiO_3$ 等难溶于酸的物质在较高温度下进行反应，使之转化为易溶于酸的 $CaCO_3$，为酸洗打下基础。

$$CaSO_4+Na_2CO_3 = CaCO_3+Na_2SO_4$$

$$CaSiO_3+Na_2CO_3 = CaCO_3+Na_2SiO_3$$

酸洗结束后，可利用弱碱性的 Na_2CO_3 中和设备内部及表面的残余酸，为钝化做好准备。

$$2H^+ CO_3^{2-} = H_2O+CO_2\uparrow$$

弱碱性的 Na_2CO_3 可促进金属表面上的活性金属离子水解，形成一层沉淀膜，附着于金属表面。这样金属离子呈钝态，同时，这一层沉淀膜对金属基体起保护作用，使之不受外界环境的侵蚀。

$$3CO_3^{2-}+2Fe^{3+-}+3H_2O = 2Fe(OH)_3+3CO_2\uparrow$$

$$2Fe(OH)_3-3H_2O = Fe_2O_3$$

$$CO_3^{2-}+Ca^{2+}+H_2O = Ca(OH)_2+CO_2\uparrow$$

4.2.3.3 磷酸盐

磷酸盐有软化水的作用，有助于污物分散或胶溶。常用的磷酸盐有磷酸三钠、磷酸二氢钠、磷酸氢二钠、聚磷酸盐等。磷酸三钠具有很好的除油脱脂能力，常用于除油碱洗配方中；也可以与铁反应生成磷酸铁沉淀，所以可以用于钝化剂配方中。

聚磷酸盐又叫多聚磷酸盐，在水基金属清洗剂的配方中是最有价值的组分之一。通常它是由正磷酸盐加热脱水后制成的。其品种主要是三聚磷酸钠（$Na_5P_3O_{10}$，俗称五钠）、焦磷酸钠（$Na_4P_2O_7$）、六偏磷酸钠［$(NaPO_3)_6$］、焦磷酸钾（$K_4P_2O_7$）等。

三聚磷酸钠几乎是最佳的万能磷酸盐，在水基金属清洗剂中使用最多。其主要特点是：

① 三聚磷酸钠对多价的金属离子具有较强的螯合能力，能与不溶解的多价阳离子发生络合反应，生成可溶性复合离子，如 $Na_3CaP_3O_{10}$。因此，其具有极好的软化水能力，能提高阴离子表面活性剂的去污作用。

② 三聚磷酸钠对细小的无机粒子或脂肪微粒具有分散、乳化、胶溶作用，可提高污垢的悬浮能力，防止污垢再沉积。

③ 三聚磷酸钠的水溶液呈弱碱性，1%水溶液的 pH 值为 9.7 左右，尤其对去除酸性污垢更为有利。清洗液的 pH 值较高，可使脂肪酸皂化，并生成具有表面活性的新生皂。同时该助剂在较大的 pH 值范围内具有很强的缓冲作用，可使清洗液的 pH 值不至于有明显的变化。

④ 三聚磷酸钠的水溶液在室温条件下较稳定，在一般条件下，水解也很缓慢。水解的速率随着溶液的 pH 值降低、温度升高、浓度降低及时间的延长而加快。如清洗液的 pH＝10、温度为 80℃左右，三聚磷酸钠的半衰期为 40h 左右。其逐步水解先生成焦磷酸钠和磷酸氢二钠，后续焦磷酸钠继续水解，最终水解为磷酸二氢钠和磷酸氢二钠的混合物。

其他种类的磷酸盐也常作助洗剂使用。磷酸盐不仅能起助洗剂作用，而且是一种水溶性缓蚀剂。作为水溶性缓蚀剂的磷酸盐主要有：六偏磷酸钠、三聚磷酸钠、磷酸三钠、磷酸二氢钠、磷酸氢二钠等。磷酸盐的缓蚀机理可能是磷酸盐与其络合物可被吸附在钢铁表面，并形成具有良好保护性能的膜，这种膜的形成是缓蚀剂与金属离子相互作用的结果。磷酸盐主要作为钢铁的缓蚀剂。磷酸氢二钠对钢、铸铁、铅等有效，但对黄铜有腐蚀作用；六偏磷酸钠主要对钢、铸铁、铅有效，对铜、锌、黄铜、铝有腐蚀作用。所以磷酸盐是很好的工业清洗助剂。

4.2.3.4 硅酸盐

硅酸盐是一种廉价的缓冲剂，在清洗液中，对控制 pH 值的变化、保证清洗效果有一定作用。其代表性的品种是硅酸钠（Na_2SiO_3），俗称水玻璃或泡火碱。

它没有固定的组分，水玻璃中氧化钠和氧化硅的分子比称为水玻璃的模数。通常其模数为 1、2.06、2.20、2.44、3.36 等。在清洗液中，大多使用模数为 2.4～3.3 的水玻璃。

硅酸钠与表面活性剂配合时，可作为性能优异的润湿剂、乳化剂和抗凝絮剂。它具有高 pH 和良好的导电性能，同时又有良好的缓蚀性能，对钢铁、铝、锌、锡等都有较好的缓蚀作用，尤其对铝合金的缓蚀效果显著。因将硅酸钠加入液体清洗剂中易产生分层、沉淀现象，故使用时宜直接加入清洗液中，一般加入 0.2% 以上就能使铝在高温下清洗时不受腐蚀。

硅酸钠之所以能起到缓蚀作用，其机理存在以下两种说法：

① 硅酸钠在溶液中以带负电荷的离子或带负电荷的复杂胶体粒子形式存在，在腐蚀过程开始处聚集的带正电荷的铁离子吸附胶体粒子并与二氧化硅互相作用生成硅酸铁，积聚以后阻滞了阳极过程。

② 沉积在金属表面的无定形硅凝胶与氢氧化铁组成一层保护膜，起保护作用。

硅酸钠属阳极型缓蚀剂，当加入量不足时，不但不能缓蚀，腐蚀速度反而加快。硅酸钠作为缓蚀剂时，使用的有效浓度为 0.1%～1%，其模数以 2.4 为最好。

4.2.4 钝化剂

4.2.4.1 亚硝酸钠

亚硝酸钠为白色或淡黄色斜方晶体，无臭，极易溶于水，难溶于乙醇或乙醚，水溶液显碱性，在空气中易被氧化，可作为化学清洗钝化剂。经酸洗、水洗或漂洗后的金属表面暴露在大气中时，非常容易受到腐蚀，采用亚硝酸钠溶液处理，使金属表面生成保护膜，是常用的“钝化”方法。

钝化处理时，钝化液中亚硝酸钠的浓度通常为 1.0%～2.0%，用氨水将其 pH 值调节到 9～10，钝化液温度维持在 50～60℃，钝化循环时间为 6～10h，然后将钝化液排掉，并用除盐水冲洗，以免残留的亚硝酸钠引起腐蚀。该钝化法安全、易操作，并能使酸洗后的新鲜金属表面形成致密的、呈钢灰色的保护膜。

4.2.4.2 过氧化氢

过氧化氢又称双氧水，无水过氧化氢是一种无色的黏稠液体。存在的杂质会使无水过氧化氢不稳定而分解。其在剧烈分解时有引起爆炸的危险，所以通常是以比较稳定的水溶液形式保存过氧化氢的。它是一种弱酸性溶液，浓度较大的过氧化氢水溶液对皮肤有强烈的腐蚀作用，使用时要十分小心。

过氧化氢的分解反应为：$H_2O_2 \rightarrow H_2O+[O]$。铜、铁等金属及其离子以及酶都可以催化过氧化氢分解。相反，偏硅酸钠、焦磷酸钠等物质对过氧化氢的分解有抑制作用，特别是在镁离子共存的条件下，这种抑制作用表现得更强。因此硅酸钠、焦磷酸钠常用作过氧化氢的稳定剂。

H_2O_2 既可作氧化剂，又可作还原剂。如遇到强还原剂时，它显示出氧化性，本身被还原为 H_2O，氧元素从－1价转变为－2价；如遇到强氧化剂时，则显示出还原性，本身被氧化为 O_2。过氧化氢能使金属表面发生氧化，能促使有机物分解，在发生氧化分解的同时，反应所产生的氧气压力也对污垢的解离有促进作用，因此过氧化氢有很好的清洗作用，是一种很好的绿色钝化剂。

4.2.4.3 联氨

联氨（N_2H_4 或 $H_2N \cdot NH_2$），又称肼。纯净联氨是无色油状液体，有类似氨的气味，有毒，相对密度为1.011，熔点为1.4℃，沸点为113.5℃。在空气中能吸收水分和二氧化碳，并会发烟，有碱性，能与无机酸化合成盐，有强的还原作用和腐蚀性，能侵蚀玻璃、橡胶、皮革、软木等，燃烧时发出紫色火焰。常用作还原剂和抗腐蚀剂等。

在180～350℃下发生分解反应：$3N_2H_4 \xlongequal{\triangle} N_2 + 4NH_3$

在锅炉水处理和酸洗中常使用水合联氨 $N_2H_4 \cdot H_2O$。市售水合联氨有80%、50%、40%、25%、16%等不同浓度的溶液。

联氨与水中溶解氧的反应为：$N_2H_4 + O_2 \longrightarrow N_2 + 2H_2O$

联氨与 Fe^{3+} 的反应为：$4Fe^{3+} + N_2H_4 \xlongequal{} 4Fe^{2+} + N_2 + 4H^+$

4.2.5 缓蚀剂

目前所使用的缓蚀剂种类很多，而且有些缓蚀剂并不是由单一成分组成，因此，要对各种缓蚀剂作全面介绍是相当困难的，在此仅对常用的缓蚀剂进行介绍。值得指出的是，即使同一名称或同一种类的缓蚀剂，其组成也因生产厂家不同而存在差异，在使用前一定要详细了解其性能，如化学组成、溶解性能和缓蚀效率等，否则会达不到预期的效果，甚至会产生不良后果。

清洗用酸的种类不同，所用的缓蚀剂也不同。一般来说，硫酸酸洗缓蚀剂可采用有机胺和卤离子复合物、炔醇、硫脲衍生物、杂环化合物、乌洛托品衍生物、二硫代氨基甲酸酯等。盐酸酸洗缓蚀剂可采用有机胺、乌洛托品及其与苯胺等的缩合物、吡啶衍生物、聚酰胺等。磷酸、氨基磺酸、柠檬酸等的酸洗缓蚀剂通常与硫酸酸洗缓蚀剂的组成接近。硝酸酸洗缓蚀剂已获工业应用的只有LAN-5和LAN-826两种。LAN-826缓蚀剂几乎在各种清洗用酸中都适用。在各种酸洗液中，对铜及其合金的缓蚀，多采用苯并三唑。为了防止清洗过程中高价金属离子（如高价铁离子）的腐蚀，可采用还原剂，例如氯化亚锡、葡糖酸钠等。

在用量相同的条件下，配合适当缓蚀剂混合物的缓蚀效果明显优于各组分单独使用的缓蚀效果。这就是缓蚀剂的“协同效应”。工业上使用的缓蚀剂大都是具有协同效应的物质的混合物。

4.2.6 助剂

在一些情况下，化学清洗剂中还加入其他助剂，例如，助溶剂、还原剂、铜离子的掩蔽剂、表面活性剂、杀菌灭藻剂等，并要求这些添加剂不和缓蚀剂发生有害的副反应。

在化学清洗过程中，加入助剂的目的主要是提高清洗效果，抑制有害离子对金属的腐蚀。例如，垢层溶解促进剂多指一些能促进垢层中 SiO_2 溶解的氟化物；还原剂是为了把三价铁离子还原成二价铁离子，从而消除三价铁离子在酸腐蚀中的阴极去极化作用；表面活性剂不仅和缓蚀剂有“协同作用”以提高缓蚀能力，而且对缓蚀剂有增溶、润湿、乳化等作用。

4.2.6.1 还原剂

在酸洗过程中出现的 Fe^{3+} 具有氧化性，它是腐蚀电池的阴极去极化剂，易发生如下歧化反应：$Fe^{3+}+Fe \longrightarrow Fe^{2+}$。所以其能加速铁的腐蚀，并且任何缓蚀剂对 Fe^{3+} 腐蚀作用都是无能为力的。当酸洗液中出现较多的 Fe^{3+} 时，需适当加入一些还原剂来抑制 Fe^{3+} 的增多。常用的还原剂有亚硫酸钠 Na_2SO_3、联氨 N_2H_4、氯化亚锡 $SnCl_2$ 等。化学清洗时，当 Fe^{3+} 浓度达到一定程度时，加入还原剂，金属的腐蚀速率将明显下降，如图 4-1 所示。

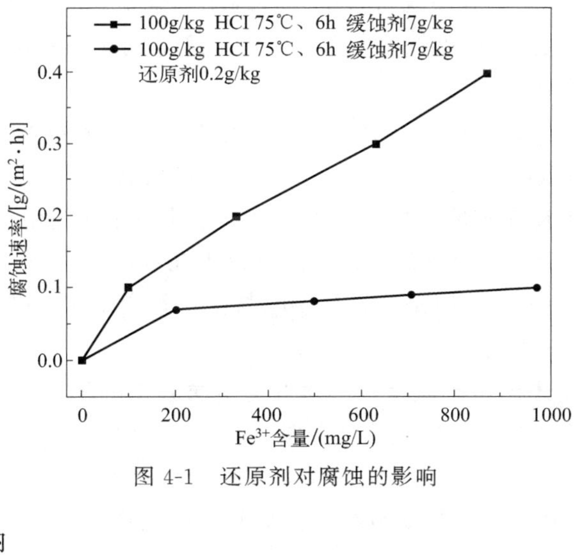

图 4-1 还原剂对腐蚀的影响

（1）亚硫酸钠

亚硫酸钠（$Na_2SO_3 \cdot 7H_2O$），为无色单斜晶体，相对密度为 1.561。其水溶液呈碱性，在空气中容易风化而失去结晶水，并容易被氧化成硫酸钠：$2Na_2SO_3+$

O_2 ══$2Na_2SO_4$。

在150℃时失去结晶水，再加热，则熔化为硫化钠与硫酸钠的混合物。无水亚硫酸钠的相对密度为2.633，在空气中的氧化速率比水合亚硫酸钠缓慢得多，在干燥空气中几乎无变化。

在低压锅炉水处理中，常用亚硫酸钠除掉给水中的溶解氧；在酸洗时，常用亚硫酸钠还原高价铁离子，防止 Fe^{3+} 的加速腐蚀作用。

$$2FeCl_3+Na_2SO_3+H_2O \longequal 2FeCl_2+Na_2SO_4+2HCl$$

（2）氯化亚锡

氯化亚锡（$SnCl_2$）又叫二氯化锡，是白色半透明晶体，相对密度为3.95，熔点为246℃，沸点为623℃，易溶于水。市售结晶水合物 $SnCl_2 \cdot 2H_2O$ 是无色针状或片状晶体，相对密度为2.71，熔点为37.7℃，加热至100℃时，失去结晶水，常用作还原剂。酸洗时，加入适量的氯化亚锡可有效地抑制三价铁离子的浓度。反应式如下：

$$2FeCl_3+SnCl_2 \longequal 2FeCl_2+SnCl_4$$

1mg/L 的 Fe^{3+} 需使用 2.05mg/L 的 $SnCl_2 \cdot 2H_2O$。实验表明，当在6%的 HCl 中含 6900mg/L Fe^{3+} 时，添加1% $SnCl_2 \cdot 2H_2O$，能减少附加腐蚀61.5%，添加1.5% $SnCl_2 \cdot 2H_2O$ 能减少附加腐蚀77%。

根据有关资料，酸洗液中含有10000mg/L Fe^{3+} 时，在无缓蚀剂存在的酸液中，腐蚀速率会增加2倍，当酸洗液中含有缓蚀剂时，则腐蚀速率会增加40～60倍。由此可见，在酸洗液中缓蚀剂不但不能抑制 Fe^{3+} 对金属的腐蚀，反而会促进 Fe^{3+} 的腐蚀作用。因此，在酸洗过程中需特别注意监测三价铁离子的浓度。一般情况下，希望把三价铁离子浓度控制在300mg/L以下，否则腐蚀速率会明显增加。

（3）其他还原剂

丙酮肟为白色棱晶、斜晶或粉末状，有芳香味，具有刺激性。在空气中挥发很快，易溶于水以及醇、醚等有机物，是一种强还原剂，常温下能使 $KMnO_4$ 溶液褪色。可作为给水除氧剂，因为它很容易与水中的氧反应，降低给水中的溶解氧含量。在将它作为化学除氧剂时，应注意以下几点：

① 效果在 pH＝9～11 时最好，当用除盐水作补给水时，必须加氨处理，并保持给水的 pH 在8.5以上。

② 它不仅和水中的溶解氧反应，而且与金属表面的氧化物反应，同时为了加快反应速率，剂量要加大一些，通常为理论值的2～3倍。

③ 它在溶解时应均匀溶化，避免不均匀而影响效果。

其他可以作为还原剂的物质有抗坏血酸和硫酸亚铁。

4.2.6.2 铜离子掩蔽剂

硫脲为白色斜方或针状结晶，味苦，相对密度为1.405，溶解度（20℃）为

13.70g/100g水，可溶于乙醇，几乎不溶于乙醚，熔点为180℃。150℃时转变为硫氰酸铵，真空、150～160℃下升华，180℃分解。硫脲是黑色金属在盐酸、硫酸和磷酸溶液中的缓蚀剂，是铜在盐酸中的缓蚀剂，是钛在硫酸中的缓蚀剂。硫脲可用作铜的溶解促进剂以防止酸洗时发生镀铜现象。

二乙基硫脲又叫促进剂DETU，为白色或淡黄色粉末，密度为1.100g/cm^3，熔点在70℃以上，有吸湿性，易溶于乙醇、丙酮，可溶于水，难溶于汽油。二乙基硫脲在化学清洗中也作为铜溶解促进剂。

N,N'-二邻甲苯基硫脲又叫促进剂DOTU，为白色至浅灰黄色粉末，熔点在148℃以上，可溶于二甲基甲酰胺、丙酮，微溶于二硫化碳、苯、氯仿，不溶于二甲苯、四氯化碳、乙醇和水。亦可用作化学清洗时的铜溶解促进剂。

凝汽器和给水加热器往往由铜合金制成，当铜合金被腐蚀时，在比铜更活泼的钢材表面会析出金属铜而形成镀层。这种金属铜用通常的酸清洗法几乎不能去除，若向酸洗液中投加硫脲、二乙基硫脲、N,N'-二邻甲苯基硫脲等铜离子掩蔽剂，可以明显改善酸清洗液的除铜效果。

当酸洗含有铜垢的系统时，向酸洗液中投加0.5%～2%（根据垢中铜含量增减）二乙基硫脲，可有效掩蔽铜离子而防止发生镀铜现象。

4.2.6.3 其他助剂

这些助剂需要根据实际需要选用，多数为起泡剂、消泡剂、抑雾剂、渗透剂、分散剂、表面活性剂等。

起泡剂：专用于高泡清洗剂的起泡，延长清洗液在工件上的停留时间，增加清洗效果，一般多用于食品加工或奶制品行业的清洁、消毒、杀菌处理。此法在欧洲国家应用很广泛。

消泡剂：加入清洗液中，防止产生大量泡沫而影响体系的循环或喷淋清洗效果。

抑雾剂：加入酸洗剂中，防止酸雾挥发对周围设备及建筑物造成腐蚀，防止酸雾对操作人员的伤害，多用于钢铁行业酸浸除锈工段。

渗透剂：对于有些非常致密的污垢或油垢，加入渗透剂后，能使清洗液尽快浸入污垢深层，有加速除垢的效果。

光亮剂：对建筑物外表、汽车外表面、石材、玻璃、不锈钢装饰材料等进行清洗时加入光亮剂，能使清洗后的材料表面清洁光亮，抗污垢再沉积，防静电，提高清洗质量。

分散剂：加入清洗液中，有防止污垢再沉积、助溶和易冲洗的作用。

絮凝沉降剂：一般用于清洗之后的废液，使沉淀快速沉积分离。

4.2.6.4 助溶剂

助溶剂的作用是促进锅炉沉积物溶解。当锅炉水垢中含有硅酸盐、铁的氧化物、铜垢等较多时，单纯用盐酸清洗难以达到预期的效果，此时就需加入助溶剂，以改善清洗效果。

（1）氟化物

锅炉酸洗常用的氟化物添加剂是 NaF 和 NH_4HF_2，它们的主要作用是可代替 HF 去除氧化铁垢和硅酸盐垢。

氟化钠（NaF）是无色发亮的晶体，有时呈半透明，水溶液呈碱性，相对密度为 2.79，熔点为 992℃，沸点为 1700℃。

氟化氢铵（NH_4HF_2）是 NH_4F 与 HF 的加合产物，白色固体，易潮解，易溶于水，水溶液在蒸发时放出氨气而呈酸性。

由于盐酸不能与硅酸盐水垢反应，且与氧化铁垢的反应也很缓慢，所以对于含有硅垢的锅炉，应在盐酸清洗液中加入一些助溶剂如氟化钠或氟化氢铵，它们在盐酸溶液中生成氢氟酸：$NaF + HCl \longrightarrow HF + NaCl$。生成的氢氟酸即可溶解硅酸盐水垢和氧化铁垢。加入 NaF 或 NH_4HF_2 较加入 HF 操作更容易且更安全一些。

所有的无机氟化物都有毒，如误食 150mgNaF 就会造成严重疾病，误食 5～10g 就会致命。另外，氟化物无论是气态、液态还是固态，都对皮肤有严重的化学灼伤，这是由氟化物的水解产物氟化氢引起的。

$$NaF + H_2O \longrightarrow NaOH + HF\uparrow$$

$$NH_4HF_2 + H_2O \longrightarrow NH_3 \cdot H_2O + 2HF\uparrow$$

氢氟酸对细胞组织和骨骼有毒害作用。因为氢氟酸会很快渗透到细胞组织中，引起深度化学灼伤而破坏组织下面的骨骼。被氢氟酸烧伤后不是马上能感觉到的，故烧伤处不易被及时察觉，经常在 1～2h 的麻痹期后才感到疼痛。所以，无论是氟化钠还是氟化氢铵接触皮肤时，应立即用水冲洗几分钟，然后在伤口处敷以新鲜配制的氧化镁和甘油悬浮液。但微量的氟化物对人体有益，如饮水中含有 1～2mg 的氟离子就能防止儿童的龋齿。

氟化物要在通风良好的库房内存放，且要严加保管，以免人们误食、误用，造成意外事故。

（2）六亚甲基四胺（胺仿）

该助溶剂的主要作用是溶解氧化铁皮，在以盐酸为清洗介质时，其在室温下就可将锅炉表面的氧化铁皮溶解或松散。

此外，还有由过硫酸铵、溴酸钾、氯酸钠、氨、碳酸铵等构成的氧化剂溶液，它主要用于清除铜和铜的氧化物，氧化剂与金属铜发生反应生成氧化铜，再溶解在氨溶液中生成铜氨络合离子。

4.2.6.5 表面活性剂

表面活性剂是指在液体中添加极低浓度时，能吸附在液体表面或水与油等界面，以降低液体的表面张力或界面张力的物质。其可以显示出乳化、润湿、净洗、分散、发泡、消泡、增溶、润滑等作用。

表面活性剂是一种有机化合物，从分子结构上看由两种基团组成。一种基团在油中易溶，在水中难溶，叫作亲油基（亲油憎水基团），是以长链烷烃为代表的原子团；另一种基团在水中易溶，在油中难溶，叫作亲水基（亲水憎油基团），是以羟基、羧基、氨基、硫酸酯、磺酸基、醚基为代表的原子团。根据表面活性剂的亲油基和亲水基的平衡关系（即 HLB 值），可调配出不同程度油溶性或水溶性的产品。

表面活性剂的种类一般包括：阴离子型、阳离子型、非离子型、两性离子型和高分子型等。表面活性剂在水中溶解后，其活性基团离解呈负电性的叫作阴离子型，倾向于离解后呈正电性的叫作阳离子型，分子中同时存在阳离子和阴离子的叫作两性表面活性剂。此外，还有以高分子聚合物为骨架的高分子型表面活性剂。

表面活性剂又称界面活性剂。其主要作用为：一是改变水的表面张力，强化水对固体表面和某些物质的湿润，促进某些溶质在水中分散；二是对油垢或某些油脂成分起脱脂增溶、湿润渗透和乳化分散作用。

化学清洗常用的表面活化剂有三类。

(1) 阳离子型

这类表面活性剂溶于水时，分子离解为带正电荷的双亲性阳离子（含疏水烷基链和亲水季铵基）及阴离子（如 Cl^-），其中阳离子是起表面活性作用的主体。但这类表面活性剂价格较高，应用不多，此处不再详述。

(2) 阴离子型

这类表面活性剂溶于水时，离解为带负电荷的双亲性阴离子（含疏水烷基链和亲水极性基团）及阳离子（如 Na^+、K^+），其中阴离子是表面活性成分。常见的有烷基磺酸钠和肥皂。它们具有较好的渗透性和除污能力。

① 十二烷基硫酸钠。十二烷基硫酸钠又称十二醇硫酸钠，为阴离子型表面活性剂，淡黄色固体，溶于水为半透明液体，对碱、弱酸、硬水均稳定，具有可燃性，120℃以上会分解。本品发泡力强，泡沫细密、洁白丰满，在低温下有很好的洗涤效果，低毒。十二烷基硫酸钠广泛用于丝毛一类精细织物的洗涤，也可用于棉、麻织物的洗涤。在牙膏中作重要发泡剂，并广泛用于洗发香波、润滑油膏，以及乳液聚合、悬浮聚合、金属选矿等工业中。

② 净洗剂 LS。净洗剂 LS 学名为对甲氧基脂肪酰胺基苯磺酸钠，分子式 $C_{25}H_{40}O_5NSNa$，属于阴离子型表面活性剂，国外同类商品名称为 Lissapol LS。净洗剂 LS 系米黄色粉末，易溶于水，水溶液 pH＝7～8。该产品能耐酸、耐碱、耐电解质、耐硬水、耐沸煮，但不适用于次氯酸盐漂白液。净洗剂 LS 具有良好的

洗涤能力，并具有乳化、渗透、钙皂扩散、匀染及柔顺等性能。净洗剂 LS 在印染中用作毛织品净洗剂、酸性及还原染料的匀染剂、印花织物洗涤剂、钙皂扩散剂及棉布印染后的浮色洗涤剂。

③ 烷基苯磺酸钠。烷基苯磺酸钠（直链型烷基苯磺酸钠简称 LAS，支链型烷基苯磺酸钠简称 ABS）属阴离子型表面活性剂，商业名称为工业洗涤剂、净洗剂 ABS 等。外观为米黄色粉末或棕褐色液体，易溶于水，1%水溶液的 pH 为 7～9。该产品清洗力较强，且泡沫力及泡沫的稳定性较好，在酸性、碱性、硬水中均表现稳定。烷基苯磺酸钠用作棉布煮练助剂、洗涤剂、纳夫妥 AS 类染料打底助剂，以及细毛剂、丝织物染色后的洗涤剂。

（3）非离子型

这类表面活性剂在水中不生成离子。其亲水基主要由羟基或聚氧乙烯基等构成，如聚氧乙烯脂肪醇醚等。它们具有较好的乳化油脂的能力、润湿性与分散性。

① 渗透剂 JFC。本产品为 C_7～C_8 混合脂肪醇与环氧乙烷的缩合物，属非离子型表面活性剂。其外观为淡黄色透明黏稠液体，溶于水，水溶液呈碱性。耐强酸、强碱、次氯酸盐等，有良好的稳定性。本产品储存时间为两年。

本产品用作树脂整理液渗透剂、皮革涂层渗透剂、羊毛助洗剂及棉布生物酶退浆助剂。在化学清洗中，主要利用其渗透作用增强清洗剂对污垢的渗透和浸润能力。用量一般较少，推荐使用浓度为 0.1%～1.0%。

② 匀染剂 OP。匀染剂 OP 又叫乳化剂 OP、OP-10，化学名称是辛基酚聚氧乙烯醚，属非离子型表面活性剂，外观为棕黄色膏状物，可溶于各种硬度的水中，1%水溶液的 pH 值为 5～7。它能耐酸、耐碱、耐硬水、耐氧化剂、耐还原剂等，对盐类也很稳定。匀染剂 OP 具有助溶、乳化、润湿、扩散、净洗等优良性能。

用途基本上与平平加（月桂醇聚氧乙烯醚）相似，可以代替平平加。可用作合成纤维的纺丝油剂组分、印染的各种助剂，以及其他工业的乳化剂、净洗剂、渗透剂等。

③ 匀染剂 TX-10。匀染剂 TX-10 化学名称是壬基酚聚氧乙烯醚-10，属于非离子型表面活性剂，外观为黄色黏稠液体，pH 值为 8～9。在水中的溶解度会随温度的升高而降低，1%的蒸馏水溶液的浊点在 40℃以上。在酸、碱或氧化剂中都很稳定，具有良好的乳化、脱油、去污、抗静电、匀染等性能。

在工业设备的化学清洗中，应用表面活性剂的目的主要有如下三种。

① 作为洗涤剂。一般用于在酸洗前清洗锅炉的油污等，而且常常与氢氧化钠、磷酸钠和磷酸氢钠等具有去污能力的药品混合使用。

② 作为湿润剂。主要是为了降低水的表面张力，增强对金属表面和沉积物的湿润性。

③ 作为乳化剂。当选用的混合缓蚀剂配方中有难溶组分时，在配方中适当加

入表面活性剂，可使混合缓蚀剂形成乳状液，以利使用。

4.2.6.6 杀菌、除藻、污泥剥离剂

为了清洗剥离由微生物引起的黏泥、结垢，需要投加适当的杀菌灭藻剂和污泥剥离剂，下面介绍常用的杀菌剂及剥离剂。

（1）氯

氯是最常用的氧化剂和杀菌剂。由于它具有价格低廉、有效、使用方便等优点，至今仍为许多工厂所应用，甚至在饮用水中也采用氯气进行消毒杀菌。

氯溶解在水中和水发生化学反应，生成次氯酸和氯化氢。其杀菌作用主要依靠具有强氧化能力的次氯酸。溶解在水中的氯气在不到一秒就能几乎全部转化为次氯酸。

一般认为，起杀菌作用的主要是 HClO，而 ClO^- 的杀菌作用一般只有 HClO 的 1%～2%。HClO 分子量很小且为电中性分子，因而能够很快扩散到带负电荷的细菌表面，并透过细胞壁进入细菌体内，发挥其氧化作用，使细菌中的酶遭到破坏。细菌的养分要经过酶的作用才能吸收，酶被破坏后细菌即死亡。一般说来，只要在循环冷却水中保持 0.5～1mg/L 的余氯浓度，那么水中的微生物就可以得到有效的控制。

为使氯作为杀菌剂达到最佳的杀菌效果，应注意以下几个方面的问题。

① 通氯时，水的 pH 值不能太高，在水中应保持一定的余氯量，一般在一段时间内须保持余氯量在 0.5～1mg/L。

② 要防止碱性物质如氨等进入循环系统。

③ 当有大量污泥和污垢积聚时，要消耗大量的氯气，使余氯量很难保持在要求的范围内，因此应适当多添加一些氯。

（2）二氧化氯（ClO_2）

ClO_2 是一种黄绿色的气体，沸点为 11℃，具有与氯气类似的刺激性气味，它也是氧化型杀菌剂，可以在 pH＝6～10 的范围内发挥有效的杀菌作用。ClO_2 的杀菌能力是 Cl_2 的 2.5 倍。具有使用剂量小、作用快、效果好等优点。

但是，ClO_2 的稳定性较差，容易发生爆炸，所以必须现场生产，现场使用。二氧化氯的制备有多种方法，在循环水系统中，向亚氯酸钠水溶液中通氯气制备 ClO_2 更为合适。

二氧化氯的杀菌持续时间比较长，当余量为 0.5mg/L 时，12h 内对异养菌的杀菌率仍能达 99.9%。

它是目前使用的化学消毒剂中最理想的消毒剂之一，被世界卫生组织（WHO）列为 A 级消毒剂，已被发达国家广泛应用，且应用范围越来越广。

二氧化氯之所以备受人们青睐，主要是因为它是一种不产生致癌物的广谱环

保型杀菌消毒剂。具有杀菌能力强、对人体和动物没有危害及对环境不造成二次污染等特点。它具有很强的氧化作用，因而在杀菌、消毒、食品保鲜、除臭等方面表现出显著的效果。

大量实验报道表明，二氧化氯不仅杀菌消毒作用强于其他类消毒剂，而且对人、动物无害。目前，发达国家已将二氧化氯应用到几乎所有需要杀菌消毒的领域。美国环保部门在20世纪70年代就进行过反复检测，证明其杀菌效果比一般含氯消毒剂高2.5倍，而且在杀菌消毒过程中不会使蛋白质变性，对动物细胞也无影响，不会产生致癌、致畸、致突变物质，是一种完全可靠的消毒剂。目前，其应用范围越来越广，在卫生防疫领域，用于食品制造、餐饮、饮用水、公共场所以及传染病疫源地等的杀菌消毒；在医疗领域，用于医疗器械消毒、术前泡手、牙科杀菌及口腔含漱、阴道及伤口冲洗、病房空气消毒，以及乙肝病毒、大肠埃希菌等各种病原微生物的杀灭等；在畜牧养殖业，用于养猪场消毒，控制猪瘟、猪肺疫、布鲁氏杆菌病及猪5号病（猪口蹄疫）病毒等；在水产养殖业，用于鱼虾贝类饲养水消毒及病菌侵染防治等。此外，还可用于动、植物食品保鲜，家庭消毒，造纸业与纸浆漂白，纤维织物漂白等。

（3）季铵盐类杀菌剂

季铵盐类杀菌剂是一类有机铵盐，它具有离子型化合物的性质，极易溶于水而不溶于非极性溶剂，纯品一般为白色结晶，化学性质稳定，属非氧化型杀菌剂。

作为杀菌剂使用的季铵盐，其分子中通常含有一条C_{12}～C_{18}的长碳链烃基，该分子既有憎水的烷基，又有亲水的季铵离子，因此它又是一类能降低溶剂表面张力的阳离子型表面活性剂。由于它具有杀菌性能和表面活性作用，因此季铵盐既是很好的杀菌剂，又是很好的污泥剥离剂。剥离作用和杀菌作用是密切相关的，菌藻被杀死后，它对黏泥的附着力降低或消失，加上表面活性剂特有的去污性能，就可以使其容易从黏泥剥离而悬浮在水中。污泥的外层生物被剥离后，杀菌剂又可渗透接触新裸露的生物层，再发挥它的杀菌作用和剥离作用。例如，十二烷基二甲基苄基溴化铵为无色或淡黄色固体或胶体，有芳香气味，味极苦，溶于水，微溶于乙醇，强烈振摇时，能产生大量泡沫。作为非氧化性杀菌剂、广谱杀菌剂，对异养菌、铁细菌、硫酸盐还原菌的杀菌率达99%。同时还是一种阳离子型表面活性剂，有良好的分散和剥离黏泥的功效。作为中央空调循环冷却水系统的杀菌灭藻剂和黏泥剥离剂，使用浓度为50～100mg/L，采用冲击式投药方法。使用时避免与阴离子型表面活性剂混用，使用时泡沫多，可用消泡剂进行消除。

使用季铵盐作为杀菌剂、剥离剂时需要注意以下几点。

① 避免与阴离子型表面活性剂共同使用，因为往往易产生沉淀而失效，但与非离子型表面活性剂共同时无不良影响。

② 在一定温度范围内，高温下杀菌能力增强。50℃下的杀菌力为常温下的十几倍。

③ 在弱碱性的水质（pH＝7～9）中效果较好。

④ 投药方式：一般采用先每天少量投药，这样有利于抑菌；每隔数日后再进行一次冲击式大剂量投药，有利于杀菌。为了杀灭已有一定耐药性的微生物，采用与其他杀菌剂交替使用的方式，可获得较好的结果。

⑤ 不能与氯酚类杀菌剂共用。

⑥ 大量金属离子（如 Al^{3+}、Fe^{2+}）存在时，药效降低。

⑦ 水中有机物较多时会吸附消耗一些季铵盐药剂。

⑧ 起泡较多，常需使用消泡剂。

（4）唑啉酮类杀菌剂

异噻唑啉酮为淡黄色至黄绿色或微浑浊液体，无或略有气味，溶于水或低级醇及亲水性有机溶剂，无表面活性，不产生泡沫。与氯以及大多数阴离子型、阳离子型和非离子型表面活性剂混溶。与焦硫酸钠或亚硫酸氢钠溶液作用时，可被分解为无毒物质。

异噻唑啉酮作为广谱、高效的杀菌灭藻剂，在浓度为 0.5mg/L 时仍有杀菌作用，属于非氧化性杀菌剂，且低毒无泡。作为中央空调循环冷却水系统的杀菌灭藻剂和黏泥剥离剂，使用浓度为 50～60mg/L，采用冲击式投药方法，加药 24h 后杀菌率达 99%以上。

4.3 清洗剂的选择

4.3.1 酸洗剂选择

化学清洗中可供选用的酸洗剂很多，但是针对某一具体设备结垢情况，选择何种酸洗剂，不仅关系到清洗效果和质量，而且直接影响化学清洗的经济性和安全性。因此，在确定垢样情况后，选择合适的酸洗剂十分重要。酸洗剂选用应遵循目的性原则、安全性原则和经济性原则。

4.3.1.1 目的性原则

酸洗剂的选用首先应达到酸洗的目的，即将污垢彻底清除并排出设备本体。

① 所选酸洗剂应与垢类有足够的反应速率。不同成分的污垢与不同的酸洗剂的反应速率是不尽相同的，有些差别还很大。如盐酸与碳酸盐水垢的反应速率很快，而与硅酸盐和硫酸盐水垢的反应速率很慢。反之，氢氟酸与硅酸盐水垢的反

应速率却很快。因此，必须针对污垢的成分选定酸洗剂，否则难以达到预期的效果。

② 所选酸洗剂与污垢反应后的生成物必须能溶于水，而且应具有较好的化学稳定性，这是污垢能否彻底清除的前提。否则，一方面污垢难以脱落，另一方面也会在设备中再次沉积而使污垢不能顺利地随清洗废液排出。

4.3.1.2 安全性原则

安全性原则是指酸洗剂及其在清洗过程中不应对设备及操作人员产生危害，它包括以下几方面。

① 所选酸洗剂与设备基体金属接触时，不得引起金属材料各种性能的变化。如含氯离子的酸洗剂与奥氏体钢接触会导致钢材因应力腐蚀而开裂，因此盐酸不能用于清洗含不锈钢部件的设备。

② 所选酸洗剂对设备基体金属材料的腐蚀性应尽可能低，并易于获得与之相适应的缓蚀剂，同时应保证它与缓蚀剂有很好的协同作用，保证在酸洗过程中设备基体金属的腐蚀速度在允许的范围之内。

③ 所选酸洗剂应对人体无害，或易于防范其对操作人员及设备产生的危害。

④ 所选酸洗剂在设备清洗中应尽量避免产生大量氢气等易爆气体。

⑤ 所选酸洗剂应满足环保的要求，其废液应易于处理和排放。

4.3.1.3 经济性原则

即采用该种酸洗剂时，从总体上其费用应尽可能低。它包括：

① 所选酸洗剂应价格低廉，某些价格较贵的酸洗剂应尽可能回收利用。同时，所选酸洗剂应易于获得，来源广泛，并易于运输。

② 所选酸洗剂对清洗工艺要求不应过于苛刻，其清洗工艺和系统应尽可能简单。

③ 所选酸洗剂的清洗时间应尽可能短。

4.3.1.4 酸洗剂选择依据

根据上述的酸洗剂选用原则可知，选择酸洗剂的前提为：

① 了解污垢的种类及成分。一般通过化学分析的方法实现，当不具备条件时，可通过目测法等其他方法初步判别其主要成分。

② 了解设备本体材料的材质情况。

③ 了解各种酸洗剂的特性。包括与各种污垢的反应速率及反应生成物，与各种金属材料的相容性，与缓蚀剂、助溶剂等清洗助剂的适应性与协调性等。

4.3.2 缓蚀剂选择

与酸洗剂的选用一样，缓蚀剂的选用也要遵循目的性原则、安全性原则与经济性原则。

4.3.2.1 目的性原则

根据清洗锅炉的客观条件（锅炉结构、材料成分、垢的性质及其组成等）和初步确定的工艺条件（酸的种类及浓度、清洗温度、循环流速等），缓蚀剂应能满足以下基本要求：缓蚀效果好，在酸洗液中加入缓蚀剂后，不仅金属材料的平均腐蚀速度低，而且在金属表面不发生局部小孔腐蚀，一般要求缓蚀剂的缓蚀效率应达到98%以上，同时腐蚀试片测量的金属腐蚀速度的平均值应在6g/(m^2·h)以下；要与锅炉结构和金属材料的成分、酸液的种类及性质、酸洗工艺等相适应，并且化学性质稳定，当工艺条件适当波动，或酸洗时间适当延长时，缓蚀效率不会明显降低；缓蚀剂与酸液中脱落下来的共存物应不发生沉淀或分解反应。

4.3.2.2 安全性原则

它包括人身、设备及环境的安全，具体内容包括：缓蚀剂的毒性要低，应尽可能选用无毒缓蚀剂；缓蚀剂应不易燃易爆；酸洗后废液应对环境无污染，即不应含有有害物质、不变色、无恶臭、化学耗氧量小，且易于处理；在人口密集的市区使用时，缓蚀剂本身应无特殊臭味。

4.3.2.3 经济性原则

它要求缓蚀剂来源广泛、价格便宜、使用量小、便于运输。

4.3.3 钝化剂选择

常见的钝化剂主要有氧化剂成膜性钝化剂如亚硝酸钠、双氧水，沉淀成膜性钝化剂如磷酸钠、硫酸亚铁，还原型钝化剂如联氨、二甲基酮肟等。每种钝化剂都有各自的使用条件和适用范围，要综合现场公用工程条件和污水排放要求，合理选择。

总体来说，设备的化学清洗中酸洗后采用亚硝酸钠钝化的效果最好。在条件允许的情况下，尽量选用氨水调节酸碱度，用亚硝酸钠进行钝化。如果对亚硝酸钠排污有特殊限制，可选用磷酸三钠进行钝化，效果良好；如果污水排放要求非常严格，限制含氮、含磷化合物的使用，可以选用双氧水进行钝化，只是双氧水钝化工艺较为复杂，效果不太稳定，需要操作者严格控制工艺条件。

铜管系统清洗钝化可以采用硫酸亚铁或苯骈三氮唑；高压锅炉清洗可以采用联氨进行钝化，也可以采用二甲基酮肟进行钝化。

钝化剂的选择是由工艺条件、废水配方要求和特殊设备及特殊材质决定的。

4.3.4 助溶剂选择

助溶剂必须与清洗主剂有很好的协同作用。助溶剂在酸洗工艺条件下起加速溶解的作用，因此，它与酸洗介质之间的作用效果必须匹配，不得互相干扰或产生不利影响；助溶剂与锅炉水垢的反应生成物必须易溶于水；助溶剂不应明显地影响酸洗缓蚀剂的缓蚀效果；助溶剂应符合安全性和环保要求。

总之，对于每一项化学清洗工程，必须合理地选择酸洗剂、助剂（缓蚀剂、钝化剂、助溶剂等）。在化学清洗期间，必须采取相应的安全措施，以保障清洗对象和清洗操作人员的安全。化学清洗必须在具备清洗资质的承包商或有经验的技术人员的指导下进行。

4.4 常见组合式清洗剂

随着化学清洗技术的进一步发展，近年来出现了不少组合式化学清洗剂。化学清洗现场直接使用复配完成的组合式清洗剂即可达到预期效果。组合式清洗剂使用方法简单，使用条件宽松，清洗效果良好，但是组合式清洗剂成本可能有所提高。然而，多步合一的清洗剂可节约清洗时间，减少清洗废液排放，具有良好应用前景。几种常见组合式清洗剂简述如下。

4.4.1 除油除锈钝化“三合一”清洗剂

金属设备、管道或成套装置投产前的化学清洗一般具有以下特点：

① 污垢类型基本一致，一般为建筑垃圾、灰尘、油脂、汗渍、铁锈、铁鳞等。

② 清洗系统所涉及的金属材质较多，一般为数种金属，要求清洗剂能适应多种材质。

③ 需清洗的系统结构一般较为复杂，分布广，盲点和死区多，要求清洗工序越少越好，以降低工序排放难度。

④ 清洗系统一般贮液量很大，有时为数千立方米，多步法清洗产生的清洗废液量巨大，且工艺要求废液排出时间尽可能短。这就要求简化清洗工艺，尽量减少化学废水和冲洗废水量。

⑤ 清洗工期紧——投产前清洗一般是经过一年甚至数年的建设和安装工程之后，投入生产之前的清理性工作，对工厂而言此时已进入投产倒计时阶段，清洗计划一般都要以小时为单位安排。因此要求清洗工艺周期短，最好实现多步合一，以尽可能缩短清洗时间和废液处理时间。

目前最常用的且效果较好的清洗方法是采用有机酸络合剂——柠檬酸清洗工艺。清洗工艺一般为水冲洗→碱洗→水冲洗→酸洗→水冲洗→漂洗→钝化等七个主要步骤。清洗工艺环节多、操作繁复且不易控制，同时会造成能源和水资源的浪费，三合一清洗剂将原本七个独立清洗步骤合并成一步完成，可以有效解决上述问题。

三合一清洗剂大多数是以磷酸为酸洗除锈主剂、表面活性剂为除油剂、磷酸铁锌复合盐为钝化剂合成的组合型清洗剂。“三合一”清洗剂具有如下特点：

① 快速、高效。该技术将除油、除锈、钝化三步合一，简化了清洗工艺步骤，大大缩短了清洗时间。

② 技术安全可靠。“三合一”采用微酸性清洗，作用温和，在除锈过程中完成钝化操作，不易造成腐蚀和过洗现象，最大限度避免了清洗质量事故的发生。

③ 对清洗条件要求低。常温常压下即可清洗，最佳清洗温度为30～40℃。

④ 属于环保型清洗剂。该技术不仅排污量小，而且清洗液可再生和重复使用。

⑤ 清洗适用范围广。对材质的腐蚀速率小，且对碳钢、不锈钢、黄铜、铝等各种材质及其组合件都能进行清洗。

4.4.2 中性清洗剂

随着环保要求逐年提高，废水排放标准日益严格，化学清洗中酸性或碱性废水的排放问题逐步限制了化学清洗的实施。多年来清洗腐蚀事故频发，使得企业设备管理部门常要求清洗公司采用中性清洗剂清洗设备，尤其是新建设备或轻微腐蚀产物型设备的清洗，更是要求使用中性清洗剂清洗，由此国内研发了几款中性清洗剂，主要用于清洗轻微油污和锈蚀产物，也可用于清洗纯度不高的硫酸钙污垢（如电厂气气换热器GGH硫酸钙污垢的喷淋清洗）。中性清洗剂可广泛用于成套装置、钢制设备、管道、线材、板材等投用前的表面除油除锈清洗，也适用于轻度锈蚀的在役设备停车检修时的除油除锈清洗。

主要组成：有机络合剂或螯合剂、促进剂、表面活性剂、缓蚀剂。

产品性状：均质透明无色液体，pH=6～7，无毒、无味、不燃不爆。

特点：①除油除锈彻底，除锈均匀，不产生大锈片剥离，不会造成系统狭缝和毛细管堵塞现象。除锈完成后，无须漂洗，可直接钝化，不影响钝化膜质量。②清洗速度快，在30～80℃下，6～12h内同时完成除油除锈工作。③对设备腐蚀性很小，对钢、铜、铝、不锈钢、其他有色金属及其组合件均有良好的缓蚀作用。

中性清洗剂产品及清洗废液均为中性，不涉及强酸、强碱、重金属离子，废液经简易处理后即可达到排放标准。

4.4.3 其他功能性清洗剂

近年来市场上出现了许多功能性清洗剂，这些清洗剂多是组合型清洗剂，具有某方面特殊除垢功能，如专用于清洗硫化亚铁的无毒无臭安全清洗剂，能有效清除设备内部硫化亚铁污垢，不会产生硫化氢气体，在炼厂广泛使用。还有一些可在设备运行状态下添加至工艺介质中，通过保持设备运行一段时间，可实现系统内污垢的清洗去除；也有专门用于中性条件下去除高硅垢的清洗剂等。上述清洗剂均属于功能性清洗剂，一般是配方产品。

第5章

化学清洗的技术准备

在承接化学清洗项目前，要对需要清洗的设备进行调研和分析，包括设备材质、污垢化学成分、垢层厚度、设备容积、设备表面积、设备现场布局等重要的清洗参数，掌握这些参数有助于：选择清洗剂、清洗设备和清洗机具；设计化学清洗系统；计算各种材料的用量，开展清洗材料来源和价格调研；更重要的是，通过分析可以计算清洗的成本和报价，制订清洗方案，对整个清洗工程进行全方位的策划。

5.1 清洗对象的调研和分析

5.1.1 概述

中医对病人的病况进行调研和分析所采用的方法是“望、闻、问、切”，就是说通过观察病人的行为举止、面色、眼色，聆听声音，询问病情自我感觉，触摸脉搏等方式收集信息，综合分析后确定用药、治疗方法，并判断病人治愈所需时间。相类似，一个合格的清洗技术人员就如同一位好的医生，只不过他所诊断的对象是设备和装置，对设备的调研和分析也可以用四个字来概括，即“看、问、查、测”。

看：一看设备的构造、流程、管道走向、施工条件等。

二看设备结垢的分布、颜色、质地、状态等。

三看清洗设施的布置场所、临时配管的接口尺寸等。

四看所要清洗的位高、放空条件，低位排污点的位置、尺寸，设备盲肠部位的分布，以及工序排放的条件。

问：一问设备运行状况、影响程度，以及对工艺条件（如温度、压力、阻力、流量、产品质量、产量、电耗、汽耗、水耗等）的影响程度。

二问设备的使用历史和腐蚀历史，了解清洗对象运行中有无腐蚀和泄漏情况，以及该装置投入使用的时间、结垢状态和腐蚀状态，有无垢样留下。

三问设备的清洗历史，如由谁用什么方法清洗的，清洗效果如何，有无原始记录和资料。

四问设备水处理的现状和方法，以及其他防垢措施是否恰当。

查：一查图纸，了解设备中含有哪些金属材质、被清洗部分介质流经哪些设备及其材质及工艺流程，判断结垢部位，并分析其原因。

二查工艺过程中清洗介质所流经的部位，哪些计量仪器、仪表和设备需要隔离。

三查工艺过程中相关的运行记录、运行检修记录和清洗记录，分析判断结垢的原因和程度。

四查设备的设计参数，与现有参数对比，分析结垢情况和影响程度，判断清洗的可行性和必要性。

五查设备标牌和位号是否与图纸相符，管线、仪表等分布是否正确，设备盲肠部位的分布和位置。

六查设备操作指南、使用说明及设计要求，弄清楚对清洗的限制条件。

测：一测污垢的成分，确定清洗方案。

二测水质和原料品质，判断结垢原因，并采取必要的防垢措施。

三测溶垢试验，选择合理的清洗配方。

四测清洗剂对相同金属材料的腐蚀速率。

五测清洗废液的成分和指标，确定废水处理方案。

通过上述“四字”的调研分析之后，设备的基本情况就比较清楚了，清洗的方案有了大概的轮廓，这些工作对保证除垢效果和设备的清洗安全意义重大。

5.1.2 设备材质的识别

设备材质的识别途径主要如下：

① 通过设备铭牌查看设备材质代号。

② 通过设备图纸资料查看设备材质代号。

③ 通过查阅材料手册，将设备材质代号转化为相应的材质名称。

④ 通过与设备管理人员交流或实际现场勘察了解设备材质。

⑤ 通过材料的特性，了解其在设备制造方面的用途；或通过设备对材质的要求等信息，了解设备材质。

通过对设备材料的识别，制订方案时需要选择针对性的清洗剂和缓蚀剂。

各种生产中使用的机器设备，都是由金属或非金属材料制成的。在收集被清洗设备的信息时，不仅要了解、识别设备的普通材质，更应注意识别待清洗设备中的特殊材质，了解其物理性能和化学性能。我们知道，在设计和制造设备时，不仅要考虑设备的技术特性、结构型式、制造工艺和设备寿命等，而且要对材料的耐腐蚀性能、力学性能、材料的价格及国内的资源等因素进行考虑。同样，在识别设备材质时，我们也应注意这些方面的问题。表 5-1 是常见材料分类。

表 5-1　常见材料分类

<table>
<tr><td colspan="6">金属材料</td><td colspan="2">非金属材料</td></tr>
<tr><td colspan="5">黑色金属</td><td rowspan="2">有色金属</td><td rowspan="2">无机非金属材料</td><td rowspan="2">有机非金属材料</td></tr>
<tr><td colspan="2">碳素钢</td><td colspan="2">合金钢</td><td>铸铁</td></tr>
<tr><td>普通碳素结构钢</td><td>A类钢
B类钢
C类钢</td><td>合金结构钢</td><td>普通低合金钢
合金结构钢</td><td rowspan="4">白口铸铁
灰口铸铁
球墨铸铁
可锻铸铁</td><td rowspan="4">铜及铜合金
铝及铝合金
铅及铅合金
钛及钛合金
镍及镍合金</td><td rowspan="4">陶瓷
搪瓷
玻璃
石墨</td><td rowspan="4">塑料
纤维
橡胶</td></tr>
<tr><td>优质碳素结构钢</td><td>低碳钢
中碳钢
高碳钢</td><td colspan="2">合金工具钢</td></tr>
<tr><td colspan="2">碳素工具钢</td><td colspan="2" rowspan="2">特殊用途钢</td></tr>
<tr><td colspan="2">铸钢</td></tr>
</table>

在识别设备的特殊材质时，需注意以下几点：

① 对于合金钢，要注意具体是哪一种型号的合金钢。

② 关注特殊的生产工艺条件可能要求的特殊材质。

③ 关注特殊的工作环境可能要求的特殊材质。

④ 关注设备的特殊部位、零件、仪器仪表等可能要求的特殊材质。

［例］　锅炉常用材料的识别

① 工业锅炉及电厂用锅炉的主要材料是碳钢；

② 一般锅炉汽包及水冷壁管用材多是 20A、20G；

③ 350℃以下的凝汽器壳体、汽轮机低压缸、隔板，以及锅炉的紧固件、承压部件，一般可用 A3 钢（即 Q235A）；

④ 450℃以下的中压锅炉过热器管使用碳钢；

⑤ 高参数锅炉的汽包及过热器管多用低合金钢如 16MnR、14MnMoV、12Cr1MoV，高压及超高压锅炉的过热器及再热器管多用 12Cr1MoV；

⑥ 亚临界参数与超临界参数的锅炉高温过热器和高温再热器大量使用奥氏体高合金钢，汽轮机叶片和高温阀门则使用马氏体不锈钢，炉膛中喷燃器、吹灰器和受热面紧固件使用耐高温的合金钢，水处理系统大量使用不锈耐酸钢；

⑦ 火电厂汽轮机凝汽器的冷凝管大量使用黄铜，一般凝汽器使用七三黄铜，低压加热器、冷油器、空气冷却器、原水加热器及大容量变压器等一般使用黄铜；

⑧ 淡水中的凝汽器管板可使用碳钢，海水中的凝汽器管板则使用黄铜。

5.1.3 作业危险源的初步辨识和安全隐患排查

通过现场考察和调研，发现现场存在的各种与清洗有关的作业危险源，如易燃易爆场所、洁净车间、地下室操作、楼顶操作、大风季节清洗等。制订清洗方案时，要针对性地选择清洗剂、清洗设备（防爆与否）、劳动保护用品（如安全绳、呼吸器等）。

清洗施工现场危险源的初步辨识可使用多种形式的检查方法，以便后续针对性消除安全隐患。如组织专项安全检查分析、清洗作业模拟、全员查找安全隐患等。

5.1.4 垢样的采集及鉴别

垢样的采集是化学清洗的第一步。采集垢样的区域位置，应尽可能与待清洗设备工况一致或近似。

对于采集到的垢样，需先在实验室做小型实验，然后基于实验结果进行工业清洗的场景放大。

设备大检修期间停车清洗时，清洗前的采样工作尤为重要，只有弄清污垢的组成、结垢原因、污垢的溶解性，才能选择清洗方式，即化学清洗、物理清洗及其他清洗方法。只有进行针对性的垢样采集，才能选择合适的清洗剂、缓蚀剂和助剂，从而制订出经济可行的清洗方案。

5.1.4.1 垢样采集

采集垢样时，最好选择大检修停车期间。对设备垢的采集应选取三个具有代表性的位置，例如，锅炉水系统的垢样，应从汽包内底部、联箱手孔处或排污管处采集；长输管道应选三个点，每个横断面上、中、下三个位置都应采集。

采集数量应以100～500g为宜，密封储存，如密封在塑料袋中运输，在实验室里应放在广口瓶中，并做好编号记录工作，以免丢失和误拿。

5.1.4.2 垢样鉴别

对采集到的垢样，先进行定性分析，根据垢样的基本形状、特征，以及对设备结构和生产工艺的了解，可以做出初步的定性鉴别；定性鉴别后作溶垢试验，如果溶垢效果与预期不符再进行定量鉴别。表5-2以水垢为例介绍定性鉴别方法。

表5-2 水垢类别的定性鉴别方法

水垢类别	颜色	鉴别方法
碳酸盐水垢占50%以上	白色	在5%盐酸溶液中，大部分垢样可溶解，同时会产生大量气泡，反应结束后，溶液中不溶物很少

续表

水垢类别	颜色	鉴别方法
硫酸盐水垢，$CaSO_4$ 占 50%以上	黄白色或白色	在盐酸溶液中很少产生气泡，溶解很少，加入 10%氯化钡溶液后，生成大量的白色沉淀物
硅酸盐水垢，SiO_2 占 20%以上	灰白色	在盐酸中不溶解，加热后其他成分部分缓慢溶解，有透明状沙粒沉淀物，加入 1%HF 可有效溶解
氧化铁垢以铁的氧化物为主，夹杂其他盐类	棕褐色	加稀盐酸可缓慢溶解，溶液呈黄绿色；加硝酸能较快地溶解，溶液呈黄色
油垢含油 5%以上	黑色	将垢样研碎，加入乙醚后，溶液呈黄绿色

(1) 碳酸盐垢

碳酸盐垢是一种较为常见的垢种，在常用的茶壶、电热水器中结的垢大多是碳酸盐水垢，低压锅炉、热水锅炉中沉积的垢绝大多数也是碳酸盐垢。碳酸盐垢主要产生在热交换系统中，尤其是在设备直接受热和工质水浓缩的部位。

① 基本性状。碳酸盐垢多为白色或灰白色，有时由于伴有腐蚀的发生，会染上腐蚀产物的颜色：氧气充足时以 Fe_2O_3 为主，呈粉红色或红褐色；氧气不足时，以 Fe_3O_4 为主，呈灰白色或灰色。碳酸盐垢质坚而脆，附着牢固，难以剥离，断口呈颗粒状，垢层较厚。当夹杂有腐蚀产物或其他杂质时，断口处可观察到层状沉积。

② 特征及鉴别方法。通过化学成分分析，可以准确地辨别垢样，但需要较长的时间且费用较高，在要求不高时，可根据垢样的基本性状并结合其特点来对垢样进行定性判别。

a. 定性鉴别。碳酸盐垢是所有垢中最易溶于稀酸的，常见的无机酸和有机酸均可以将其溶解，并产生大量气泡即 CO_2 气体。

此外，在 800～900℃下灼烧时，水垢质量损失近 40%，这主要是水合二氧化碳分解的缘故，通过观察水垢溶解后的少量残渣及注意垢样灼烧时的气味，可以了解垢中所含杂质的大致类别。如果残渣呈白色则是硅酸盐，如果呈黑褐色则是腐蚀产物，灼烧时如果嗅到焦煳气味则是有机碳或碳水化合物。

b. 定量分析

Ⅰ. 垢样的制备和处理。在研钵中放入垢样研细至 140～170 目（颗粒直径在 0.1mm 左右），称取 4 份试样，其中 2 份用于化验，另 2 份用于灼烧减量的测定，每份试样以 0.5g 为宜，过多不利于灼烧，也难以分离洗涤。

将用于化验的 2 份试样分别置于 2 个 100mL 烧杯中，加入 10mL 水湿润，再加入 10mL 盐酸，盖上表面皿使之在室温下溶解，当反应较慢时，用玻璃棒轻轻搅动使之溶解，如含有部分磷酸盐或铁的腐蚀产物，可加热助溶。

Ⅱ. 灼烧减量的测定。碳酸盐垢以碳酸钙为主，在灼烧时碳酸钙可失重 44%

而变成氧化钙，如含有氢氧化镁，则在灼烧时可失重41%而变成氧化镁，具体方法是将2份试样在烘箱中烘去表面水分：各取0.5g垢样置于已恒重的坩埚中，在850℃下灼烧2h，冷却后称重，以相差0.4mg以内为恒重，两份试样的测试结果相差<0.1%为合格。

Ⅲ. 氧化钙与氧化镁含量测定。由于试样已全部溶解，可直接测定经盐酸溶解后的试液中的钙、镁含量。大量碳酸盐垢测定的经验表明，碳酸盐垢中90%以上是碳酸钙，当水中硅酸盐及碳酸盐含量较低且设备不发生严重腐蚀时，其含量可达95%左右。因此，可用EDTA二钠盐滴定试样，将与之作用的物质折算为钙，再另取试样加入氢氧化钠，使镁以氢氧化镁沉淀形式除去，从而分别测出钙、镁含量。具体化验操作方法可参考相关的分析化验书籍，在此不详细阐述。

如果需测量碳酸根的含量，可采用酸碱滴定法或管式炉灼烧吸收法。

(2) 硫酸盐垢

硫酸盐垢实际上不是单一的垢种，一般与其他垢种同时存在，且通常所占的比例较少，占1/3以下，但是由于它不溶于盐酸、硝酸、硫酸及其他有机酸，也不溶于络合剂，垢中有硫酸盐存在时就变得极难清除，因此，在许多文献中常将其作为单独垢列出。

由于硫酸盐垢难以溶解除去，且对受热面和传热面的热阻影响较大，因此，当它的含量在垢中达20%时，可以将这种垢视为硫酸盐垢。

① 基本性状。硫酸盐垢通常为白色或灰白色，有时呈粉红色，在受热面或传热表面上结成硬质薄层，附着牢固，质硬而脆，敲击铲刮时能呈小片状剥离，难以用常规的机械方法清除，也不能用酸洗除去。

当设备无腐蚀现象时，硫酸盐垢与其他碳酸盐垢、磷酸盐垢等较接近，但比它们更坚硬，附着更为牢固；当有腐蚀现象时，尤其是产生附着物下的局部腐蚀时，硫酸盐垢可能被染成黑红色或砖红色。

② 鉴别特性。首先用10%的盐酸溶解，如溶解速度较慢，则应加热助溶，经过上述溶解操作，试样中仍有白色残留物不溶时，可将试样与碳酸钠以1∶8混合，在900℃下加热2h，则硫酸盐与碳酸钠作用转化为碳酸盐和硫酸钠，再用盐酸溶解时，可以完全溶解。此项操作最好在铂坩埚中进行，为了使熔融物易于从坩埚中溶解脱出，可先将3倍垢样的无水碳酸钠与垢样搅拌均匀，倒入坩埚中，再在固体混合物上覆盖与垢样大致等量的无水碳酸钠。灼烧应在带盖的坩埚中进行，坩埚盖稍微错开一些，防止CO_2大量产生时将盖掀掉。

将上述处理过的试样，用盐酸溶解，定量到1L，移取200mL试液以沉淀法测定硫酸根，然后换算为硫酸酐。再分别移取适量试液，用分光光度法测定二氧化硅（偏硅酸酐）、铁、磷酸根和铜的含量，用EDTA二钠盐络合滴定法测钙、镁含量。

如果仅定性处理硅酸盐垢，也可用盐酸溶解后，将不溶物减少至最少，向其中加入1%（质量分数）氯化钡溶液，若有大量白色沉淀产生，表明硫酸盐含量较高。

（3）硅酸盐垢

硅酸盐也不是单一的垢种，在垢中的含量较低，一般仅为20%左右，当硅酸盐含量在20%以上或含20%以上的二氧化硅时，就将其称为硅垢，以与易溶垢相区别。

① 基本性状。硅酸盐呈白色，有时呈灰色，与碳酸盐、硫酸盐的颜色很相近，当设备有腐蚀现象时，尤其是局部腐蚀时，硅酸盐垢可被染成灰黑色。

硅酸盐水垢形成于原水中二氧化硅含量高的锅炉或循环冷却水系统，有的水处理工艺中使用水玻璃作为助凝剂、分散剂或缓蚀剂，因此更容易结硅酸盐水垢。硅酸盐常与硫酸盐垢、碳酸盐垢、磷酸盐垢共存。当硅酸盐含量高时，会使垢层难以清除。

② 鉴别方法。将垢样置于5%稀盐酸中，若溶解不完全，可将酸度增至20%，并辅以加热处理，如果仍有一定量的白色沉淀不能溶解，则可认为剩余物是硅酸盐或硫酸盐。

将不溶物滤出并清洗，直到滤液中加入1%硝酸银溶液不产生浑浊，如不溶物无溶解减少现象，而且加入氯化钡溶液也不出现浑浊和沉淀，则表明垢中含硅酸盐。

为了避免硅酸盐水垢的生成，通常限制冷却水中SiO_2的含量，一般以不超过150～175mg/L为宜。除去硅垢常采用热浓碱煮或氢氟酸洗，使其生成易溶的硅化物而除去。

③ 分析方法。将硅酸盐垢熔融并溶解，然后将处理后的试样定容到1L。分别移取试样，用分光光度法测定二氧化硅、铁（及铝）、硅酸根与铜的含量，用EDTA二钠盐滴定法测钙、镁的含量。

（4）磷酸盐垢

在天然水中，磷酸根含量很低，一般不会生成磷酸盐垢，但在许多水质处理过程中，常在循环冷却水系统中投入聚磷酸盐作为缓蚀剂或阻垢剂，而聚磷酸盐在水中会水解成为正磷酸盐，使水中存在PO_4^{3-}，它与钙离子结合会生成溶解度很低的磷酸钙，析出后附着在机体表面形成了磷酸钙垢。这种垢影响传热，不易清除，因此，在投加聚磷酸盐药剂的循环冷却水系统中，必须注意磷酸钙水垢生成的问题。

磷酸盐垢可产生于进行磷酸盐防垢处理的2.5～3.8MPa或压力更高的锅炉中，也可产生于采取水质稳定处理的热水锅炉和供热系统中。

磷酸盐垢往往和碳酸盐垢共存。在锅炉中，当软化水残余硬度过高或凝汽器管泄漏时，锅炉受热面既会沉积碳酸盐水垢，又会由于产生大量磷酸盐水渣且未能及时排除，而形成磷酸盐二次水垢。

① 基本性状。磷酸盐水垢外观为灰白色，质地较为疏松，仅含有碳酸盐和磷酸盐的水垢呈灰白色，这是由于磷灰石是灰色。如果伴有腐蚀产物，则呈灰红色或红褐色，锅炉或给水中加有氧化剂时，垢的颜色多呈灰黑色。

磷酸盐水垢附着力较差，容易用机械的方法除去，不受热部分的磷酸盐垢松软，呈堆积状。磷酸盐垢随受热面的热流强度增大和金属温度升高而结垢严重，垢质也变得坚硬难除。

② 鉴别特征。磷酸盐水垢与碳酸盐水垢外形相似，而且常常含有一定量的碳酸盐垢，两者的区别在于磷酸盐垢在常温下不能在5%以下的稀酸中全部溶解，需要加热助溶或者用10%以上的酸且在较高温度条件下使之全溶。在用酸溶解磷酸盐垢时，根据产生气泡的情况可以了解其中碳酸盐垢所占比例大小，如果基本不冒气泡，则是单独的磷酸盐垢。

由水处理工艺也可判断是否为磷酸盐垢，天然水中基本不含磷酸盐，除非人工投加磷酸盐，否则在受热面或传热面上不会产生磷酸盐垢。

③ 分析方法。磷酸盐垢溶解之后，不能按照常规的系统分析步骤，对测定二氧化硅后的滤液用氨水沉淀铁离子、铝离子，这是由于试液中的钙离子、镁离子和磷酸根离子，会在试液碱化时以磷酸盐沉淀的形式析出，容易误把钙、镁的磷酸盐沉淀当成氢氧化铝，即所谓的“铝垢”。

当测定二氧化硅的滤液通过氢型强酸阳离子交换柱后，用比交换树脂体积略大的无机盐水冲洗；将冲洗液与滤液合并，用于测定磷酸根、硫酸根的含量；用5%的盐酸再生和淋洗交换柱，将吸附在树脂的铁、铝、钙、镁、铜等阳离子置换出来，使其成为对应的氯化物，然后进行分析测定。

磷酸盐垢中往往混有碳酸盐垢，因此，有必要进行灼烧减量测定，以便对分析结果进行校核。

如前所述，将磷酸盐垢中的阴、阳离子分离之后，滤液用于测阴离子，可将其定容到1L，再从其中移取少量试液以比色法测定磷酸根，然后折算为磷酸酐的百分含量；硫酸根的测定可使用沉淀法，以硫酸钡的形式测试后折算为硫酸酐。阳离子通过离子交换法从树脂中置换出来后，可分别用EDTA二钠盐滴定法测定铁、铝、钙、镁的含量，铜可用碘量法测量。铁、铜含量低时可用比色法或分光光度法测定。

（5）磷酸铁钠垢

该种垢是特殊的磷酸盐水垢，可以看作酸性磷酸盐与氢氧化铁的复合物，符合 $NaFePO_4$ 的分子式，但是其中也会夹杂着其他成垢物质。

磷酸铁钠垢产生于高压锅炉，当锅炉有腐蚀且以铁为主的腐蚀产物较多时，易产生此类污垢，因为此时向锅炉中投加的磷酸钠可与亚铁离子作用形成沉积物，附着于锅炉水冷壁管表面。

① 基本性状。磷酸铁钠垢与磷酸盐垢相近，但是由于发生了腐蚀，垢层为黑褐色，该垢较疏松，易用机械法清除。

该垢在酸中的溶解特性与磷酸盐垢相近，有所不同的是，它还可溶解在强碱中。磷酸铁钠参与的反应受水的饱和温度影响较大，在锅炉水温低于200℃时，生成磷酸钠和氢氧化铁；水温超过200℃时，生成磷酸氢二钠和亚铁酸钠。

② 鉴别方法。磷酸铁钠只产生在高参数锅炉中，低压供热锅炉、热水锅炉、热交换器和循环冷却水系统中不产生此类水垢，当高参数锅炉中形成磷酸铁钠垢时，将产生盐类隐藏现象。

锅炉受热结磷酸铁钠垢时，运行中会出现一些特殊现象，如当锅炉高负荷运行或停止运行时，炉水成分会发生异常变化。通常在不向锅炉投加磷酸钠而停止排污的情况下，锅炉升压过程中锅炉水的钠含量、电导率、磷酸根含量、铁含量、甲基橙碱度将自动升高，酚酞碱度下降或不变，pH值有所下降；当锅炉压力达到某一数值（例如90%以上额定参数）时，锅炉水的钠含量、电导率、磷酸根含量、铁含量、甲基橙碱度会自动降低，酚酞碱度和pH值会有所升高，这是由于锅炉受热面上的磷酸铁钠溶出和再生沉淀。

(6) 铁铜垢

当水垢中铁和铜的氧化物含量超过90%时，尽管还含有钙、镁等碱土金属的氧化物，以及碳酸盐、磷酸盐等成垢物质，仍可将其视为腐蚀产物。

事实上，在腐蚀坑中采集的附着物以设备腐蚀产物为主，在一般受热面上采集的垢样，则兼有设备腐蚀产物和外来沉积，腐蚀产物与设备、系统的材质有关，常见的成分是铁、铜的氧化物和其他钙镁盐类。

① 基本性状。铁铜垢可以产生于任何受热面和传热金属表面，但是在介质温度较低的设备上，它仅作为垢中夹杂物存在。随着介质温度升高，设备腐蚀加重，腐蚀产物即铁、铜的氧化物在垢中的含量也显著增加，在高参数锅炉的受热面上，附着物以腐蚀产物为主。

铁铜垢以黑褐色为主，当水中含有丰富的氧时多呈红色；在一般的锅炉和热交换器中氧供应不足，多呈黑色；如果铁铜垢中含铜较多，铜垢因电化学作用而以金属形态存在，腐蚀产物呈紫红色，并能看到金属光泽。在腐蚀坑中采集的附着物层常呈贝壳状，边缘薄而中间厚。

② 鉴别特征。铁铜垢的外观与钙镁垢明显不同，容易鉴别。根据颜色变红或变黑，可以得知是以高价铁为主还是低价铁为主。如果垢样呈紫红色金属光泽，则其含铜量可达到50%以上，可以认为是铜垢。水垢灼烧时质量减小，但铁铜垢灼烧时质量常增加。这是因为灼烧时垢中铜被氧化为氧化铜，氧化亚铁被氧化为

氧化铁，另外，磁性氧化铁可以看作氧化铁和氧化亚铁的复合物，它在灼烧时质量也有所增加。

铜被氧化为氧化铜时质量增加 25.14%，氧化亚铜被氧化后质量增加 11.18%，氧化亚铁被氧化为氧化铁时质量增加 11.5%，磁性氧化铁被氧化为氧化铁时质量增加 3.44%，在粗略地定量垢中铁铜的存在形式时，可根据其含量与灼烧增量按上述关系推知。

铁铜垢较硅酸盐垢和硫酸盐垢易溶，但是比碳酸盐垢和磷酸盐垢难溶解得多，它甚至难溶于常温的盐酸中。加热接近沸腾温度时，它可溶于 20%以上的浓盐酸中，但耗时较长。在盐酸中加入少量硝酸并加热可使之溶解，这是由于在溶解过程中，亚铁离子被氧化为高价化合物，破坏了溶解平衡。

铁铜垢溶解后溶液常呈一定的颜色，如果垢中以铁为主，则溶液呈淡黄色；如果以铜为主，则呈蓝色至蓝绿色。

用氨水中和铁铜垢的酸溶液可辅助鉴别。在中和至 pH≥6 时，可产生棕红色絮状氢氧化铁沉淀；若 pH 值继续升高，则可生成蓝色氢氧化铜沉淀，当铜含量较高时，在过量的氨水中可生成深蓝色的铜氨络离子。

③ 分析方法。铁铜垢实际上是腐蚀产物，其中混杂有钙、镁盐类和对应的磷酸盐，其他成分较少。

Ⅰ. 灼烧增量的测定。也可利用前述的灼烧反应进行定量分析，铁铜垢的灼烧氧化反应的反应速率比碳酸盐垢灼烧热分解速率慢。因此应使用底面积较大的瓷石坩埚盛试样，将试样尽量铺开成薄层，灼烧时间延长了 3～4h。

Ⅱ. 试样的溶解与分析操作。即使在热的 10%的盐酸中铁铜垢的溶解速率也较慢，因此应将磨细的试样置于 100mL 烧杯中，用水湿润后，加入 15%的盐酸 10mL，在水浴上加热溶解，另外，再加少许浓硝酸以加速垢样溶解。

将试液稀释定容到 1L 后，分别量取试样，用 EDTA 二钠盐测定铁、铝、钙、镁、锌的含量，由于铜、磷酸根等的含量较少可用分光光度法测定。

(7) 油垢

① 基本性状。油垢是以黏质油为主体，混杂一些固体尘粒或疏油性水溶液而形成的黏稠状富油沉淀或絮凝状乳化油泥。

油料的黏度越高，越容易形成难以用水冲洗的油垢，这是因为油垢具有疏水性，且油料自身的内聚力大，对尘粒的黏附力大。

根据油垢的成分可以将其分为两种类型：黏质油和尘粒结合生成的油垢，黏质油和水溶液作用生成的垢物。煤焦油垢是比较典型的由黏质油与尘粒结合形成的油垢。一般呈黑色，黏稠状液体，有时因系统运行时间较长，工作温度较高呈略有弹性的块状固体附着在设备表面。

当混有水溶液的黏质油被剧烈搅动时，就会形成油包水（W/O）型淤浆，由于黏质油膜比较牢固，在搅动停止后，W/O型淤浆仍能稳定存在。此类油垢由于原油中混有焦油、硫化物、积炭，一般为黑色混合液，黏稠，但很少生成块状固体，流动性较大。

② 鉴别方法。油垢因其较为特殊，很易鉴别。在许多油路系统、储运油的设备中等易产生此类污垢，煤焦油垢成分比较复杂，主要有沥青、积炭、灰渣、悬浮物等，基本上由有机物组成，不溶于普通的无机酸，但可溶于有机溶剂。用溶剂处理时，开始油垢慢慢变软，也可添加一些表面活性剂（HLB在7.0以下），以提高亲水性污垢的分散能力，随着浸泡时间的延长，可以明显发现部分垢溶解，黏稠度大大下降。适当加热可以降低煤焦油的黏度和表面膜强度，增加其流动性。采用较强的有机溶剂处理此类污垢时，基本上可以使其全部溶解。

海水浸蚀油船而造成的原油淤浆，是典型的由黏质油和水溶液作用而生成的油垢，一般大型的油轮在运送原油时，到站排空后，为保持船体平衡，要灌注相当量的海水作为压船物。海水进入油舱后与内部的油、油泥等混合在一起，沉积后形成油垢。在引入海水时会带入一定量的海砂，海砂与底部的油污混合后加速了垢的沉淀与形成。

此类污垢属不稳定体系，垢内各组成之间以松散结构交织在一起，添加HLB值较高（大于8）的表面活性剂作为淤浆破碎剂，使W/O型水粒不稳定而凝聚出来，也可同时添加碳酸钠中和游离酸，产生的盐析效应也会促进水的分离，使垢消除。

(8) 蜡垢

在原油输送管线及储罐中，常常因积蜡的形成而影响管线的输送能力并减小储罐的有效容积。

蜡是指原油中十六烷以上的正构烷烃混合物，通常溶解于原油中，它在原油中的溶解度随其分子量的增大和熔点的升高而下降，也随原油密度和平均分子量减小而增大，因此随着温度、流速、组成等因素的变化，蜡从原油中逐渐析出并沉积在管线和储罐的表面，积蜡中除了蜡外还含有一定量的胶质、沥青质、凝油。

积蜡可采用表面活性剂加溶剂的方法溶解，对长输石油管线和储罐中的积蜡，因含有一定数量的油馏分，可采用由表面活性剂、有机胺及无机盐配制成的碱性水基清洗剂，加热进行溶解，可取得良好的效果。

(9) 积炭垢

积炭垢主要发生在某些燃气、燃油设备上，是油或气中的某些长链化合物和其他有机物燃烧的产物附着在设备表面而形成的。

积炭垢经常发生在燃气轮机的燃烧室内。由于空气过滤器使用一段时间后过滤效率下降，空气中的某些杂质被带入燃气轮机内，当汽化油或天然气燃烧时，在初始阶段由于燃烧膛内温度很低，燃烧的气体在接触器壁时反应温度骤降，造成反应物在器壁附近的不完全燃烧。最初，反应物以油状物或高链化合物形式分解形成漆状膜，与金属结合得非常牢固，如果这种状态在高温下持续较长的时间，漆状膜会进一步分解，促使积炭的形成并附着。

由于积炭垢的特殊性状及其产生的特殊环境，它很容易辨别。除燃气轮机外，一些反应器中也会产生积炭垢，其生成机理基本上和燃气轮机相同，都是由反应不充分造成的。

积炭垢一般为黑色固体，在不同的反应器中生成的垢的物理性质也不同，反应器中一般由于混有其他杂质，生成的积炭垢较厚，质地坚硬，与基体的附着力好，不易剥离。

纯粹的积炭垢几乎很难溶解，即使使用相当强的有机溶剂（如二氯甲烷、二氯乙烷等）对其溶解，溶解效果也不理想，只能通过逐步溶解垢中起支持、连接作用的可溶性有机物，使整个垢样与设备脱离的办法来处理。

相比较而言，燃气轮机中的积炭垢较易处理，可采用有机溶剂的办法，也可采用乳化煤油的办法。乳化煤油由于黏度较大，加之煤油的溶剂作用，可有效地除去燃气轮机等设备内部的积炭垢，许多国外公司已将此方法明确地写入操作说明中。

（10）尿素垢

化肥厂的尿素装置，无论生产工艺采用水溶液全循环法，还是二氧化碳气提法、氨气提法，在运行一段时间后，分解加热器内物料通过的一侧均会积结一层污垢。对于水溶液全循环法，污垢主要集中在一、二段分解加热器内；对于二氧化碳气提法、氨气提法，生产装置的结垢则集中在汽提塔和精馏塔的循环加热器内。虽然这些设备通常采用优质耐蚀材料制造，不易结垢，但随着设备运行时间的延长，换热面开始出现结垢现象，管内形成一层沉积物，这层污垢有的致密坚硬，采用一般的化学清洗方法难以除去，故人们俗称为“尿素难溶垢”。

“尿素难溶垢”的传热系数很低，严重影响传热效率，致使尿素工厂加热蒸汽耗量增加，工艺物料流通受阻，分解效果下降，工艺指标难以维持，生产成本增加，而且会引发新的腐蚀问题。

国外采用 EDTA 法清洗，这一方法的基本要素是：温度 140～150℃、EDTA 含量 10%～15%（质量分数），缓蚀剂添加量为 0.10%～0.25%，表面活性剂添加量为 0.3%。

国内采用尿素专用清洗剂（含有有机酸或螯合剂及少量的缓蚀剂）清洗，基本特点是：温度 130～150℃，清洗剂含量 10%～20%（质量分数），表面活性剂（烷基酚聚氧乙烯醚）含量为 0.2%～0.4%，缓蚀剂含量为 0.5%。

此外，采用高压水射流清洗也可以取得一定的清洗效果。总之，清洗剂和清洗方法的选择要综合腐蚀试验、溶垢试验、垢层分析结果、经验、经济性等多方面因素来确定。

（11）大气尘垢

对于长期暴露在大气中的设备，由于尘埃不断沉积，设备表面易附着尘垢，大气中尘埃的含量与空气的清洁度、污染状况有关，当有工业大气污染时，空气中尘埃的含量会成倍增加，不仅对设备表面造成污染，而且腐蚀设备表面基体。

尘埃的成分非常复杂，但总体来说相对较易溶解，借助清洗液中表面活性剂的作用即可除去。应选择酸碱性较弱的清洗液，当尘埃中含有少量的油污时，可以考虑添加少量有机溶剂配制成乳化液，从而加快对尘埃中油分的溶解速率。

（12）微生物垢

在锅炉和高温热交换器的运行温度下，微生物难以存活，因此不存在微生物垢。在循环冷却水的工作温度下，微生物生长旺盛，许多阻垢剂常常是微生物的营养源，因此，微生物黏泥的生长和污堵是对冷却水系统及低温换热器的危害之一。

微生物是低等生物的统称，一般是指细菌、真菌、藻类和原生动物。它们繁殖速度快，短时间内可形成很大的群体。工业冷却水系统中常见的微生物有真菌、藻类、铁细菌、硫酸盐还原菌、硝化细菌和原生动物等。

细菌是单细胞生物，其尺寸为0.5～10μm，以分裂方式繁殖，细菌在生长繁殖过程中，从循环冷却水中吸收营养，本身产生新陈代谢。细菌繁殖的群体、代谢产物和已死亡的细菌都会在传热表面附着或沉积，从而形成微生物污垢。

真菌的形体大于细菌，其尺寸是细菌的几倍到几十倍，构造也更复杂，真菌靠营腐生长或寄生生存，既可以无性繁殖，也可以有性繁殖。在循环冷却水系统中，它不是微生物垢的主要成分，但真菌的代谢产物对设备具有腐蚀作用。

藻类是比菌类更高级的植物。菌类不含叶绿素，藻类细胞内含叶绿素，可靠光合作用摄取营养。在循环冷却水系统中，藻类是微生物污垢的主要组成之一，常见的藻类有蓝藻、绿藻、硅藻、球藻、丝藻、团藻、鱼腥藻等，藻类能使水染色，带有草腥味或鱼腥味，并使循环冷却水浑浊，附着物黏稠不易清除。因此藻类是主要的清洗对象之一。

原生动物是最简单的单细胞动物，由于其形体微小，肉眼难以发现，属于微生物范畴。其中，形体小的原生动物如纤毛虫、草履虫等；较大些的原生动物如轮虫、线虫、变形虫等，可在低倍显微镜下观察到，部分种类可用肉眼观察到。原生动物不是循环冷却水系统中微生物垢的主要成分，但是有些介壳类生物可在设备上附着繁殖，对传热影响较大。

微生物黏泥的形成机制：单纯的悬浮物、二氧化硅、铁的氧化物颗粒等不能附着于传热表面成垢，通常沉积在冷却系统的水流停滞和死角部位。当冷却系统的传热面上有微生物生长繁殖时，其代谢产物多为黏性物质，对悬浮于水中的颗粒或者呈胶体状态存在的物质均有很强的捕集作用，使其进入生物膜中，形成微生物黏泥，而微生物黏泥对传热表面也有很强的黏附能力，即使系统流速高达2～3m/s，也不能使其被冷却水流冲走。

5.1.5 溶垢试验

5.1.5.1 溶垢试验目的

现场人员采集到垢样后，由有经验的技术人员对垢样进行定性和定量分析，初步确定垢型和种类，再由有经验的技术人员进行小型溶垢试验，进一步判定污垢种类，确定所使用的清洗剂和缓蚀剂，这是方案制订前最重要的一步。一般情况下，清洗操作人员不要过于轻信经验和资料所述，要亲自试验、亲自观察，这也是清洗工程能否安全成功实施的关键步骤。

小型溶垢试验的主要目的是筛选合适的清洗剂、缓蚀剂及其他助剂的种类，并确定使用浓度、添加量，同时初步确定化学清洗的工艺条件（如清洗的温度、压力、时间），以及化学清洗需要采用的主要工艺流程（如碱洗、水冲洗、酸洗、水冲洗、漂洗、钝化等），从而为进一步制订化学清洗方案做准备。所以，小型溶垢试验对清洗工程能否成功至关重要。

5.1.5.2 溶垢试验方法

（1）综合信息分析

获得设备清洗信息后，首先要进行现场情况的综合调研，同时需要对现场垢样进行采集，垢样的采集和保存根据相关方法进行科学实施，实验室人员通过现场考察人员送来的垢样，以及对现场设备材质、工艺介质性质、设备清洗要求、现场清洗公用工程条件的具体描述（最好有书面文件），对需要清洗的设备形成整体的认识，初步判定小型溶垢试验如何进行。

（2）污垢初步判定

通过现场考察人员对设备工艺和工业介质的描述，区分污垢类型（水垢、油垢或工艺介质垢）。比如需要清洗的设备是列管式304不锈钢换热器，管间走油溶性工艺介质，管内通150℃低压蒸汽加热，目前设备已经两年没有清洗，加热效率低，需要对管内污垢进行化学清洗。基于这样的描述，试验人员第一步就可以判断出该污垢为低压蒸汽所积结的水垢，也可能由于工艺泄漏，污垢中有少量油污。也就是说初步判断为含有少量油污的水垢，不是油垢和工艺介质垢。

（3）污垢定性判定

试验人员观察污垢的颜色、硬度、结晶状态，根据经验初步判定属于碳酸盐垢、硅酸盐垢还是硫酸盐垢，以便初步选择需要的清洗剂酸种。上述描述中的水垢为灰白色片状硬垢，密度大于水，用手触摸底部有黑色油状物，硬度不是很高，用手可以掰开。有经验的试验人员此时已经可以判定出该水垢可能以碳酸盐为主，垢底有油污，清洗时可能需要添加表面活性剂除油。

为了进一步确认判定是否正确，可以做一次简易的溶垢试验，也就是配制10%的硝酸溶液，放置在100mL小烧杯中，将一小块垢样直接投入其中，仔细观察：快速溶解，有大量气泡产生，反应中小垢块漂浮于水面，半小时后气体逐渐变小，垢块变得很小，沉于烧杯底，3h后基本不动，小垢片边缘呈半透明。此时已经可以初步判定该污垢的主要成分是碳酸钙，可能含有少量硅酸钙。此时找一个100mL小塑料烧杯，慢慢将垢片和酸液转移到塑料烧杯中，并往其中滴加10滴40%氢氟酸，1h后垢全部溶解，液面上并没有出现油脂彩色晕环，说明油污较少可以忽略。

5.1.5.3 溶垢试验实施

了解到列管直径为25mm，说明换热器管程容积不大，面积较大，清洗时酸液浓度可以高一些。

溶垢试验需要的仪器：500mL广口塑料试剂瓶，玻璃棒，分析天平，培养皿，硫酸纸，100mL量筒，烘箱，游标卡尺，棉线绳。

需要的试剂：分析纯硝酸试剂，分析纯氢氟酸试剂，蒸馏水，304不锈钢Ⅰ型腐蚀试片三片（使用方法参照腐蚀测试方法，需要前处理和前后称重，这里简述），LAN-826多用酸洗缓蚀剂。

垢样烘干：将一块或几块比较大的垢块放在硫酸纸上，用分析天平称重，然后将垢块转移到培养皿中，盖上盖，放置在烘箱中105℃烘干3h后，取出冷却至室温，再次称重，计算水垢含水量，同时用游标卡尺测量污垢厚度。

配制清洗液：配制10%硝酸和1%氢氟酸的混合液，然后添加0.3% LAN-826多用酸洗缓蚀剂，置于500mL塑料广口瓶中。投入称重后的垢样，同时用棉线将三个腐蚀试片挂入配好的酸中，不要露出液面，也不要触及底部，计时，8h后取出处理。

垢样处理：一般情况下污垢全部溶解，溶垢有少量残渣，过滤，水洗，烘干，称重，计算剩余量。

试片处理：称重，计算腐蚀速率。

5.1.5.4 结果判定

通过上述试验，可以确定采用10%硝酸、1%氢氟酸、0.3% LAN-826多用酸洗缓蚀剂作为清洗剂配方，常温下清洗8～10h，清洗时如果酸液浓度下降太快，中间需要补加硝酸和氢氟酸。

溶垢试验比较复杂，以上仅是针对一个案例来描述操作细节，其他类型污垢的操作方法大同小异，重点是现场调研人员了解的信息是否完整有效，试验人员综合分析能力是否比较强，垢样是否具有代表性。这几个方面做得比较到位，试验结果就比较准确，对整体化学清洗方案的制订具有指导意义。

5.1.6 静态腐蚀试验

通过溶垢试验，基本确定了本次工程所使用的清洗剂、缓蚀剂及清洗的工艺条件。接下来要根据需要清洗的设备材质，选用相同材质的腐蚀试片，采用已经通过溶垢试验确定的清洗剂及其浓度、计划清洗的流速要求，进行小型腐蚀试验，进一步确定本次清洗需要的关键性添加剂（如铁离子还原剂、铜离子掩蔽剂等）。这是制订清洗方案前非常重要的工作之一，也是防止被清洗设备腐蚀和其他损坏的关键操作。腐蚀试验方法及腐蚀量计算见第 9 章相关内容。

5.1.7 现场勘测

在化学清洗工艺技术准备阶段，需要对施工环境、设备及其零部件或管道进行现场勘测，为设计清洗方案提供依据。

5.1.7.1 化学清洗工艺流程草图

在实际工作中，绘制设备、管道、清洗场地等的测绘草图，并根据现场情况绘制工艺流程草图，是工艺技术准备的重要环节之一，所以绘制草图是必不可少的技能。草图虽不必按严格的比例尺寸绘制，但也应有一定的比例关系，完整的尺寸是必要的技术要求。

（1）零件测绘的方法和步骤

根据现有的零件画出草图，经整理后画出零件工作图的过程叫零件测绘。零件测绘的一般方法和步骤如下：

① 分析零件。搞清零件的名称、作用、材质，对零件进行形体分析，了解各部分的结构形状和加工方法。为正确地表达该零件的结构形状、合理地标注尺寸作好准备。

② 确定视图表达方案。在分析零件的基础上，选定能较多地反映零件形状特征的视图为主视图，并根据零件结构特点选取其他视图，同时考虑是否需要剖视图、剖面图等。

③ 画零件草图。确定视图位置，画出作图基准线；画出内外结构形状；画出尺寸界线、尺寸线、箭头，加粗有关线条；测量尺寸，填写尺寸数字、技术要求和标题栏。

④ 画零件工作图。根据零件草图用仪器按比例画出零件工作图。

（2）画零件草图时应注意的问题

① 不应忽略零件上的各部位结构，如倒角、沟槽、凸台、凹坑、过渡线等都

应表示清楚。零件上的某些缺陷不应画出，如砂眼、缩孔、磨损痕迹等。

② 零件草图上的尺寸，要待图形画完后一起测量并标注尺寸数字，这样可提高工作效率，还可以避免遗漏尺寸。

③ 对一些次要尺寸，允许测量后将尺寸进行适当调整。对一些标准结构尺寸，如螺纹、键槽、圆柱销、销孔直径等，测后须与各有关标准核对，一般采用标准结构尺寸。

5.1.7.2 管道测绘

管道测绘的基本方法是利用建立空间坐标轴原理来确定管道的位置、尺寸和方向。测绘前，先选择基准面，再根据基准面进行测绘。配管要求横平、竖直、孔正（法兰螺栓孔正）、口正（管口或法兰面正），因此，基准面的选择离不开水平线、水平面、垂直线、垂直面。

（1）一般方法

① 测量长度时用钢卷尺，管道转弯处应测量到转弯中心线，测量时，可在管道转弯处两边直管的中心线上各拉一条细线，两条线的交叉点就是管道转弯处的中心点。

② 测量标高一般用水准仪，也可根据已知的标高点或平面用钢卷尺垂直测量。

③ 测量角度用经纬仪，但一般方法是在管道转弯处两边直管的中心线上各拉一条细线，用量角器或活动角尺测量两条线的夹角，从而得出弯曲角度。

④ 在进行施工测绘过程中，首先应根据施工图样要求定出主干管各转弯点的位置，测出水平主干管一端的标高，并根据管段的长度、坡度和坡向，定出另一端的标高。两端点标高确定后，即可定出管道中心线的位置，再在水平主干管中心线上定出各分支管的位置，标出分支管的中心线，然后确定管路上各管件、阀门、管架的位置，测量各管段的长度和弯头的弯曲角度。绘制测绘草图。

（2）管段测量

① 法兰口间管段的测量。管段用于连接相距较近且位于一条直线上的两个法兰口时，其测量方法如下：

用吊线或水平仪测量两端法兰螺栓孔是否正。

用两把 90°角尺测量两端法兰口是否正（垂直方向法兰口可用水平仪测量）。

用钢卷尺测量管段长度。由于管段两端也应接法兰，所以管段净长应为测量所得管段长度减去两个法兰厚度。

② 螺纹连接管段的测量。管段由螺纹连接时，两内螺纹管件间的管段长度应为测得的两管件间距加上两端管件内螺纹部分的总长度。

（3）弯管测量

① 水平90°弯管的测量。水平90°弯管用于同一水平面互成90°的两法兰口的连接，其测量方法如下：

用吊线或水平仪测量两端法兰螺栓孔和法兰口是否垂直。

用两把90°角尺测量法兰水平方向是否正，并保持呈90°角的情况下，用卷尺测量90°弯管的两端长度，然后分别减去法兰半径，即得90°弯管两端的实际长度。

② 垂直面上90°弯管的测量。同一垂直面上互成90°的两法兰面连接弯管的测量方法如下：

用90°角尺沿水平管方向测量垂直管法兰螺栓孔是否正，用吊线或水平仪测量水平管法兰螺栓孔是否正。

用水平仪测量两端法兰口是否正。

用水平仪和吊线量出长度，再加上水平仪厚度及法兰半径即为垂直管长。

用吊线量出长度，再加上法兰半径即为水平管长。

③ 水平来回弯管的测量。水平来回弯管用于同一平面内、但不在同一中心线上的两法兰口的连接，其测量方法如下：

用吊线或水平仪测量两端法兰螺栓孔和法兰口是否正。

用两把90°角尺与钢卷尺测量来回弯管长度和管中心距，并测量两端法兰的偏口程度。

减去两个法兰厚度，即为两端法兰间水平来回弯管的实际长度。

④ 180°弯管的测量。180°弯管用于中心线平行、朝向一致的两法兰口的连接，其测量方法如下：

用吊线或水平仪测量两端法兰螺栓孔是否正，用90°角尺测量两连接管道中心线是否平行。

用吊线或水平仪测量两端法兰上、下方向口是否正，用90°角尺测量法兰水平方向口是否正。

用钢卷尺测量180°弯管的弯曲半径 R 及一侧的直管段长度。

⑤ 摆头弯管的测量。摆头弯管用于连接空间相互交错的两个法兰口，其测量方法如下：

用吊线或水平仪测量法兰螺栓孔是否正。

用吊线和90°角尺测量长度，并测量两端法兰水平方向口是否正；用水平尺和吊线测量上、下方向口是否正。

用水平仪测量摆头高度。

根据所测尺寸进行计算，可得摆头弯管尺寸。

⑥ 任意角度水平弯管的测量。同一平面上任意角度弯管的测量，方法如下：

用吊线或水平仪测量两端法兰螺栓孔及法兰口是否正。

从管端分别引出直角线，测量长度并分别减去法兰半径即得弯管两端长度。

用角度尺测量夹角，即得任意弯管的角度。

（4） 三通测量

三通直流段的测量方法与管段的测量方法相同。测量支管时，先用水平仪测量支管法兰是否正，用 90°角尺或钢板尺测量法兰螺栓孔是否正；然后用水平仪或吊线法测量三通支管长。

5.2 清洗系统设计原则

（1） 化学清洗系统应根据设备结构、热力系统、清洗介质、清洗方式、污垢分布状况、现场空间环境及清洗范围等具体情况进行设计。

（2） 水、汽源应充足，电源应安全可靠。

（3） 清洗回路划分时，应力求流速分布均匀，防止各回路间短路。能满足清洗及水冲洗流速要求。吸入管路的安装应尽量减小弯头、阀门等局部阻力，吸入管的直径不应小于泵进口的直径。水平铺设的临时管道，朝排液方向的倾斜度不得小于 3/1000。清洗系统应尽量简化，以便于操作，并能合理、有效处理清洗废液。

（4） 清洗泵宜选用耐腐蚀泵，并安装备用泵。用普通清水泵作清洗泵时，泵壳及叶轮应涂防腐涂料，并确保轴封的严密性；应采用浸油石墨、柔性石墨或聚四氟乙烯等材料的盘根。

（5） 清洗泵入口侧（或酸箱出口）应装滤网。滤网孔径应小于 5mm，其有效通流截面积应大于入口管截面积的 3 倍。为防止滤网堵塞，可在清洗箱内加装 $1m^2$ 以上的大滤网。

（6） 清洗箱的标高及液位应能满足清洗泵的吸入高度，以防泵抽空。应按照清洗泵轴瓦使用要求采取冷却、密封措施。

（7） 应设置高点排气和低点导淋，不允许直接排放，需采取措施予以收集。

（8） 清洗系统中应设监视管。监视管段应选垢量最大的管段，其长度为 350～400mm，端焊法兰盘。应控制监视管流速与清洗系统流速基本一致。

（9） 靠近临时接口或临时接口的母管上宜加装隔离门，以便开展临时系统的水压试验和酸洗事故中的抢修工作。

（10） 不参加化学清洗的设备、系统应与化学清洗系统可靠隔离。

（11） 被清洗设备和临时系统接口处，应避免死区，并尽量减少接口的数量。

（12） 宜采用表面式及混合式加热器加热清洗液。

（13） 水冲洗时，流速应明显高于清洗流速，一般应大于 1m/s。

（14） 应避免将脏物带入设备。

5.3 化学清洗工艺流程图

完成清洗工艺流程草图的绘制后，清洗前还需要参考带控制点的工艺流程图（又称生产控制流程图或工艺控制流程图）。

5.3.1 内容与作用

带控制点的工艺流程图是在物料流程图的基础上，绘出管件、阀门、自控仪表等符号，是一种内容详细的工艺流程图。它是设备布置和管路布置的依据，是施工、安装和生产操作的参考资料。带控制点的工艺流程图包括以下内容。

（1）标题栏：包括图名、图号、工程编号、设计阶段等内容。

（2）图形：将各设备的简单形状按工艺流程顺序展示在同一平面图上，配上连接的主、辅管路，管件，阀门，以及仪表控制点符号等。

（3）标注：注写设备位号及名称、管段编号、控制点代号，以及必要的尺寸、数据等。

（4）图例：是符号、代号和其他标注的说明，有时也加上设备位号的索引等。

5.3.2 读图识图

清洗前要仔细阅读业主或专利商提供的带控制点的工艺流程图，了解和掌握物料的工艺流向，设备的数量、名称及编号，管路的规格及编号，以及阀门、管件、控制点（测压点、测温点、分析点）的部位及名称，以便在清洗过程中做到心中有数。一般的读图步骤如下：

（1）了解设备的名称、数量及编号；

（2）查看工艺流程图中工艺物料的流程路线；

（3）查看具体的生产工艺流程线；

（4）阅读其他物料工艺流程线。

蒸汽管路和水管路系统的看图方法和步骤与上述方法基本相同。

5.3.3 图幅、比例与图线

（1）图幅：由于带控制点的工艺流程图采用展开图形式，将流程展现在同一平面上，所以图形多为长条形，幅面采用标准图幅加长的规格。但加长后的长度以方便看图为宜。

（2）比例：图中的设备图形和相对位置，一般按 1∶100 或 1∶200 的缩小比例来绘制。原则上一套装置或一个主项目绘制一张流程图图样。

（3）图线：绘制化工工艺图样时，有粗实线、中实线、细实线、粗虚线、虚线、点划线、双点划线等多种图线，它们的用途见表 5-3。

表 5-3　化工工艺图的应用图线

<table>
<tr><th>图线名称</th><th>图线规格</th><th>带控制点工艺流程图</th><th>辅助管道系统图</th><th>蒸汽伴管系统图</th><th>设备布置图</th><th>管道布置图</th></tr>
<tr><td>粗实线</td><td>b=0.8～1.2mm</td><td>工艺物料管线</td><td>辅助物料管线</td><td>蒸汽管及冷凝水管</td><td>设备可见轮廓、单线管口</td><td>单线管道</td></tr>
<tr><td>中实线</td><td>(1/2～2/3)b</td><td>辅助物料管线</td><td></td><td></td><td>双线管口
建(构)筑物</td><td>双线管道</td></tr>
<tr><td rowspan="2">细实线</td><td rowspan="2">b/3 或更细</td><td colspan="2">设备</td><td></td><td rowspan="2"></td><td rowspan="2">设备、管件、阀门、管架</td></tr>
<tr><td colspan="3">管件、阀门、仪表(仪表管线)</td></tr>
<tr><td>粗虚线</td><td>b</td><td>工艺物料不可见管线</td><td></td><td></td><td></td><td></td></tr>
<tr><td>虚线</td><td>b/2</td><td>埋地及不可见辅助物料管线</td><td></td><td></td><td>设备不可见轮廓</td><td></td></tr>
<tr><td rowspan="2">细虚线</td><td rowspan="2">b/3</td><td>设备内不可见结构</td><td></td><td></td><td rowspan="2"></td><td rowspan="2"></td></tr>
<tr><td colspan="3">仪表管线</td></tr>
<tr><td>点划线</td><td>b/3</td><td></td><td></td><td></td><td>建筑定位轴线</td><td></td></tr>
<tr><td>双点划线</td><td>b/3</td><td></td><td></td><td></td><td></td><td>分区简图中的分区界线</td></tr>
<tr><td>粗双点划线</td><td>(1～1.2)b</td><td></td><td></td><td>蒸汽来源管(总管)、冷凝水收集管</td><td>分区界线</td><td>分区界线</td></tr>
</table>

注：与机械制图相关国家标准规定相符的图线，未在本表中列出。

5.3.4　工艺流程图中的设备

5.3.4.1　设备画法

（1）化工设备图形一般采用细实线

按比例画出能够显示设备形状特征的主要轮廓，有时也用细虚线画出具有工艺特征的内件示意结构，也可将设备内件画成剖视图以细实线来表示。设备上的管口一般不予画出，若需要画出，则用细实线表示；设备上的传动装置应示意画出。某些过大或过小的设备图形，可适当缩小或放大比例。

（2）相同设备（或系统）的画法

两个或两个以上相同的设备（或系统），一般应全部画出；但也可只画出一套，而省略部分的设备（或系统），可用双点划线绘出矩形框来表示，并在框内注明设备的位号、名称，且绘出引至该套设备（或系统）的一段支管。

（3）相对位置的处理

设备间的高低和楼面标高的相对位置，一般应按比例绘制。低于地面的应画在地平线以下，尽可能地符合实际安装情况。对于有位差要求的设备，还应注明其限定尺寸。设备间的横向距离，要视管路及图面清晰要求而定，但管路不应过长或过密，以免导致标注不便和图面不清晰。设备的横向顺序要与主要物料管路一致，管路往返要少。设备间的相对高低，除有位差要求外，一般不按相对高低位置绘制。

5.3.4.2　设备标注

（1）标注的内容

在工艺流程图上应标注设备的位号和名称。位号及其编制方法应与物料流程图相同。设备位号在整个车间（装置）内不能重复。

（2）标注方式

设备的位号与名称一般标注在相应设备图形的上方或下方。有的图样，也将设备位号和名称用指引线引出，注在设备图形旁的空白处。

5.3.5　工艺流程图中的管路

在工艺流程图中，应画出所有工艺物料和辅助物料的管路，当辅助管路（如蒸汽系统、冷却水系统、排污系统等）较简单时，将其总管路绘制在流程图上方，其支管则下引至有关设备；当辅助管路较复杂时，要分别画出辅助管路系统图，此时总工艺流程图的设备上仅画出一段辅助管路加以示意。

5.3.5.1　管路画法

（1）线型规定

工艺物料管路采用粗实线绘制，辅助物料管路采用中实线绘制，仪表管路用细实线或细虚线绘制。有些图样上的保温、伴热等管路，除了按规定线型画出外，还示意画出一段保温层。

（2）交叉与转弯

绘制管路时，应尽量避免穿过设备或使管路交叉，当不能避免时，应将某一管路断开一段。管路要尽量画成水平或垂直，不用斜线。当斜线不可避免时，应只画出一小段，以保持图面整齐。图上管路转弯处，一般应画成直角而不是圆弧。

（3）放气、排液及液封

管路上的取样口、放气口、排液管、液封管等，应全部画出。放气口应画在管路的上方，排液管应绘于管路下方，U形液封管尽可能按比例长度画出。

（4）来向和去向

流程图中与其他流程图（或系统图）相连接的管路（即图中管路的始端和末端）应尽量画到图的边框处。与其他主项（在另一图号的图纸上）连接的管路，其端部应画一个由细实线构成的空心箭头。箭头框中写明物料来向或去向的设备图号，在框的上方则注明物料来向或去向的设备位号。

5.3.5.2 管路标注

在生产工艺流程图中，有各种不同的工艺管路，除了用不同的线条区别之外，在各种管线上都要有相应的标注，横向管线标注在管线的上方，垂直管线标注在管线的左方。标注内容有两种方式：一种标注内容包括管路公称直径、物料代号、管段序号、管路等级代号、保温等级代号、物料流向等；另一种标注内容较少，包括管道序号、管材代号、管道规格等。两种管线的标注如下：

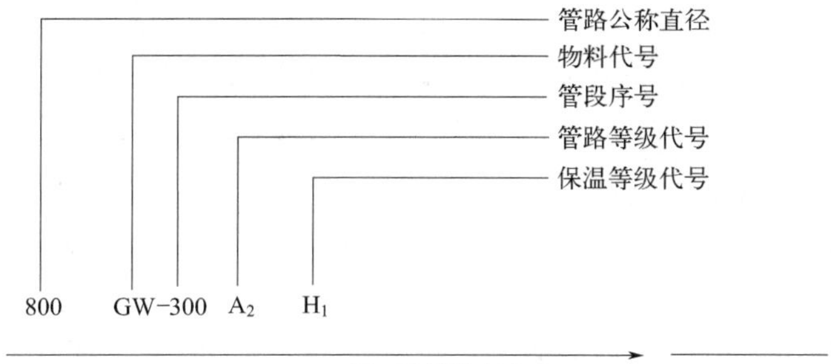

第一种标注方式

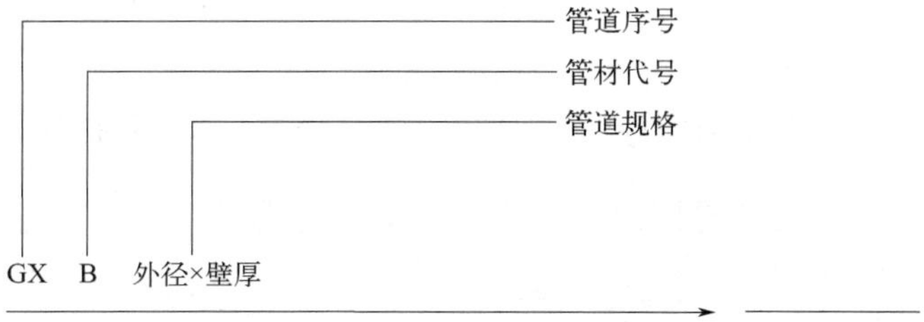

第二种标注方式

机械制图相关国家标准中及有关部门对物料代号均有规定，可参阅标准。

5.3.6 仪表控制点的表示方法

工艺流程图中的仪表及控制点应大致按安装位置用代号、符号在管路上加以表示。

(1) 参量代号和功能代号

常用参量的代号见表 5-4。

表 5-4 常用参量代号

序号	参量	代号	序号	参量	代号
1	温度	T	11	重度	γ
2	温差	ΔT	12	分析	A
3	压力(或真空)	P	13	厚度	δ
4	压差	ΔP	14	频率	f
5	流量	G	15	位移	S
6	液位(或料位)	H	16	长度	L
7	质量(或体积)流量	W	17	热量	Q
8	转速	N	18	氢离子浓度	pH
9	浓度	C			
10	机械量	M			

仪表功能的常用代号见表 5-5。

表 5-5 仪表功能的常用代号

序号	功能	代号	序号	功能	代号
1	指示	Z	5	信号	X
2	记录	J	6	手动遥控	K
3	调节	T	7	联锁	L
4	积算	S	8	变送	B

(2) 仪表控制点的符号

表示仪表控制点的图形符号一般用细实线绘制，常用符号见相关图例。

(3) 调节阀符号

表示调节阀的图形符号用细实线绘制，图形分执行机构与阀体两个部分，执行机构画在符号上方，下方为阀体的符号，各种调节阀的规定符号见相关图例。

调节阀组在工艺管路图中较为常见，图 5-1 就是一个调节阀组，符号$\frac{\mathrm{P305}}{\mathrm{JT}}$表示：一个与控制室仪表盘连接的压力表（P），其编号为“305”，它既有记录功能（J）又有调节功能（T）。管路中介质压力的变化，通过变送器将信号送至该压力表，并通过它控制气动薄膜调节阀的启闭，以调节管路内的流体压力，使其保持在正常的操作范围内。

5.3.7 工艺流程图中的阀门与管件

在管路上安装的阀门和管件（如视镜、盲板、异径接头等）的符号，用细实线表示。

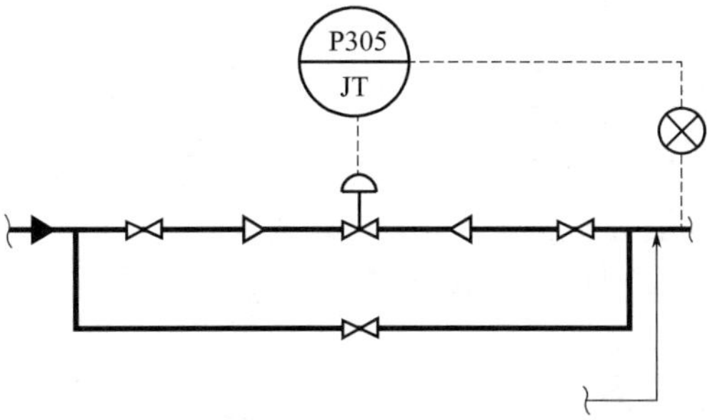

图 5-1　调节阀组

5.4　清洗系统相关计算

5.4.1　进液总管内径

进液总管内径 $D_1 \geqslant \sqrt{\dfrac{4G}{3600\pi\omega}}$

循环回路最大截面的流量之和 $G=3600Fv$

式中　G——循环回路最大截面流量之和，m^3/h；

F——循环回路最大截面积之和，m^2；

v——清洗液流速，m/s；

ω——进液总管流速，m/s；

D_1——进液总管内径，m。

5.4.2　回液总管内径

回液总管内径 $D_2 \geqslant \sqrt{\dfrac{4G}{3600\pi v}}$

回液总管流速 $v=\sqrt{2H_1 g}$

式中　G——循环回路最大截面流量之和，m^3/h；

H_1——清洗液所到最高液位与清洗箱液位之差，m；

v——回液总管流速，m/s；

D_2——回液总管内径，m；

g——重力加速度，取 $9.8m/s^2$。

5.4.3 清洗泵流量

清洗泵流量 $Q=3600F_{max}v$

式中 Q——清洗泵流量，m^3/h；

F_{max}——清洗系统最大流通截面积，m^2；

v——清洗系统所需最大循环流速，m/s。

5.4.4 清洗泵扬程

清洗泵扬程的计算必须根据具体系统布置进行。

清洗泵最低扬程 $H=\Delta p_{max}+\Delta H+\Delta p_k$

采用标准孔板流量计时，$\Delta p_k=0.6(\rho-1)H_m$

采样标准喷嘴流量计时，$\Delta p_k=0.5(\rho-1)H_m$

式中 H——满足循环要求的最低扬程，Pa；

ρ——流量计中流体的密度，$1000kg/m^3$；

H_m——流量计的最大压差值，Pa；

Δp_k——进液管流量孔板阻力损失，Pa；

Δp_{max}——系统循环阻力最大值，Pa；

ΔH——系统最高液位与清洗箱液位差，Pa。

系统循环最大阻力值 $\Delta p_{max}=\sum\left(1+\zeta+L\ \dfrac{\lambda}{d}\right)\dfrac{\rho v^2}{2g}$

式中 ζ——系统局部阻力系数；

λ——单位摩擦阻力系数；

L——管长，m；

d——管内径，m；

v——管内流速，m/s；

g——重力加速度，取 $9.8m/s^2$；

ρ——管内流体密度，$1000kg/m^3$。

5.4.5 设备容积和面积

5.4.5.1 一般设备容积和面积

一般应将待清洗设备（如容器、塔器、管线、换热器、夹套、反应器等）的所有有效容积计算在内，并按全充满状态进行核算。这项计算的工作量非常大，计算本身没有多少技巧可言，即按图纸尺寸一点点累积计算，不同形状的设备采用不同的计算公式。但值得注意的是，一定要扣除设备内件所占的容积，如换热器的夹套一侧，必须扣除列管所占的容积。工作的重点是准确统计杂多设备及管线的尺寸和数量，这既是统计工作的关键所在，也是计算误差的主要来源。

统计工作完成后，清洗量计算还应包括临时管线所占的容积和循环余量。该计算是确定清洗剂用量的基本依据，也是核算清洗成本的关键数据，设备清洗表面积的计算方法类似，此处不再赘述。

5.4.5.2 锅炉容积和面积

一般锅炉手册、图纸和标牌中均未标注水容积和内表面积等参数，锅炉的不规则结构，使得统计、计算工作无从入手，一般采用经验数据，出入较大时，还需要根据现场的具体情况进行纠正。表 5-6 是部分低压工业锅炉的相对水容积，仅供参考。

对于电站锅炉，水容积和表面积的计算尤为重要，表 5-7～表 5-11 分别给出部分锅炉各部分的水容积和内表面积数据，仅供制订清洗方案时参考使用。

表 5-6 部分低压工业锅炉的容水量

锅炉型式	蒸发量/(t/h)	锅炉容水量/t	相对容水量/m^3
卧式水火管	0.5	1.60	3.20
卧式水火管	1.0	2.60	2.60
卧式水火管	1.5	3.40	2.27
卧式水火管	2.0	4.20	2.10
卧式水火管	4.0	7.50	1.88
卧式内燃回火管	2.0	4.78	2.39
卧式内燃回火管	4.0	5.72	1.43
双汽包横置式	6.5	7.93	1.22
双汽包横置式	10.0	8.45	0.85
双汽包横置式	20.0	13.42	0.67

表 5-7 60t/h 锅炉汽水系统清洗特性

序号	部件名称	管径/mm	根数	清洗表面积/m^2	水容积/m^3
1	汽包	1675	1	—	—
2	汽包饱和蒸汽引出管	139.5	24	—	—
3	前后水冷壁	45×5.2	502	—	—
4	两侧墙水冷壁	45×5.2	251	—	—
5	下吊管	57.1×11	41	—	—
6	水平烟道包覆管	57.1×6.5	70	—	—

续表

序号	部件名称	管径/mm	根数	清洗表面积/m^2	水容积/m^3
7	对流管束	57.1×5.9	140	—	—
8	烟道蒸发器管	45×5.2	330	—	—
9	下降管	406.4×88	6	—	—
10	省煤器蛇形管	45×5.1	220	—	—
11	省煤器悬吊管	60×8.1	165	—	—
合计		—	—	17742	258.7

表 5-8　400t/h 锅炉汽水系统清洗特性

序号	部件名称		管径/mm	根数		长度/m		清洗表面积/m^2	流通截面积/m^2	水容积/m^3
				排×根	共计	单根	共计			
1	汽包		1600				14			25
2	省煤器	给水总管	273×25		1	30	30	21	0.039	1.17
			219×26		2	25	50	30	0.044	1.5
		引入汽包给水管	108×10	1×2	2		113	31	0.073	0.69
		主省煤器蛇形管	32×4	117×2	234		11360	856	0.104	5.14
		主省煤器-隔墙省煤器	108×10				113	31	0.073	0.69
		隔墙省煤器	38×4				2093	197		1.48
			38×5				2023	172		1.16
		隔墙省煤器-旁路省煤器	219×26		2		39	20.5	0.044	0.85
		旁路省煤器	38×4	101×2	202		5000	471	0.143	3.53
		省煤器联箱	219×32		6		60	29		1.13
3	水冷壁	大直径下降管	419×40		4		144	153		13
			457×55		4	1.4	5.6	6.0		0.52
			133×12	2×26	52	10.1	525	180		4.9
		水冷壁上下降管	273×40		14		69	41.8		2.0
		汽水引出管	133×12	2×23	46		209	71.5		1.95
		前后水冷壁	60×7		240					
		左右水冷壁	60×7		208					
		第二回路左右侧	60×7		224					

表 5-9　670t/h 锅炉汽水系统清洗特性

<table>
<tr><th rowspan="2">序号</th><th rowspan="2">部件名称</th><th rowspan="2">管径/mm</th><th rowspan="2">根数</th><th colspan="2">长度/m</th><th rowspan="2">清洗表面积/m²</th><th rowspan="2">流通截面积/m²</th><th rowspan="2">水容积/m³</th></tr>
<tr><th>单根</th><th>共计</th></tr>
<tr><td>1</td><td>省煤器下级</td><td>32×4</td><td>488</td><td>68</td><td>33184</td><td>2500</td><td>0.22</td><td>15</td></tr>
<tr><td>2</td><td>省煤器上级</td><td>32×4</td><td>656</td><td>22</td><td>14432</td><td>1088</td><td>0.296</td><td>6.5</td></tr>
<tr><td>3</td><td>水冷壁甲</td><td>60×6</td><td>315</td><td>40</td><td>12600</td><td>1899</td><td>0.57</td><td>22.8</td></tr>
<tr><td>4</td><td>水冷壁乙</td><td>60×6</td><td>315</td><td>40</td><td>12600</td><td>1899</td><td>0.57</td><td>22.8</td></tr>
<tr><td>5</td><td>大直径下降管(支管)</td><td>426×36</td><td>6</td><td>50</td><td>300</td><td>334</td><td>0.098</td><td>29.5</td></tr>
<tr><td>6</td><td>汽包</td><td>1600</td><td>1</td><td>18</td><td>18</td><td>90</td><td>2.0</td><td>38</td></tr>
<tr><td>7</td><td>导汽管</td><td>133×13</td><td>18</td><td>10</td><td>180</td><td>60</td><td>0.165</td><td>2.0</td></tr>
<tr><td>8</td><td>顶橱管</td><td>51×5</td><td>135</td><td>20</td><td>2700</td><td>348</td><td>0.178</td><td>3.6</td></tr>
<tr><td>9</td><td>前包橱过热器</td><td>51×5</td><td>135</td><td>50</td><td>6750</td><td>869</td><td>0.178</td><td>9.0</td></tr>
<tr><td>10</td><td>后包橱过热器</td><td>51×5</td><td>135</td><td>50</td><td>6750</td><td>869</td><td>0.178</td><td>9.0</td></tr>
<tr><td>11</td><td>侧包橱过热器</td><td>51×5</td><td>260</td><td>50</td><td>13000</td><td>1638</td><td>0.343</td><td>17</td></tr>
<tr><td>12</td><td>侧包过热器入口管</td><td>133×13</td><td>24</td><td>20</td><td>480</td><td>161</td><td>0.165</td><td>3.3</td></tr>
<tr><td>13</td><td>前屏过热器</td><td>38×4.5</td><td>380</td><td>24</td><td>9120</td><td>830</td><td>0.25</td><td>6.0</td></tr>
<tr><td>14</td><td>连接管</td><td>159×12</td><td>10</td><td>10</td><td>100</td><td>42</td><td>0.143</td><td>1.4</td></tr>
<tr><td>15</td><td>后屏过热器</td><td>42×5</td><td>290</td><td>24</td><td>6960</td><td>699</td><td>0.23</td><td>5.5</td></tr>
<tr><td>16</td><td>后屏过热器引出管</td><td>159×14</td><td>10</td><td>20</td><td>200</td><td>89</td><td>0.143</td><td>2.8</td></tr>
<tr><td>17</td><td>对流过热器入口管</td><td>159×14</td><td>12</td><td>20</td><td>240</td><td>99</td><td>0.15</td><td>3.0</td></tr>
<tr><td>18</td><td>对流过热器冷段</td><td>42×5.5</td><td>272</td><td>50</td><td>13600</td><td>1323</td><td>0.204</td><td>10</td></tr>
<tr><td>19</td><td>对流过热器热段</td><td>42×5.5</td><td>272</td><td>50</td><td>13600</td><td>1323</td><td>0.204</td><td>10</td></tr>
<tr><td>20</td><td>高温过热器出口管</td><td>159×18</td><td>14</td><td>10</td><td>140</td><td>54</td><td>0.169</td><td>2.0</td></tr>
<tr><td>21</td><td>主蒸汽管</td><td>250</td><td>2</td><td>100</td><td>200</td><td>157</td><td>0.098</td><td>9.8</td></tr>
<tr><td>22</td><td>除氧器</td><td></td><td></td><td></td><td></td><td></td><td></td><td>150</td></tr>
</table>

表 5-10　1000t/h 锅炉汽水系统清洗特性

<table>
<tr><th rowspan="2">序号</th><th rowspan="2">部件名称</th><th rowspan="2">管径/mm</th><th rowspan="2">根数</th><th colspan="2">长度/m</th><th rowspan="2">清洗表面积/m²</th><th rowspan="2">流通截面积/m²</th><th rowspan="2">水容积/m³</th></tr>
<tr><th>单根</th><th>共计</th></tr>
<tr><td>1</td><td>除氧器下水管</td><td>426×5</td><td>1</td><td>80</td><td>80</td><td>102</td><td>0.136</td><td>11</td></tr>
<tr><td>2</td><td>高压加热器旁路-给水操作台</td><td>406.4×55</td><td>1</td><td>100</td><td>100</td><td>93</td><td>0.069</td><td>6.9</td></tr>
<tr><td>3</td><td>给水操作台-省煤器</td><td>298.5×40</td><td>2</td><td>40</td><td>80</td><td>55</td><td>0.074</td><td>3.0</td></tr>
</table>

续表

序号	部件名称	管径/mm	根数	长度/m		清洗表面积/m^2	流通截面积/m^2	水容积/m^3
				单根	共计			
4	省煤器进口集箱	325×35	2	8.8	17.6	14.0	0.102	0.9
5	省煤器管系	32×4.5	664×2	48.5	64408	4650	0.276	26.7
6	省煤器出口集箱	325×35	2	8.8	17.6	14.0	0.102	0.9
7	省煤器-双面水冷壁连接管	325×35	2	35.5	71.0	56.8	0.102	3.62
8	双面水冷壁进口连接管	133×16	12	16.1	193.2	61.2	0.096	1.55
9	双面水冷壁进口集箱	219×30	2	3.7	7.4	3.7	0.0198	0.15
10	双面水冷壁	51×6	100	40.2	4020	492.3	0.119	4.6
11	双面水冷壁出口集箱	325×35	2	5.7	11.4	9.17	0.102	0.58
12	双面水冷壁大直径下降管	325×35	2	51.9	103.8	83.2	0.102	5.3
13	过滤器	426×36	2	2.2	4.4	4.81	0.197	0.43
14	下降管支管	133×16	12	13.4	160.8	51.1	0.096	1.29
15	水冷壁入口连接管	60×8	48	2.3	110.4	14.9	0.073	0.16
16	水冷壁进口集箱	219×30	56	2.2	123.2	60.4	0.56	2.4
17	膜式水冷壁下中辐射部分	21×5.5	1448	34.8	50390.4	1740.8	0.138	4.79
18	第一级混合器	273×36	6	1.3	7.8	4.92	0.19	0.25
19	一级混合器进出口连接管	108×4	48	6.5	312	78.9	0.121	1.58
20	第二级混合器	273×36	6	1.3	7.8	4.92	0.19	0.25
21	二级混合器进出口连接管	108×14	48	6.5	312	78.9	0.121	1.58
22	第一悬吊管	42×6.5	78	10.7	835	78.1	0.054	0.58
23	水冷壁中间集箱	159×25	96	2.13	204.5	69.8	0.895	1.88
24	水冷壁引出管	133×16	24	6	144	45.7	0.192	1.15
25	炉顶过热器进口集箱	273×36	2	8.24	16.48	10.4	0.064	0.52
26	炉顶过热器管系	38×5.5	377	25.2	9500	805.4	0.216	5.44
27	炉顶过热器出口集箱	325×35	2	8.67	17.34	13.88	0.102	0.88
28	炉顶过热器出口下降管	325×35	2	20	40	32.03	0.102	2.04

续表

序号	部件名称	管径/mm	根数	长度/m		清洗表面积/m^2	流通截面积/m^2	水容积/m^3
				单根	共计			
29	分配器	325×35	2	2.15	4.3	3.44	0.102	0.214
30	分配器-包覆连接管	133×16	32	18	576	182.7	0.256	4.61
31	包覆管后墙进口集箱	219×30	2	8.37	16.74	8.36	0.0397	0.33
32	包覆侧墙进口集箱	219×30	2	8.14	16.28	8.12	0.0397	0.32
33	包覆前墙进口集箱	219×30	2	8.37	16.74	8.36	0.0397	0.33
34	烟井前墙包覆管	38×5.5	160	7.26	1161.6	98.48	0.092	0.67
35	烟井前墙上集箱	219×30	2	8.36	16.72	8.35	0.0397	0.33
36	烟井前墙-水平烟道侧墙连接管	133×16	8	7.28	58.24	18.74	0.064	0.17
37	水平烟道侧墙进口集箱	219×30	4	2.4	9.6	4.93	0.079	0.19
38	水平烟道侧墙出口集箱	273×36	4	4.9	19.6	12.37	0.126	0.62
39	水平烟道侧墙包覆管	38×5.5	136	10.3	1400.8	109.26	0.078	0.8
40	烟井侧墙包覆管	38×5.5	160	15.9	2544	215.68	0.092	1.46
41	烟井后墙包覆管	38×5.5	160	16.2	2592	219.75	0.092	1.48
42	烟井后墙上集箱	273×36	2	8.47	16.91	10.69	0.063	0.54
43	水平烟道底部包覆管	38×5.5	224	6.5	1456	123.1	0.128	0.83
44	水平烟道底部包覆管出口集箱	219×30	2	8.324	16.65	8.31	0.04	0.33
45	水平烟道底部连接管及下联箱	219×30	4	8.374	33.5	8.36	0.0397	0.33
46	烟井前墙悬吊管	60×7	62	8.07	500.2	72.25	0.102	0.83
47	包覆管后墙出口集箱	273×36	2	8.374	16.75	10.57	0.063	1.06
48	包覆侧墙出口集箱	273×36	2	8.144	16.29	10.27	0.063	1.03
49	包覆前墙出口集箱	219×30	2	8.374	16.75	8.36	0.0397	0.33
50	汇集集箱连接管	133×16	16	13.11	210	66.63	0.128	1.68
51	汇集集箱-低温过热器连接管	325×35	2	44.1	88.2	70.62	0.102	4.5
52	低温过热器	42×3.5	422×2	88.2	74441	8181	0.812	71.58
53	低温过热器出口悬吊管	60×7	186	13.0	2418	373.4	0.309	4.29
54	悬吊管出口集箱	325×35	2	8.268	16.54	13.24	0.102	0.84

续表

序号	部件名称	管径/mm	根数	长度/m		清洗表面积/m^2	流通截面积/m^2	水容积/m^3
				单根	共计			
55	分离器进口管	373×36	2	60	120	113.4	0.071	8.53
56	启动分离器	1400×25	1	6.8	6.8	28.8		
57	启动分离器-给水箱	273×6	1	20	20	16.39	0.053	1.07
58	主汽管	355.6×40	2	148.48	296.96	256.4	0.118	17.6
59	主汽管连接管	244.5×28	1	50	50	29.59	0.028	1.39
60	高温过热器连接集箱	368×65	2	8.6	17.2	12.85	0.088	0.77
61	高温过热器出口集箱	368×65	2	8.69	17.4	12.99	0.088	0.77
62	高温过热器管系	38×6	124×4	40.5	20088	639.98	0.263	10.63
63	高温过热器进口集箱	368×52	2	8.34	16.68	13.83	0.109	0.91
64	三级减温器-高温过热器连接管	133×16	24	6.25	150	47.57	0.192	1.20
65	三级减温器(上、下)	426×45	4	8.01	32.04	33.8	0.354	2.84
66	屏式过热器出口连接管	133×16	24	3.25	78	24.74	0.192	0.51
67	屏式过热器	38×6	24×20	20.8	9984	815.1	0.255	5.29
68	屏式过热器集箱	219×30	24	2.07	49.68	24.8	0.476	0.986
69	至屏式过热器连接管	133×16	24	2.65	63.6	20.17	0.192	0.51
70	二级减温器及连接管	426×36	2	20	40	44.46	0.196	3.94

表 5-11　921t/h 锅炉汽水系统清洗特性

序号	部件名称	管径/mm	根数	清洗表面积/m^2	水容积/m^3
1	省煤器	38×5	352	10.000	70
2	水冷壁	30×5 44.5×4.5 38×6	1242 668 528	367 2733 316	40
3	主汽管	326×33	2	260	13
4	墙式过热器	38×5 38×5.3 38×6.3	296	1162	8.0
5	二级过热器	38×4.5 38×5.0 38×6.0	528	5920	42

续表

序号	部件名称	管径/mm	根数	清洗表面积/m^2	水容积/m^3
6	末级过热器	38×6.0 38×7.0 38×8.0	560	1397	8.2
7	一级再热器	63.5×3.6	440	12390	190
8	二级再热器	63.5×3.6	352	1800	23
9	再热器热段管	63×8.0 610×30 867×43	2 1	800	120

5.4.6 垢量

5.4.6.1 锅炉垢量计算

（1）垢量计算过程

在锅炉水冷壁（火焰中心部位）垢量较多的部位割管，截取长约 10cm 的管段，用车床车削管样外壁使管壁厚为 0.5mm 左右。称取管样质量 W_1，测量管样内表面积 S，将管样浸入加有 0.3%LAN-826 缓蚀剂的 5%盐酸溶液中，加热至 50℃，用塑料棒搅动酸液直至试样内表面的垢完全溶解，一般在酸液中浸泡 3～4h。记录酸洗时间，并立即将管样取出，用蒸馏水冲洗，再用无水乙醇漂洗，热风吹干后，放入干燥器内干燥 1h，称其质量为 W_2。若表面出现镀铜现象，可将称量后的管样放入 2%NH_4OH（氨水）和 0.3%（$(NH_4)_2S_2O_8$（过硫酸铵）溶液中除铜，然后用蒸馏水冲洗，再浸入无水乙醇中，取出并干燥后称重为 W_3。

$$\text{垢量 } G_1(\text{g/m}^2)=\frac{\text{管样初始质量 } W_1(\text{g})-\text{酸洗后质量 } W_2(\text{g})}{\text{管样内表面积 } S(\text{m}^2)}$$

$$\text{垢中铜含量 } G_2(\text{g/m}^2)=\frac{\text{酸洗后质量 } W_2(\text{g})-\text{除铜后质量 } W_3(\text{g})}{\text{管样内表面积 } S(\text{m}^2)}$$

（2）垢量的校正

管样在酸洗过程中会受到微量的腐蚀，在做溶垢试验时应同时放入一块标准腐蚀试片，求出试片腐蚀量 $W_4(\text{g/m}^2)$，酸洗过程中管样的腐蚀失重为：

$$\Delta W=S\times W_4$$

校正后的垢量为：

$$G_3(\text{g/m}^2)=\frac{W_1-(W_2+\Delta W)}{S}$$

（3）整个锅炉的总垢量（G）及总铜量（$G_{铜}$）的估算

$$G=G_3 \times S_{总}$$

$$G_{铜}=G_2 \times S_{总}$$

式中 G_1——校正前单位面积垢量，g/m^2；

G_3——校正后单位面积垢量，g/m^2；

G_2——单位面积含铜量，g/m^2；

$S_{总}$——锅炉需清洗部分总面积，m^2。

5.4.6.2 一般设备垢量计算

如需要清洗的系统以管路为主，应在其具有代表性的部位割管，先做溶垢试验，在确定最佳清洗液配方及工艺之后，再截取一段10cm管样，用上述处理方法和计算方法进行设备污垢总量的计算。

如需要清洗的系统以容器、塔器为主，在具有代表性的地方选取$10cm^2$表面，用打磨或削铲的方法将污垢取下，在天平上称重，以直接获得的单位面积的垢量乘以设备总表面积，所得数据就是设备的总垢量。

5.5 化学清洗剂用量计算

5.5.1 清洗剂总量

5.5.1.1 计算原则

第一，必须根据实际估算的垢量，结合污垢分析化验结果中的成分和比例，依据污垢溶解的化学反应方程式中物质的量的关系，计算清洗所需酸和助溶剂的量。

第二，必须考虑污垢溶解所需的最低药剂浓度，并加上一定的余量，这部分会成为废液中的残余药剂。如估计值过高，容易造成药剂浪费，清洗废液的处理费用增加，对环境的污染程度增大；如估计值太低，则低于污垢溶解的浓度阈值，可能导致设备局部清洗不干净，影响除垢效果。

根据上述原则计算的用量即为所需要的药剂总用量。值得注意的是，对于容易溶解并在溶解中产生大量气体且内部又夹杂少量不易溶成分的污垢，用酸量可能会小一些，这是由溶垢过程中的气掀作用和剥离作用所造成的。这也是清洗残渣需人工清理的原因之一，例如$CaCO_3$垢内夹杂有少量的Fe_2O_3成分，用盐酸清洗就属此情况。

5.5.1.2 清洗剂浓度计算和校正

根据溶垢试验所确定的药剂浓度可能与上述计算用量有一定的出入，应进行调整。

用根据上述药剂总量的计算方法所计算出的药剂量除以所配清洗液的总质量，即得药剂的理论浓度。溶垢试验所得数据为经验浓度，需综合考虑理论浓度和经验浓度才能确定清洗工程中清洗药剂的使用浓度。最终，根据此浓度和体系的总容积可以较为准确地估算出所用清洗主剂的总用量。实际工作中，该环节操作难度很大，主要是由许多未知影响因素和被清洗设备的内表面积、容积数据不准确造成的。

5.5.1.3 清洗助剂用量

这部分计算较为简单，一般按一定浓度比例乘以所配制溶液的总质量即可。如 LAN-826 多用酸洗缓蚀剂的用量估算，其一般使用浓度为 0.3%，清洗液的相对密度为 1.05，系统水容积为 580m^3，则 LAN-826 缓蚀剂的用量为 $W=580\times0.3\%\times1.05=1.827$（t）。钝化药剂和碱洗药剂的计算与缓蚀剂用量的计算方法相似，这里不再赘述。

5.5.2 配液浓度和质量

（1）溶液浓度介绍

溶液浓度的表示分为质量浓度和物质的量浓度两种，质量浓度是溶液中溶质的质量除以溶液总质量，物质的量浓度是溶液中该组分的物质的量除以溶液的体积。

质量浓度的计算公式为：$\frac{m_{溶质}}{m_{总}}=a$

物质的量浓度的计算公式为：$\frac{n_{组分}}{V_{总}}=c$

两种表示方法的换算关系为：

$$c=\frac{\rho}{M}a$$

式中 c——物质的量浓度；

a——质量浓度，%；

ρ——溶液的相对密度；

M——该物质的摩尔质量。

配制清洗液时，应先确定其所需的各主剂组分的含量、缓蚀剂用量和原料浓度，并知道清洗液的相对密度（实验数据或经验数据）。

如要配制体积为 V 的清洗液，其中含有 A 组分 a，B 组分 b，缓蚀剂浓度为 c。原料 A 的浓度为 a_1，相对密度为 ρ_a；原料 B 的浓度为 b_1，相对密度为 ρ_b；清洗液的相对密度为 ρ。则各组分原料的用量为

A 组分用量（kg）：$m_A=\frac{a}{a_1}\rho V$

B 组分用量（kg）：$m_B=\frac{b}{b_1}\rho V$

缓蚀剂用量（kg）：$m_c=c\rho V$

溶液相对密度可在附录中的相对密度表内查得，混合液的相对密度根据试验数据计算。

（2）溶液配制方法

配制清洗液时，要根据不同的组分及缓蚀剂的类型来确定各种原料加入的顺序。下面就几种清洗液各配制 $1m^3$ 的实例来具体说明。

① 10%盐酸+0.3%LAN-826 缓蚀剂

原料：30%的盐酸，LAN-826，清洗液的相对密度由试验数据可知为 1.050。

原料用量：盐酸质量为 $\frac{10\%\times1.050\times1000}{30\%}=350$（kg）

盐酸体积为 350/1.185=295（L）

缓蚀剂用量为 0.3%×1.050×1000=3.15（kg）

用水体积为 1000－295－3=702（L）

配制方法：先加入 702L 水，然后加入 3.15kg LAN-826 缓蚀剂，待搅拌均匀后，加入 350kg 盐酸。

② 8%盐酸+2%氢氟酸+0.3%LAN-826 缓蚀剂

原料：30%的盐酸，40%氢氟酸，LAN-826 缓蚀剂，清洗液相对密度由试验数据可知为 1.020。

原料用量：盐酸质量为 $\frac{8\%\times1.020\times1000}{30\%}=272$（kg）

盐酸体积为 272/1.185=229（L）

氢氟酸质量为 $\frac{2\%\times1.020\times1000}{40\%}=51$（kg）

氢氟酸体积为 51/1.123=45（L）

缓蚀剂用量为 0.3%×1.020×1000=3.06（kg）

用水体积为 1000－229－45－3=723（L）

配制方法：先加入 723L 水，然后加入 3.06kg LAN-826 缓蚀剂，待搅拌均匀后，加入 272kg 盐酸，再加入 51kg 氢氟酸。

③ 3%柠檬酸+0.2%LAN-826（用氨水调 pH 值到 3.0～3.5）

原料：固体柠檬酸，20%氨水，LAN-826，清洗液相对密度由试验数据可知为 1.012。

原料用量：柠檬酸量为　3%×1000×1.012＝30.36（kg）

缓蚀剂用量为　0.2%×1.012×1000＝2.02（kg）

由经验数据可得：每立方米清洗液中加入 20%氨水 12kg，用水体积约为 1000L。

配制方法：先加入 1000L 水，然后加入 2.02kg LAN-826 缓蚀剂，待扩散均匀后，加入 30.36kg 柠檬酸，同时加氨水调节 pH 值在 3.0～3.5 之间。

第6章

化学清洗方案

清洗方案的制订是清洗工程成功的关键性工作，在完成第5章所述的调研、分析、计算、选型后，将形成一套完整的实施方案，后续工作需将方案内容详细梳理并整理成文件，清洗操作者可依据此文件进行操作和控制。

6.1 化学清洗方案设计

对各种设备的清洗，一方面要求清除沉积物等杂质的效果显著，对设备及管线的腐蚀性小，另一方面要求尽量缩短清洗时间，节省费用。因此，化学清洗是一项技术要求较高的工作，特别是对大型成套装置的化学清洗，不仅涉及清洗介质的选定、清洗工艺条件的确定，还涉及系统的水、电、气、汽等公用工程的配套及协调，属于较为复杂的工程，因此，在清洗工程实施前，要制订较为完整的实施方案，才能达到高效、安全、经济的目的。

清洗方案主要是论证清洗技术的可行性、安全性和环保性，应包含两大主要内容：清洗操作流程的确定和清洗工艺流程的确定。

（1）清洗操作流程的确定

根据现场考察的结果、垢样分析化验的数据和溶垢试验结果等，基本可以确定工艺流程包含以下步骤中的若干或全部：

施工现场考察—设备隔离—仪表的拆除和隔离—临时管线的配置—水冲洗—试压—配预处理液—垢型转化处理—碱性除油脱脂—水冲洗—酸洗—水冲洗—人工清理残渣—漂洗—钝化—检查验收—设备复位—撤离现场。

上述流程中每个步骤都至关重要，一步操作不当可能导致全盘皆输。每个步骤都应严格控制参数并规范操作。是不是每台设备都必须具备上述步骤呢？不是，例如低压蒸汽锅炉的碳酸盐垢清洗，主要步骤是酸洗和钝化。

（2）清洗工艺流程的确定

清洗工艺流程的确定是指设计清洗液在设备中的流动方向、运行顺序，以及流速、流量等参数。不同的设备因结构不同，所连接的工艺管线和附属设备也不同，清洗工艺流程一般无法统一规范。这是清洗工作中较难掌握的部分，即使采用同样的药剂清洗同样的设备，不同的人所设计的工艺流程和确定的工艺条件不同，最后的清洗质量大相径庭，对设备的安全和保护程度也有很大的差异。

6.2 化学清洗方案的主要内容

6.2.1 概述

因不同类型的工程存在较大的差异性，清洗方案没有统一的格式。但是一个成功的清洗方案，应明确细致地讲清楚以下主要内容：

① 编制依据及说明；
② 清洗的目的及意义；
③ 清洗范围及工程量清单；
④ 化学清洗准备工作；
⑤ 化学清洗临时系统建立；
⑥ 化学清洗流程及监控；
⑦ 化学清洗质量标准及评定；
⑧ 化学清洗后的设备处理；
⑨ 清洗废液处理；
⑩ 化学清洗过程安全防护。

6.2.2 编制依据及说明

① 依据清洗相关的标准、手册，如《工业设备化学清洗质量验收规范》《大型引进装置清洗施工的规范》《HSE 手册》《化学清洗质量保证手册》等。

② 参考本单位以前类似或同一套装置设备的清洗方案、化验分析单、竣工报告等资料。

③ 本次化学清洗项目的业主或专利方提供的相关资料（如招投标文件、技术指导文件）等。

6.2.3 化学清洗的目的及意义

根据现场调研的相关设备的概况，简述化学清洗的原因及目的，并阐述清洗后预期达到的经济效益、环境效益和社会效益。

6.2.4 化学清洗范围及工程量清单

工程量清单是依据招标文件规定、施工设计图纸、施工现场条件，以及国家制定的统一工程量计算规则、分部分项工程的项目划分、计量单位及相关法定技术标准，计算出构成工程实体的分部分项工程实物工程量，形成的用于编制标底和投标报价的汇总清单。工程量清单是编制招标工程标底和投标报价的依据，也是支付工程进度款、办理工程结算及提出工程索赔的依据。

根据甲方提供的工程量清单、施工图和相关参数，在详细调查了解的基础上，确定清洗范围，并计算清洗工作量。

6.2.5 化学清洗准备及进度计划

6.2.5.1 化学清洗系统的隔离及拆除

在各系统进行化学清洗前，将待清洗系统中不参与化学清洗的部件［如流量计（孔板流量计）、压力表、温度计等测试、测量仪表，以及调节阀、过滤网、过滤器芯及单向阀芯等］拆除。并采用临时短管、临时旁路及加盲板等措施对拆除部件的位置进行处理。关闭并隔离与化学清洗系统无关的阀门，以防清洗液外泄。拆装部位均应进行挂牌，标明位置，对拆下的设备附件按要求单独处理，以备清洗后安装复位。拆装明细表示例如表 6-1。

表 6-1 设备拆装明细表

名称	项目						
	进液	回液	拆电磁阀（加短接）	加盲板	抽孔板	导淋	排空
系统 1							
系统 2							
系统 3							

6.2.5.2 公用工程条件

水、电、气、蒸汽条件能否满足清洗工作的要求是清洗工作成败的关键和前提，因而要及早与厂方沟通、协调，确保满足清洗需要。

6.2.5.3 化学清洗进度计划

化学清洗工作应安排在设备及管线安装、试压、吹扫完成后且投产前进行。清洗工期因待清洗系统不同而略有差异，一般需 2～4d。各清洗系统可平行交叉作业。清洗的准备工作应提前进行，并明确记录与甲方沟通的具体时间安排。

6.2.6 化学清洗临时系统建立

根据现场勘查情况进行系统划分，并相应建立循环回路，并在方案中明确具体的系统划分情况。

（1）建立化学清洗临时系统（包括清洗站）时，温度、压力、流量测量仪表及分析取样点均设在循环泵进口的管线上。

（2）为了检查化学清洗效果和监测腐蚀速率，在循环系统中分别安装监视管段和腐蚀挂片。监视管段上的污垢应与被清洗设备的污垢相同，挂片材质应与被清洗设备材质相同。挂片在清洗前放入，清洗后取出，并计算出清洗过程的平均腐蚀速率。

（3）为了保证清洗液能良好循环、喷洗，防止在系统中产生气阻和清洗液残留，循环管线应配有高点排空和低点排污。

6.2.7 化学清洗流程及监控

这是方案中最主要的部分，越详细越好，主要流程包括水冲洗（试压）、碱洗、酸洗、漂洗、钝化等。根据设备材质和内部结垢情况，可完整地按这一流程进行或省略部分步骤，在方案中，应详细说明每一步骤的目的、操作要点、工艺条件、分析监控指标和频次等。

6.2.8 化学清洗质量标准及评定

以国家标准《工业设备化学清洗质量验收规范》为主，该标准规定了洗净率和腐蚀速率的测定方法，甲乙双方也可自行协商清洗质量标准。需写明具体选用的验收方法和执行标准。

检查验收时，可用目测法及挂片失重法进行质量检查。

6.2.9 清洗后处理

清洗后处理包括：设备的详细检查和人工处理、系统恢复、系统的氮气干燥和密封处理及清洗后废液处理方案的实施。

6.2.10 化学清洗总结

在化学清洗工作全部结束后，整理相关分析测试数据（如腐蚀速率），结合清洗过程，向生产厂方提交化学清洗的总结报告。

6.2.11 化学清洗过程的安全防护

这部分应包含施工单位标准安全措施，以及针对现场特点制定的专项安全措施，如易燃易爆场所的防爆工具配置、防护设施设置等。

6.2.11.1 安全措施

安全施工是施工中的首要任务，由项目经理全面负责，安全监督员具体实施，并严格执行施工安全措施。

（1）所有参加清洗的人员必须认真学习有关安全的各种规章制度、操作工艺规程，牢记清洗工程指挥部颁布的《施工现场十大禁令》《现场文明施工管理及措施》和《现场安全控制办法及措施》等文件内容，强化安全意识。

（2）无关人员不得在施工现场、泵站处、物料区逗留；安全监督员必须严格履行自己的职责，对违章行为行使一票否决权，及时提醒、阻止作业者及无关人员的不安全行为。

（3）清洗现场必须备有完好的消防设备，并备有清洁的冲洗水，现场挂贴“严禁烟火”“请勿靠近”等标语牌，在各处张贴安全标语，做好安全宣传工作。

（4）物料区的原材料禁止任何人用手直接触摸，悬挂“有毒危险”等警示牌。

（5）休息区应选择与工作区保持合适距离的空房间或搭建临时设施，距离物料区稍远，休息区上方应无施工操作，休息期间严禁吸烟。

（6）断开所有与化学清洗无关的仪表、管道，一切与清洗液不相容的金属、非金属仪器等。

（7）清洗现场悬挂与清洗系统相一致的清洗工艺流程图，且安装的临时管线需与图相符。

（8）施工人员攀爬上下扶梯时，不应急行，不可跳跃，或走非正常的捷径；清洗现场的沟盖板、脚手架等应做妥善处理。

（9）清洗系统配管的法兰、阀门等的焊接、密封应牢固、严密，并备有塑料胶带，以便应急包扎漏液点。

（10）清洗过程中，严禁在清洗系统上进行无关作业（尤其是明火作业），在清洗现场禁止吸烟。

（11）清洗过程中应有检修人员值班，随时检修清洗设备的缺陷及出现的故障，以保证清洗设备正常、安全运行。

（12）清洗人员禁止蹬踏正在运转中的泵站的任何部位去查看清洗箱的情况。

（13）施工人员不得随意触动与清洗系统无关的开关、按钮、阀门等。

（14）禁止人抱、肩扛、甩、抛固体原材料，液体原材料须两人以上搬运或使用专用工具。

（15）所有施工人员进入清洗现场必须穿戴好防护用品，包括胶鞋、皮手套、防护眼镜，甚至防毒面具等，没有穿戴防护用品者不准进入现场。

（16）现场应备有应急冲洗水桶、毛巾、药棉，以及0.2%的硼酸溶液、创可贴等药品。

（17）现场应照明充足，道路畅通，无关杂物应全部清理完毕。

（18）加热用的蒸汽管应保温到清洗箱中上部，最好离地面 3m 以上，否则应采取相应防护措施，以免烫伤。必须保证清洗箱的用蒸汽量。

（19）电源线接线应牢固，清洗所用总电源严禁随意拉闸断电，如需停电，应提前 24h 通知施工方。

（20）必须保证清洗所用水源，不得小于清洗方案中的每小时的用量，如需停水，应提前 24h 通知施工方。

（21）清洗施工方案确定后，甲乙双方不得单方面变更，清洗施工应以清洗指挥部的指令为准。

6.2.11.2 文明施工

文明施工是保证质量的前提，经过培训上岗的人员，在指令明确、作业任务清楚、科学管理的前提下施工，方能达到预期效果，施工管理条例是实现文明施工的有效措施。

（1）职工应遵守公司的各项规章制度，积极维护公司的利益和形象，发扬企业精神，为单位建设作贡献。

（2）职工要有强烈的安全意识，每天必须穿戴工作服、工作鞋、防护手套及安全帽，操作时要严谨、细心，安全是质量的前提。

（3）每日早上召开现场例会，全体施工人员应在指定集合点列队，听取指挥部对前日工作的总结及当日工作的安排、要求。

（4）职工请病事假须提交书面申请，经所属领导审核、指挥部批准后方可离岗，全体人员须以准军事化作风严格要求自己。

（5）对指挥部所下达的各项指令，须立即响应、严格执行，发现问题及时上报，不得隐瞒谎报，当日工作当日完成。

（6）工作时间严禁嬉戏、打闹，认真做好本职工作。

（7）各种设备使用前应检查其完好情况，如开展无负荷运转、自循环运转测试等，使用期间应定期检查运行状态，使用后要检查并保养，有异常情况及时向指挥部报告。

（8）工作间隙，施工人员应在指定休息区休息，不准远离施工现场。

（9）因甲方原因造成待工时，组织全体施工人员开展业务、安全学习，全体人员需准时参加，不得无故缺席。

（10）职工要精诚团结、互相帮助，严格遵守劳动纪律与法律法规，无论任何理由，都应坚决制止谩骂、打架斗殴行为，在与外单位或个人发生纠纷时，首先应克制自己并及时向指挥部汇报处理。

（11）认真填写各种表格，如实记录设备运行、质量管控、安全状况等信息，作好工作日志及各种会议记录。

（12）清洗现场必须保持洁净，药剂堆放整齐，发现泄漏应及时处理。

（13）全体施工人员要恪尽职守、兢兢业业，为施工顺利进行贡献力量。

6.2.12 清洗方案的其他内容

方案中还可包括以下内容：

① 化学清洗用设备、仪器等的清单；

② 化学清洗用药剂清单；

③ 清洗系统流程配管示意图；

④ 施工组织机构图；

⑤ 泵站位置平面示意图；

⑥ 施工进度表；

⑦ 拆装清单表。

第 7 章

化学清洗施工现场准备

化学清洗方案确定后，需重点开展以下现场准备工作：准备清洗原材料的储存条件、清洗设备的放置位置；按照图纸找到设备配管，配置清洗临时管线；将清洗设备和被清洗设备、管线通过临时清洗管线完美地连接在一起，构成一套完整的清洗系统；拆除和隔离不需要清洗的设备、仪器仪表；对需要清洗的部件采取保护措施，尤其是对清洗环境进行保护，隔离清洗现场，严禁无关人员进入；确认清洗所需的水、电、气、汽等公用工程满足施工要求；对临时清洗系统进行试压检查，确认无误后便可以正式开始清洗作业。本章内容较多，涵盖了现场准备的核心环节，如有疏漏，将直接影响清洗进程与安全。

7.1 原材料准备

7.1.1 危险化学品的储存

具有燃烧、爆炸、腐蚀、毒害、助燃等性质，对人体、设施、环境具有危害的剧毒化学品和其他化学品，称为危险化学品。在进行危险化学品生产、储存、使用、经营、运输等活动时，必须遵守《危险化学品安全管理条例》的各项规定，以确保危险化学品的安全管理，预防和减少危险化学品事故，保障人民群众生命财产安全，保护环境。危险化学品的种类众多，性质复杂，下面根据危险化学品的危险特性简单介绍几类危险化学品的储存。

① 爆炸品：受到摩擦、撞击、震动、热量或其他因素的影响，能发生激烈的化学变化，在瞬间放出大量热和气态物质，同时伴有光、声效应并产生爆炸的物质，称为爆炸品。爆炸是其主要特性，具有化学反应速率极快、反应过程中释放大量热、产生大量气体形成高压、通常不需要外界供氧等特点。影响爆炸品敏感度的因素主要有：温度、机械作用、明火、氧化剂和强酸作用。因此，在储存时要根据爆炸品的性质控制储存温度、避免机械作用、与明火隔离、远离氧化剂和强酸等，特别要同可燃和易发生火花的设备隔离放置。

② 氧化剂：具有氧化性，能氧化其他化学物质而自身被还原的物质称为氧化剂。多数遇热易分解，部分具有吸水性或潮解性；化学性质活泼，对冲击、摩擦敏感；与酸接触可能发生剧烈反应，甚至引发爆炸；若与还原剂、有机物、易燃物接触，易发生氧化还原反应并放热，导致燃烧或爆炸。根据其特点进行储存，一般应存放在阴凉通风处，保持干燥，与还原剂、有机物、易燃物品严格隔离存放，避免摩擦、震动、撞击等外界作用。

③ 液化气体和压缩气体：为了便于储运和使用，通常将气体加压充装于钢瓶内。由于各种气体的性质不同，有的被压缩成液态，有的仍为气态，所以相应称为液化气体或压缩气体。气瓶一般受高压作用，并且有些气体具有易燃、易爆、助燃、剧毒等性质，在受热、撞击等情况下易引起燃烧、爆炸或中毒事故。储运时应避免日晒，不能放在热源附近，避免撞击。

④ 自燃物品：在无外界火源作用下，因自身氧化反应或受环境因素（如受热、受潮）影响，能自行发热并达到燃点而燃烧的物品称为自燃物品。其自燃点较低、易氧化、易受湿热影响、易受助燃物作用，氧化反应能促进自燃。储存时，应注意库房通风、散热、阴凉、干燥，并有防暑降温措施，避免助燃物的作用，与氧化剂或对氧化反应有促进作用的物质隔离放置。

⑤ 遇水燃烧物品：遇水或潮湿空气能发生剧烈反应放出可燃气体，同时放出大量热量，从而引起燃烧爆炸的物质，称为遇水燃烧物质。具有遇水能发生剧烈反应、与酸或氧化剂反应更剧烈、对人的皮肤有强烈的腐蚀性等特点。储存时，除避免与水或潮湿空气接触外，更应注意与酸和氧化剂隔离放置。

⑥ 易燃液体：是指闪点在45℃及以下易燃烧的液态物质。具有易燃性、易爆性、易流动扩散性，忌与氧化剂和酸接触，电阻率高易积聚静电，部分有毒性等。因此要存放在阴凉通风处，密闭存放，避免阳光直射、高温环境，远离火源、氧化剂及酸类物质。

⑦ 易燃固体：燃点较低，在遇火、受热、受撞击或与某些物质（如氧化剂、有氧化性的酸等）接触时，会引起强烈燃烧的固体物质，称为易燃固体。易燃固体的主要特点是燃点较低，易与氧发生作用。应干燥保存，存放时室温不超过30℃，最好控制在20℃以下，远离氧化剂、有氧化性的酸，避免撞击、摩擦等机械作用。

⑧ 毒害物品：少量进入人、畜体内后，能与机体组织发生作用，破坏正常生理功能，引起机体暂时性或永久性病理状态，甚至导致死亡的物质，称为毒害物品。其特点主要是具有毒性，此外还具有易燃易爆、腐蚀等危险性。储存时，应锁在固定的铁柜中，由专人负责保管，每次取用有严格的用量登记。

⑨ 腐蚀物品：能对人体、动植物体、纤维制品和金属等发生化学反应并造成明显损坏的物品，称为腐蚀物品。多数腐蚀物品具有酸性或碱性，有的具有一定

的氧化性、吸水性、放热性、毒害性和易燃性。储存时，应放置在用抗腐蚀性材料制成的架子上，避免与人体直接接触。

7.1.2 易燃、易爆原材料

7.1.2.1 性质

（1）闪点

易燃、可燃液体表面挥发的蒸气与空气形成混合物，当火源接近时，能发生一闪一闪的自燃现象，而不引起液体本身的燃烧，这种短暂的燃烧过程称为闪燃，将发生闪燃的最低温度称为闪点。

闪点测定方法有开杯法和闭杯法两种，常见闪点如无说明一般指闭杯法测定值。常见清洗用原料的闪点见表 7-1。

表 7-1 常见清洗用原料的闪点

清洗用原料名称	闪点/℃
丙酮	－18
甲酸	69
冰醋酸	40
苯	－11
甲苯	4.4
二甲苯	30
汽油	－43

（2）燃点

可燃物质在助燃物（一般指空气）充足的条件下，能够发生燃烧的最低温度，称为燃点或着火点。

（3）挥发性

液体在常温下变为气体向四周散布的性质或状态称为挥发性。易挥发是易燃液体的主要特点之一。由于大多数易燃液体的蒸气比空气重，易沉积在低洼处，不易散发，因此增加了着火的危险性。

（4）易燃液体

常温下以液态存在，极易挥发和燃烧，其闪点在 45℃以下。闪点低于 28.1℃的为一级易燃液体，极易燃烧和挥发，如汽油等；闪点为 28.1～45℃的为二级易燃液体，容易燃烧和挥发，如煤油、松节油等。易燃液体及其所挥发的可燃气体，遇火迅速燃烧；所挥发的可燃气体在空气中的浓度达到爆炸极限时，遇火星即发生爆炸；存放于密闭容器中的易燃液体，受热后能使容器爆裂而引起燃烧；大量可燃气体扩散到空气中，可能使人畜中毒或窒息。其在储存和运输中一般不得与其他品种混装混放，应特别注意防火、防热、防撞击，并按安全要求进行操作。

化学清洗中所涉及的易燃原料多为易燃液体。现场堆放时应注意通风、防晒，与明火保持一定的距离，严禁烟火。储存温度以 25℃左右为宜，最高不宜超过 35℃。清洗时，循环泵电机应选用防爆电机，并安装可靠的接地装置，注意消除静电，防止泄漏。

（5）易燃固体

易燃固体是指燃点较低，遇明火、热源或受摩擦、撞击或与氧化剂接触能引起急剧燃烧的固体。存放时应注意通风、阴凉，避免阳光照晒，远离火种。易燃固体多属还原剂，遇氧反应激烈，应与氧和氧化剂隔离。有些易燃固体有毒，与皮肤接触时能引起中毒，使用时应按要求穿戴工作服、口罩及手套等。

7.1.2.2 存放原则

① 易燃、易爆原材料一般应遵循专库分储的原则，做到“定品种、定数量、定库房、定人员”的存放管理；对小型仓库或临时存放，应该分间、分类、分堆存放。存放应符合易燃、易爆物品的储存规则，不可将性质和灭火方法相抵触的物品存放在一起。

② 易燃、易爆原材料堆垛、储存应符合相关安全要求，见表 7-2。

表 7-2 易燃、易爆原材料堆垛、储存一般要求

物品名称	一般要求
自燃和易燃物品	库内温度不宜＞30℃，并经常检查测温
易燃烧、爆炸物品	不得放在潮湿和积水地点
受阳光照射燃烧、爆炸物品	不得露天存放
闪点≤45℃桶装易燃物体	不得露天存放；临时露天存放时，必须采取遮阳、降温措施

夏季高温，为保持易燃、易爆原材料存放库房的较低温度，可采取送冷风降温、临时放置冰块降温等措施。

③ 应详细核对易燃、易爆原材料的物品名称、规格、质量、容器包装等是否符合规定要求。一旦发现品种不合规格、容器渗漏等情况，必须立即转移至安全地点或专门地点进行处理；对遗留或散落在操作现场的危险物品，要及时检查、清扫和处理。并制定和执行禁止一切明火的管理制度。

④ 易燃、易爆原材料的存放地点，必须做好消防安全工作，配备必要的消防器材和消防水源，以及抢救防护用品，并经常检查保养。

7.1.3 有毒、有害及腐蚀性原材料

7.1.3.1 性质

（1）毒害物质

毒害物质按其化学结构分为有机毒物和无机毒物，按毒性大小可分为剧毒品和有毒品，通常按性质和作用分为刺激性毒物（如酸的蒸气、氨气、二氧化硫）、窒息性毒物（如硫化氢、一氧化碳）、麻醉性毒物（如芳香族化合物、醇类、脂肪族硫化物、苯胺等）。有些毒害原材料还具有易燃、易爆、腐蚀等危险性。

（2）腐蚀性物质

按腐蚀性强弱及酸碱性可分为：一级无（有）机酸性腐蚀物、二级无（有）机酸性腐蚀物、无（有）机碱性腐蚀物等。

一级无机酸性腐蚀物：一些是具有氧化性的强酸，如硝酸、硫酸、氯磺酸等；一些是遇水能生成强酸的物质，如二氧化硫、三氧化硫、五氧化二磷等。

一级有机酸性腐蚀物：如甲酸、溴乙酸等。

二级无机酸性腐蚀物：如盐酸、磷酸、四氯化锡等。

二级有机酸性腐蚀物：如乙酸、氯乙酸等。

无机碱性腐蚀物：如氢氧化钠、氢氧化钾、硫化钠、氧化钙、硫化钙等。

有机碱性腐蚀物：主要是有机碱金属化合物和胺类，如丙醇钠、二乙醇胺等。

① 腐蚀性是腐蚀性物质的主要特性，当人直接接触这些物品后，会引起灼伤或破坏性创伤，甚至发生皮肤溃疡、伤口不易愈合的情况。此外，其对金属、布匹、建筑物、木材等也具有腐蚀作用。

② 有些腐蚀性物品能挥发出具有强烈腐蚀性和毒害性的气体。

③ 有些腐蚀性物品，特别是许多有机腐蚀性物品具有易燃性。

④ 有些腐蚀性物品还具有极强的氧化性，当与木材、纱布等可燃物接触时会发生反应，引起燃烧。

7.1.3.2 储存

（1）有毒原材料储存时，应注意干燥、通风，避免日晒、雨淋，远离火源，与酸类及食品隔离。如发生包装破损或洒漏时，应尽快清理。使用时，应按规定穿戴防护用具，如工作服、防毒面具、手套等，加强对呼吸器官、眼、口、皮肤的保护，禁止用手直接接触有毒物质。在使用现场还应准备中毒急救、清洗、中和、消毒用的药物。

（2）腐蚀性物质在储存和使用时，应注意干燥、通风、防晒、防雨、防冻，包装容器应具有相应的防腐蚀性能。使用时，应根据腐蚀性物质的物化性质配备相应的防护用具，如工作服、手套、靴、口罩和护目镜等。易挥发腐蚀性物质的使用场

所应有良好的通风条件，操作人员应站在上风口位置，并佩戴相应防护面具。

[例] 某些常用危险品的危害、储运及消防。

(1) 二甲苯

危害：其高浓度蒸气有麻醉作用，刺激皮肤及上呼吸道，长期吸入对造血器官产生刺激。空气中允许浓度为 100×10^{-6}。蒸气能与空气形成爆炸性混合物，遇明火、高热、强氧化剂会引起爆炸。

储运：储于阴凉干燥仓库内，隔绝热源、火源、氧化剂，轻装轻卸，开仓时要保持通风。

消防：可用雾状水、干粉、二氧化碳灭火。

(2) 丙酮

危害：遇明火、高热易引起燃烧，燃烧产生的刺激性蒸气使人头痛昏迷。蒸气遇明火有闪燃现象。

储运：储存于阴凉通风仓库内，远离火种及热源，防止阳光直射，仓库内最高温度不宜高于 30℃。应与氧化剂分开存放，包装必须密封。注意防静电。

消防：可用干粉、抗溶性泡沫或二氧化碳灭火。用水直接施救无效，但可用水冷却容器，或用雾状水喷淋溢漏物，将其稀释为不易燃烧的混合物。

(3) 双氧水

危害：与氧、铝以外的金属接触会加速分解，在不同的情况下可有氧化或还原作用。

储运：需遮蔽，使之不受辐射热。与高锰酸钾、铬酸、金属粉末及有机物隔离。储存于阴凉清洁的库房内，室温不超过 30℃，夏季宜早晚运输。

消防：采用干沙、二氧化碳灭火。

(4) 甲苯

危害：流速过快时，存在产生和积聚静电危险。

储运：储存于阴凉通风仓库内，远离火种及热源，仓库内温度不得超过 30℃，堆码时切忌堆成一个大堆。搬运时应轻卸轻放，防止包装破损。夏季高温宜早晚运输。

消防：可用泡沫、干粉、二氧化碳、沙土灭火。

(5) 亚硝酸钠

危害：与可燃物混合易着火并猛烈燃烧，与铵盐及氰化物混合会发生爆炸，燃烧时会产生有毒气体。遇到比本身强的氧化剂时会显出还原性，发生剧烈反应导致危险。

储运：储存于阴凉干燥的仓库内，与易燃物、有机酸类、还原剂和强氧化剂隔离。远离热源、火种、食品。轻装轻卸，避免日光暴晒。

消防：可用水、黄沙灭火。

（6）汽油

危害：当空气中汽油蒸气浓度达到30～40mg/L时，人呼吸半小时即能导致生命危险。其蒸气能与空气形成爆炸性混合物，遇火星、高热、氧化剂有火灾爆炸危险。

储运：储存于阴凉通风的仓库内，远离火种、热源。室内温度不宜超过30℃，避免日光直射，应与氧化剂隔离存放。

消防：可用泡沫、干粉、二氧化碳、沙土灭火。

（7）乌洛托品

危害：与火焰接触易燃烧。对皮肤有刺激性，可引起皮炎，皮肤接触后应立即冲洗。

储运：储存于阴凉通风仓库内，严禁火种，运输时避免暴晒，轻装轻卸。

消防：可用水、沙土、二氧化碳灭火。

（8）氟化钠

危害：其固体可与酸反应，溶液可被酸类分解，均能产生白色烟雾，有毒且具有刺激性，触及出汗的皮肤会引起疼痛感。

消防：可用水、沙土灭火。

（9）氟化氢铵

危害：易潮解，有毒；遇酸或受热易分解，产生强烈刺激性和腐蚀性的气体。

储运：储存于阴凉干燥通风的仓库内，仓库温度不得超过25℃，远离火种、热源。应与食用化工原料、酸类分开存放。搬运时应轻装轻卸，防止包装破损。

消防：采用雾状水、泡沫灭火，不宜采用柱状水。

（10）氢氟酸

危害：腐蚀性极强，对很多金属都有腐蚀作用。在高温下极易挥发出剧毒气体，引起人畜中毒。遇H发孔剂发生燃烧。

储运：储存于通风库房，避免阳光直射，远离火种、热源，切忌接触H发孔剂、氰化物、金属粉末、碱类等。搬运时应穿戴防护用具，轻装轻卸。防止渗漏，切勿接触皮肤；若误触皮肤应立即用水冲洗，伤口需用清水冲洗20min以上再医治。

消防：可用干粉、二氧化碳、雾状水、泡沫灭火，不应用柱状水，以防溅出。

（11）氢氧化钠

危害：溶解时放出大量热量，水溶液呈强碱性，能破坏有机组织，腐蚀皮肤和毛发组织。

储运：储存于干燥的仓库或货棚内，严防受潮。堆放处应远离易燃、可燃物及酸类。操作时应穿戴防护用品，如接触皮肤应立即用水冲洗，一旦皮肤被腐蚀，立即用水冲洗20min以上再医治。

消防：可用水、黄沙灭火。

（12）硫脲

危害：误食或吸入会引起中毒，对皮肤有刺激性。

储运：存放于干燥的地方，严防受潮，远离火种、热源，不可与食品、酸性及碱性物质共储混运。

消防：可用水、沙土、泡沫、二氧化碳灭火。

7.1.4 化学清洗现场化学品临时存放注意事项

（1）需搭建临时简易库房，要求阴凉、通风、干燥、地面平整，远离火源。

（2）遵循短期存放原则，且安排专业人员 24h 值守。

（3）遵循小包装原则，独立包装不宜超过 25kg。

（4）遵循围挡、警示原则，库房周围设置围挡并悬挂“严禁烟火”“有毒危险”“请勿靠近”等警示语。

（5）危险品储存安排取决于危险品分类、分项、容器类型、储存方式和消防要求。

（6）遇火、遇湿、遇潮能引起爆炸或发生化学反应，产生有毒气体的危险品不得在露天或在潮湿、积水的建筑物中储存。

（7）爆炸物品不得和其他类物品同储，必须单独隔离限量储存，还应与周围建筑物、交通干道、输电线路保持一定安全距离。

（8）压缩气体和液化气体必须与爆炸物品、氧化剂、易燃物品、自燃物品、腐蚀性物品隔离储存。易燃气体不得与助燃气体、剧毒气体共储，氧气不得与油脂混合储存。盛装液化气体的容器属压力容器的，必须设有压力表、安全阀、紧急切断装置，并定期检查，不得超装。

（9）易燃液体、遇湿燃烧物品、易燃固体不得与氧化剂混合储存，氧化剂、还原剂应单独存放。

（10）有毒物品应储存在阴凉、通风、干燥的场所，不得露天存放，不得接近酸性物质。

（11）腐蚀性物品，包装必须严密，不允许泄漏，严禁与其他物品共存。

（12）危险品入库时，应严格检验物品质量、数量、包装情况，有无泄漏。

（13）危险品入库后，在储存期内定期检查，若发现其品质变化、包装破损、渗漏、稳定剂短缺等，应及时处理。

（14）危险品出入库前均应按合同内容检查验收、登记，验收内容包括数量、包装及危险标志。经核对后方可入库、出库，当未弄清物品性质时，不得入库。

（15）进入危险品储存区域的人员、机动车辆和作业车辆，必须采取防火措施。

（16）装卸、搬运危险品时，应按有关规定进行，做到轻装、轻卸。严禁摔、碰、撞、击、拖拉、倾斜和滚动。

（17）装卸、搬运对人身有毒害及腐蚀性的物品时，操作人员应根据危险性，穿戴相应的防护用品。

（18）修补、换装、清扫或装卸易燃易爆物料时，应使用不产生火花的铜质、合金质或其他防爆工具。

7.2 化学清洗设备和配件准备

一般根据清洗对象的高度、容积和所需达到的清洗流速来选择清洗泵站，例如清洗高塔或高楼的采暖系统，一般需要选择高扬程清洗泵，清洗槽不需要太大；清洗容器、换热器、管线，需要一定的流速和流量，一般选用大流量、低扬程清洗泵；清洗大型电站锅炉，则需要选择高扬程、大流量清洗泵，以及大容积清洗槽；清洗小型锅炉或单元设备，则需要选择小扬程、低流量清洗泵；清洗大型成套设备，位差大、体系容积也大，一般需要选用大流量、高扬程泵和大容积清洗槽。

化学清洗设备先进与否，直接影响清洗质量，同时也反映了化学清洗技术的发展水平。

化学清洗设备按清洗液与机体接触方式可分为：浸泡清洗设备、循环清洗设备、喷淋清洗设备、射流冲洗设备、搅拌清洗设备、扰动清洗设备、超声波清洗设备。其中大型工业设备清洗以循环清洗和喷淋清洗为主，小型设备及元件清洗以射流冲洗和超声波清洗（用于清洗仪表及精密零部件）应用最广。

随着清洗装备技术的发展，多种高性能清洗设备相继出现，并应用于化学清洗工程。作为化学清洗工程技术人员，及时了解化学清洗设备最新发展动态，熟悉各种清洗设备，特别是现场常使用清洗设备的性能，对于正确使用清洗设备、维持其长期正常运转、充分发挥其生产潜力是十分必要的。

7.2.1 浸泡清洗设备

浸泡清洗设备主要适用于小型工件的清洗，由盛放清洗液及工件的容器和一些辅助设施构成。根据辅助设施的差异，浸泡清洗设备按结构特点与使用性能又可分为静态浸泡清洗、搅拌清洗、扰动清洗及超声波振动清洗等类型。

（1）静态浸泡清洗

静态浸泡清洗设备是最简单、最古老的清洗设备，它对污垢的清洗完全依靠清洗液的化学溶解能力，没有借助任何机械外力（如机械力、水力等），清洗速度较慢，清洗效率主要取决于清洗液的化学溶解能力。贮液槽是静态浸泡设备的主体部分，另外还有加热盘管、排液阀门、工件挂架等。加热盘管用于升高清洗液温度，以增强其溶解污垢的能力，加快清洗速度。

贮液槽要有足够大的容积和强度，以容纳大量的清洗液并满足大批量工件清洗要求。在使用腐蚀性清洗液时，要求贮液槽基体材料具有一定耐腐蚀性；当清洗液需要加热时，则要求贮液槽有足够的耐热性；对于较大型贮液槽，需考虑其在工作条件下的强度要求。

酸碱水基清洗液贮液槽宜选用塑料材质；大型贮液槽可通过加厚器壁、采用复合材料或增设加强筋等方式增强强度。

用有机溶剂清洗时，可选用有顶盖的金属材料贮液槽。

加热盘管一般安装在贮液槽底部，在清洗液液相中可以通过上下对流传热。也可把加热盘管安装于贮液槽内周，使传热更均匀，但设计制造时比较麻烦。为了防止清洗液对加热盘管的腐蚀，常用隔板将它们隔离开来。

废液排放口宜选在贮液槽最底部，以便废液排放干净。阀门应耐腐蚀、开启与关合灵活、无腐蚀锈死现象。

（2）搅拌清洗、扰动清洗

搅拌清洗、扰动清洗设备是指在静态浸泡清洗贮液槽中分别安装搅拌装置或工件扰动装置，以搅拌清洗液。这种清洗设备在清洗小型工件时，清洗效率明显高于单纯的静态浸泡清洗，可以达到代替手工刷洗的效果。

（3）超声波清洗

超声波清洗设备由超声波发生器和清洗箱两部分组成。超声波发生器由超声频电功率源和换能器组成，清洗箱由不锈钢制成的箱子及固定在其底部的换能器组成。超声波清洗具有独特的机械效应和热效应，一般油脂可在30s内清除，具有清洗速度快、清洗质量好、易于实现清洗自动化等优点，能达到一般清洗方法所达不到的清洗效果。尤其适合多孔性物体和几何形状复杂物体的清洗。

7.2.2 循环清洗设备

循环清洗设备主要适用于封闭系统的化学清洗，最典型的循环清洗就是化工装置系统与电力锅炉系统的化学清洗，循环清洗设备是由清洗槽、配药槽、泵、管道、阀门、流量计、加热器等组成的。

（1）循环清洗槽

在循环清洗工程中，循环清洗槽主要承担加水、加药、加助剂、溶解药剂、搅拌均质化药剂、加热清洗液和释放系统产生的气体等功能，是循环清洗系统中清洗液唯一与外界接触的部分。要求循环清洗槽有足够的容积和优良的耐蚀性。

对于大型化学清洗工程，建议另外设置一台配药槽和配药泵，所有药剂按照比例先加到配药槽中溶解并均质化，再由配药泵将药液输送到循环清洗槽，再由循环清洗泵配合循环清洗槽进行清洗。

(2) 循环清洗用泵

循环清洗用泵是为系统循环提供动力的唯一设备，清洗泵要求具有耐腐蚀性，根据系统容积和设备高度，清洗泵应具有足够的扬程和流量，循环清洗还要求并列配备两台清洗泵，一般情况下一开一备，泵的电机在特殊环境中要求具有防爆功能，泵的密封一般选用机械密封或四氟填料密封，泵的出入口需要配备压力表，泵需要安装在临时坚固的基础上，或者使用地脚螺栓固定。

(3) 循环清洗临时管线

临时管线可将待清洗设备和清洗泵站（清洗槽、清洗泵）连接起来，构成完整的循环清洗回路。管线的直径与使用的泵和被清洗设备相关，尺寸要合适，对材质的耐腐蚀性要求不太高，能耐酸腐蚀即可。

(4) 阀门

阀门在循环清洗中起着控制循环液流向、流量的作用，每个清洗支路都需要设置阀门。在循环清洗中需要配备数个至几十个阀门。阀门要有较好的耐蚀性和密封性，方便开启、关闭。

(5) 流量计

在循环清洗工程中，清洗液是循环流动过程中配制而成的。为了保证清洗液中各组分浓度符合工艺条件要求，需要安装准确可靠的流量计。在循环清洗设备中，要设有两套流量计，一般采用孔板节流流量计。在选用流量计时，一是量程要合适，二是要耐蚀防泄漏。

(6) 混合加热器

为了满足清洗液升温需要，循环清洗槽应设置一个蒸汽混合加热器。大型清洗工程可以设置专门的换热器进行循环加热。

7.2.3 喷淋清洗设备

清洗容器、塔器、大口径管线等体积大、比表面积小的设备时，如果采用充满循环清洗，则费时费工又不经济，相比之下，喷淋循环清洗更具有优越性。喷淋循环清洗的流程与充满循环清洗正好相反，采用高进低回的方式，所用清洗设备除喷淋器外，其余与循环清洗一样。

喷淋器就是将清洗液分配到所有被清洗表面的设备，是喷淋清洗的核心，根据被清洗设备的结构特点，有环形喷淋器、棒形喷淋器、人字形喷淋器和360°液力驱动旋转喷淋器等。

7.2.4 化学清洗常用泵

泵是对流体加压并输送的设备，它将电动机的机械能变为流体的压力能。

① 按工作原理和结构，可将泵分为以下三大类。

叶轮式泵：离心泵、混流泵、轴流泵、旋涡泵、部分流泵（高速切向泵）等。

容积式泵：往复泵、转子泵（回转泵）等。

其他型式泵：电磁泵、喷射泵、水击泵、真空泵等。

② 按输送介质，可将泵分为以下几类。

水泵：清水泵、锅炉给水泵、凝水泵、热水泵等。

耐腐蚀泵：不锈钢泵、高硅铸铁泵、陶瓷耐酸泵、不透性石墨泵、衬硬胶泵、硬聚氯乙烯泵、屏蔽泵、隔膜泵等。

杂质泵：浆液泵、砂泵、污水泵、煤粉泵、灰渣泵等。

油泵：冷油泵、热油泵、液态烃泵等。

7.2.4.1 离心泵

(1) 离心泵的工作原理

离心泵的构造示意图见图 7-1，在泵壳内装有叶轮，叶轮在泵轴的带动下作高速旋转，泵壳内的液体受离心力作用而从压水管排出。同时，泵壳中心部分也因此产生真空（低压），清洗槽内的液体则受大气压力的作用由吸入管进入泵壳内，如此反复动作，就可达到输送液体的作用。吸入管底部安装的单向阀门（底阀），用于防止液体回流。离心泵的工作过程如图 7-2 所示。液体经底阀 7（底阀装有过滤网，以防清洗槽内的底物或其他漂浮物吸入泵内）流入吸入管 6 而进入叶轮 5，液体经止回阀 3 和闸阀 2 流入压水管 1。

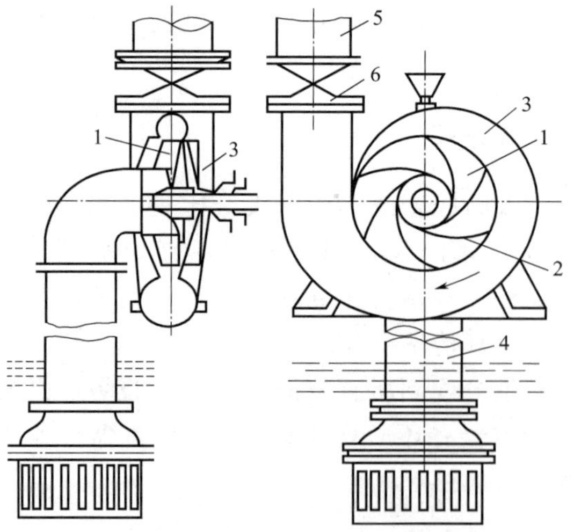

图 7-1 离心泵的构造示意

1—叶轮；2—叶片；3—泵壳；4—吸入管；5—压水管；6—调节阀

(2) 离心泵的构造

以常用的B型离心泵为例，其构造如图7-1所示。

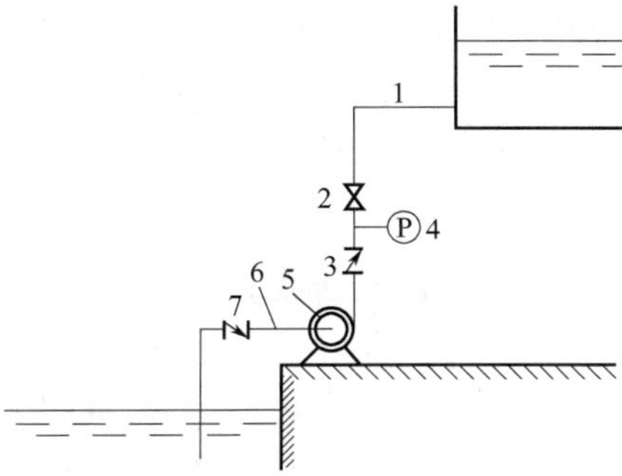

图7-2　离心泵的工作过程

1—压水管；2—闸阀；3—止回阀；4—压力表；5—叶轮；6—吸入管；7—底阀

① 泵体。泵体又叫泵壳，是水泵的重要组成部分，其主要作用是将叶轮封闭在一定的空间内，并把从叶轮流出的高速液体收集起来，且将液体的大部分动能转换为压力能，然后输送到压力管路。泵体同时把所有固定部分连成一体，支持轴承架。

离心泵的泵体多做成蜗壳形，其特点是沿着叶轮旋转的方向，泵体与叶轮之间所形成的通道截面由小逐渐扩大（出口处最大）。当液体从叶轮外缘高速抛出并在泵体内向出口流动时，随着通道空间的逐渐扩大，液体的流速也逐渐降低，这样就可使大部分液体的动能转变为静压能。因此，泵体做成蜗壳形实际上相当于一个换能装置。

泵体一般用铸铁、铸钢制成，顶部设有排气孔，用于灌水、排气或接真空泵抽气。泵体底部设有排水螺孔，需要时用来排空泵体内的积水。在泵体吸入口和压出口的法兰上有时还各设一个螺孔，用于测量泵吸入口处的真空度及出口压力。

② 叶轮。叶轮也是离心泵的重要部件，安装在主轴上，其作用是将能量传递给液体，离心泵的工作性质与叶轮及叶片的形状密切相关，叶轮内有6～8片叶片，叶片相对于叶轮旋转的方向是向后变曲的。叶轮前后两侧有前盖板和后盖板，前盖板中心处是液体的入口，与泵入口相连，这种具有前后盖板的叶轮，称为闭式叶轮，适用于输送不含杂质的清洁液体，闭式叶轮效率高，一般离心泵多采用这种形式的叶轮。

叶轮一般用铸铁、铸钢或铬钢等铸成，以适应各种不同性质的液体。

③ 泵轴与轴承。泵轴用来固定叶轮并把电动机的力矩传递给叶轮使之旋转。叶轮用键及螺母固定在轴上，泵轴与填料函摩擦处镶有轴套，便于磨损后的拆换，泵轴的一端通过联轴器与电机轴相连接。轴承是支撑泵轴的部件，

以保证轴在一定的位置上转动，常用的泵用轴承有滚珠轴承和带有油环的滑动轴承。

④ 填料函。在泵轴穿过泵体的地方，旋转着的泵轴和固定的泵体之间存在间隙，由于间隙和泵内高压液体相连通，因而该高压液体也会从间隙泄漏到泵外。如果间隙在泵的吸入口一侧，空气便会由此部位吸入泵内，从而破坏泵的正常运行，为了避免泄漏或进入空气，必须设法封闭该间隙，这个密封机构即为轴封。

常用的密封装置有两种形式，即填料密封和机械密封，一般离心泵所采用的轴封是填料函。对于介质为水的离心泵，在运行中少量的泄漏能保持填料处于湿润的状态，这是填料函密封正常操作所必需的，它能起到润滑、冷却填料和轴的作用，填料密封不适宜用于输送酸碱，以及易燃、易爆、有毒液体。

（3）离心泵的型号

离心泵按输送介质不同，可分为清水泵、耐酸泵、油泵等；按叶轮的吸入方式，可分为单吸泵和双吸泵；按叶轮数目，可分为单级泵和多级泵。为了区分，国家规定用拼音字母和数字代号来表示离心泵的型号。

① IS 型泵。IS 型泵是在原来 B 型泵的基础上改进而来的，其全系列的扬程范围在 8～98m，流量范围在 4.5～360m^3/h。

IS 型泵型号代号的意义如下：

IS-125-100-150

125—泵吸入口直径；100—泵出口直径；150—泵叶轮直径。

② D 型泵。属多级泵，我国生产的该型号泵一般为 2～9 级，最多可到 12 级，全系列扬程范围是 14～351m，流量为 10.8～850m^3/h。

D 型泵型号代号的意义如下：

200D－65×8

200—泵吸入口直径；D—单级多级分段式离心泵；65—单级扬程；8—级数。

③ S 型和 Sh 型泵。属单级双吸离心泵，泵扬程范围为 10～140m，流量为 140～12500m^3/h，输送液体温度不超过 80℃。S 型泵是在 Sh 型泵基础上改进的系列。

S 型泵和 Sh 型泵型号代号的意义如下：

S150-90 或 Sh150-90

150—泵的吸入口直径；90—泵的设计点扬程。

（4）离心泵的基本参数

离心泵的基本参数标注在泵的铭牌上，图 7-3 是某一离心式清水泵的铭牌，现将参数说明如下。

离心式清水泵	
型号:2B(2BA-6)	转速:2900r/min
扬程:30.8m	效率:64%
流量:$20m^3/h$	配套功率:4.5kW
允许吸上真空高度:7.2m	质量:35kg
出厂编号:	出厂日期: 年 月 日

图 7-3 某一离心式清水泵铭牌

① 扬程：水泵扬程是指单位质量的水通过水泵后所获得的能量。必须指出的是，水泵的扬程不等于水的扬起高度（指水池最低水位与水塔最高水位的高度差），因为水泵传递给水的能量除了将水扬升一定高度外，还有一部分能量用来克服吸水管路和压水管里的各种阻力。

② 流量：水泵流量是指在单位时间内通过水泵的水的体积。

③ 功率与效率：单位时间内通过水泵的水所获得的总能量，称为水泵的有效功率（$N_{效}$）。水泵铭牌上的功率称为轴功率（$N_{轴}$），是电动机传递给水泵轴所输出的功率。通常 $N_{轴}$ 总是大于 $N_{效}$，这是因为电动机传递给水泵轴的功率除了用于增加水的能量之外，还有一部分功率被损耗。这些损耗包括：水泵转动时产生的机械摩擦损失；水在泵中流动时克服水阻力所造成的水头损失；一部分水经叶轮周围和叶轮与吸水管连接处的间隙泄漏所造成的能量损失等。

泵的有效功率 $N_{效}$ 和轴功率 $N_{轴}$ 之比，称为水泵的效率。效率越高，泵的能量损耗越少，它是评价水泵性能好坏的一项重要指标。一般小型水泵的效率为70%左右，中型水泵为 80%左右，大型水泵为 90%左右。

④ 配套功率：配套功率是指电动机的功率（$N_{电机}$）。$N_{电机}$ 总是大于 $N_{轴}$，这是考虑到水泵在运转过程中，有时可能会出现超负荷现象。

⑤ 水泵的转速：水泵的转速表示泵轴每分钟转动的次（圈）数。常见转速有2900、1450、960 和 750r/min，所选用电动机转速应与泵转速一致。

7.2.4.2 往复泵

往复泵按活塞的构造，可分为活塞式、柱塞式、隔膜式；按作用方式，可分为单程泵、双程泵和差动泵；按传动方式，可分为直接作用、动力作用、手动往复泵；按泵缸的位置，可分为立式和卧式；按泵缸的数目，又可分为单缸、双缸、三缸和多缸往复泵。

一般往复泵大多为活塞式，通常有卧式和立式两种型式。卧式电动往复泵主要由直接输送液体的泵缸部分和使活塞做往复运动的传动部分组成，泵缸主要由泵体、活塞、密封装置、传动机构、吸入阀和排出阀等组成，泵缸的结构型式有直流式和阶梯式两种：直流式泵缸吸入阀布置在下方，排出阀布置在上方；阶梯式泵缸的吸入阀和排出阀呈90°阶梯式布置。泵缸承受液体的压力，不允许存在气孔和裂纹等缺陷。活塞是改变工作室容积实现吸、排液体的重要部件，分为盘状活塞和柱状活塞两种。盘状活塞组件主要由活塞、活塞杆和密封部分组成，密封方式一般有皮碗、填料和活塞密封；活塞杆的密封方式有填料密封和密封圈密封。柱状活塞只有一个柱塞杆，直接与泵缸配合。泵吸入阀和排出阀是保证液体单向流动的装置，有弹簧阀和重力阀两种：弹簧阀一般由阀座、阀盘和弹簧等组成，阀座与阀盘的接触面分为平面和锥面，故又叫平板阀和锥阀，其依靠流道的液体压力来开启，依靠阀自身重力和弹簧力来关闭；球阀是重力阀的一种，它也是依靠流道的液体压力来开启，但只依靠球自身重力来关闭。曲轴是整个传动机构中的重要部件，十字头用来连接连杆与活塞，它们共同构成一套曲轴连杆机构，为使流量均匀，电动往复泵几乎都采用双缸双作用设计。此外，电动往复泵的缸体上部排出管附近通常装有内部封闭的空气室，使整个排出过程的流量得到进一步均衡，并维持一定值。

立式电动往复泵的内部结构与卧式相同，只是泵缸为垂直布置。一般电动机及传动部分位于泵的上部，泵缸位于下部；传动部分和泵缸借助四根钢立柱连成一体，并固定在泵座上。立式电动往复泵主要为船舶配套用，以排出舱底水、货油及辅助锅炉给水等。

一般电动往复泵虽比离心泵复杂，尺寸较大，但它具有排出压力高、效率高的特点，并具有特有的良好自吸性能。

7.2.4.3 隔膜泵

隔膜泵是容积泵中较为特殊的一种形式，它依靠隔膜片的往复鼓动改变工作室的容积，从而吸入和排出液体。隔膜泵主要由传动部分和隔膜缸头组成。传动部分是带动隔膜片往复鼓动的驱动机构，它的传动形式有机械传动、液压传动和气压传动等。隔膜泵的工作部分主要由曲柄连杆机构、柱塞、液缸、隔膜、泵体、吸入阀和排出阀等组成，其中由曲轴、连杆、柱塞和液缸构成的驱动机构，与往复柱塞泵十分相似。被输送的液体在泵缸内被隔膜片与工作液体隔开，只与泵缸、吸入阀、排出阀及隔膜片的泵内一侧接触，而不接触柱塞及密封装置，这就使柱塞等重要零件完全在油介质中工作，处于良好的运行状态。

7.2.4.4 计量泵

计量泵，又叫定量泵、比例泵、可控制流量泵等，是一种流量可调节的容积泵，大多为往复式，其流量可以根据流程需要进行停车或不停车无级调节和控制，并能实现精确计量，在泵的使用范围（一般为泵最大流量的30％～100％）内，计量精度可达±0.5%～±2%。计量泵一般可分为柱塞计量泵和隔膜计量泵。

柱塞计量泵：大多是流量可调节控制的柱塞式往复泵，有单缸和多缸之分。计量泵通常通过调节转速或活塞行程长度来实现流量的精确控制，调节机构有手动和自动（电动或气动）两种。

隔膜计量泵：按隔膜缸头型式不同，分为机械隔膜计量泵、柱塞-膜计量泵、双隔膜计量泵和波纹管式泵等，也有单缸和多缸之分。

7.2.4.5 转子泵（回转泵）

（1）齿轮泵

按齿轮啮合方式，齿轮泵可分为外啮合齿轮泵和内啮合齿轮泵；按齿形不同，可分为正齿轮泵、斜齿轮（螺旋齿轮）泵和人字齿轮泵等。外啮合齿轮泵是应用最广泛的一种齿轮泵，其泵体、泵盖和齿轮的各齿间槽形成密封的工作空间。内啮合齿轮泵的主要零件是互相啮合的内齿轮、外齿轮及两者间的月形件。齿轮泵主要用于输送黏度较大的液体（如润滑油等），流量为0.75～500L/min，压力为0.7～20MPa，转速一般为1200～4000r/min。

（2）滑片泵

滑片泵又叫叶片泵，它有单作用和双作用两大类。

① 单作用滑片泵的转子是具有径向槽的圆柱体，槽内安放滑片，转子偏心地安放在泵体内，通过调整转子与定子的偏心距大小，便可改变泵的流量；改变偏心距的方向，便可改变泵输出液体的方向。故这种泵宜制成可调滑片泵或变量滑片泵。

② 双作用滑片泵的转子外表面曲线为圆形，转子和定子中心重合，定子的内表面曲线近似呈椭圆形，转子每转一周，完成两次吸入和排出过程。此种泵的转子和定子的相对位置是不变的，故又称不可调节滑片泵或定量滑片泵。

（3）螺杆泵

它是利用一根或数根螺杆的相互啮合空间容积变化来输送液体的。螺杆泵的主要特点是液体沿轴向移动，流量连续均匀，脉动小，流量随压力变化较小，泵的转速较高，可达18000r/min。此外，泵的吸入性能较好，允许输送黏度变化范围大的液体，如润滑油、燃料油、煤油、水、汽水和牛奶等。螺杆泵的流量一般为1.5～500m^3/h，排出压力一般低于20MPa，大型螺杆泵的流量可高达1500m^3/h。按互相啮合的螺杆数目，通常分为单螺杆泵、双螺杆泵、三螺杆泵、五螺杆泵等；按螺杆轴向安装位置，可分为卧式和立式两种，而立式结构的泵通常为船用。

（4）凸轮泵

凸轮泵又叫旋转活塞泵，主要由转子（具有两个等凸齿的凸轮）和定子（泵体）等组成，凸齿又称轮叶，按轮叶的数目，凸轮泵可分为单叶、双叶、三叶等类型。凸轮泵的轮叶之间、轮叶与泵体之间互相不接触，它们是通过泵外的同步齿轮来驱动的。

（5）罗茨泵

罗茨泵实质上与凸轮泵相同，只是转子为罗茨型。两个旋转方向相反的转子装于泵体中，由一对同步齿轮传动，轮叶也有双叶、三叶和多叶等形式。转子在泵体内相互啮合是有间隙的，其间隙的大小主要取决于液体黏度。该泵使用范围较宽，能输送动力黏度为数十厘泊（1cP＝1mPa・s）的液体。

（6）挠性转子泵

它能反方向输送，其结构小而简单，输送量大，可输送 82℃以下的润滑油、水、燃料油，以及对合成橡胶不产生化学反应的酸、碱、有机液体等，也可输送黏性介质和含固体颗粒的液体。挠性转子泵的叶轮能在轴上自由滑动，装入泵体时，其表面应加油润滑。当吸入高度大时，启动泵之前应润湿叶轮，启动后自吸时间不得超过 20s。此外，泵不能干态运转。

7.2.5 化学清洗常用阀门及附件

阀件是用来改变管道通路的断面，以便关闭管路或调节管路系统输送介质的流量和运动状态，或用来自动控制介质进出的装置。在化学清洗临时系统中，阀件用于控制清洗液、给水及蒸汽流量，或关闭有关管路。

（1）阀门型号识别

阀门种类很多，其类型、驱动方式、连接形式、结构形式、密封面或衬里材料、压力及阀体材料等的型号规定，依据 GB/T 308—2016《阀门型号编制方法》标准执行，该标准中规定，阀门产品的型号由七个单元组成，各单元所表示的意义如下：

①②③④⑤-⑥⑦

① ——阀门类型代号，用英语字母表示，如 Z 闸阀、J 截止阀、L 节流阀、Q 球阀、D 蝶阀、G 隔膜阀、X 旋塞阀、H 止回阀、A 安全阀、Y 减压阀、S 蒸汽疏水器。

② ——驱动方式代号，用阿拉伯数字表示，0 电磁动、1 电磁-液动、2 电-液联动、3 蜗轮、4 正齿轮、5 伞齿轮、6 气动、7 液动、8 气-液联动、9 电动。

③ ——端部连接形式代号，用阿拉伯数字表示，1 内螺纹、2 外螺纹、4 法兰式、6 焊接式、7 对夹、8 卡箍、9 卡套。

④ ——结构形式代号，用阿拉伯数字表示。

⑤ ——密封面或衬里材料代号，用汉语拼音字母表示，T 铜合金、X 橡胶、N 尼龙塑料、F 氟塑料、B 锡基合金（巴氏合金）、H 铁基不锈钢、D 渗氮钢、Y 硬质合金、J 衬胶、Q 衬铅、C 搪瓷、P 渗硼钢。

⑥ ——公称压力或压力级代号，或工作温度对应的工作压力，用 PN 后的数字表示。

⑦ ——阀体材料代号，用英文字母表示，Z 灰铸铁、T 铜及铜合金、K 可锻铸铁、Q 球墨铸铁、C 碳钢、I 铬钼系钢、P 铬镍系不锈钢、R 铬镍钼系不锈钢、V 铬钼钒钢、S 塑料、L 铝合金、N 镍基合金、Ti 钛及钛合金、H Cr13 系不锈钢。

如 Z15T-10 阀门型号表示：阀门采用电动装置操作，法兰连接端，明杆楔式双闸板结构，阀座密封面材料是阀体本体材料，公称压力 PN10（1.0MPa），阀体材料为灰铸铁的闸阀。

（2）阀门涂色标识

阀门的类别、驱动方式和连接形式，可以通过阀门外形加以识别，公称直径、公称压力和介质流动方向也由制造厂标示在阀体的正面。对于阀体材料、密封圈材料及衬里材料，必须根据阀件各部位所涂油漆颜色来识别，其规定见表 7-3。

表 7-3 阀件材料涂漆颜色识别

涂漆部位	表示项目	材料	涂漆颜色
阀体	阀体材料	灰铸铁、可锻铸铁 球墨铸铁 碳素钢 耐酸钢或不锈钢 合金钢	黑色 银色 灰色 浅蓝色或不涂色 蓝色
手轮、手柄、扳手和自动阀件的盖或杠杆上	密封圈材料	青铜或黄铜 巴氏合金 铝 耐酸钢或不锈钢 耐氮钢 硬质合金 塑料 皮革或橡胶 硬橡胶 阀体下直接作密封面	红色 铝白色 铝蓝色 浅蓝色 浅紫色 灰色周边红色条 灰色周边蓝色条 棕色 绿色 与阀体的涂色相同
连接法兰的外圆表面	衬里材料(有衬里阀件)	搪瓷 橡胶及硬橡胶 塑料 铜锑合金 铝	红色 绿色 蓝色 黄色 铝白色

7.2.5.1 闸阀

闸阀用于开启或关闭管道中的水流。按其阀杆结构形式可分为明杆（图 7-4）和暗杆两类。一般情况下明杆适用于腐蚀性介质及室内管道，暗杆适用于腐蚀性介质及安装操作位置受限制的场合。按阀芯的结构形式分为楔式、平行式和弹性

图 7-4　明杆闸阀

闸板。其中，楔式闸板一般制成单闸板；平行式闸板两密封面是平行的，一般制成双闸板。从结构上，平行式闸板比楔式闸板易于制造、便于修理、不易变形，但不适用于输送含有杂质的介质，只能用于输送一般的清水。弹性闸板为一整块结构，由于其密封面的制造、研磨要求较高，适用于在较高温度下黏度较大的介质，多应用在石油及化工生产部门。

闸阀的优点是：流体阻力小，安装时不必考虑介质流动的方向，阀件所占长度较小；可用于全启全闭的场合，也可作调节用；明杆闸阀可通过阀杆的升降高度观察阀的开启度。

闸阀的缺点是：闸板易被流动介质擦伤而影响密封性能，且密封面不易检修；安装高度大，在狭窄空间，明杆闸阀需考虑阀门开启时伸出阀杆和手轮的高度。

闸阀有多种不同的口径，国产通用闸阀最大公称直径为 1800mm。

闸阀主要用于低、中压管道。因输水管道大量使用闸阀，故闸阀有“水门”之称。

7.2.5.2　截止阀

截止阀是利用装在阀杆下面的阀盘与阀体的凸缘部分相配合以控制阀开合的阀件。

截止阀在结构上较闸阀简单，其密封性能好，密封面检修方便，开启高度小。其缺点是液体阻力大。常用于公称直径≤200mm 且要求有较好密封性能的管道。截止阀的阀体形式一般分为标准式、直角式和直流式三类，图 7-5 为标准式截止阀。介质在阀体内流动方向突然改变 90°，使流动阻力增大。为了减小阻力，阀杆可做成向出口一侧倾斜一定的角度，而成为直流式，但加工装配较困难。直角式截止阀的两个通道不在同一方向，而呈 90°。

为防止堵塞或磨损，截止阀不适用于含颗粒和黏度较大的介质。安装时应使介质的流动方向与阀体上所指示的方向一致，一般从阀瓣下部流向上部。截止阀是最常用的阀门之一，可用于各种参数的蒸汽、水、空气、氨、油及腐蚀性介质的管道上。因在蒸汽管道上大量采用截止阀，故截止阀又有“汽门”之称。由于该类阀门的阀杆开启或关闭行程相对较短，具有非常可靠的切断功能，且阀座通口的变化与阀瓣的行程成正比例关系，非常适合作为切断、调节或节流装置使用。

图 7-5　标准式截止阀

7.2.5.3　止回阀

止回阀是防止管道中介质倒流的一种阀门。止回阀按照结构可分为升降式和旋启式两大类。

（1）升降式止回阀

分为无弹簧（图 7-6）和有弹簧两种：无弹簧升降式止回阀靠自重回座，故只能安装在水平管道上；有弹簧升降式止回阀的关闭依靠弹簧力的作用，因而其安装位置可不受限制。

升降式止回阀的密封性能好、噪声较小，但介质流动阻力大，多用于 200mm 以内的小直径管道。

（2）旋启式止回阀

旋启式止回阀的阀瓣围绕阀座外的销轴旋转。按其口径的大小可分单瓣和多瓣，单瓣一般用于公称直径为 50～500mm 的管道，多瓣一般用于公称直径在 600mm 以上的管道。旋启式止回阀多用于水平管道。图 7-7 为旋启式单瓣止回阀。

止回阀只适用于清净介质，对含固体颗粒和黏度较大的介质不适用。止回阀工作原理见图 7-8。

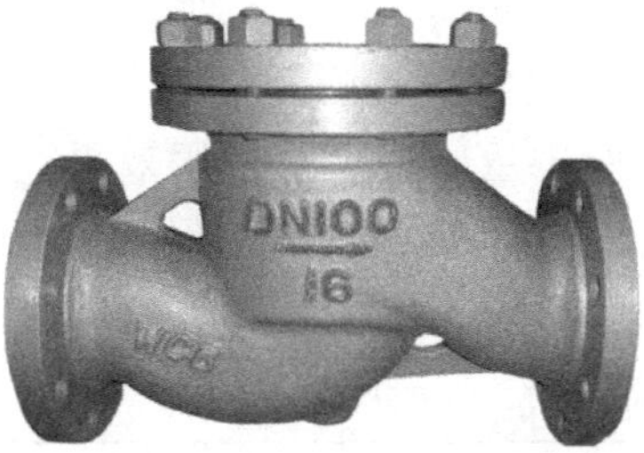

图 7-6　无弹簧升降式止回阀

图 7-7　旋启式单瓣止回阀

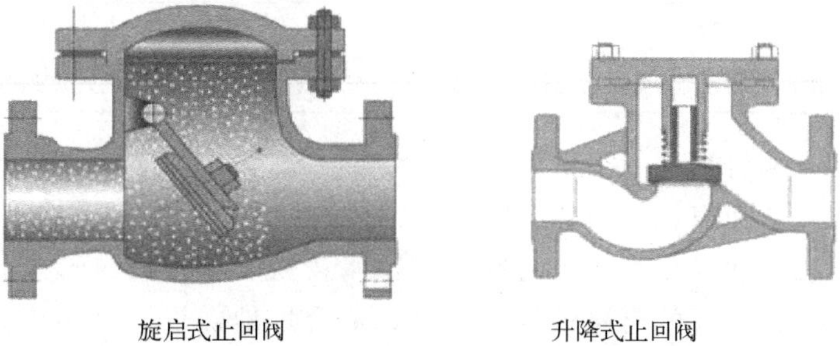

图 7-8　止回阀工作原理示意图

7.2.5.4 底阀

底阀的工作原理类似于止回阀，专门用于水泵吸入口端部，以防止吸水管中的水倒流，便于水泵启动，并防止杂质吸入泵内。底阀的开启依靠水泵工作时介质的吸引力。底阀也分升降式和旋启式两类。底阀的实物图见图 7-9。

图 7-9 底阀

7.2.6 化学清洗常用管材和法兰

7.2.6.1 常用管材

管道系统是由管道和各种管件、附件连接而成的。管道材料、管件及附件（阀门等）的选用合适与否，将直接影响到工程的质量、造价及使用效果。因此，熟悉管道材料的种类、规格、性能才能因地制宜、按需选材，以达到适用、经济、美观的目的。常用管材种类见表 7-4。

表 7-4 常用管材种类

<table>
<tr><td rowspan="5">金属管</td><td rowspan="3">钢管</td><td rowspan="2">有缝钢管</td><td>水、煤气钢管(如镀锌钢管、黑铁管)</td></tr>
<tr><td>卷板钢管(如直缝卷板管、螺旋卷板管)</td></tr>
<tr><td>无缝钢管</td><td>普通碳钢管、不锈钢管、合金钢管、高压钢管</td></tr>
<tr><td>铸铁管</td><td colspan="2">给水铸铁管、排水铸铁管、硅铁管</td></tr>
<tr><td>有色金属管</td><td colspan="2">铜管、铝管、铅管</td></tr>
<tr><td>非金属管</td><td colspan="3">钢筋混凝土管、石棉水泥管、塑料管、耐酸陶瓷管、石墨管、玻璃管、玻璃钢管</td></tr>
</table>

(1) 常用金属管材

就给排水系统而言，常用的金属管材有铸铁管和钢管。

铸铁管根据用途可分为给水铸铁管和排水铸铁管，按接口形式可分为承插式和法兰式两种。铸铁管的耐腐蚀性能较好，适合埋地敷设，可用于室内排放日常生活污水，具有经久耐用、造价低、施工方便等特点，是目前使用比较广泛的管材。

钢管是指水、煤气输送钢管，钢管的优点是强度高，接口方便，承受内压力大，内表面较为光滑，水力条件好，易加工、安装。钢管由普通碳素钢制成，分镀锌和不镀锌两种。两种管的端部分为带螺纹和不带螺纹两种类型。按照壁厚的不同，又分为普通型和加厚型。镀锌钢管实际上是在黑铁管的内外表面镀上一层锌，可防止因管道生锈腐蚀而污染水质，延长使用寿命，用于室内给水系统。

钢管材质较软，弯曲、切割、套丝或焊接等工艺性能较好。不过，对于镀锌钢管的连接，除特殊情况外，一般采用焊接。

(2) 常用塑料管材

随着塑料工业的发展，塑料管道在给排水系统中得到广泛应用，其优点是耐腐蚀，相对密度小，接口方便，不同塑料可以通过熔焊或胶黏连接，且易加工成型，因此在工业生产和民用工程中已非常普及。常用塑料代号见表 7-5。

表 7-5 常用塑料代号

塑料名称	代号(缩写)	塑料名称	代号(缩写)
聚氯乙烯	PVC	聚酰胺(尼龙)	PA
硬聚氯乙烯	UPVC	聚甲基丙烯酸甲酯(有机玻璃)	PMMA
聚乙烯	PE	丙烯腈-丁二烯-苯乙烯共聚物(工程塑料)	ABS
聚丙烯	PP	聚四氟乙烯	PTFE
聚苯乙烯	PS		

7.2.6.2 常用法兰

法兰是固定在管口上的带螺栓孔的圆盘。法兰连接就是在固定在两个管口上的一对法兰中间放入垫片，然后用螺栓拉紧使其紧密贴合的连接方式。法兰连接为可拆接头，适用范围广，但成本较高，主要用于管道与带法兰的配件或设备的连接，以及不宜采用焊接和螺纹连接的接口，如给水工程中，水泵房的管道连接常采用法兰连接。对法兰连接的基本要求是：在管内介质的压力和温度下，保证接口安全可靠和严密不漏。

(1) 法兰的种类

钢制法兰分为以下几种。

① 整体法兰：这种法兰与设备、阀件和管路附件铸成一体，它的类型和适用条件与焊接法兰相同。

② 螺纹法兰：这种法兰是采用螺纹连接法套装于管端上，可分为低压螺纹法兰和高压螺纹法兰。低压螺纹法兰又分为铸铁法兰（也称生铁法兰）和铸钢法兰，

适用于石油化工系统，其密封面为光滑式；高压螺纹法兰只有钢制一种，常用于化工管道的连接。

③ 焊接法兰：焊接法兰在管道上应用最为普遍，分为平焊法兰和对焊法兰。

④ 松套法兰：松套法兰是活动法兰，因法兰套在管端上且可以活动而得名。其分为平焊钢环松套、翻边松套和对焊松套三种。由于松套法兰不与介质接触，当用于输送腐蚀性介质的不锈钢管道时，可采用碳素钢，以节约成本。

⑤ 法兰盖。法兰盖是中间不带管孔的法兰，用于封住管道堵头，习惯上也常称为盲板。法兰盖的密封面应与其相配的另一个法兰对应。压力等级与法兰相同。

（2）法兰的选用

法兰的选用应根据介质的性质、温度和压力来确定，且应优先选用标准法兰。对用于化学清洗系统中的法兰，可不考虑介质的工作温度，而只按公称压力标准选择。但要注意的是，与设备或阀件连接的法兰，应按设备或阀件的公称压力选择，否则尺寸将不相符合。另外，密封面的形式应与设备或阀件法兰相对应。

化学清洗临时配管中使用的法兰，若为节约成本而无法选用与系统相同的法兰，则需满足尺寸必须相配套、材质不应差异太大的要求，多选用碳钢平焊法兰，不建议采用钢板打孔的简易法兰。

7.2.6.3 常用法兰垫片

（1）工业用橡胶板

橡胶板具有较高的弹性，所以密封性能较好，工业用橡胶板按其性能不同可分为普通橡胶板、耐酸碱橡胶板和耐油橡胶板。

（2）橡胶石棉板

橡胶石棉板是用橡胶、石棉及其他填料经压缩制成的板状衬垫材料，是管道工程中用量最多的垫片之一，广泛应用于热水、蒸汽、煤气、液化气、酸及碱等介质的管路上。

橡胶石棉板分为普通橡胶石棉板和耐油橡胶石棉板两种。普通橡胶石棉板按其性能又可分为低压、中压和高压三种。法兰垫片一般采用中压橡胶石棉板。

法兰用橡胶石棉板垫片的厚度视管径大小而定，一般管径越大，垫片就越厚，常见规格为1.5～3mm。

化学清洗中使用的临时垫片，宜选用普通橡胶石棉自制；条件许可时，宜选择耐酸碱橡胶板自制，可以多次使用，密封性好，加工简单。

（3）四氟垫片

四氟垫片全称为聚四氟乙烯垫片，国外又叫PTFE垫片或Teflon（铁氟龙）垫片，由聚四氟乙烯棒、管、板经机械车削或裁切而成，常见形式包括平垫片、V形垫片、活塞环、球阀垫圈等。其具有耐腐蚀、抗老化和不导电等特性，适用

pH 范围为 0～14（熔融的碱金属和高温、高压下的氟除外），在－100～100℃之间具有良好的机械强度。

（4）石墨缠绕垫

缠绕垫（基本型）是采用标准优质的 SUS304、SUS316 金属带及合金材料与石墨、石棉、聚四氟乙烯、无石棉等柔性材料相互重叠螺旋缠绕，并在开始及末端用点焊方式将金属带固定制成。常用于石油、化工、电力、冶金、船舶、造纸、医药等行业，是法兰连接的管、阀、泵、人孔、压力容器及换热设备的密封部位的理想静密封材料。

不锈钢带形状："V"形、"W"形、"U"形。

不锈钢带材质：304L、316、316L 等。

非金属带（填充料）：特殊石棉、无石棉、柔性石墨、聚四氟乙烯等。

7.2.7 多功能全自动化学清洗泵站

长期以来，化学清洗一直沿用配液槽加清洗泵的简单设备。在清洗操作中存在着劳动强度大、操作环境差和清洗数据资料误差大等诸多弊病。在简单的设备条件下，操作者只能依靠经验来控制清洗质量，无法保证清洗中各数据资料的准确性和完整性。多功能全自动化学清洗泵站具有造型美观、操作简单、自动化程度高、清洗控制程序化、清洗操作数据化等优点，从而减少了操作失误，极大地提高了工作效率，降低了劳动强度，有效保证了施工质量。此外，全自动清洗工程车的研制成功，展现出较高的科技发展水平，进一步提高了企业核心竞争力，对提高我国清洗工业装备水平具有重要的意义。

7.2.7.1 多功能全自动化学清洗泵站的构造和功能

多功能全自动化学清洗泵站由泵站和控制室两部分组成。运抵施工现场后，将控制室和泵站通过电缆线和信号线对接，接通水源、蒸汽管线、进回液管线、排污管线后，便可进行清洗操作。下面对多功能全自动化学清洗泵站的各部分予以介绍。

（1）泵站

泵站部分由配液罐、搅拌罐、清洗泵、酸碱泵、气动阀组传感器等组成，整体安装在撬装底盘，可实现整体吊装。

（2）控制室

控制室由化验间和控制间两部分组成。控制室厢体外部为瓦楞板和平板组合，内部为喷塑彩板装修。整个厢体具有较好的保温性能。化验台、动力柜、配电柜、仪表控制柜均安装在控制室内。室内装有分体式冷暖空调，使得控制室更舒适。

7.2.7.2　控制功能

① 实时数据处理：实现实时数据采集和显示，包括瞬时流量、累积流量、温度、压力、液位、pH、时间等。

② 自动资料储存：方便操作人员随时了解整个系统的运行情况。

③ 自动流程控制：支持根据工作要求预定义多种工作流程，系统根据预定义方式自动完成工作流程的所有操作，从而简化操作，减少人为误差。

7.2.7.3　多功能全自动化学清洗泵站配置

配液罐体积：$12m^3$；

主循环泵：单泵流量 $100m^3/h$；扬程 80m；功率 45kW；

碱泵：流量 $25m^3/h$；扬程 15m；功率 4kW；

酸泵：流量 $15m^3/h$；扬程 20m；功率 1.5kW；

搅拌器：功率 1.5kW；转速 20～200r/min；

缓蚀剂泵（气动隔膜泵）：最大流量 600L/min；

空压机：功率 7.5kW；排气量 $0.9m^3/min$；额定排气压力 0.7MPa；

加热方式：蒸汽加热，PID 控制；

加热温度：室温～100℃；

泵站工作压力：1.6MPa；

泵站整体尺寸：7200mm×2200mm×2650mm；

控制室整体尺寸：7200mm×2200mm×2400mm；

总配电功率：120kW；

泵站总重：7000kg；

控制室总重：3500kg。

监控参数如下：

流量：$0～120m^3/h$（包括瞬时流量和累计流量）；

压力：0～1.6MPa；

液位：0～2m；

温度：0～100℃；

pH：1～14；

浓度：可检测 0～20%的 HNO_3 溶液、NaOH 溶液；

腐蚀速率：挂片测量。

7.2.8　化学清洗泵站及其配置

化学清洗泵站是化学清洗的重要执行机构，满足 HG/T6005—2022《化学清洗泵站及配套设备技术规范》要求，能够完成一般的清洗工程。不同类型化学清洗泵站的配置、功能及其参数见表 7-6。

表 7-6 不同类型化学清洗泵站配置、功能及其参数

项目	泵站类型			
	小型泵站	中型泵站	大型泵站	特大型泵站
流量/(m^3/h)	$Q \leqslant 100$	$200 \geqslant Q > 100$	$400 \geqslant Q > 200$	$Q > 400$
扬程/m	$H < 80$	$H \geqslant 80$	$H \geqslant 80$	$H \geqslant 125$
清洗槽容积/m^3	1～2	6～12	≥20	≥20
泵	必备	必备	必备	必备
防爆电机	必备	必备	必备	必备
泵站基座	必备	必备	必备	必备
连接管路	必备	必备	必备	必备
自循环	必备	必备	必备	必备
清洗槽	必备	必备	必备	必备
防爆启动柜	必备	必备	必备	必备
温度计	必备	必备	必备	必备
流量计	必备	必备	必备	必备
压力表	必备	必备	必备	必备
取样接口	必备	必备	必备	必备
监视管单元	必备	必备	必备	必备
阀组总成	可选	必备	必备	必备
给水接口	可选	必备	必备	必备
排污接口	可选	必备	必备	必备
加热装置	可选	必备	必备	必备
加药系统	可选	可选	必备	必备
自动控制系统	可选	可选	可选	可选
正向循环	必备	必备	必备	必备
反向循环	必备	必备	必备	必备
不停泵正反向循环切换	必备	必备	必备	必备
流量调节	必备	必备	必备	必备
泵前过滤	必备	必备	必备	必备
降压启动	可选	必备	必备	必备
自循环	必备	必备	必备	必备

续表

项目	泵站类型			
	小型泵站	中型泵站	大型泵站	特大型泵站
防爆	必备	必备	必备	必备
加药	可选	可选	必备	必备
加热	可选	可选	必备	必备
自动控制	可选	可选	可选	可选

注：表中“必备”是指泵站必须配置的设备和参数，“可选”是指根据具体情况分析可以选用的设备或参数。

7.2.9 现场设备和机具基本配备方案

（1）大型工程

大型工程设备和用具配置见表 7-7。

表 7-7 大型工程设备和用具配置表

序号	机械设备名称	型号及规格	数量	额定功率/kW	备注
1	循环泵站	$200\sim400m^3/h$，$110\sim120m$	1 套	120～160	
2	酸度计		1 台		
3	浊度计		1 台		
4	循环槽	$10\sim20m^3$	2 个		
5	小清洗机		2 台	4	
6	抽酸泵		2 台	5	一用一备
7	电焊机		2 台		
8	吊具		2 套		
9	工具		4 套		
10	消防带		若干		
11	石棉垫	$\delta=3mm$	若干		
12	橡胶垫	$\delta=3mm$	若干		
13	运输车	1.5t	1 台		
14	压力表	0～1MPa	2 台		泵站进出口各一台
15	温度计	0～120℃	2 台		泵站进出口各一台
16	应急灯		若干	0.3～1	
17	钢管	与泵站相配套	20m		
18	钢管		若干		用于配临时管线
19	劳动保护用品		若干		

(2) 中小型工程

中小型工程设备和用具配置见表 7-8。

表 7-8 中小型工程设备和用具配置表

序号	机械设备名称	型号及规格	数量	额定功率/kW	备注
1	清洗泵	30～50m^3/h,20～50m	1台	4～15	视情况而定
2	小型循环槽	1～5m^3	1个		
3	酸度计		1台		
4	浊度计		1台		
5	小清洗机		1台	4	
6	抽酸泵		1台	0.5	用于添加酸、氨水等
7	电、气焊机		各1台		配临时管线
8	吊具		1套		
9	工具		2套		各型号扳手等
10	消防带		若干		视水源远近而定
11	石棉垫	δ=3mm	若干		
12	橡胶垫	δ=3mm	若干		
13	运输车	1.5t	1台		
14	压力表	0～1MPa			
15	温度计	0～120℃			
16	应急灯			0.1	
17	橡胶管	与泵出口相配套	60m		
18	劳动保护用品		若干		

7.2.10 清洗设备类型、施工工艺及工具选择

常见清洗设备类型、施工工艺及对应设备与工具选择见表 7-9。

表 7-9 常见清洗设备类型、施工工艺及对应设备与工具

清洗设备类型	施工工艺	施工设备及工具	备注
一般设备、锅炉等	化学清洗	清洗泵站及配套工具等	
大型储罐、塔器等	喷淋化学清洗	喷淋设备、清洗泵站及配套工具等	
换热器	化学清洗	清洗泵站及配套工具等	
	高压水射流清洗	高压水射流清洗设备及配套工具等	
管线	化学清洗	清洗泵站及配套工具等	
	高压水射流清洗	高压水射流清洗设备及配套工具等	
	清管器清洗	清管器、发射/接收器、动力源、监测仪器及配套工具等	

7.2.11 施工工艺、施工设备及工具改进

每一项清洗工程都具有独特性，因此在选择施工工艺、施工设备及工具时应视具体情况而定。有的要求用大流量清洗泵，有的要求用高扬程清洗泵，还有的既要求大流量又要求高扬程。另外，在施工过程中还可以进一步改进，以期达到更好的效果。

选择清洗施工工艺时，需设计清洗液在设备或装备中的运行方向、顺序，并计算出清洗液在系统内的最佳流速和流量。采用同样的药剂清洗同样的设备时，不同的人所设计的工艺流程不同，所确定的工艺条件不同，最后的清洗效果也不尽相同，对设备的安全和保护程度也存在很大的差异。

喷淋清洗工艺技术及设备是工程技术人员在施工过程中通过不断实践改进形成的。喷淋清洗工艺结合了循环化学清洗与高压水射流清洗的优点，而喷淋设备也在实践中得到不断改进。目前的喷淋设备有各种喷淋环、喷淋棒、喷淋头、旋转喷淋头（不同材质的）。

喷淋清洗工艺适用于面积与体积之比（比表面积）较小的设备，如果将清洗液注满设备所需的清洗药剂量很大，则循环清洗和浸泡清洗都不太适用，而喷淋清洗仅用少量清洗药剂喷射设备表面，即可达到清洗目的。

因此，化学清洗技术人员、施工人员应该加强对化学清洗施工工艺、设备及工具进行持续改进的意识。

在施工工艺、施工设备及工具持续改进过程中，应注意以下问题：

① 多关注并搜集相关新技术、工艺、材料的最新进展及其对清洗的影响。

② 注意现场的适用性，是否清洗效果更好、操作更加合理；注意改进的成本和经济效益，是否能进一步减轻劳动强度、减少原材料的使用、减少能源和水资源的使用、减轻环境污染等。

7.3 化学清洗临时管路准备

7.3.1 概述

临时管路的配管应考虑安装、维修、操作的方便性，是否有利于清洗，并尽可能减少费用。在配置临时管路前应确定以下内容。

（1）明确被清洗设备的进出口及临时清洗回路，确保清洗系统无清洗死角，各清洗回路尽量均衡；能通过安装临时管线、盲板等，将所有与清洗无关的系统

完全切断、隔离；确定清洗系统中高点排气和低点排污的位置。

（2）确定清洗所涉及公用工程（如水、蒸汽、排污等）的管线配置方式。

（3）清洗临时配管方案已报相关方面，并获得同意，所配临时管线不妨碍现场其他工作（包括消防工作）。

（4）临时配管所需的人员、主辅材料、机具等已准备就绪。

7.3.2 碳钢管路

（1）管线配接前应检查管道内部无异物。

（2）配管安装铺设时，尽量走直线，少拐弯、少交叉，力求整齐美观、节省管材、减少阻力。同时为了便于操作和维修，平行管路上的管件、阀门位置应相互错开，应注意管与管、管与墙壁间的间隙，以方便维修为宜，尽量不高于人体的膝部。较长管路要设管架支撑，防止振动。水平铺设的临时管路朝排水方向的倾斜度不小于3/1000。

（3）管道对口时应检查平直度，在接口中心200mm处进行测量，当管子公称直径DN＜100mm时允许偏差1mm，当DN＞100mm时允许偏差2mm，但全程允许偏差不大于3mm。管道对口后应垫置牢固，避免焊接过程发生变形。管道连接时，不得采用强力对口、加热管道、加偏垫或多层垫等方法消除接口端面的空隙、偏差、错口或不同心等缺陷。

（4）管道焊缝应符合要求。管道上仪表接点的开孔和焊接应在管道安装前进行。对于要求高的清洗系统，其临时管路的焊接应先用氩弧焊打底再进行焊接，以防酸洗剥落的焊渣进入被清洗系统。

（5）工作温度低于200℃的管道，其螺纹接头密封材料宜用四氟乙烯带或密封膏。拧紧螺纹时，不得将密封材料挤入管内。

（6）管路安装完毕后应进行强度和渗漏检查。

7.3.3 普通软管管路

软管的安装应符合下列规定：

（1）避免急弯。外径大于30mm的软管，其最小弯曲半径不小于管外径的6～8倍；外径小于30mm的软管，其最小弯曲半径不小于管外径的4～6倍。

（2）管接头的连接处，应有一段直线过渡部分，其长度不应小于管子外径的1/6。

（3）当长度过长或剧烈震动时，宜采用管卡夹牢。

（4）当自重可能引起过大变形时，应设支托或进行自垂安装。

（5）软管除满足弯曲半径和移动行程外，尚应留4%的余量。

（6）普通软管管路安装完毕后应进行渗漏检查。

7.3.4 高压软管管路

高压软管安装前，应对软管外观、接头进行检查。冬季施工时应用压缩空气检查高压管是否畅通，如果检查发现高压管已冻堵，则用蒸汽、热水进行解冻。

（1）高压软管连接时其垫圈应完好，应用开口工具将连接螺纹进行紧固，前后两根高压软管不应扭曲。

（2）当长度过长或剧烈振动时，应用绳索进行固定。对于高压软管，应少用管卡。

（3）高压软管连接好后，应按先低压后工作压力的方式进入工作状态。

7.4 公用工程准备

公用工程信息要求：检查施工现场水、电、汽、气、排、储存等公用工程的参数，并核实现场参数是否符合施工条件。

7.4.1 化学清洗配套公用工程

7.4.1.1 水源

① 清洗用水的种类（如生产用水、锅炉给水、消防用水、脱盐水等）、水中有害成分（如氯离子、油含量等）含量；

② 流量（m^3/h）、可用水总量（m^3）、水压（MPa）；

③ 水源的可连接方式、管径；

④ 提供水源地点及其与用水地点的距离；

⑤ 清洗时用水的使用条件等。

一般要求：普通碳钢系统使用消防水或工业水，要求水质澄清，无可见悬浮物及锈蚀物，供水量 0～160m^3/h；不锈钢系统使用脱盐水，要求水质澄清，供水量 0～1000m^3/h。

特殊要求：根据待清洗设备性质选用的清洗工艺不同，需要的水源不同。

7.4.1.2 电源

① 提供用电的电压（V）、功率（kW）；

② 提供电源的地点及其与用电地点的距离；

③ 清洗时用电的使用条件等。

一般要求：约 380V、15～450kW。

电源位置：距离清洗泵站 80m 范围内。

特殊要求：根据待清洗设备性质选用的清洗系统不同，清洗设备不同，需要的电源不同。

7.4.1.3 蒸汽源

① 蒸汽的压力（MPa）、蒸汽量（t/h）；

② 提供蒸汽的地点及其与使用蒸汽地点的距离；

③ 提供蒸汽源的可连接方式、管径；

④ 清洗时用蒸汽的使用条件等。

小型清洗系统对蒸汽的要求：低压蒸汽流量为0～1t/h，可利用现场公用工程站（低压蒸汽）的1寸（公称直径为DN25）管线2～3根提供蒸汽。

成套装置大系统对蒸汽的要求：中压蒸汽流量为4～5t/h，管线预留口为DN50～DN100。

7.4.1.4 气源

① 气源种类（氮气、压缩空气）、纯度、含水量、含油量；

② 气源的压力（MPa）、供气量（m^3/h），单位时间内最大供气量（m^3）；

③ 气源的位置、标识、可连接的方式、管径、气源的位置与使用地点的距离；

④ 清洗时用气体的使用条件等。

对压缩空气或氮气的要求：干燥无油，压力为0.3～0.5MPa。

目的：用于吹扫，氮气还可用于保护。

7.4.1.5 储存和排放条件

① 了解施工现场中间液体储存能力，以及工厂的废液接收指标、可接收量（m^3/h）、一段时间内的最大接收量（m^3）。

② 废液排放的方式：若为管道排放，应了解连接地点、距离、连接方式、管径、排放条件；若为槽车运输排放，应了解中间槽罐容量、装车方式、运输量等。

［例］ 某施工现场，甲方提供的水、电、汽、气、排放等公用工程条件如下。

水：锅炉给水，流量大于80m^3/h，一次可连续供水320m^3，320m^3用完后需间隔5h才能再次供水；

电：三相380V、单相220V，功率70kW；

汽：压力0.5～1.0MPa，蒸汽量约5t/h；

气：无油脱水压缩空气，压力0.4MPa，气体流量200m^3/h；

排放：工厂的污水车间可接收清洗污水，接收量为70m^3/h，污水总量不能超过400m^3/d，可通过现场的化学污水管道进行排放。

公用工程使用前和停用前需向工厂调度报告。

7.4.2 公用工程参数调查

公用工程参数的调查方法有多种，公用工程的参数应结合甲方认可的条件来确定。一般检查方法如下。

（1）询问法：通过询问对方的技术人员、管理人员或现场操作工人等了解情况。

（2）查资料：通过查阅对方提供的技术资料来获取信息。

（3）现场法：到现场对水、电、汽、气、排放等公用工程的实际情况进行查看、测量。

7.4.3 公用工程核实

例如核实水、电、汽、气等参数是否符合施工条件。

（1）施工现场可配套公用工程应符合施工条件

① 了解施工方案对现场公用工程（如水、电、汽、气、排放等）具体参数的要求。

② 将施工方案中要求的公用工程参数与施工现场能够提供的具体参数进行比较。

③ 通过比较确定符合施工条件的公用工程及不符合施工条件的公用工程。

（2）公用工程设施配置

① 电源配置：在确定了现场所使用泵组的流量和扬程后，选择与之相对应的泵型号及电机型号，从而可获得电机功率、工作电流、电压及接线方式。一般要求现场配置的电源功率、电流大于所使用的清洗设备的相关参数，且应有单独的电源开关、过载保护措施。另外，现场还需考虑照明电源及其控制。

② 水量计算：一般要求提供的总用水量和单位时间供水量，能够满足清洗工艺的估计量。

③ 蒸汽量计算：蒸汽量是指在规定时间将清洗液加热到最低要求温度以及保持该温度的用量。

（3）案例分析

［例］ 如前例某施工现场甲方提供的水、电、汽、气、排放等公用工程的条件，现清洗体积约 90m^3 的系统，该系统内的最小流通截面为 DN150 的管道，最高处距地面距离为 65m，若使用中型清洗泵站（流量 100m^3、扬程 100m、电机功率 60kW、电压 380V），通过比较可以确认公用工程条件能满足施工要求。

［例］ 欲对某中央空调冷凝器进行清洗，冷凝器为固定管板式换热器，列管为紫铜，其余材料是 20＃碳钢，冷凝器的直径 $D=800$mm、长度 $L=4500$mm，换热面积为 112m^2，水侧出入口短节的法兰为 DN150、PN1.6。该现

场可提供的公用工程条件：水为生活水，水压 0.5MPa，接口管径 DN25；电为 380V；排放情况为 pH＝6～9，COD（化学需氧量）小于 300mg/g，通过 DN150 的生活污水管道排放。该冷凝器的清洗容积约 $1.5m^3$，如选用流量 $50m^3$、扬程 50m、电机功率 15kW 的单泵进行清洗，所需的公用工程条件大致为：水 $4\sim10m^3/h$，电 380V、15kW。通过计算比较，现场的公用工程条件能满足使用需求。若使用盐酸、硝酸清洗，清洗后废液经中和处理也能达到排放要求，故能满足施工要求。

7.5 作业环境安全准备

作业环境安全准备应包括但不限于如下内容：作业现场布局；在役设备清洗前预处理并消除隐患；作业环境中交叉作业情况的排查并做好相关防范措施；作业现场安全设施、用具的准备，检查安全隐患并予以消除；检查作业现场是否符合安全环保标准并及时纠错；相关安全防范器材的准备；做好安全环保防范准备；做好应急措施准备；等等。

7.5.1 作业现场布局

通过查看装置平面布置图并结合现场实际情况，了解被清洗设备及公用工程的相对位置；了解在清洗前和清洗中还需要进行的工程施工情况，尤其是土建施工情况；了解道路、消防通道情况，为清洗设备的搬运、放置及清洗用原辅材料的储存寻找适当的位置和途径；了解并标识逃生撤离路线；等等。

7.5.2 作业现场隔离

化学清洗施工现场可能存在易燃易爆物品，且开车前清洗或大修期间，维修和安装工程队伍较多，交叉作业频繁，为保证化学清洗作业正常进行，清洗现场必须设置隔离区，并悬挂警示牌，防止无关人员进入清洗现场。

同时要设置专门动火区，以防止发生火灾和爆炸事故。

7.5.3 在役设备设施清洗前预处理

对于刚停车的在役设备设施，清洗前必须进行适当预处理，防止残留物料影响清洗剂的性能，同时防止易燃、有毒气体外泄危及现场人员安全。

具体做法是：在设备操作人员的指导下依次进行排放、放空、吹扫，并通氮气置换，必要时用蒸汽吹扫或用水冲洗，直至达到清洗要求。

7.5.4 施工现场周边作业情况

了解并掌握作业环境，以及周边的交叉作业、高空作业、受限空间作业、探伤作业、吹扫作业、易燃易爆窒息物品分布、安全通道是否畅通等情况，消除隐患，做好防范预案。

交叉作业：指在施工现场不同的施工单位在同一区域内同时施工的情况，在清洗施工中常常会遇到交叉作业的情况，此时要注意自身施工作业不伤害到对方，以及对方作业不伤害到自身。

高空作业：指在坠落高度基准面 2m 及其以上位置进行作业。化学清洗过程中，常有在高处进行安装、焊接、清洗等操作，施工中存在高空坠落、物体打击等事故隐患。

受限空间作业：指需进入塔、釜、槽、罐、炉、器、机或闭塞的场所内部进行施工作业。

探伤作业：指使用 X 射线等对身体健康有害的仪器对设备及管线进行探伤，此时施工人员在没有特殊防护措施下，一定要撤离到安全距离以外。

吹扫作业：一般是用蒸汽或者氮气等对管道进行吹扫，吹扫时人员一定要撤离到安全距离以外。

如有交叉作业、探伤作业、吹扫作业，应使清洗工作的时间与以上作业时间错开，或在安全距离以外进行。

如有易燃易爆物品，必须使用防爆电器，并按防爆要求进入现场。如安全通道不畅通，应清理疏通或开辟新的安全通道。

如清洗作业涉及高空作业，应配备合格的安全带（绳），工作人员要全程佩戴安全带，安全带的挂钩应挂在作业点上方牢固的部位，严禁挂在移动或不牢固的物体上，在高空行走时应使用双挂钩安全带。高空作业工具必须放入工具袋，且工具用完后应及时放回工具袋。高空作业时，必须与高压线保持安全距离。高空作业现场工作人员必须佩戴安全帽。夜间无足够照明条件时，应停止高空作业。在遇六级以上大风、雷电、大雾等恶劣天气时，应停止露天高空作业。为防范施工现场的安全隐患，还应设置隔离区、警示标识。

如清洗作业涉及受限空间作业，应办理相关手续，并对设备进行安全隔离，不允许系统介质混入；切断与清洗无关的电源，悬挂相关的警示牌及标志牌；如储罐与含窒息性物质（如氮气）的系统相连，受限空间作业前应将储罐与其进行彻底隔离，并用空气对储罐进行置换，直至安全分析指标合格；在清洗过程中应加强通风换气，及时排出清洗时产生的有害气体。施工人员应根据实际情况佩戴相应的防护用品。设备外必须安排专人进行监护，通过人孔观察设备内情况，并准备相应的现场抢救措施。

7.5.5 常用安全设施及隐患检查

(1) 灭火器

① 泡沫灭火器：用来扑救汽油、煤油、柴油和木材等引起的火灾。其使用方法是：一手握提环，一手托底部，将灭火器倒置并摇动，泡沫将喷射出来。注意灭火器喷嘴不要对人，不要打开筒盖，不要和水一起喷射。使用者应在上风处操作。

② 干粉灭火器：是一种通用的灭火器材，用于扑救石油及其产品、可燃气体、电气设备的初期火灾。使用时，拔掉保险销（部分老式灭火器可能使用拉环），一手握住喷嘴，另一手握住压把，对准火源根部喷射粉雾，左右扫射，覆盖燃烧区，将火扑灭。干粉灭火器要注意防止受潮和日晒，严防漏气，每半年检查一次。

检查灭火器时的要点：灭火器的种类、适用范围、是否在有效期内、拉环与铅封是否完好、是否放置在适当的位置。

(2) 消防栓

检查消防栓时的要点：消防头、消防带、消防扳手是否齐全配套、保存适当，消防井内的底阀是否能正常开启。

(3) 洗眼器

冲洗应用活水，施工现场到冲洗用活水的位置不应太远，且中间无障碍，周围没有忌水类的物质、设施。

(4) 安全帽

检查帽壳、帽衬是否完好，帽衬是否与帽壳固定点相连接。帽壳与帽衬不能接触，下颏带要具有一定的强度，以防佩戴时脱落。

(5) 防毒（护）面具

对于过滤式口罩、面罩，应检查部件是否完整，连接是否严密，管路、接头是否畅通，滤料是否已适时更换。对于隔离式通风面罩，使用前要做气密性检查，使用时设专人监护供气设备，定量检查供气胶管，以防扭结或被压。

(6) 防酸碱用品

检查工作服、手套、靴等的制作材料是否符合防酸碱要求，用品是否完整，有无渗漏。

(7) 安全标识（消防通道、禁火标识、禁行标识、危险标识等）

检查安全标识是否完整，是否在明显位置。

① 安全色：我国规定红、蓝、黄、绿四种颜色为安全色，其含义和用途如表 7-10 所示。

表 7-10 安全色的含义及用途

颜色	含义	用途举例
红色	禁止、停止	禁止标志、停止信号：机器、车辆上的紧急停止手柄或按钮，以及禁止人们触动的部位。红色也表示防火
蓝色	指令、必须遵守	指令标志：如必须佩戴个人防护用品，道路指引车辆和行人行走方向的指令
黄色	警告、注意	警告标志、警戒标志：如厂内危险机器，坑池边周围的警戒线，行车道中线，机械上齿轮箱的外部，安全帽
绿色	提示、安全状态、通行	提示标志：车间内的安全通道，行人和车辆通行标志，消防设备和防护装置的位置

为使安全色更加醒目，可采用对比色作为反衬色。黑白互为对比色，并把红、蓝、绿色的对比色定为白色，黄色的对比色定为黑色。在运用对比色时，黑色用于安全标志的文字、图形符号和警告标志的几何图形。白色既可以用作红、蓝、绿的背景色，也可以用于安全标志的文字和图形符号。

另外，白色和红色、黑色和黄色的间隔条纹是两种较醒目的标示，其用途如表 7-11 所示。

表 7-11 间隔条纹标示的含义与用途

间隔条纹	含义	用途举例
白色和红色	禁止超过	道路上的防护栏杆
黑色和黄色	警告危险	企业内部的防护栏杆、吊车吊钩的滑轮架、铁路和通道交叉口上的防护栏杆

② 安全标志：安全标志由安全色、几何图形和图形符号构成，用以表达特定的安全信息。其目的是引起人们对不安全因素的注意，预防事故发生。但不能代替安全操作规程和防护措施。此外，其不包括航空、海运及内河航运上的标志。

安全标志分为禁止标志、警告标志、指令标志和提示标志四类。

a. 禁止标志。禁止标志的含义是不准或制止人们的某种行动。其几何图形为带斜杠的圆环，斜杠和圆环为红色，图形符号为黑色，背景色为白色。

b. 警告标志。警告标志的含义是提醒人们注意可能发生的危险。其几何图形是正三角形，三角形的边框和图形符号为黑色，背景色为黄色。

c. 指令标志。指令标志的含义是强制人们必须遵守某项规定。其几何图形是圆形，背景色是具有指令意义的蓝色，图形符号为白色。

d. 提示标志。提示标志的含义是向人们指示目标或提供方向信息，其几何图形是长方形，背景色为绿色，图形符号及文字为白色。但是消防的 7 个提示标志，其底色为绿色，图形符号及文字为白色。

（8）安全带

检查安全带是否有缺陷，挂钩绳是否磨损，挂安全带的位置是否牢固，安全绳长度是否符合要求。

（9）夜间照明器材

检查电线、开关、灯具是否完好，开关位置是否方便操作。

（10）现场安全防护药品

检查是否准备用于中和酸性清洗剂泄漏的碳酸氢钠、石灰水及清水，以及用于中和碱性清洗剂泄漏的硼酸、稀醋酸溶液及清水。清洗过程中除准备大量冲洗用清水外，应备有下列急救药品：5%碳酸氢钠溶液、3%硼酸溶液、2.5%葡萄糖酸钙凝胶、纱布、创可贴及止痛药等。

7.6 特殊部件拆装

工厂的生产装置是通过管网将所有的设备连接在一起的，待清洗的区域可能是一台设备、几台设备或者一个车间。为避免清洗时清洗液窜入不需要清洗的管线或设备中，而对该设备造成损害，或对生产造成影响，或者造成清洗液的浪费，需对待清洗设备进行隔离处理。具体做法是需将待清洗设备通向外界的所有管线，采取加装盲板或拆除的方式进行隔离。如果清洗对象是一个单元或一个车间，就必须结合现场勘查和图纸，将通向其他单元的管网全部拆除或加装盲板。这部分工作需要有经验的技术人员来完成。若待清洗系统中存在一些不参加（比如系统中的仪器仪表、自动控制系统）或不适宜清洗的部件（如不适宜盐酸清洗的铜芯阀门、奥氏体钢、渗氮钢部件及影响清洗工艺流程的部件等），清洗前应将其隔离或拆除。一般情况下，压力表、采样管、锅炉过热器等可采用隔离方法，而温度计、铜芯阀、奥氏体钢、渗氮钢及锅炉汽包中的汽水分离装置则予以拆除。

7.6.1 流量计、压力表、温度计拆装

流量计、温度变送器、压力变送器、液位计等仪表的敏感探头都比较薄，要求测量精确，极易受到清洗液的损伤而失灵。其拆除工作一般先与甲方（业主）协商并请其完成，如不能，则要取得业主的同意，并请求甲方对该设备非常熟悉的技术人员协助处理，并由专人验收确认。

7.6.1.1 流量计拆装

（1）流量计的中轴应与管道中心重合。

（2）安装前需确认流量计的流向标识，不得装反。

(3) 选用的流量计要与泵的设计流量匹配（一般流量计的最大指示值大于泵的设计流量）。

(4) 安装、拆卸时，应保护好流量计的易损部件。

［例］ 清洗系统流量计的设置如下：

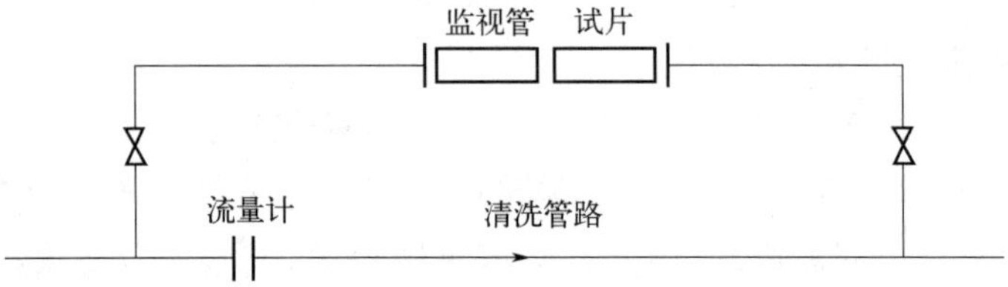

清洗系统的流量计设置

7.6.1.2 压力表拆装

一般要在泵的出入口主管上各安装一台压力表，有时需要在特别关注的设备出口管安装一台压力表，压力表安装时务必注意在压力表下方要安装阀门，压力表的入口管通常不选择直管，应根据介质特性选择合适形式的管。

7.6.1.3 温度计的拆装

清洗工作中用到的温度计为水银温度计，使用时将温度计套管竖直嵌焊到清洗泵站的进回液口上，套管内加入沸点高的导热油，将温度计玻璃泡端朝下放入套管内即可进行读测温度，用完后用棉布擦净温度计上的油，装入温度计纸套中，放置到安稳的地方即可。

此外，也可以使用热套管式双金属温度计和探针式温度传感器。

7.6.1.4 单向阀、过滤器拆除

系统中的所有单向阀和过滤器芯必须拆除，这是因为化学清洗的工艺流程与生产工艺流程完全不同。生产中单向阀的作用是控制液体只能朝一个方向流动，液体的倒流会引起生产事故；而化学清洗则不然，液体必须实现正反两个方向的流动，以保证设备各部位的清洗效果高度一致性。单向阀不拆除，将直接影响清洗回路的打通，甚至无法清洗。过滤器是保证生产中各种固体杂质不进入设备的防护性设施。但清洗时，各种固体杂质较多容易造成过滤器被堵塞，影响清洗流量，再者清洗液可能对过滤器芯造成腐蚀，所以必须拆除。

值得注意的是，所有拆除的设备、管线、仪器仪表、单向阀、过滤器，以及加入的盲板，都必须一一编号、登记、造册，由专人负责，并妥善保管，清洗完工后，由原来拆除人员负责复位。这部分工作最好由清洗方提出要求，由业主负责完成。

7.6.2 阀门、盲板安装拆除记录

在进行阀门、盲板拆装作业时，需做好详细记录，记录内容包括：拆装内容、

部位、数量、时间、人员，以及拆装指令来源、拆装部位是否进行现场标识、拆装部位的编号。

［例］ 用螺栓连接法兰

用螺栓连接紧固后，其结合面应当紧密贴合、不松动、不泄漏。装配时应注意：

（1）螺栓或螺母与法兰贴合的表面要光洁，否则容易使连接件松动或螺杆部分弯曲。

（2）拧紧时要控制预紧力的大小。预紧力的大小需根据工作性质、密封面的结构形式和工作载荷情况而定。M16 以下的螺栓不应用于高压管件，以防止预紧力过大而扭断。

（3）装配时应注意拧紧次序，如图 7-10 所示，应按图示数字次序分别拧紧螺母，并分次逐步拧紧螺母，禁止一次将螺母紧死。

（4）双头螺栓的螺母，应使用辅助工具。

（5）重要的螺栓连接，应采用防松措施。防松方法有弹簧垫圈防松、双螺母防松、槽形螺母和开口销防松、带翅垫片防松、止动垫片防松等。

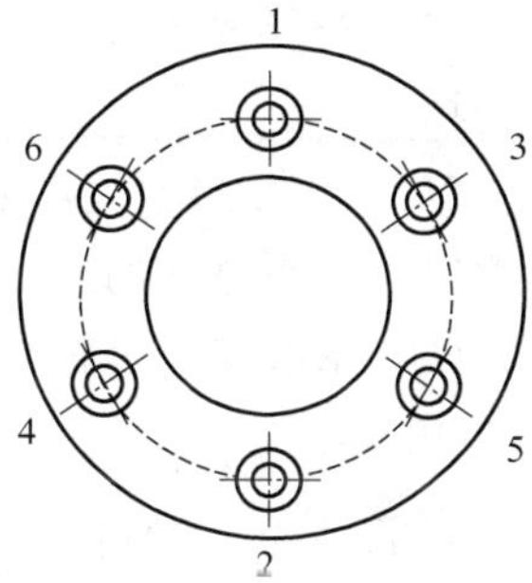

图 7-10 拧紧螺栓顺序

7.6.3 密封填料安装

（1）应选择耐腐蚀、耐磨的密封填料。

（2）在制作密封填料时，每个接口要呈楔形。安装时，先将要加密封填料的设备部位处理干净，再逐一安装，每层密封填料接口需错开。

（3）密封填料加装完后，在紧压盖时，应检查密封部位的松紧是否适宜。

（4）可用水压试验的方法检查密封填料的密封质量。

7.7 临时系统安装、试压准备

7.7.1 临时系统安装

7.7.1.1 临时系统安装原则

（1）要求安装地点靠近被清洗的设备及水源，离排污点不太远，远离电器设备。

（2）施工场地明亮、干燥，便于检修、拆装；临时设置的清洗箱、溶药箱及泵站等应布置在夯实、平坦的硬化基础上，且不宜靠近电缆沟。

(3) 清洗现场的道路应平整、畅通；若临时管道影响通行，应设临时便桥；应有良好的照明和通信设施。

(4) 安装临时系统时，应检查确认管道内没有砂石或其他杂物；按相应压力正式管道的质量要求，检查临时管道的焊接质量；焊接部位应易于观察，焊口不宜靠近重要设备；焊接操作人员应持有压力容器焊工岗位合格证。

(5) 泵轴和电机转轴要严格控制水平，并加装防护罩。

(6) 安装清洗泵进、出口管道时，应采取热膨胀补偿措施，避免水泵推力过大烧坏轴承。

(7) 临时系统中安装的温度计、压力表、流量计及分析仪表，应经校验合格后使用；不耐腐蚀的仪表，应采取隔绝清洗液的措施。

(8) 系统安装过程中及安装完毕，应及时清除临时系统内的砂石、焊渣和其他杂物。

7.7.1.2 管件安装

管件的连接方式有螺纹连接、法兰连接、插套连接、焊接连接等。一般的管件安装操作规程如下：

(1) 管道安装时，应对法兰密封面及密封垫片进行外观检查，不得有影响密封性能的划痕、斑点等缺陷。

(2) 法兰连接时应保持平行，其偏差不大于法兰外径 1.5/1000，且不大于 2mm。不得用紧螺栓的方法消除歪斜。

(3) 法兰连接应保持同轴，其螺栓孔中心偏差一般不超过孔径的 5%，并保证螺栓自由穿入。

(4) 垫片安装时，一般可根据需要涂上涂剂。

(5) 拼接大口径垫片时，应采用斜口搭接或迷宫形式，不得采用平口对接。

(6) 采用软垫片时，周边应整齐，垫片尺寸应与法兰密封面相符，且在规定的允许偏差范围内。

(7) 管道安装时，如遇下列情况，螺栓、螺母应涂上涂剂：不锈钢、合金钢螺栓及螺母；管道设计温度高于 100℃或低于 0℃；露天装置；存在大气腐蚀或腐蚀介质。

(8) 法兰连接应使用同一规格螺栓，且安装方向一致。紧固后外露长度不大于 2 倍螺距。

(9) 螺栓紧固后，应与法兰紧贴，不得有楔缝。需加垫圈时，每个螺栓不应超过一个。

7.7.1.3 阀门安装

(1) 阀门安装前，阀内应洁净，阀芯及其密封面正常，检查密封填料，其压盖需有足够的调节余量。

(2) 通过法兰或螺纹连接的阀门应在关闭状态下安装，并注意先将阀门两端的保护盖去掉再安装。

(3) 安装阀门前，应按设计文件核对型号，并按介质流向确定其安装方向。

(4) 对于水平管道上的阀门，其阀杆一般应安装在上半周范围内。

(5) 阀门传动杆轴线的夹角不应大于30°，其接头应转动灵活。

(6) 阀门的操作机构和传动装置应进行必要的调整，使之动作灵活、指示准确。

(7) 安装铸铁、硅铁阀门时，应避免因强力连接或受力不均引起的损坏。

7.7.2 临时系统试压

(1) 临时系统安装完毕后，应进行热水水压试验。也就是将系统中除排污阀、放空阀之外的所有管线上的控制阀门开启，然后充满热水。

(2) 启动清洗泵，先不关闭回液阀门，进行低进高出循环，并组织人员进行全系统检查。检查有无泄漏点，有无串液现象，一旦发现，需记录、标识；如泄漏量不大，则关闭附近相关阀门，进行紧固处理，一时无法处理者，进行记录和标识。检查试验高点放空阀是否畅通，是否能够正常排除空气。

(3) 再启动反向循环，也就是高进低出循环，再次检查并记录泄漏点，如泄漏量不大，可进行紧固处理。然后检查试验低点工序排空阀和排污阀是否畅通，是否能够正常排除污液。

(4) 停泵，退出部分清水，让系统泄压，对泄漏部位做好记录和标识，逐一进行维修处理，直到下次试压没有泄漏点为止。

(5) 保压试验，再次用热水充满系统，低进高出循环20min，逐一开启高点排气阀排气，直到排出清水时关闭排气阀，关闭清洗槽回液阀门。当清洗系统水压达到清洗系统的设计压力时，关闭水泵入口阀门，停泵保压。

(6) 如果系统水压在一个小时后的下降值不超过停泵后峰值压力的10%，认为系统没有泄漏点，可以投入清洗使用，进行记录并结束热水试压工作。

7.8 化学清洗常用仪器仪表准备

化学清洗过程中，通常需要测量的参数有温度、压力、pH值、流量等，对于特殊清洗工艺，还涉及电导率、浊度等参数，以下简要介绍在化学清洗中，经常使用的仪器仪表。

7.8.1 温度计

温度是表示物体冷热程度的物理量。温度只能利用物体随温度变化的某些特性来间接测量，而用来量度物体温度数值的标尺叫温标。它规定了温度的读数起点（零点）和测量温度的基本单位。目前国际上用得较多的温标有华氏温标、摄氏温标、热力学温标和国际实用温标。

温度计一般可分为膨胀式温度计（如水银温度计）、电阻式温度计、热电偶式温度计三大类。以下只对化学清洗中经常使用的水银温度计进行详细介绍。

水银温度计是最常用的温度计。它结构简单，价格低廉，具有较高的精确度，可直接读数，使用方便；但易损坏，且损坏后无法修理。温度计的玻璃泡内装有水银，泡上连着一根细玻璃管，管壁较厚，壁上标有刻度。当温度升高时，泡内的液体膨胀，液面上升；当温度下降时，泡内液体收缩，液面下降。根据液面的位置可读出温度的数值。所以，水银温度计是利用液态水银的热胀冷缩性质来测量温度的。

温度计上的符号“℃”表示摄氏温度。摄氏温度的定义为：把冰水混合物的温度规定为 0℃，沸水温度规定为 100℃。将 0～100 之间 100 等分，每一等分为 1 摄氏度，记作 1℃。

7.8.2 压力表

压力是工业生产中的重要参数之一，为了保证生产正常运行，必须对压力进行监测和控制。但需说明的是，这里所说的压力，实际上是物理概念中的压强，即垂直作用在单位面积上的力。

在压力测量中，常用绝对压力、表压力、负压力（真空度）来区分不同的压力状态。所谓绝对压力是指被测介质作用在容器单位面积上的全部压力，用符号 p_j 表示，用来测量绝对压力的仪表称为绝对压力表。地面上的空气柱所产生的平均压力称为大气压力，用符号 p_q 表示，用来测量大气压力的仪表叫气压计。绝对压力与大气压力之差称为表压力，用符号 p_b 表示，即 $p_b = p_j - p_q$。当绝对压力值小于大气压力值时，表压力为负值（即负压力），此负压力值的绝对值，称为真空度，用符号 p_z 表示，用来测量真空度的仪表称为真空表。既能测量压力值又能测量真空度的仪表叫压力真空表。

7.8.2.1 压力测量与压力表选择

压力测量原理可分为液柱式、弹性式、电阻式、电容式、电感式和振频式等几种。压力表的测量范围较宽，从超真空（如 133×10^{-13}Pa）到超高压（如 280MPa）。压力表从结构上可分为实验室型和工业应用型两类。压力表品种繁多，因此根据被测压力对象合理选用压力表十分重要。

（1）就地压力指示

当压力在 0.26MPa 时，可采用膜片式压力表、波纹管压力表和波登管压力表。接近大气压的低压测量，可用膜片式压力表或波纹管式压力表。

（2）远距离压力显示

当需要进行远距离压力显示时，一般用气动或电动压力变送器，也可用电气压力传感器。当压力范围为 140～280MPa 时，则应采用高压压力传感器。当高真空测量时，可采用热电真空计。

（3）多点压力测量

进行多点压力测量时，可采用巡回压力检测仪。若被测压力达到极限值需报警，则应选用附带报警装置的各类压力表。

除上述几点外，选择压力表时还需考虑以下几点。

（1）量程的选择。根据被测压力的大小确定仪表量程。对于弹性式压力表，测稳定压力时，最大压力值应不超过满量程的 3/4；测波动压力时，最大压力值应不超过满量程的 2/3；最低测量压力值应不低于全量程的 1/3。

（2）精度选择。在生产允许的最大测量误差内，以经济、实惠的原则确定仪表的精度等级。一般工业用压力表选用 1.5 级或 2.5 级，科研或精密测量选用 0.5 级或 0.35 级的精密压力表或标准压力表。

（3）使用环境及介质性能的考虑。根据环境条件恶劣情况（如高温、腐蚀、潮湿、震动等）、被测介质的性能（如腐蚀性、易结晶、易燃、易爆等）来确定压力表的种类和型号。

（4）压力表外形尺寸的选择。一般现场就地指示压力表的表面直径 $\phi=100$mm，在标准较高或照明条件较差的场合表面直径 $\phi=200\sim250$mm，盘装压力表直径 $\phi=150$mm，或用矩形压力表。

7.8.2.2 压力表常见故障

（1）指针不动。当压力升高后，压力表指针不动。其原因可能是：旋塞未开；旋塞、压力表连接管或存水弯管堵塞；指针与中心轴松动或指针卡阻。

（2）指针抖动。造成指针抖动的原因有：游丝损坏；旋塞或存水弯管通道局部被堵塞；中心轴两端弯曲，轴两端转动不同心。

（3）无压时指针不归零。其原因可能是：弹簧弯管产生永久变形而失去弹性；指针与中心轴松动，或指针卡阻；旋塞、压力表连管或存水弯管通道堵塞。

（4）指示不正确，超过允许误差。这主要是弹簧管因高温或过载而产生过量变形、齿轮磨损松动、游丝紊乱、旋塞泄漏等原因造成的。

7.8.2.3 压力表的废停条件

（1）有限止钉的压力表，在无压力时，指针转动后不能回到限止钉处；无限止钉的压力表，在无压力时，指针距零位的数值超过压力表规定的允许误差。

（2）表盘封面玻璃破碎或表盘刻度模糊不清。

（3）封印损坏或超过校验有效期限。

（4）表内弹簧管泄漏或压力表指针松动。

7.8.2.4 压力表的维护和检查

要使压力表测量灵敏准确，除了合理选用和正确安装以外，还应加强维护和检查。压力表的维护应做好以下几点：

（1）压力表应保持洁净，表盘上的玻璃应明亮清晰，使表盘内指针指示的压力值清楚易见，表盘玻璃破碎或表盘刻度模糊不清的压力表应停止使用。

（2）压力表的连接管要定期吹洗，以免堵塞。特别是用于含有较多油垢或黏性物质的气体的压力表连接管，应增加吹洗频次。

（3）定期检查压力表指针的转动与波动状态是否正常，检查连接管上的旋塞是否处于全开位置。

（4）压力表必须定期校验，校验合格后，应认真填写校验记录，粘贴校验合格证并加铅封。已经超过校验期限的压力表应停止使用。

7.8.3 pH酸度计

酸度计是利用pH复合电极测量被测溶液中不同酸度产生的电位信号，经前置pH放大器处理后，传输至A/D转换器，最终实现pH值的数字显示。pH酸度计主要用于测量水溶液的酸度（pH值）和电极电位（mV）。

7.8.3.1 pH酸度计分类

按测量精度，可分为0.2级、0.1级、0.01级或更高精度；按仪器体积，可分为笔式（迷你型）、便携式、台式；此外，还有在线连续监控测量的在线式。

7.8.3.2 pH酸度计的使用方法

（1）选择开关置“pH”挡，开启电源，仪器预热。

（2）用蒸馏水清洗电极头部，并用滤纸吸干。

（3）将电极插入被测溶液内，轻轻摇动试杯，读数稳定后读出该溶液的pH值。

7.8.4 流量计

在清洗工程中，清洗液是在循环流动过程中配制而成的。为了保证清洗液中各组分浓度符合工艺条件要求，需安装准确可靠的流量计随时测定清洗液的流量。

流量是指流体单位时间内通过一定截面积的量。对在一定通道内流动的流体的量进行测量，统称为流量计量。流量测量的流体具有多样性：测量对象有气体、液体、混合流体；被测流体的温度、压力、流量均有较大的差异；要求的测量准确度各不相同。因此，流量测量的任务就是根据测量目的、被测流体的种类、流动状态、测量场所等条件，选择或研究各种相应的测量方法，并保证流量量值的正确传递。

7.8.4.1 流量计分类

流量测量的方法和仪表种类繁多，分类方法多样。按测量对象，可分为封闭管道和明渠两大类；按测量目的，可分为总量测量和流量测量，其仪表分别称作总量表和流量计；按测量原理，可分为力学原理、热学原理、声学原理、电学原理、光学原理、原子物理学原理等。

按照目前最流行、最广泛的分类法，分为容积式流量计、差压式流量计、浮子流量计、涡轮流量计、电磁流量计、流体振荡流量计（如涡街流量计）、质量流量计和插入式流量计。

7.8.4.2 流量仪表选用

流量仪表的选型对仪表能否成功使用起着很重要的作用，由于被测对象状况复杂、仪表种类繁多、性能指标各异，仪表的选型存在困难。不存在万能型流量计，各类仪表都有各自的特点，选型时需结合实际需求“扬长避短”，选择最合适的仪表。

一般选型可以从五个方面进行考虑，即仪表性能方面、流体特性方面、安装条件方面、环境条件方面和经济因素方面。五个方面的详细因素如下。

（1）仪表性能方面

包括准确度、重复性、线性度、范围度、适用流量范围、信号输出类型、响应时间、压力损失等。

（2）流体特性方面

包括温度、压力、密度、黏度、化学腐蚀性、磨蚀性、结垢倾向、电导率、声速、热导率、比热容、等熵指数，以及是否存在混相、相变等。

（3）安装条件方面

包括管道布置方向、流动方向、检测件上下游侧直管段长度、管道口径、维修空间、电源条件、接地条件、辅助设备（过滤器、消气器）等。

（4）环境条件方面

包括环境温度、湿度、电磁干扰强度、安全性、防爆等级要求、管道振动幅度等。

（5）经济因素方面

包括仪表购置费、安装费、运行费、校验费、维修费、仪表使用寿命、备品备件的可获得性等。

一般情况下，化学清洗主管道选用孔板流量计，监视管段选用浮子流量计。

7.8.5 电导率仪

通过测定水的电导率，可检验水质是否符合实验条件。水的电导率越小，表明其导电能力越弱；水中的阴、阳离子数目越少，水的纯度越高。

电导率仪使用方法如下：

(1) 根据被测介质电阻率或电导率的高低，选用不同常数的电极和不同的测量方式。

(2) 接通电源开关，预热 10min。

(3) 调节温度补偿电位器，使温度与被测溶液温度一致，如不需温度补偿，则把该电位器调到 25℃位置。

(4) 按不同常数的测量电极进行校准，校准后，开关置“测量”档，将电极浸入被测溶液中，此时显示的数值即为被测溶液的电导率值。

(5) 仪器长期不用时，应断开电源。

7.8.6 浊度仪

浊度是表示水中悬浮物对光线透过时产生阻碍程度的物理量。

浊度仪的使用方法如下：

(1) 接通电源，预热 3min 左右。

(2) 测定 0～20 浊度单位的水样时用长光程水样杯，测定 20～100 浊度单位的水样时用短光程水样杯。

(3) 选择量程，擦净水样杯两端的玻璃窗口。

(4) 将浊度值为 0 的水倒入水样杯，并达到合适水位。

(5) 将水样杯放入仪器的样品室内，并注意水样杯标注“左”字的一端靠紧仪器水样室的左边，然后关闭样品室盖板。

(6) 调整调零手轮，使数显读数为 0，随即取出水样杯，关闭样品室盖板，此时读数窗立即显示出不为零的数值，记下此数值。在以后的测量中，将调零手轮调到此数即可进行样品测试，无需再用浊度值为 0 的水重复上述零位的调整。

(7) 将样杯内浊度值为 0 的水换成被测水样，参照步骤 (4) (5) 的要求及操作，此时显示屏上的读数即为被测水样的浊度值。

7.8.7 传感器

能把非电量转换为电量的器件被称为传感器，传感器实质上是一种功能块，其作用是将来自外界的各种信号转换成电信号。它是实现测试与自动控制系统的首要环节。如果没有传感器对原始参数进行精确可靠的测量，那么，后续的信号转换、信息处理或最佳数据的显示和控制都将无法实现。

7.8.7.1 传感器的分类

传感器的检测对象广泛，主要有数量、长度、面积、体积、位置、含量、线性变位、旋转变位、畸变、压力、转矩、流量、流速、加速度、振动、成分配比、水分、离子浓度、浊度、粒状体、相对密度/密度、伤痕、湿度、热量、温度、火灾、烟雾、有害气体和气味等29类。

按检测功能，可分为温度传感器、压力传感器、湿度传感器、流量传感器、流速传感器、磁场传感器、光通道传感器等，其中最常用的是温度传感器，其次是压力传感器、流量传感器。

7.8.7.2 传感器选用

传感器千差万别，即便对于相同种类的测定量，也可采用不同工作原理的传感器，因此，要根据需要选用最适宜的传感器。

（1）测量条件

如果误选传感器，则会降低系统的可靠性。为此，需从系统整体角度考虑，明确使用的目的及采用传感器的必要性，避免选用不适宜或不必要的传感器。测量条件包括：测量目的，测量量的选定，测量的范围，输入信号的频率带宽，要求的精度，测量所需要的时间，过输入发生的频繁程度等。

（2）传感器性能

选用传感器时，要考虑传感器的以下性能：精度、稳定性、响应速度、模拟信号（数字信号）、输出量及其电平、被测对象特性的影响、校准周期、过载保护等。

（3）传感器使用条件

传感器的使用条件包括：安装场所、环境（湿度、温度、振动频率等）、测量时间、与显示器之间的信号传输距离、接口连接方式、供电电源容量等。

7.9 常用施工设备、机具及附件准备

7.9.1 清洗泵站检查

清洗泵站主要由配液罐、循环清洗槽、循环清洗泵、阀门、管线、电机启动柜等组成。清洗泵站在每次使用前都要经过维修、吊装和长途运输等作业。使用前，需了解泵站基本参数：泵站的控制方式（自动控制还是手动控制）、泵站的运行方式（双泵运行还是一用一备）、泵的结构及运行参数（包括流量、扬程、电机

功率)、泵站的整体尺寸。清洗泵站的检查，除检查泵站配套是否完整、清洁外，更重要的是检查泵站的各部分是否正常，能否满足本次清洗的使用要求。具体包括：查看清洗泵站上次的使用记录和使用后的检维修记录，检查泵站的检维修项目是否完成，检查吊耳及起吊装置是否安全可靠。

7.9.1.1 清洗泵检查

(1) 泵站摆放平稳，以泵的轴线为基准找正，地脚螺栓紧固。

(2) 泵的润滑油清洁，油面在刻度范围内，润滑油无渗漏现象。

(3) 泵的密封填料已更换，密封填料压盖松紧合适，盘动转子灵活、无异响，转子的轴向窜动量符合设备技术要求；以联轴器连接时，两半联轴器的径向位移、端面间隙、轴线倾斜均符合设备技术要求，联轴器防护设施有效。

(4) 泵吸入口的滤网无破损，安装稳固。

(5) 叶轮无明显腐蚀，若被腐蚀，检查叶轮能否满足本次清洗的需求；叶轮在涡轮室内的前轴向、后轴向的间隙符合要求。

(6) 适当支撑与泵连接的管道，以免重量全部压在离心泵体上。

(7) 泵的转动方向同泵上的标识同向。

7.9.1.2 电动机及其配电设施检查

(1) 防爆电动机使用前适当清扫，盘动电动机转子应灵活无卡阻声。

(2) 防爆电动机使用前测量绕组对地及相间绝缘电阻，常态时电阻值不低于 20MΩ。

(3) 电动机紧固件无松动。

(4) 电动机电源线按电动机所标识的要求进行连接，且进行可靠接地。

(5) 润滑脂的情况正常，无变色、变质及变硬等现象，轴承运行每半年检查一次，更换润滑脂。

(6) 防爆配电柜干燥、清洁，并保持良好的电气绝缘性能（含相间和对地），触点平整、干净、接触充分，各电气元件安装稳固，电源线、信号线连接牢固，操作按键标识明确。

(7) 清洗用防爆配电柜放置稳固，位置便于观察清洗泵站及操作，且操作人员不会被清洗溢液、飞溅液和高空坠物伤害；有适当的防雨防潮措施；防爆配电柜与清洗泵站的距离不宜小于 15m。

(8) 在铺设前对临时电源线的规格、型号、长度、外观、绝缘性能进行了检查，均符合使用要求；电源线的铺放不妨碍施工物资搬运和人员安全行走，尽量铺设在人员活动少的区域；电源线的压接（焊接）、绝缘保护正确、完整；当电源线穿越道路时，采取穿管埋地或架空的方式；电源线铺放的地面潮湿或可能有雨水时，应尽可能架空，不能全部架空时，其接头部分必须作架空处理。

（9）临时电路配接完成后，在送电之前检查整个临时电路的绝缘性能（含相间和对地）、电源电压，合格后方能送电；电机接通电源后，转动方向正确。

7.9.1.3 管道、阀门检查

（1）查看管道、阀门、管件、泵壳外表面（尤其是低点部位）无清洗液泄漏留下的痕迹，检查漏点已完成处理。

（2）管道内部和端部洁净，密封面和螺纹无损伤，管壁的薄厚在许可范围内。

（3）相互连接的法兰端面平行，螺纹管接头轴线对正，无法兰螺栓或管接头强行连接情况。

（4）所有阀门的阀杆涂抹黄油，开关轻便。在开关阀门时，可通过观察阀杆的动作、轻重等情况判断阀门的阀芯是否随阀杆一起动作。

（5）阀门密封填料填充适当，阀盖压度适中，便于泄漏时进行处理。

（6）清洗用测温、测压等仪表已经过校正，正确安装且便于读数。

（7）清洗用加热器及蒸汽管线按清洗方案要求进行安装，安装稳固，有适宜的隔热保温措施，并贴有防烫伤警示标识；蒸汽控制阀安装位置应便于操作且操作人员不会被清洗溢液、飞溅液和高空坠物伤害；蒸汽管线布置合理，低点有排液阀，不妨碍施工物资搬运和人员安全行走。

（8）清洗循环管线、清洗补水管线、排污管线按清洗方案要求进行安装，安装固定；阀门安装位置便于操作且操作人员不会被清洗溢液、飞溅液和高空坠物伤害；管线布置合理，不妨碍施工物资搬运和人员安全行走，且设有环境温度低于零摄氏度时的防冻保护；清洗循环管线在低点设置导淋；管道安装前内部已清理干净，无杂物。

7.9.1.4 配液槽、清洗槽检查

在循环清洗过程中，配液槽起到加药、加热、排污、循环等作用。配液槽要有足够大的容积和强度，以满足系统循环量的要求。在选材上，应考虑其具有一定的耐腐蚀性；清洗液需要加热时，则要求其具有足够的耐热性。对于较大型的配液槽，还必须考虑其在工作条件下的刚度。

（1）配液槽内干净、无沉渣残液；查看外表面无清洗液泄漏留下的痕迹；检查漏点已完成处理；查看槽底及焊缝的腐蚀情况，研判是否满足本次清洗需求。

（2）蒸汽加热器、补水管线焊接固定。本次清洗不使用的法兰口、螺纹口已添加盲板、丝堵。

（3）加料台安装稳固、方便操作，且操作人员不会被清洗飞溅液和高空坠物伤害；固体加料口设置滤网，以防止固体包装袋落入配液槽内；捞取包装袋等液体漂浮物的长杆滤网放置在清洗配液槽边，且取用方便。

（4）清洗槽附近照明充分、安全。

7.9.2 清洗泵站试运行

清洗泵站试运行是指模拟清洗时泵站的工作状态，检查清洗泵站的工作性能。

7.9.2.1 清洗泵的试运行检查

（1）清洗泵的各丝堵、压盖无泄漏，密封泄漏量适当［机械密封的泄漏量不大于 5mL/h，填料密封泄漏量不大于 900mL/h（$Q\leqslant 50m^3/h$ 时）、1200mL/h（Q 在 $50\sim100m^3/h$ 时）或 1800mL/h（Q 在 $100\sim300m^3/h$ 时）］，且温升正常。

（2）清洗泵的转子及各运动部件运转正常，各固定连接部位无松动，无异常声响和摩擦现象。

（3）滑动轴承温度不高于 70℃，滚动轴承的温度不高于 80℃，各润滑点的润滑油温度符合设备技术文件规定，润滑油无渗漏和雾状喷油现象。

（4）泵在额定工况连续运转时间不小于 2h，在额定工况运行时泵出口压力和流量在正常范围内。

（5）严禁空转或反转，防止叶轮损伤和轴套松扣。停泵前须用清水置换干净，冬季应将泵内残液排尽吹干或采取保温防冻措施。

7.9.2.2 电动机及其配电设施试运行检查

（1）电动机和配电柜具有防爆性能。

（2）电动机转子转动正常，无异响。

（3）电动机的安全保护和电控装置以及各部分仪表均灵活、正确、可靠，电流在额定值范围内，且各相电流基本相同，电控装置及电源线发热正常。

（4）电动机通风散热良好，在额定条件下运行，电动机定子绕组最高温度不超过 80℃。

7.9.2.3 管道、阀门、配液槽检查

（1）清洗泵站各固定连接部位无松动、无泄漏或泄漏轻微（不会影响本次清洗）。

（2）管道、阀门、配液槽的外表面无泄漏或泄漏轻微（不会影响本次清洗）。

（3）压力、温度等仪表显示正常。

（4）各控制阀的内漏量符合规范。

（5）补水水量、水质符合要求。

（6）蒸汽加热速度符合清洗要求，加热器振动正常、安全。

（7）排污、排水能力满足清洗需求。

7.9.3 常用工具检查

维护维修泵、电器、管线等所用梅花扳手、活动扳手、管钳、手锤、手钳、锯弓等工具无锈蚀、裂纹，且活动部件灵活，连接部件稳固，数量充足。易燃易

爆环境下，上述工具需为防爆专用品。电工工具如万用表、钳形电流表、电笔、摇表等规格合适，校验合格。

7.9.4 备品备件

（1）备用阀门的材质、规格、数量符合本次清洗需求；管口保护物和堵盖完好，管口密封面和螺纹无损伤；阀门内无锈蚀，阀门出厂资料完整。

（2）备用温度计、压力表的管口保护物和堵盖完好、螺纹无损伤，出厂合格证和校验资料完整。

（3）备用密封填料、润滑油规格、数量符合需求。

（4）备用密封垫的材质、规格、数量符合需求。

（5）螺栓的规格、数量符合本次清洗的使用需求。

（6）联轴器缓冲垫的材质、规格、数量符合使用需求。

（7）电工耗材如保险丝、触头、砂纸、高低压防水绝缘材料等的规格、数量符合需求。

（8）另备足量四氟乙烯带、垃圾箱、记录纸、笔、文件夹等。

第 8 章

化学清洗现场操作

完成上述准备工作之后，完全具备了化学清洗的条件，化学清洗工作即将进入核心实施阶段，本章将详细阐述化学清洗的完整操作流程——从配液至完成清洗操作的一些基本方法。

8.1 清洗液配制及加料规则

8.1.1 酸洗液配制及加料规则

酸洗液配制常采用两种方式：逐槽配制和循环配制。

8.1.1.1 逐槽配制

① 先在配液槽中加入计量的清洗用水。

② 再加入推荐量的缓蚀剂，并混合均匀。

③ 最后加入计量的酸，并搅拌均匀。

8.1.1.2 循环配制

① 向清洗箱内注入清水，启动清洗泵进行循环。清水用量应扣除计划加入的酸体积和估计的加热蒸汽凝液体积。

② 在循环状态下，一次或分次加入定量缓蚀剂。

③ 缓蚀剂混匀后，逐渐加入计量的酸，最后补加清水至规定体积，循环均匀。

[例] 使用浓度为 30%的盐酸配制 100m^3 浓度为 6%的盐酸清洗液，缓蚀剂添加量为 0.2%。假设清洗液密度 $\rho=1g/cm^3$，计算原材料用量。此溶液若按循环配制方式，写出配液顺序。

计算：

需要 30%的盐酸量＝（欲配制酸液的浓度/原浓酸液浓度）×清洗液体积×清洗液密度

$= (6\%/30\%)\times 100\times 1=20(t)$

需用缓蚀剂量=缓蚀剂添加量×清洗液体积×清洗液密度

$=0.2\%\times 100\times 1=0.2(t)$

配液顺序：

(1) 在系统中加入 75m^3 左右清水。

(2) 在循环状态下，向配液槽中加入 0.2t 缓蚀剂，循环均匀。

(3) 在循环状态下，逐量加入酸，循环均匀。

(4) 补充清水到 100m^3，循环均匀。

［例］ 配制 100m^3 浓度为 10%的氨基磺酸清洗液，缓蚀剂添加量为 0.1%。假设清洗液密度 $\rho=1g/cm^3$，固体氨基磺酸含量为 98%。计算原材料用量。此溶液若按循环配制方式，写出配液顺序。

计算：

氨基磺酸用量＝（使用浓度/固体氨基磺酸含量）×清洗液的体积×清洗液密度

$= (10\%/98\%)\times 100\times 1=10.2(t)$

缓蚀剂用量=使用浓度×清洗液体积×清洗液密度

$=0.1\%\times 100\times 1=0.1(t)$

配液顺序：

(1) 在系统中加入 80m^3 左右清水。

(2) 在循环状态下，向配液槽中加入 0.1t 缓蚀剂，循环均匀。

(3) 在循环状态下，逐量加入氨基磺酸，充分溶解，循环均匀。

(4) 补充清水到 100m^3，循环均匀。

［例］ 某施工方案中，原计划配制 50m^3 6%盐酸清洗液来清洗水垢，由于现场原料问题，现改用硝酸配制，需用 65%硝酸多少吨？假设清洗液密度 $\rho=1g/cm^3$。

计算：假设 65%硝酸用量为 m

$$
\begin{array}{ccc}
HCl & \sim & HNO_3 \\
36.5 & & 63 \\
6\%\times 50\times 1 & & 65\%\times m
\end{array}
$$

$m=63\times 6\%\times 50\times 1/(36.5/65\%)=7.966(t)=7966kg$

经过计算，改用 65%的硝酸后，硝酸用量为 7966kg。

8.1.2 碱洗液配制及加料规则

碱洗液可用于清除油污和碱溶性沉积物（如一些硅的化合物），同时还可以改善清洗对象表面的润湿性，松动某些致密垢层。

［例］ 按配比1%氢氧化钠＋2%碳酸钠＋0.5%磷酸三钠＋1%硅酸钠配制$20m^3$碱洗液，计算原材料用量，并写出配液顺序。

假设碱洗液密度$\rho=1g/cm^3=1t/m^3$，氢氧化钠纯度为96%，其余原料纯度按100%计算。

计算：

氢氧化钠用量$=1\%/96\%\times20m^3\times1t/m^3=0.208t=208kg$

碳酸钠用量$=2\%\times20m^3\times1t/m^3=0.4t=400kg$

磷酸三钠用量$=0.5\%\times20m^3\times1t/m^3=0.1t=100kg$

硅酸钠用量$=1\%\times20m^3\times1t/m^3=0.2t=200kg$

配液顺序：

(1) 在系统中加入$18m^3$左右清水。

(2) 在循环状态下，向配液槽中逐步分量加入上述原料，充分溶解，循环均匀。

(3) 补充清水至$20m^3$，循环均匀。

8.1.3 漂洗液配制及加料规则

漂洗的目的是利用柠檬酸铵漂洗液与被清洗设备系统内残留的铁离子发生络合反应，除去系统内水冲洗过程中形成的浮锈，使系统总铁离子浓度降低，以保证钝化效果。

［例］ 按配方0.3%柠檬酸＋0.1%缓蚀剂配制漂洗液$100m^3$，漂洗温度为85～90℃，假设漂洗液密度$\rho=1g/cm^3$，计算原材料用量，并写出配液顺序。

计算：柠檬酸用量$=0.3\%\times100\times1=0.3(t)=300kg$

缓蚀剂用量$=0.1\%\times100\times1=0.1(t)=100kg$

配液顺序：

(1) 在系统中加入$90m^3$左右清水，升温至65～70℃。

(2) 在循环状态下，向配液槽中加入0.1t缓蚀剂，循环均匀。

(3) 在循环状态下，逐量加入柠檬酸300kg，充分溶解，循环均匀。

(4) 用氨水调节pH=3～4。

(5) 补充清水至$100m^3$，循环均匀，升温至漂洗所需温度。

8.1.4 钝化液配制及加料规则

化学清洗后的金属表面，特别是酸洗后的金属表面，其化学性质相当活泼，非常容易重新与氧结合被氧化而返锈。因此金属表面经化学清洗以后，特别是经酸洗后，必须尽快采取钝化处理措施，以防止返锈。金属的“钝性”是由于金属腐蚀的阳极溶解过程受到抑制，金属处于较高的耐蚀状态。在化学清洗工程中，待清洗的金属材料主要是钢铁，钢铁材料比有色金属在酸洗后更容易返锈，所以通常所说的钝化处理主要是针对钢铁。通过添加某些化学药剂或外加阳极电流的方法，使钢铁由活性状态转变成钝性状态的过程就是钝化过程，简称“钝化”。

在化学清洗工艺中，用碱性亚硝酸钠溶液或磷酸三钠溶液处理清洗后的金属活性表面，使其变成钝性状态的过程就是典型的钝化过程。碱性亚硝酸钠溶液和磷酸三钠溶液就是钝化剂。清洗时，钝化操作如下：

① 漂洗结束后，若溶液中总铁离子浓度小于300mg/L，可直接用氨水等碱性物质将漂洗液的pH值调至9～10，再加入钝化剂进行钝化。

② 漂洗结束后，若溶液中总铁离子浓度大于300mg/L，则应更换漂洗液重新进行漂洗操作，至溶液中总铁离子浓度不大于300mg/L，加入氨水或其他碱性物质将漂洗液的pH值调至9～10，再加入钝化剂进行钝化。

③ 无漂洗步骤时，冲洗水的pH＝3.5～4，含总铁离子不大于300mg/L，即可进行中和、钝化。

［例］ 配制50m^3 2%亚硝酸钠钝化液。假设钝化液密度ρ＝1g/cm^3，亚硝酸钠含量为100%。计算原材料用量，并写出配液顺序。

计算：

亚硝酸钠用量＝2%×50×1＝1(t)

配液顺序：

(1) 置换漂洗液（或酸洗液）参数至符合钝化要求。

(2) 用氨水（或磷酸三钠等）调节pH＝9～10。

(3) 在循环状态下，向配液槽中逐量加入1t亚硝酸钠，充分溶解，循环均匀。

(4) 补充清水至50m^3，循环均匀，调节温度至钝化所需温度。

8.2 清洗液配制过程加温测温及安全注意事项

8.2.1 清洗液配制过程加温测温

(1) 将水注入清洗箱中后，再加热，同时测量温度。

(2) 加热方式一般可分为直接加热和间接加热，热源类型包括蒸汽和电加热管。

(3) 酸洗时禁止明火加热，对于无机酸清洗工艺，应先加药剂，后加热。

使用蒸汽加热时，建议使用间接加热，原因分析：①现场使用的临时蒸汽配管较脏，如果不进行前期处理，会把脏物带入清洗液；②蒸汽直接加热时，蒸汽冷凝变为水后会增大清洗液的量，并稀释清洗液使其浓度降低。

8.2.2 清洗液配制过程安全注意事项

（1）严格按工艺指标配液和加药，配制清洗剂或稀释化学药品时，应缓慢加入药剂并搅拌。浓酸稀释时，应在不加温及良好的通风情况下，将浓酸缓慢地注入水中，并及时搅拌均匀，然后将温度调节至所需温度。严禁将水直接加入浓酸中来稀释浓酸。

（2）开启固体苛性碱桶时，应戴防护面罩并穿戴防酸碱工作服和工作鞋，以防苛性碱细渣飞溅造成伤害。破碎大块固体苛性碱时，需用防酸碱布等包裹，或在大桶内进行。溶解块状苛性碱时，应在有盖的槽内进行并定时用木棒搅拌。溶解金属桶内的苛性碱时，可以先切开金属桶上盖，将桶倒置于溶液槽支架上，再用蒸汽直接冲溶桶内的苛性碱。

（3）配制碱性清洗剂处应备有洗眼器及清洁水、水桶、毛巾、药棉和浓度为0.2%的硼酸溶液。

（4）配制酸性清洗剂时，操作人员应穿戴防护面罩、防酸工作服、防酸工作鞋及防酸手套。若酸性清洗剂滴漏到地面上，应用石灰水中和；若溅到衣服或皮肤上，先用大量清水冲洗，然后用2%～3%的碳酸钠溶液中和，最后再用2%～3%的碳酸氢钠溶液清洗，清洗后涂上一层凡士林。若酸液溅入眼睛里，立即用清水冲洗，再用0.5%的碳酸氢钠溶液冲洗，并立即送医务室急救。

8.3 清洗液配制与酸碱平衡

8.3.1 pH值的定义

某一未知溶液是酸性、中性还是碱性，可通过酸碱指示剂来测定。但在实际生产中，仅知道溶液是酸性还是碱性是不够的，还必须测定和控制溶液的酸碱度。为了表示和使用方便，常用H^+浓度的负对数，即pH值来表示溶液的酸碱度，用数学式表示为：$pH=-\lg[H^+]$。如当$[H^+]=0.0001mol/L$时，溶液的pH值为4。

8.3.2 溶液酸碱性与pH值

在所有物质的水溶液中，都存在着水的电离平衡，即存在H^+和OH^-。在纯水中，水在电离时所产生的H^+和OH^-浓度相等，常温时都等于$10^{-7}mol/L$，凡

$[H^+]=[OH^-]$的溶液称为中性溶液。

常温下，已知在中性溶液中，$[H^+]=[OH^-]=10^{-7}mol/L$，所以其 pH=7；在酸性溶液中，$[H^+]>10^{-7}mol/L$，所以其 pH<7；在碱性溶液中，$[H^+]<10^{-7}mol/L$，所以 pH>7。溶液 pH 值的范围在 1～14 之间。

8.4 pH 值调整

当溶液酸碱度（pH 值）需要调整时，可以通过加水稀释或加药剂来实现。

8.4.1 柠檬酸清洗液 pH 值调整

一般的调整方法是：往水中加柠檬酸时，一边加入柠檬酸一边加入氨水，同时检测溶液的 pH 值，将其调整并控制在 3.5～4 即可。

8.4.1.1 柠檬酸除锈机理

$H_3C_6H_5O_7+NH_3\cdot H_2O \longrightarrow H_2O+NH_4H_2C_6H_5O_7$　　（pH=3.5～4）

$Fe^{3+}+H_2C_6H_5O_7^- \longrightarrow [Fe(H_2C_6H_5O_7)]^{2+}$（可溶性物质）

$Fe^{2+}+H_2C_6H_5O_7^- \longrightarrow [Fe(H_2C_6H_5O_7)]^{+}$（可溶性物质）

$H_3C_6H_5O_7+NH_3\cdot H_2O \longrightarrow 2H_2O+(NH_4)_2HC_6H_5O_7$　　（pH>4）

$Fe^{2+}+HC_6H_5O_7^{2-} \longrightarrow FeHC_6H_5O_7$（可溶性物质）

$Fe^{3+}+HC_6H_5O_7^{2-} \longrightarrow [Fe(HC_6H_5O_7)]^{+}$（黑色难溶性胶状物质）

$H_3C_6H_5O_7+NH_3\cdot H_2O \longrightarrow 3H_2O+(NH_4)_3C_6H_5O_7$　　（pH 值更高）

$Fe^{2+}+C_6H_5O_7^{3-} \longrightarrow [Fe(C_6H_5O_7)]^{-}$（可溶性物质）

$Fe^{3+}+C_6H_5O_7^{3-} \longrightarrow FeC_6H_5O_7$（黑色难溶性胶状物质）

8.4.1.2 柠檬酸清洗液氨水用量的计算

以下面问题为例说明其计算方法。

预清除某一 $500m^3$ 储罐内壁的浮锈，浮锈的主要组成为三氧化二铁和氧化铁。若采用柠檬酸清洗工艺，配制 3%柠檬酸溶液 $200m^3$，需准备多少原材料？（假设清洗液密度为 $1g/mL=1t/m^3$）

计算：

柠檬酸用量$=3\%\times200m^3\times1t/m^3=6t$

用 15%氨水调节清洗液 pH 值=3.5～4，则

15%氨水用量$=17\times6/192/15\%=3.54t$

其中，192 是柠檬酸的分子量，17 是氨的分子量。

现场配制 $100m^3$ 清洗液，柠檬酸使用浓度 0.3%，用氨水调节 pH 值至 3.5～4，需要准备 15%氨水多少？（假设清洗液密度为 $1g/mL=1t/m^3$）

计算：

设氨水用量为 m，

$$H_3C_6H_5O_7+NH_3 \longrightarrow NH_4H_2C_6H_5O_7$$

192　　　　17

0.3%×100×1　15%×m

$m=17\times0.3\%\times100\times1/192/15\%=0.1825t=182.5kg$

8.4.2 EDTA 清洗液 pH 值调整

EDTA 是一种较好的络合清洗剂，它可与任何价态金属离子以 1∶1 形式络合，形成稳定的络合物。

$$Fe^{2+}+EDTA \longrightarrow FeEDTA$$

$$Fe^{3+}+EDTA \longrightarrow FeEDTA$$

$$Cu^{2+}+EDTA \longrightarrow CuEDTA$$

$$Ca^{2+}+EDTA \longrightarrow CaEDTA$$

EDTA（简写 H_4Y）是四元酸，存在四级电离，如下：

$$H_4Y \rightleftharpoons H^++H_3Y^-$$

$$H_3Y^- \rightleftharpoons H^++H_2Y^{2-}$$

$$H_2Y^{2-} \rightleftharpoons H^++HY^{3-}$$

$$HY^{3-} \rightleftharpoons H^++Y^{4-}$$

在不同 pH 值下，参与络合的酸根不同，其配位能力和络合物稳定常数存在差异。pH 值越高，Y^{4-} 含量越高，其配位能力越强，即除垢能力越强。pH 过低，Y^{4-} 含量少，而三种酸根与金属离子配位能力小，形成的络合物不稳定，达不到除垢的目的。

当 pH＜4 时，金属离子与 EDTA 的络合稳定常数很小，络合物的稳定性较差，达不到清洗目的。

当 pH＞11 时，Fe^{3+} 水解严重，生成沉淀，其反应常数 K_{sp} 大于络合稳定常数 $K_{稳}$。

当 pH＞12 时，Ca^{2+}、Mg^{2+} 水解严重，生成沉淀，其反应常数 K_{sp} 大于络合稳定常数 $K_{稳}$。

所以，使用 EDTA 清洗液进行清洗时，需要将清洗液的 pH 值调整在合适的范围内，既不能太高，也不能太低，以保证清洗能正常进行。溶液的 pH 值控制在不超过 9.5 即可。

8.5 化学清洗流程

8.5.1 化学清洗前检查确认

(1) 检查设备。各设备处于备用状态。

(2) 清查清洗用药剂。根据清洗方案要求和清洗材料计划表备齐清洗用药，且留有余量，特别是清洗用酸以及中和废酸用碱等要留有一定的余量。

(3) 检查水、电、气、汽等公用工程。确认水、电、气、汽等公用工程条件符合使用计划。

(4) 检查清洗系统。清洗之前，按预先制订的清洗方案安装和布置清洗系统。在安装完毕后，一是要注意检查临时安装的各种管道和设备的严密性；二是要对系统中的各台泵进行试运行，合格后方可使用；三是对整个清洗系统进行水压试验，发现泄漏及时消除。对各种监测仪表和取样口进行认真检查，以免失效和发生错误。

(5) 废液、废气排放系统检查。作为整个清洗系统的一部分，废液、废气排放系统一定按有关环保和安全的要求预先布置好；必要时，做好废液分析的准备工作。

(6) 落实安全措施。为了保证人员和设备的安全，必须在化学清洗方案实施前逐一落实各项安全措施，并指定专人负责此项工作。对各种可能的突发事故，预先做好防范和补救措施。

8.5.2 化学清洗流程

完成清洗前的准备工作后，就可以按流程开展清洗作业。一定要按照预先确定的工艺要求，逐步进行。一般清洗工艺流程：水冲洗—碱洗—碱洗后水冲洗—酸洗—酸洗后水冲洗—漂洗—钝化—钝化后处理。常规化学清洗一般包括以上全部或部分步骤。

8.5.2.1 水冲洗

清洗前的水冲洗，其作用是冲洗清除被清洗设备表面附着的松散污垢，浸润被清洗表面，检查清洗系统的泄漏情况，为正式清洗工作做准备。

系统水压测试操作及注意事项如下。

(1) 测试时，首先进行水冲洗操作，应高位注水，低点排放，以便排净杂物，注意控制进出水平衡。

(2) 冲洗流速以大于 1.5m/s 为宜，必要时可作正反向切换。

(3) 冲洗至出水目测透明且无杂质。

（4）然后将系统注满水，关闭出口阀门，升压至 0.4～1.0MPa，保压 2h 以上，检查所有焊缝、阀门、法兰、短管等连接处的泄漏情况，并进行修补。

（5）循环加热至 40～50℃，通过手摸、红外测温仪或系统固有的测温仪检查系统中有无死角、气阻、短路截流及串流（即不需要清洗的部位流进了冲洗水）等现象，检查系统中各回路的循环是否平衡，若不平衡需将其调整平衡。

（6）检查泵站工作状态，如确认电压、电动机电流、配电柜各部件的发热情况，以及电动机轴承发热情况、泵的轴承发热情况、泵的出口压力、水的流量大小等是否处于正常状态。

以上工作完成后择机进行下一道清洗工序。

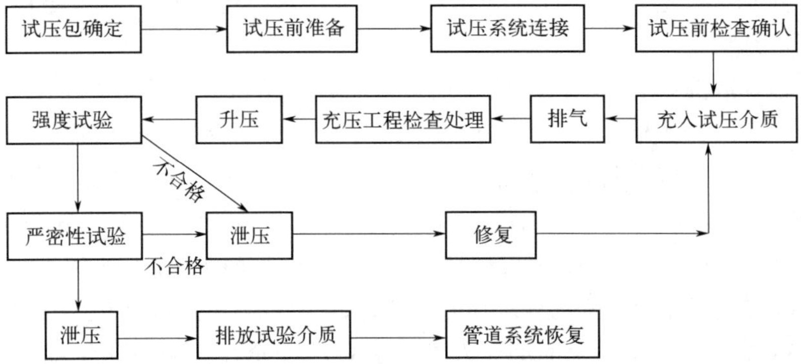

泄漏的检查方法如下。

（1）水压测试时，进行外部泄漏检查。

（2）清洗过程中，通过巡查管线来查找外部泄漏点。

（3）清洗过程中，通过观察清洗液位判断是否发生泄漏。

8.5.2.2 碱洗

碱洗的目的：去除系统中各类防锈油、机油、防锈漆等有机物，使酸洗液更完全、彻底地同污垢接触，从而促进污垢溶解，以达到良好的清洗效果；清除一些碱溶性沉积物（如一些硅的化合物）；清除油垢、疏松坚硬沉积物；使长链有机物短链化，便于从附着表面脱落，以达到清洗目的。

油垢以动植物油和矿物油为主。动植物油是硬（软）脂酸甘油酯，在高温下可与碱液发生皂化反应，生成可溶性的硬（软）脂酸盐，从附着表面脱落，达到清洗目的。

矿物油不与碱发生皂化反应，但大分子可断裂为小分子，或部分发生乳化并溶解于碱液中。

对于坚硬、附着力很强的沉积物，可通过高温、加压碱煮，使部分沉积物与碱发生反应，生成可溶于酸的物质。也可使部分致密沉积物转化为疏松结构，从附着表面脱落。

水冲洗合格后，排出多余的水，按照系统容积大小、循环周期长短，逐渐加入计量的碱洗药剂，然后将清洗系统温度循环升至碱清洗温度，同时对清洗液进行分析检测，定期巡视清洗现场、排气排污，检查系统循环情况，并及时处理清洗中出现的泄漏问题，根据需要补加适量碱洗药剂，碱洗终点出现后，择机进入下一清洗工序。

碱洗中的分析检测项有：碱度、油含量、温度等。

碱洗液一般含有 0.2%～1% Na_3PO_4、0.1%～0.5% Na_2HPO_4、0.5%～1.0%NaOH、0.1%～1.0% NaH_2PO_4 和 0.05%左右的表面活性剂及其复配物。由于游离的 NaOH 对奥氏体钢有腐蚀性，因此清洗含奥氏体钢的部件时，碱洗一般避免使用高浓度 NaOH，但可以使用低浓度 NaOH。

8.5.2.3 碱洗后水冲洗

碱洗后水冲洗的作用是除去设备表面残留的碱性清洗液，并使部分污垢脱离表面而被清除，使系统中水的 pH 值达到 8～9。

碱洗后水冲洗一般在排尽碱洗液后进行，先从高位注水、低点排放，待冲洗水浊度、pH 值合格后，再从低点进水，至回液和排气点水的浊度、pH 值合格，即可转入下一工序。

8.5.2.4 酸洗

酸洗的主要目的是溶解及剥落垢层，从而达到设备表面清洁。

（1）酸洗过程中的溶垢反应

酸洗是化学清洗中的重要步骤，它利用酸中的氢离子和络合能力强的阴离子将垢层中的微溶或难溶成分转化成易溶于清洗液的离子或配合物，从而将其清除，使被清洗系统洁净。化学反应有

$$CaCO_3 + 2HCl \longrightarrow CaCl_2 + CO_2\uparrow + H_2O$$

$$MgCO_3 + 2HCl \longrightarrow MgCl_2 + H_2O + CO_2\uparrow$$

$$FeO + 2HCl \longrightarrow FeCl_2 + H_2O$$

$$Fe_2O_3 + 6HCl \longrightarrow 2FeCl_3 + 3H_2O$$

$$Fe_3O_4 + 8HCl \longrightarrow 2FeCl_3 + FeCl_2 + 4H_2O$$

$$Fe_2O_3 + 6HF \longrightarrow 2FeF_3 + 3H_2O$$

$$Fe_3O_4 + 8HF \longrightarrow 2FeF_3 + FeF_2 + 4H_2O$$

$$4HF + SiO_2 \longrightarrow SiF_4 + 2H_2O$$

$$Fe_3O_4 + H_2C_6H_5O_7^- \xrightarrow{H^+} [Fe(H_2C_6H_5O_7)]^{2+} + [Fe(H_2C_6H_5O_7)]^+ + H_2O$$

$$Fe_2O_3 + Na_2H_2Y \xrightarrow{H^+} FeY^- + H_2O + Na^+ + H_2O$$

其中，Na_2H_2Y 是 EDTA 二钠盐。

上述化学反应方程式非常重要，也是化学清洗的重要理论依据。

（2）酸洗过程中的腐蚀和抑制

由于酸洗过程中所用的清洗剂对设备材料具有一定的腐蚀性，所以在酸洗过程中需要添加缓蚀剂和还原剂来抑制腐蚀。酸洗过程的腐蚀主要来自以下三个方面。

① 氢去极化引起的金属腐蚀。铁及其合金在稀酸液中的腐蚀反应为

$$Fe + 2H^{+} \longrightarrow Fe^{2+} + H_2 \uparrow$$

腐蚀程度明显随氢离子浓度的升高而急剧增强，随温度的升高而增大。腐蚀产生的氢原子能够扩散渗透到金属内部，引起金属材料脆性增加，从而导致某些应力集中部位开裂或某些强度较低部位鼓泡。氢脆可能导致突发灾难事故，同时大量氢气的释放，容易造成爆炸事故，这也是清洗现场严禁抽烟的原因。所以选择缓蚀剂时，不仅要关注其缓蚀效率，还要关注其渗氢效应的抑制效果。

② 高价金属离子引起的金属腐蚀。在以铁、铜垢为主要成分的污垢的酸洗过程中，由于垢中的 Fe^{3+}、Cu^{2+} 随着垢层的溶解而逐渐在酸洗液中累积，Fe^{3+}、Cu^{2+} 很容易将铁腐蚀成 Fe^{2+}，该反应为

$$2Fe^{3+} + Fe \longrightarrow 3Fe^{2+} \text{（氧化还原反应）}$$

$$Cu^{2+} + Fe \longrightarrow Fe^{2+} + Cu \downarrow \text{（镀铜反应）}$$

这些高价离子引起的腐蚀程度取决于高价离子在垢层中的含量、酸洗工艺及缓蚀剂对这些过程的抑制能力。在酸洗过程中，要严格检测清洗液中三价铁离子和二价铜离子的浓度，必要时可添加亚硫酸钠、联氨等还原剂来还原三价铁离子，添加硫脲络合剂来络合二价铜离子，以抑制腐蚀反应。

③ 氧去极化引起的金属腐蚀。酸洗过程中，酸液中不可避免地溶解一定量的氧气，溶解氧会与金属发生腐蚀反应，其反应为

$$2Fe + O_2 + 4H^{+} \longrightarrow 2Fe^{2+} + 2H_2O$$

在酸性溶液中，氧还原的阴极过程远比氢离子放电的阴极过程容易得多，因此氧去极化引起的腐蚀是相当严重的，但通常酸液中的溶解氧含量有限（50℃时约 6mg/L），对反应所需氧的补充较为困难，这一腐蚀过程因氧的扩散速度有限而受到限制。因此在清洗工艺的设计和清洗操作中必须注意避免系统中引入大量的空气（这也是要求回液管插入液下的主要原因）。

（3）酸洗过程操作

碱洗后水冲洗合格后，将系统充满清洗用水，循环升温至缓蚀剂的添加温度，检查系统无泄漏、清洗泵站工作正常后，排出多余的水，根据系统容积、循环周期逐渐加入计量的缓蚀剂，待缓蚀剂循环均匀后，逐渐加入计量的酸洗剂，然后将清洗系统循环升温到规定的清洗温度，同时对清洗溶液进行分析检测，定期巡视清洗现场、排气排污，检查系统循环情况，并及时处理清洗中出现的泄漏问题。

升温至规定清洗温度30min后，投入监视管段，并控制监视管段流速同系统内关键部位流速相匹配。

根据需要补加适量促进剂、抑制剂及酸洗剂，待酸洗终点出现后，进入下一清洗工序。

酸洗过程中的常规分析检测项目有：酸浓度、Fe^{3+}浓度、Fe^{2+}浓度、pH值、Cu^{2+}浓度、Ca^{2+}浓度、Mg^{2+}浓度、腐蚀速度及温度等。

8.5.2.5 酸洗后水冲洗

酸洗后水冲洗是为了除去酸洗后残留的酸洗液和系统内残留的渣质，使系统内水的pH值上升至6～7，回液浊度合格，以便进行漂洗和钝化处理。其冲洗方式同碱洗后水冲洗基本一致。

如果酸洗后不进行漂洗，则酸洗后水冲洗应注意：

(1) 为防止产生二次浮锈，不宜采用直接排空酸洗液后再进行水冲洗的操作方法。

(2) 水冲洗前，用纯度大于98%的氮气连续驱出酸洗液，再用脱盐水（或除氧水）在氮气保护下对系统进行冲洗；或用脱盐水驱出酸洗液（为了减少与氧气接触，防止返锈）。

(3) 水冲洗终点时，回水电导率应小于50μS/cm，总铁离子含量应小于300mg/L，pH值为3.5～4.0。进液的pH值可通过适当加入柠檬酸、氢氟酸等来控制。

(4) 水冲洗前脱盐水量应准备充分，冲洗时间应尽可能短，以确保不产生二次浮锈为宜。

酸洗后水冲洗过程中的检测项目主要包括：pH值、浊度等。

8.5.2.6 漂洗

酸洗后水冲洗合格后，将系统充满清洗用水，循环升温至缓蚀剂的添加温度，加入计量的缓蚀剂，循环均匀后，逐渐加入计量的漂洗用药剂，然后将清洗系统循环升温到规定的漂洗温度，同时对清洗液成分进行分析检测，定期巡视清洗现场、高点排气、低点排污，确认各低点有漂洗液排出，继续循环漂洗，到达漂洗终点后，择机进入下一钝化工序。

漂洗过程中的分析监测项目包括：酸浓度、Fe^{3+}浓度、Fe^{2+}浓度、pH值、温度、清洗样管等。

8.5.2.7 钝化

酸洗后，金属表面处于较高活性状态，容易产生二次浮锈。通过钝化处理，可在金属表面形成一层氧化膜，使金属处于钝化状态，防止生成二次浮锈。

漂洗结束后，检查清洗泵站工作是否正常，对系统进行排气排污。如果漂洗液中总铁离子浓度低于300mg/L，直接用氨水等将pH值调至9～10；如果漂洗液中总铁离子浓度高于300mg/L，先通过添加脱盐水控制溶液中总铁离子浓度至

300mg/L 以下，同时控制漂洗液 pH 值为 4.0～4.5（必要时可适当添加漂洗用药剂来控制 pH 值），然后控制系统温度在钝化温度上下，用氨水等将 pH 值调至 9～10，pH 值的调整应在尽量短的时间内完成，最后加入钝化药剂进行钝化。

钝化时应定期进行排气排污，检查系统循环情况，直到钝化结束。

钝化过程中的分析检测项目包括：钝化剂浓度、pH 值、温度、清洗样管等。

8.5.2.8 钝化后处理

钝化结束后，先停止清洗泵，打开高点排气阀，再将空气引入系统以排出钝化液，最后打开低点排污阀，确保钝化液排尽。

打开检查清洗系统内设备的低点、清洗时流速较低的位置，并彻底清除沉渣，检查完毕后，将系统中拆下的部件如流量计、单向阀、调节阀、滤网、除沫器等全部复位，拆除因清洗加入的盲板、节流板、堵头等，使系统恢复正常。

根据被清洗系统的需要，可进行以下必要处理（这部分工作也可以由业主来完成）：

若系统中含忌水装置，需要引入干燥压缩空气或氮气，将系统干燥度调整至规定要求。如果系统要在较长时间后才进入生产工序，则应对装置进行保护，保护方法有湿法和干法两类：湿法保护是将氨、联氨、乙醛肟、二甲基酮肟等的水溶液注入系统进行保护，气温低于 4℃ 的季节应慎用；干法保护是用氮气将系统吹干，在微正压下封存或用气相缓蚀剂保护。

8.5.3 常见化学清洗工艺配方及使用条件参考一览表

常见化学清洗工艺配方及使用条件见表 8-1。

表 8-1 常见化学清洗工艺配方及使用条件参考表

<table>
<tr><th>序号</th><th>介质名称</th><th>辅助介质</th><th>适用于清洗垢的种类</th><th>适用炉型</th><th>适用材质</th><th>适用范围</th><th>优缺点</th></tr>
<tr><td rowspan="4">1</td><td rowspan="4">盐酸</td><td>—</td><td>$CaCO_3$>3%
Fe_2O_3>40%
SiO_2<5%</td><td rowspan="4">汽包炉</td><td rowspan="4">碳钢、低合金钢</td><td rowspan="4">水系统</td><td rowspan="4">优点：清洗效果好，价格便宜，货源广，废液易于处理；对含硅酸盐、硫酸盐的氧化铁垢清洗效果好。
缺点：垢剥离量大，易产生沉积，腐蚀速率较高；购买受到管制，不能用于奥氏体不锈钢和高合金钢</td></tr>
<tr><td>NaF</td><td>Fe_2O_3>40%
SiO_2<5%</td></tr>
<tr><td>清洗前必须用磷酸钠、氢氧化钠煮，酸洗液中加入 NaF 及 $(NH_2)_2CS$（无 CuO 不加）</td><td>$CaCO_3$>3%
$CaSO_4$>3%
Fe_2O_3>40%
SiO_2>20%
CuO<5%</td></tr>
<tr><td>$(NH_2)_2CS$</td><td>Fe_2O_3>40%
CuO<5%</td></tr>
</table>

续表

序号	介质名称	辅助介质	适用于清洗垢的种类	适用炉型	适用材质	适用范围	优缺点
2	柠檬酸	—	$Fe_2O_3>40\%$	汽包炉、直流炉	碳钢、低合金钢、奥氏体不锈钢	水系统、汽系统	优点：腐蚀性小，剥离量少。 缺点：酸洗液中铁含量过高和溶液 pH 值小于 3.5 时，易产生柠檬酸铁沉淀；不宜用于清洗钙镁垢和硅垢，废液处理难度大
3	EDTA 铵盐	—	$CaCO_3<3\%$ $Fe_2O_3>40\%$ $CuO<5\%$ $SiO_2<3\%$	汽包炉、直流炉	碳钢、低合金钢、奥氏体不锈钢	水系统、汽系统	优点：清洗系统简单，清洗时间短，清洗用水量少，酸洗和钝化一步完成，废液可回收。 缺点：成本高，废液处理难度大，高温清洗对临时系统要求高。注意对于压力不大于 15.6MPa 的锅炉，可使用 EDTA 钠盐进行清洗
4	羟基乙酸＋甲酸	—	$Fe_2O_3>40\%$ $CaCO_3>3\%$ $CaSO_4>3\%$ $Ca_3(PO_4)_2>3\%$ $MgCO_3>3\%$ $Mg(OH)_2>3\%$ $SiO_2<5\%$	汽包炉、直流炉	碳钢、低合金钢	水系统	优点：腐蚀性低，生物分解性强，废液易处理，加药操作简单。 缺点：甲酸有强刺激性

注：本表摘于 DL/T 794-2024《火力发电厂锅炉化学清洗导则》并略有修订。

8.6 化学清洗工艺过程控制

化学清洗工艺过程控制主要是指对温度、浓度、压力、pH 值、Fe^{3+} 浓度、流量、流速、清洗时间等的控制。

8.6.1 清洗液浓度控制

清洗液浓度是影响清洗质量和保障设备不受腐蚀的基本因素，一般情况下，浓度越高清洗速度越快，但对设备的腐蚀也越强，同时，浓度太高容易造成材料的浪费，且增加清洗废液的处理费用。所以，清洗液浓度在方案允许的范围内越小越好。

8.6.2 清洗液温度控制

温度每升高 1℃，清洗溶垢速度和腐蚀速度都同比增长，温度一般要求控制在缓蚀剂的最佳适用范围之内，如果需要超出此范围，则说明方案制订时所选的清洗剂不合适，应进行方案变更。现场操作中，如温度升高，超出要求范围，应采取紧急措施：在加水降温的同时，补加新缓蚀剂。另外，加热方式选择非常重要，一般不允许对清洗对象直接加热，因为加热设备的壁温一般高于体系的温度，大多数情况下这部分设备遭受的腐蚀最为严重。建议采用“先将水加热，再配清洗液”的方法。现场一般通过在清洗槽内设置蒸汽盘管进行加热。一般使用温度计测量温度，也可用温度测量仪器，可监控进液和回液温度，监控频率因不同清洗流程而异，一般 1～2 次/30min。

8.6.3 清洗液压力控制

一般使用压力表监控泵的出口压力。压力监控频率没有具体规定，但应经常观测，要注意清洗系统的正常压力值，特别要注意压力表指示变化异常的情况。

8.6.4 流速（流量）控制

流速对污垢的清洗效果和腐蚀速度影响较大。流速较大时，清洗液的冲刷作用较强，形成湍流，使清洗液的浓度均匀，清洗速度较快。同时大流速的冲刷作用使缓蚀剂与金属表面的吸附能力下降，从而金属腐蚀速度上升。对于清洗作业现场，一般情况下清洗泵的流量相对较小，一般要求酸洗液的流速控制在 0.5～1.0m/s。在清洗泵流量较小的情况下，可以通过控制多个清洗回路先保证个别回路达到流速的要求，一段时间后再转入下一回路，逐一进行，以保证每个系统都达到了流速的要求。一般使用流量计监控流量。

8.6.5 三价铁离子浓度控制

大多数缓蚀剂都无法抑制 Fe^{3+} 的催化腐蚀作用，所以清洗现场应严格监测 Fe^{3+} 的浓度，一旦高于 500mg/L，应加入还原剂将其还原为 Fe^{2+}，或排出部分清洗液，补加新液以降低 Fe^{3+} 的总浓度。

8.6.6 pH 值控制

多数情况下是指络合清洗、漂洗或钝化时的 pH 值控制。使用不同的络合剂，pH 值控制范围差异较大，例如柠檬酸清洗时，一般控制 pH＝3.0～3.5；柠檬酸漂洗时，控制 pH＝3.5～4.0；EDTA 清洗时，有时控制 pH＝7.0，有些情况下需控制 pH＝10～11。根据所洗的垢种不同而 pH 范围不同，具体情况参见 8.4 “pH 值调整”相关内容。钝化时，一般控制 pH 值在 9.5～10.5 之间，在该范围内钝化质量最高。

8.7 清洗进程判断

判断清洗进程的基本依据包括：清洗前的垢样分析（含目测）数据，溶垢试验数据，清洗过程中清洗液浓度（含 pH 值）及其变化，油含量变化，Fe^{3+}、Fe^{2+}、Ca^{2+}、Mg^{2+} 等离子的浓度变化，清洗进回液温度，清洗系统容积，总垢量，清洗循环量，各清洗循环回路的循环情况，以及清洗时间、清洗质量要求和清洗监视管段的监视结果等。下面将分别介绍各清洗流程终点的判断方法。

8.7.1 碱洗终点

根据溶垢试验，在清洗方案规定的清洗时间内，当碱洗液中总碱度或磷酸根离子浓度变化（在 2h 内，其浓度变化小于 0.1％时）较小，且油含量变化很小（在 2h 内，其浓度变化小于 0.1％时）时，可判定碱洗基本结束。同时，还需通过观测监视管被清洗程度来判断设备清洗进程。

8.7.2 酸洗终点

结合垢样分析、溶垢试验、清洗剂浓度变化、清洗温度研判溶垢反应是否趋于终止，即判断清洗液在有效溶垢浓度范围内是否还能溶垢。当清洗达到预定时间时，分析各清洗回路进回液酸浓度是否达到平衡，Fe^{3+}、Fe^{2+} 或 Ca^{2+}、Mg^{2+} 等离子的浓度是否达到平衡，是否还有气体产生（对有气体产生的酸洗过程），同时还需通过监测监视管加以研判。

当各清洗回路进回液的酸浓度（在有效范围内）在1～2h内的变化值不大于0.2%，Fe^{2+}、Ca^{2+}、Mg^{2+}等离子的浓度趋于稳定，而Fe^{3+}浓度越过峰值逐渐降低，且已无气体产生，监视管已干净时，可判定酸洗接近尾声，可适当延长半小时左右结束酸洗。

8.7.3 漂洗终点

漂洗终点可结合以下条件判断：循环进回液的温度和漂洗时间符合工艺要求，漂洗液的浓度和总铁离子浓度基本平衡，监视样管表面干净。满足上述条件时可结束漂洗。

8.7.4 钝化终点

当钝化循环进回液的温度稳定、达到预设钝化时间、钝化液的浓度不再变化及监视样管钝化膜致密完整时，即可判定钝化结束。可根据实际情况适当延长或缩短钝化时间。

8.7.5 水冲洗终点

常规水冲洗时，当冲洗进回液的浊度基本一致时，研判水冲洗合格；碱洗后水冲洗时，当冲洗进回液的浊度基本一致、pH=8～9时，研判水冲洗合格；酸洗后水冲洗时，当冲洗进回液的浊度基本一致、pH=5～6、铁离子含量小于50mg/L时，研判水冲洗合格。

[例] 某中央空调冷凝器的酸洗中，垢样分析显示$CaCO_3$含量为98%。溶垢试验表明，垢样在室温、2%的氨基磺酸溶液中反应迅速，产生大量气体，酸不溶物少。在实际清洗中采用循环配液，刚开始时气体生成量较大，清洗温度为30℃，最高回液酸浓度是6%，清洗至3h时，不再有气体产生，回液酸浓度为1.84%；3.5h时，回液酸浓度为1.8%；4h时，回液酸浓度为1.8%。清洗过程中未分析铁离子的浓度和钙离子的浓度。能否依据上述过程判断酸洗到达终点?

冷凝器的酸洗在清洗至4h时已达到终点。已知在该清洗温度下，酸浓度为1.8%时，酸洗液还能同$CaCO_3$垢反应产生二氧化碳气体（室温下，大于1%的氨基磺酸溶液同$CaCO_3$反应仍很迅速，溶垢试验佐证了这一点），但清洗过程中不再有气体产生，证明溶垢反应已停止；酸洗液中的酸浓度在酸洗至3～3.5h之间变化很小（1.84%→1.8%），3.5～4h时回液酸浓度维持在1.8%不变，酸浓度不变化也说明溶垢反应已停止。以上说明溶垢反应已停止，酸洗已到终点。

8.8 清洗设备与机具操作

清洗现场操作大体可分为以下类型：

(1) 成套设备多路循环清洗。

(2) 储罐、塔器喷淋清洗。

(3) 锅炉清洗。

(4) 系统排空与导淋作业，排放及水冲洗操作。

(5) 管线清洗。

(6) 检查系统流程。

(7) 检查清洗系统内泄漏情况。

(8) 变径、弯曲管线、管网清洗。

8.8.1 成套设备多路循环清洗

对中型成套设备进行化学清洗时，如果系统比较复杂，一般可采用多路循环清洗。

(1) 通过溶垢试验和小型模拟清洗试验，确定清洗药剂的配方、清洗工艺和清洗控制条件。

(2) 结合设备资料及现场情况熟悉被清洗设备后，合理划分清洗回路。在划分清洗回路时应注意：

① 在不影响清洗效果的条件下，应尽量简化清洗系统并便于各项清洗操作。

② 确保系统的每一个部位都能被清洗到，做到整个清洗系统中无死角、无盲区。

③ 应力求各回路中的介质流速相差不太大且均匀。

④ 应尽量避免清洗系统中的局部位置因流速过高而造成冲击腐蚀。

(3) 选择适当的清洗泵站，根据划分回路进行配管。

(4) 配管完成后，进行水冲洗试压检漏，需对系统所有回路进行试压，发现问题及时处理。

(5) 根据已确定的清洗药剂配方、清洗工艺和清洗控制条件，按操作规程进行清洗，可根据系统设计情况逐个回路进行清洗，也可同时进行多个或全部回路的清洗。

(6) 清洗结束后，检查验收，进行系统恢复。

[例] 对锅炉进行化学清洗时，为了更好地清洗各部位，一般将整个锅炉系统划分为几个回路进行循环清洗。如一型号为 HG-670/140-9 的锅炉，可将整个系统划分为四个回路。

第一回路：酸箱→清洗泵→包墙过热器→顶棚过热器→汽包→后墙→酸箱

第二回路：酸箱→清洗泵→省煤器→前墙→酸箱

第三回路：左侧水冷壁→右侧水冷壁→左侧水冷壁

第四回路：酸箱→清洗泵→包墙过热器→顶棚过热器→汽包→水冷壁及省煤器→酸箱

[例] 甲醇精馏系统的划分设计。

甲醇精馏系统需清洗的设备有：预精馏塔、预塔再沸器（管程）、预塔冷凝器Ⅰ/Ⅱ（壳程）、预塔回流槽、粗甲醇预热器（管、壳程）、粗甲醇缓冲罐、加压塔、加压塔再沸器、常压塔再沸器（壳程）、加压塔回流槽、常压塔、常压塔顶冷凝器（壳程）、常压塔回流槽、精甲醇冷却器（壳程）、排放槽、杂醇槽、杂醇冷却器（壳程）、闪蒸罐、稀醇槽、洗醇塔、地下排污槽、配碱槽、碱液贮罐等。总的设备容积在 $320m^3$ 以上。

由于常压塔的设备容积近 $90m^3$，加压塔的设备容积近 $70m^3$，因此在设计划分系统时，考虑到装置的布置和清洗泵站的参数，将常压塔和加压塔分开，整个系统被划分为两个系统，其中还可将第一个系统再划分为两个回路。

系统一/1：第一路从预后甲醇泵的吸入口进入预精馏塔的底部，经预塔再沸器（管程），从塔顶进入预塔冷凝器Ⅰ/Ⅱ（壳程），从预塔冷凝器Ⅱ（壳程）的上部回到配液槽；第二路从预塔冷凝器Ⅰ的底部进入预塔回流槽，经预塔回流泵的吸入口回至回液母管；第三路从预精馏塔的上部经预塔回流泵的出口回至回液母管；第四路由预精馏塔进入粗甲醇预热器（管程），再从粗甲醇缓冲槽底部进入，从缓冲槽顶部回至回液母管。

系统一/2：第一路从加压塔底部进入加压塔，此外还经预后甲醇泵的出口进入加压塔中部，经过加压塔再沸器（管程），从加压塔上部回至预后甲醇泵的出口至回液母管；第二路从加压塔顶部进入常压塔再沸器（壳程），进入加压塔回流槽，经加压塔回流泵吸入口回至回液母管，其有一路进入粗甲醇预热器（壳程），再从精甲醇冷却器（壳程）顶部回来。

系统二：第一路经常压塔与其再沸器（管程）的连接管（临时三通）进入常压塔和常压塔再沸器（管程）后进入常压塔；第二路从加压塔底部的组合阀进入常压塔中部；第三路从排放槽底部进入，经缓冲槽的安全阀口回至回液母管；第四路从杂醇槽底部进入，回至回液母管。此外，塔上部的液体从常压塔冷凝器（壳程）进入常压塔回流槽后，经常压塔回流泵的吸入口回至回液母管。

8.8.2 喷淋清洗

8.8.2.1 喷淋清洗准备

了解清楚被清洗对象（如中型、形状规则的储罐、塔器）后，通过计算确定喷淋环大小、喷口大小、压力及流量等数据，据此制作或选择喷淋装置；通过溶垢试验确定清洗药剂配方、清洗工艺及清洗控制条件；完成喷淋清洗系统配管与安装。上述准备工作就绪后，即可实施喷淋清洗。

8.8.2.2 喷淋清洗操作

(1) 喷淋系统（包括清洗泵站及配电设备、供水及加热装置等）安装完成后，可向系统中注入清水。清水注入量达到要求后可启动清洗泵进行喷淋循环，观察喷淋系统，如发现问题及时解决。

(2) 按照设计值进行喷淋清洗操作，根据实际情况调整压力、流量等参数。

(3) 调试系统达到设计要求后，可根据施工方案加入清洗药剂，调整清洗控制条件，逐步按设定清洗工艺进行操作。

(4) 按施工方案要求，进行清洗，同时进行各项指标监测。

(5) 根据清洗进程判断是否需要调整操作条件，如有必要应及时调整。

(6) 根据检测和观察，研判清洗是否结束。

(7) 清洗结束，拆除喷淋系统，并对被清洗设备进行必要处理。

[例] 甲醇贮罐的循环喷淋清洗。

清洗步骤：建立清洗临时系统→临时系统清洗→系统水冲洗及检漏→碱洗→碱洗后水冲洗→酸洗→酸洗后水冲洗→漂洗→中和钝化→人工清理→复位。

清洗过程：在贮罐内控制一定的循环液位，用清洗泵将清洗液输送至贮罐顶部，通过旋转喷头将清洗液均匀喷洒到罐壁，液体受重力影响从贮罐顶部沿罐壁流到底部。由于旋转喷头是三维立体喷洒，清洗液可均匀流过贮罐的内表面，使清洗液与罐壁充分接触。

8.8.3 离心泵操作

8.8.3.1 离心泵启动

(1) 应在机泵联结前检查电动机旋转方向是否正确、泵的转动是否灵活。向悬架内加润滑油（机油），油位应位于油镜中线，不能过高或过低。

(2) 关闭出口闸阀，以及出口压力表和进口真空表的阀门。

(3) 向泵内灌满水，或用真空引水。

(4) 启动前应盘动泵（电机）几圈，以使润滑液进入机械密封端面，防止干磨和突然启动而造成动、静环的损坏。

(5) 点动电机，检查转向是否正确（泵的工作旋转方向从驱动端往泵方向看应为顺时针方向）。

警告：严禁在泵内无水时运行，以免机械密封损坏。

(6) 在进口闸阀全开、出口闸阀关闭的情况下，接通电源，启动水泵，当泵达到正常转速后，打开出口压力表和进口真空表的阀门，再逐渐打开出口闸阀，并调节到所需工作状态。

警告：在出口闸阀关闭的情况下，泵持续运行时间不能超过3min。

8.8.3.2 离心泵运行维护

（1）在开车及运行过程中，必须注意观察仪表读数、轴承发热、填料漏水和发热情况，以及泵的振动和杂音等是否正常，如果发现异常情况，应及时处理。

（2）轴承温度一般不高于80℃，轴承温升不得高于环境温度40℃（视泵的具体情况）。

（3）填料正常漏水应该是少量均匀的，每分钟约60滴。

（4）轴承油位应保持在正常位置，不能过高或过低，过低时应及时补充润滑油。为了保持油质清洁和良好润滑，应根据现场实际情况，定期更换新油。一般情况下，每运转1500h更换一次新油。

（5）绝不允许通过吸入管路闸阀调节流量，以免发生汽蚀。

（6）如密封环与叶轮配合部位间隙因磨损过大，应更换新密封环。

（7）经常检查循环清洗箱中有无漂浮物及水位变化情况，当低于警戒水位时，泵应停止运行，以免发生汽蚀，损坏叶轮。必要时，可调节出口闸阀，适当降低泵出水量，促进水池水位回升。

注意：尽量控制泵的流量和扬程在性能表中列出的范围内，以实现节能。泵一般在不低于30％设计流量下运行，如果必须在更低流量条件下运行，应在出口管路上安装旁通管路，使泵流量达到规定使用范围。运行工况点流量以不大于性能表所给出的最大流量点为宜。

8.8.3.3 离心泵停止

（1）逐渐关闭出口闸阀，切断电源。

（2）关闭出口压力（真空）表的阀门，关闭吸入管路闸阀。

（3）若环境温度低于0℃，应将泵内积水排尽，以免冻裂泵体。

（4）若停运时间较长，则应定期转动转子，使泵容易启动。

（5）如长期停止使用，应将泵拆卸上油，包装保管。

8.8.3.4 注意事项

（1）使用前必须检查联轴器是否处于同一轴线；

（2）严禁机器空转，以免损坏轴承；

（3）泵的管路应设置支架，不允许泵体承受管路重量，避免因应力损坏泵体；

（4）每台泵吸水管路需独立安装，尽可能短且弯部少；

（5）泵的工作压力必须与自身承压能力相适应；

（6）水泵机组的供电系统维护必须由具有资质的专业人员操作；

(7) 水泵机组必须安装联轴器防护罩。

8.8.3.5 正反向循环切换操作

循环化学清洗时，经常需要进行正反向循环切换，操作要点如下：

(1) 进行切换操作时，要注意阀门开启与闭合的配合、操作次序及操作速度，防止清洗箱液位陡然增高或降低，而造成清洗液溢出或泵抽空。

(2) 切换后由于循环方向改变，要注意某些回路的支路或局部循环流动效果不佳、形成死角等情况。

(3) 切换后由于循环方向改变，要注意局部流速过大造成的冲刷腐蚀。

8.8.4 隔膜泵操作

8.8.4.1 操作及维护要点

①接通电源和气源，确保隔膜泵能正常启动。②调节进出口阀门，使介质能够流畅地进入和排出。③观察隔膜泵的运转情况，确保无异常噪声和泄漏。④根据工艺要求，调节隔膜泵的工作频率和气源压力。⑤定期检查隔膜泵的滤网和密封件泄漏情况，及时清洗或更换。

8.8.4.2 故障处理

①泵无法启动：检查供电和气源是否正常，检查并排除故障。②泵运转异常：检查进出口阀门调节是否正确，以及泵体是否有泄漏。③出现异常噪声：检查隔膜泵的传动装置和密封件是否损坏，及时维修或更换。④介质无法吸入或排出：检查管路是否堵塞，对堵塞部位进行清洁或更换。

8.8.4.3 安全事项

①在操作隔膜泵之前，必须熟悉隔膜泵的工作原理和操作规程。②在操作隔膜泵时，必须佩戴适当的防护用品，如手套、护目镜等。③在维修和清洗隔膜泵时，必须切断电源和气源，并采取相应的安全措施。

8.8.5 电机运行

(1) 电机从开启到等速运转的过程称为启动过程；断开电源后，电机逐渐停止转动。

(2) 必须按产品说明书规定的方式（Y 形或△形）连接电机，否则会导致启动异常。

(3) 电机启动时电流较大，不宜频繁启动、停止，且不能空载或超负荷启动。

(4) 电机启动方式有以下两种：

① 直接启动。若加载启动电压等于电机额定电压，称为全压启动。如果电源容

量足够大，而电机额定容量较小，则电机启动电流在电源内部及供电线路上所引起的电压降较小，对邻近电气设备影响较小，可直接启动。直接启动只适用于电机容量不超过电源容量15%～20%，且其功率多在10kW以下的情况。

② 降压启动。一般电机启动可通过开关柜进行控制，以降压启动方法进行。

8.8.6 小型高压清洗机

8.8.6.1 使用须知

(1) 首次使用小型高压清洗机前，应详细阅读随机携带的使用说明书，以了解机器的构造、性能、操作及保养等方面的知识；

(2) 机器应由专人保管和使用，以保障维修保养到位；

(3) 操作时应紧握喷枪柄，避免机器启、停过于频繁，并注意水源供给情况；

(4) 喷射压力及喷枪口与被清洗物的相对位置要适当；

(5) 操作者工作中因故离开时，要及时关闭电源；

(6) 工作完毕，应洁净清洗机表面的油水污垢，长期不用则需在易锈部位涂防锈油；

(7) 若使用中发生故障，应及时停机，进行检修，严禁带故障开机。

8.8.6.2 准备工作

(1) 按维护规定及时加油；

(2) 如需使用清洗剂配合清洗，应将清洗剂注入附加药剂箱，固体药剂则应加水搅拌至完全溶解，并按规定浓度配比；

(3) 佩戴防护面罩或防护眼镜，穿好防护工作服；

(4) 连接并检查机器、高压软管、手持喷枪；

(5) 接通电源、水源。

8.8.6.3 启动与清洗

(1) 将电源转换开关从“断”转到“通”；

(2) 手握喷枪手柄，对准被清洗物；

(3) 按下水泵遥控开关启动水泵，调节压力、流量，选择工作压力；

(4) 调整喷枪口与被清洗物的相对位置至合适距离及角度后，进行清洗。

8.8.6.4 停止

(1) 若使用药剂配合清洗，应将残留在管道中的药剂冲洗干净；

(2) 松开枪把上的遥控开关，关闭水泵；

(3) 清理机器及现场。

8.8.7 阀门操作和维护

8.8.7.1 手动阀门操作

（1）识别阀门开闭方向。手轮顺时针为闭、逆时针为开，但也有例外。

（2）开关阀门时，可根据公称直径定人力，直径大者可由两人操作，扳手手柄不宜太长，禁止使用大锤猛击。

（3）设有旁通阀的大口径阀门，应先开启旁通阀进行充气和预热，然后再开启大口径主阀。

（4）开启蒸汽阀门时，应先微开，以预热设备和管路，并排除冷凝水，然后再缓缓开启，以防止产生水锤或造成爆破事故。

（5）高温阀门关闭后，会发生冷却收缩现象，因此需待其冷却至常温并经过一段时间后进行二次关闭。

（6）开关旋塞阀、球阀和蝶阀时，要确认阀芯所处状态，严防误操作。

（7）暗杆闸阀的开闭程度，要按阀体标记执行。

（8）对于长时间未操作的阀门，应先擦拭阀杆和松动填料压盖，然后加少量润滑油，再缓缓旋转手轮，禁止用大锤猛击。

8.8.7.2 电动和气液动阀门操作

（1）操作人员必须熟悉阀门结构原理、特性及工艺管路的介质流向，才能进行操作。

（2）按动电钮时要慎重，避免误操作。一般按下电源电钮后白色指示灯亮，表示电源接通；按下启动电钮后绿灯亮，表示阀门打开；按下关闭电钮后红灯亮，表示关闭。如指示灯应亮而不亮，说明存在故障，应通知有关人员检修。

（3）电动、气液动装置失灵时，应及时改为手动，并通知有关人员修理。

（4）对于遥控阀门，应经常检查其执行机构是否灵活，有无异常错位或松动现象。

（5）经常检查指示信号是否变化，发现异常应及时检查处理。

8.8.7.3 阀门维护

（1）阀门的螺纹部分应经常擦拭，保持清洁和润滑良好，使传动零部件动作灵活，无卡阻现象。

（2）阀门零件应保持齐全完好。

（3）填料发生渗漏时，应适当将压盖螺母拧紧，或增添填料；如果填料硬化变质，应更换新填料，更换填料时应采取安全措施，防止介质溢出伤人。

（4）冬季应检查保温层是否完好、停用阀门内部的积水是否排净，做好防冻措施。

（5）露天阀门传动装置应加防护罩，以防雨、雪和大气侵蚀。

（6）要经常检查安全阀是否渗漏和挂污垢，发现后应及时解决，并定期校验其灵敏度。

(7) 要经常观察减压阀的减压效能，发现减压值变大时，应解体修理。

(8) 应经常测听止回阀阀瓣或阀芯的跳动情况，发现声音异常时，应及时修理，防止掉落失效。

(9) 阀门全开后，应将手轮回转少许，使螺纹之间严紧，以免松动损伤。

(10) 保持电动装置清洁，不应受汽、水和油污沾染，并保持电气接点不松动。

8.9 设备常见异常问题应急处置

处理泵、阀门、法兰、焊缝等的故障时，需注意以下问题：

(1) 正确分析判断故障，避免盲目拆卸；

(2) 避免盲目更换零部件，或单纯依赖“换件修理”；

(3) 注意配件型号，避免配件代用或错用；

(4) 重视螺栓选用，避免螺栓使用混乱；

(5) 避免螺栓拧紧方法不当；

(6) 检查新件质量，避免装配后出现故障；

(7) 装配时，避免出现零部件装反的情况；

(8) 避免维修方法不正规，“治标不治本”；

(9) 垫片使用应规范，不得随意使用；

(10) 重视“小件”的质量，避免因“小”失“大”，即因小部件失效引发重大故障；

(11) 牢记维修禁忌，避免隐性故障。

表 8-2～表 8-5 是泵、法兰、阀门及焊缝常见故障处理方法。

表 8-2 常用泵简单故障与维修处理方法

故障名称	产生原因	维修处理方法
填料泄漏	(1)填料未压紧。 (2)填料老化变硬。 (3)轴磨损或腐蚀	(1)均匀压紧压盖。 (2)更换填料。 (3)更换轴
不吸水或流量不足	(1)罐内液面较低或吸入高度增大。 (2)密封填料或吸入管漏气。 (3)进出口阀门或管径堵塞。 (4)叶轮腐蚀或磨损。 (5)口环密封圈磨损严重。 (6)泵的转速降低。 (7)被输送的液体温度较高	(1)调整吸液面高度。 (2)压紧填料。 (3)检查清理进出口阀门或管径。 (4)更换叶轮。 (5)更换密封圈。 (6)检查调整三角带松紧或电压值。 (7)设法降低被输送的液体的温度

表 8-3　法兰简单故障与维修处理方法

故障名称	产生原因	维修处理方法
泄漏	(1)螺栓未固定好。 (2)密封垫损坏	(1)重新紧固螺栓。 (2)更换密封垫

表 8-4　阀门常见故障与维修处理方法

故障名称	产生原因	维修处理方法
填料泄漏	(1)填料安装不严密。 (2)压盖未压紧。 (3)填料老化失效或填料规格有误。 (4)阀杆磨损或腐蚀	(1)采取单圈、错口顺序填装填料。 (2)均匀压紧填料。 (3)更换填料。 (4)更换阀杆
垫圈泄漏	(1)密封面之间黏附脏物。 (2)密封面锈蚀磨损。 (3)阀杆弯曲使密封面错位	(1)反复微开微闭以冲走脏污或冲洗干净。 (2)拆开研磨或更换。 (3)调直调整阀杆
阀杆失灵	(1)填料压紧过度。 (2)阀杆弯曲或螺纹损坏。 (3)阀杆螺纹部位沾染过多污物。 (4)阀体内部积存结疤	(1)适当放松压盖。 (2)调直、修整或更换阀杆。 (3)清洗擦净阀杆螺纹。 (4)拆下清理
密封面泄漏	(1)螺栓固定不当。 (2)密封垫损坏	(1)重新紧固螺栓。 (2)更换密封垫
阀门开裂	阀门存在缺陷或清洗液腐蚀	焊接开裂部位或更换阀门

表 8-5　焊缝常见故障与维修处理方法

故障名称	产生原因	维修处理方法
焊缝泄漏	焊缝存在缺陷或清洗液腐蚀	微量泄漏可用木楔楔堵，大量泄漏则需要补焊

8.10　突发事件应急措施

在清洗施工过程中，有时可能发生一些突发事件，如停水、停电、停汽等，针对这些异常情况应及时、果断地采取应急措施进行处理。

8.10.1　清洗过程中停水、停电、停汽等突发事件应急措施

清洗过程中停水、停电、停汽等突发事件应急措施见表 8-6。

表 8-6 突发事件应急措施表

突发事件	发生工序	应急措施
停水	水冲洗	(1)关闭泵的进、出口阀,同时关闭泵站电源,关闭注水阀门。 (2)若停水时间很短,可等送水后继续操作;若停水时间较长,可将被清洗系统中的水排放干净
	碱洗	(1)若已正常清洗,可继续进行。 (2)若需要补水,少量的水可用其他水(消防水、去离子水)代替;需水量较大时,可考虑暂停清洗
	酸洗	(1)若已正常清洗,可继续进行。 (2)若需要补水,少量的水可用其他水(消防水、去离子水)代替;需水量大且停水时间较长时,可考虑暂停清洗,并将清洗液中和后排放
	漂洗	(1)若已正常清洗,可继续进行。 (2)若需要补水,少量的水可用其他水(消防水、去离子水)代替;需水量大且停水时间较长时,可考虑暂停清洗,并将清洗液中和后排放
	钝化	(1)若已正常钝化,可继续进行。 (2)若需要补水,少量的水可用其他水(消防水、去离子水)代替;需水量大时,可考虑暂停钝化
停电	水冲洗	(1)迅速关闭泵的进、出口阀并切断电源,关闭注水阀门,关闭蒸汽阀。 (2)若停电时间很短,可等送电后继续;若停电时间较长,可将被清洗系统中的水排放干净
	碱洗	(1)迅速关闭泵的进、出口阀,并切断电源,同时应迅速关闭蒸汽阀。 (2)若停电时间短,等送电后继续操作;若停电时间较长,可考虑将碱洗液中和后排放
	酸洗	(1)迅速关闭泵的进、出口阀并切断电源。若清洗工艺有加热的要求,应迅速关闭蒸汽阀。 (2)若停电时间短,等送电后继续操作;若停电时间较长,可考虑将酸洗液中和后排放
	漂洗	(1)迅速关闭泵的进、出口阀并切断电源。若清洗工艺有加热的要求,应迅速关闭蒸汽阀。 (2)若停电时间短,等来电后继续操作;若停电时间较长,可考虑将漂洗液中和后排放
	钝化	(1)迅速关闭泵的进、出口阀并切断电源。若清洗工艺有加热的要求,应迅速关闭蒸汽阀。 (2)若停电时间短,等送电后继续操作;若停电时间较长,可考虑将钝化液存放在清洗系统中,等送电后继续钝化
停汽	碱洗	(1)若温度已达到工艺要求,且碱洗即将结束,关闭蒸汽阀门后,可继续进行。 (2)若温度仍较低,且碱洗刚开始,关闭蒸汽阀门后,可暂停清洗工序
	酸洗	(1)若温度已达到工艺要求,且酸洗即将结束,关闭蒸汽阀门后,可继续进行。 (2)若温度仍较低,且酸洗刚开始,关闭蒸汽阀门后,可暂停操作;若停汽时间长,可考虑将酸洗液中和后排放,用清水置换系统

续表

突发事件	发生工序	应急措施
停汽	漂洗	(1)若温度已达到工艺要求,且漂洗即将结束,关闭蒸汽阀门后,可继续进行。 (2)若温度仍较低,且漂洗刚开始,关闭蒸汽阀门后,可暂停操作;若停汽时间长,可考虑将漂洗液中和后排放,用清水置换系统
	钝化	(1)若温度已达到工艺要求,且钝化即将结束,关闭蒸汽阀门后,可继续进行。 (2)温度仍较低,且钝化刚开始,关闭蒸汽阀门后,可改变钝化条件进行常温钝化

8.10.2 排空、导淋异常处理

8.10.2.1 排空异常处理

高位排空是清洗过程中经常要进行的操作，清洗过程中通过排空来排除系统中固有的或新生成的气体，以确保清洗液完全充满清洗系统，使清洗液同所有的被清洗表面接触，从而达到全系统完整均一的清洗效果。

清洗过程中，打开排空阀，有时会发现排空阀内不但没有液体、气体排出，还出现气体被吸入的现象，这是因为排空点至泵站的静压差大于清洗液从排空点流回清洗循环槽的流动阻力，可通过适当调小各循环回路回液阀或总的回液阀解决。当进行上述调节时，要注意同清洗泵站保持联络，注意观察清洗泵站进液压力变化，关注清洗循环槽液位变化，必要时应适当补水，防止泵吸空。如果总的回液阀已经关闭或回液流量很小，排空点仍没有气体、液体排出，且清洗泵站的进液压力变化很小，则需检查泵站，尤其是泵的工作能力。

8.10.2.2 导淋异常处理

在清洗过程中，排污阀的主要作用是排出系统中的固体沉积物。在清洗中，产生的固体沉积物较多时，会造成排污阀堵塞的异常现象，这种堵塞一般是从排污阀的阀芯开始的，疏通排污阀堵塞的方法如下：

(1) 将排污阀反复开关几次，且每次尽量开大，让靠阀芯支撑的污垢失去支撑而流出。

(2) 将排污阀尽量开大，用细铁丝等进行疏导。

(3) 将排污阀尽量开大，将细小的软水管放入排污管内，用水流将堵塞的固体逐渐带出。

(4) 将排污阀尽量开大，使便携式清洗机的软管插入排污管进行射流疏通。

疏通排污阀时应注意安全，防止排污管突然疏通后清洗液喷溅危险，如溅入眼睛或溅到衣服上，可能对操作人员造成伤害；喷溅到电器等设备上，可能造成事故。

8.10.3 清洗液泄漏事故处理

在清洗过程中，可能发生意外泄漏，泄漏事故的处理也是清洗工作的必修课。在清洗前，根据现场的情况除准备工具外，还应准备适量的铁丝、木楔、盲板、丝堵、法兰垫、四氟乙烯带、填料、塑料布、管卡、石灰、软管及胶皮板等。

（1）焊缝泄漏时，可用铁丝、木楔封堵泄漏小孔，严重时也可用管卡或焊接的方法消漏，处理后继续清洗。

（2）当排污阀关不严而产生泄漏时，端点是螺纹的，用丝堵将其封堵；端点是法兰的，用盲板封堵。处理后继续清洗。

（3）清洗液通过隔离阀泄漏到非清洗系统中时，检查隔离阀是否未关严，如果隔离阀内漏，在隔离阀后法兰处加盲板，处理后继续清洗。

（4）清洗液通过换热器泄漏到非清洗的另一侧时，将另一侧的进出口阀关闭（在另一侧压力承受范围内时），处理后继续清洗。

（5）塔器等的加强板内泄漏时，用丝堵堵住加强板的平衡孔，处理后继续清洗。

（6）阀填料泄漏时，先通过紧压盖的方法消漏，压盖紧完后泄漏量仍然很大，则更换填料，处理后继续清洗。

（7）法兰泄漏时，先通过紧法兰的方法消漏，法兰压紧后泄漏量仍然很大，则更换垫片，处理后继续清洗。对于无法更换垫片的情况，观察泄漏量是否大到清洗无法继续，再根据情况进行处理。

消漏时，可根据情况判断是否停运清洗泵。消漏时和消漏后应注意循环槽的液位、温度，防止循环槽溢液或泵抽空。消漏后，如仍有少量泄漏，用塑料布将泄漏点包裹住，防止清洗液喷溅到周边设备上，用石灰对泄漏的酸液进行中和处理，用清水将废液稀释并冲入化学污水管内。消漏后，如果清洗液损失过多，补水时可根据需要补加清洗药剂。

对于清洗中正式管线、设备等的泄漏，应及时向监理、业主报告。

8.11 设备复位操作注意事项

（1）拆装临时清洗管路时，应充分排空，确认系统中无压力后，方可进行拆卸。

（2）根据临时管线安装记录，把相应部分的临时部件拆除。

（3）将设备上相应的部件按照拆除时记录的部件操作规程安装复位。

第9章

化学清洗中的化验分析与监测

化学清洗过程中，设备的清洗效果如何，设备是否受到了清洗药剂的腐蚀破坏，清洗药剂是否起到了应有作用，药剂是否还在有效浓度范围内，何时结束当前阶段的清洗操作并可以进行下一步操作，这些判断仅依靠肉眼观察和经验无法完成，需要依托不同阶段的分析监控方法——这相当于化学清洗指挥者的“眼睛”，要想做到不过洗、不欠洗、不腐蚀，现场分析监控非常重要。

9.1 概述

化学清洗过程中，根据实验室对被清洗设备垢样的分析化验结果，确定工艺配方。但在具体清洗时，特别是对于大型化工装置，如何判断清洗终点也是非常重要的。因为在清洗过程中无法通过打开设备的人孔、手孔或法兰检查清洗效果。判断清洗的每个步骤是否到达终点，主要依据三点：

① 同类装置的成功清洗经验；

② 挂在清洗槽中样管的状态；

③ 实时分析化验的数据。分析化验的数据是判断化学清洗每个步骤是否到达终点，是否需要再添加清洗药剂的最直接、最准确的依据。可以说，清洗现场的化验人员就像技术负责人的“眼睛”，可以随时提供现场情况进度。

9.2 分析化验采样

在清洗现场，一般清洗泵站设有进、回液分析化验取样阀。打开阀门取样时，应先放掉一定量的清洗液，以确保在同时间所取清洗液的真实性和有效性。一般情况下，取样化验的开始时间是根据清洗系统容积大小确定的。加药完毕后，先使清洗药剂在系统中循环均匀，再开始取样化验。化验取样时应准备两个锥形瓶，分别标有“进液”和“回液”字样，防止混淆，化验时间间隔根据化学清洗方案的规定确定。要求现场化验简便、快速、准确。

9.3 水的 pH 值和浊度测定

9.3.1 pH 值测定

在水冲洗、碱洗后水冲洗、酸洗后水冲洗、漂洗和钝化阶段都需要测定 pH 值。尤其采用柠檬酸酸洗时，需检测 pH 值，并用氨水调至 3.5～4.5，具体测定方法可采用 pH 试纸和 pH 值测定仪。

9.3.2 浊度、电导率测定

浊度是判断各水冲洗阶段是否结束的最直接的参数。

在使用纯水或超纯水清洗精密工业设备和高压带电设备时，要掌握溶解在水中的中性盐的情况，可通过测定水的电导率实现。

水的电导率用于量化水中离子浓度及其导电能力，其数值取决于水中溶解离子的种类和浓度。电导率可通过简便的电阻率测定仪测定。实际应用时，可以根据需要设定各水质的电导率控制限值。以下是不同类型水的电导率值。

蒸馏水：电导率较低，通常在 1～10μS/cm，因为蒸馏水中几乎不含溶解离子。

去离子水：电导率也较低，常规处理的去离子水电导率与蒸馏水相近，因为去离子水中已经去除了大部分离子。

纯净水（如饮用水）：电导率范围通常在 0～50μS/cm 之间，具体数值取决于其纯净程度。

自来水：电导率介于 125～1250μS/cm，因为自来水中含有一定量的钙离子、镁离子等导电离子。

海水：电导率远高于上述类型的水，在 30000μS/cm 左右，这是因为海水中含有大量的溶解盐类。

工业废水：电导率通常超过 10000μS/cm，甚至更高，因为工业废水中含有大量的离子和杂质。

9.4 清洗液分析和检测

在化学清洗过程中，需对酸的浓度、碱的浓度、钝化液的浓度及清洗液中各种离子的浓度进行监测，其主要内容如下。

9.4.1 化验用品明细

化验用品明细见表 9-1。

表 9-1 化验用品明细

名称	规格	数量
滴定仪(台、杆、夹、管)	—	一套
锥形瓶	250mL	2 个
烧杯	250mL	2 个
移液管	5mL	1 支
吸耳球	—	1 个
量筒	50mL	1 个
试纸	—	若干
混合指示剂	—	1 瓶
标准溶液:酸、碱、EDTA	—	各 1 瓶
温度计	—	若干
滤纸、漏斗及劳保用品	—	若干

9.4.2 化学清洗分析测试项目及分析检测阶段

测试项目及分析检测阶段见表 9-2。

表 9-2 测试项目及分析检测阶段

项目	分析检测阶段					
	碱洗	碱洗后水冲洗	酸洗	酸洗后水冲洗	漂洗	中和钝化
检测项目	碱浓度、温度	pH 值	酸浓度、铁离子浓度、pH 值(柠檬酸酸洗中检测)	pH 值	酸浓度、铁离子浓度、pH 值、温度	pH 值、温度
检测间隔时间	1 次/(30~60min)	1 次/(10~30min)	1 次/(30~60min)	1 次/(10~30min)	1 次/(20~40min)	1 次/(30~60min)
清洗时间			4~8h		2~3h	6~12h
终点判断	碱浓度基本稳定	水的 pH 值为 7~8	酸浓度不再降低,铁离子浓度基本稳定	水的 pH 值为 6~7	漂洗 2~3h 结束,[Fe^{3+}]≤300mg/L	pH 值稳定
控制温度	75~95℃		80~95℃		80~100℃	常温~60℃

续表

项目	分析检测阶段					
	碱洗	碱洗后水冲洗	酸洗	酸洗后水冲洗	漂洗	中和钝化
备注	实际清洗中可根据被清洗系统的大小，适当延长或缩短检测间隔时间			闭路清洗时，时间相对延长		根据实际情况可适当延长或缩短检测间隔时间

9.4.3 碱洗液浓度测定

碱洗液可用于待清洗系统酸洗前的除油脱脂、污垢中硫酸盐垢的转化及酸洗后的中和处理步骤。碱洗液的主要成分为氢氧化钠、碳酸钠或磷酸三钠，必要时可加少量表面活性剂。碱洗液的测定主要是指对氢氧化钠、磷酸三钠和碳酸钠含量的测定。

（1）碱洗液为 NaOH 时

测定原理：$H^+ + OH^- \longrightarrow H_2O$

试剂：H_2SO_4 标准溶液（约为 0.1mol/L）、混合指示剂（溴甲酚绿-甲基红混合指示剂）

（2）碱洗液为两项混合液时

试剂：H_2SO_4 标准溶液（约为 0.1mol/L）、0.1%酚酞乙醇溶液、0.1%甲基橙指示剂

（3）碱洗液为三项混合液时（混合液成分为 NaOH、Na_2CO_3、Na_3PO_4）

试剂：H_2SO_4 标准溶液（约为 0.1mol/L）、0.1%酚酞乙醇溶液、0.1%甲基橙指示剂

9.4.4 酸洗液浓度测定

酸洗液中需监测分析的项目主要是酸洗液的浓度和溶解产物高价金属离子的浓度。酸洗液的浓度直接影响清洗的速度，间接反映清洗的进程。溶解产物高价金属离子（Fe^{3+}、Ca^{2+}）的浓度直接影响缓蚀剂的缓蚀效果。为了了解进入溶液中铁的总量，Fe^{2+} 的浓度也需要测定。

9.4.4.1 盐酸浓度测定

（1）试剂：混合指示剂（溴甲酚绿-甲基红混合指示剂）、氢氧化钠标准溶液 Mmol/L。

（2）测定方法：（略）。

9.4.4.2 氢氟酸浓度测定

（1）试剂：混合指示剂（溴甲酚绿-甲基红混合指示剂）、饱和氯化钾溶液、氢氧化钠标准溶液 Mmol/L。

（2）测定方法：（略）。

9.4.4.3 硝酸浓度测定

（1）试剂：NaOH 标准溶液 Mmol/L、混合指示剂（溴甲酚绿-甲基红混合指示剂）。

（2）测定方法：（略）。

9.4.4.4 柠檬酸浓度测定

（1）试剂：NaOH 标准溶液 Mmol/L（一般为 0.1mol/L）、5%$Mg(ClO_4)_2$ 溶液、混合指示剂（溴甲酚绿-甲基红混合指示剂）。

（2）测定方法：（略）。

9.4.4.5 硫酸浓度测定

（1）试剂：混合指示剂、氢氧化钠标准溶液 Mmol/L。

（2）测定方法：（略）。

9.4.4.6 氨基磺酸浓度测定

（1）试剂：NaOH 标准溶液 Mmol/L、混合指示剂（溴甲酚绿-甲基红混合指示剂）。

（2）测定方法：（略）。

9.4.5 酸洗液中 Fe^{2+}、Fe^{3+} 的分析测定

在化学清洗中，铁离子含量是重要的控制指标。在以铁锈为主的除垢清洗中，常以铁离子浓度不再升高作为清洗终点的判断依据。由于 Fe^{3+} 会引起钢铁腐蚀，在清洗过程中应对其浓度严加控制。

原理：

在 pH＝2～3 的条件下，磺基水杨酸 H_2Sal 和 Fe^{3+} 生成紫红色络合物，由于 FeY^- 比 $[FeSal]^+$ 更稳定，故用 EDTA 钠盐滴定，溶液由紫红色变为亮黄色作为滴定终点。

$$Fe^{3+} + H_2Sal \longrightarrow [FeSal]^+ + 2H^+$$

$$[FeSal]^+ + H_2Y^{2-} \longrightarrow FeY^- + H_2Sal$$

Fe^{2+} 可被 $(NH_4)_2S_2O_8$ 氧化成 Fe^{3+}，然后以磺基水杨酸为指示剂，用 EDTA 滴定至溶液由紫红色变为亮黄色，根据消耗的 EDTA 量计算 Fe^{2+} 的含量。

测定方法分别如下所述。

9.4.5.1 盐酸、硫酸、硝酸、氨基磺酸溶液中铁离子浓度测定

（1）试剂：氨水（1∶1）、盐酸溶液（1∶1）、磺基水杨酸指示剂（10%磺基水杨酸溶液）、10%过硫酸铵溶液、0.05mol/LEDTA 标准溶液（见标准滴定溶液的配制）。

（2）测定方法：（略）。

9.4.5.2 柠檬酸（$H_3C_6H_5O_7$）溶液中铁离子浓度测定

（1）试剂：Mmol/L H_2SO_4 标准溶液（一般为 0.5mol/L）、Mmol/L EDTA 标准溶液（一般为 0.05mol/L）、10%磺基水杨酸溶液、10%（NH_4）$_2S_2O_8$ 溶液。

（2）测定方法：（略）。

9.4.5.3 氢氟酸溶液中铁离子浓度测定

（1）试剂：10%磺基水杨酸溶液、25% $AlCl_3$ 溶液、EDTA 标准溶液（一般为 0.05mol/L）、H_2SO_4 标准溶液（一般为 0.5mol/L）。

（2）测定方法：（略）。

9.4.6 酸洗液中铜离子含量的分析测定

当酸洗液中铜离子含量超过 3%时，清洗金属表面会产生金属铜沉积（镀铜）现象，从而造成铁腐蚀；当铜含量低于 5%时，向清洗液中加入硫脲，其可以与铜离子发生络合反应而将铜离子隐蔽起来；当铜离子浓度超过 5%时，应采用氨氧化剂络合除铜，以避免引起金属腐蚀。

原理：铜离子在 pH 值为 3～4 的微酸性溶液中能与紫脲酸铵发生络合反应，使紫脲酸铵的玫瑰紫色消失。但 EDTA 与铜离子的络合能力更强，可以从上述络合物中置换出紫脲酸铵，使溶液恢复紫色，故可将紫脲酸铵作为指示剂，用 EDTA 标准溶液进行滴定。考虑到酸洗液中不可避免地有相当数量的铁离子，可用 F^- 络合 Fe^{3+}，以消除铁离子的干扰。

（1）试剂：EDTA 标准溶液、氯化铵、紫脲酸铵指示剂、氨水（1∶1）、盐酸溶液（1∶4）。

（2）测定方法：（略）。

9.4.7 钙离子浓度测定

（1）试剂：20%氢氧化钾溶液、三乙醇胺水溶液（1∶2）、盐酸溶液（1∶1）、氧化锌（基准物质）、氨水、氯化铵、酚酞、氯化钾、醋酸、钙黄绿素指示剂、乙二胺四乙酸二钠（EDTA）、0.5%铬黑 T 酒精溶液。

（2）测定方法：（略）。

9.4.8 镁离子浓度测定

（1）试剂：5%酒石酸钾钠溶液、三乙醇胺水溶液（1∶2）、氯化铵、萘酚绿B（试剂级）、氨水、酸性铬蓝K（试剂级）、巯基乙醇（试剂级）、硝酸钾。

（2）测定方法：（略）。

9.4.9 钝化液中亚硝酸钠浓度测定

（1）试剂：硫酸溶液（1∶3）、0.05mol/L高锰酸钾标准溶液（见标准溶液的配制）、邻菲啰啉-亚铁指示剂（试亚铁灵指示剂）[称取1.48g邻菲啰啉（即1,10-二氮杂菲）和0.70g硫酸亚铁（$FeSO_4 \cdot 7H_2O$）溶于200mL水中，贮于棕色瓶中]、0.05mol/L硫酸亚铁铵｛称取18.4g硫酸亚铁铵［$(NH_4)_2Fe(SO_4)_2 \cdot 6H_2O$］溶于水中，加入20mL硫酸，待溶液冷却后稀释至1000mL｝、0.12mol/L重铬酸钾标准溶液（将5.885g在105℃干燥2h后的重铬酸钾溶于水中，稀释至1000mL）。

硫酸亚铁铵标准溶液的标定：用移液管吸取5.00mL（V_1）重铬酸钾标准溶液置于锥形瓶中，加入45mL蒸馏水稀释，加入5mL硫酸，充分冷却后加入1滴试亚铁灵指示剂，用硫酸亚铁铵标准溶液滴定至颜色从蓝绿色刚变至红色为终点，记下消耗硫酸亚铁铵标准溶液的体积V_2。

计算：

$$c_2=c_1V_1/V_2$$

式中　c_1——重铬酸钾标准溶液的浓度，mol/L；

c_2——硫酸亚铁铵标准溶液的浓度，mol/L；

V_1——重铬酸钾标准溶液的体积，mL；

V_2——消耗硫酸亚铁铵标准溶液的体积，mL。

备注：硫酸亚铁铵标准溶液在使用前进行标定。

（2）测定方法：（略）。

9.4.10 化学清洗废液分析

9.4.10.1 pH值测定

（1）试剂

① pH=4标准缓冲溶液：准确称取10.21g邻苯二甲酸氢钾（$KHC_8H_4O_4$），溶于试剂水并定容至1L。由于此溶液稀释效应小，称量前不必干燥。此溶液放置几周后会发霉，可加入少许微溶性酚（如百里酚）或其化合物作防霉剂。

② pH=7标准缓冲溶液：准确称取3.5g在（120±10）℃下干燥2h至恒重并

冷却至室温的优级纯无水磷酸氢二钠（Na_2HPO_4）及 3.40g 优级纯磷酸二氢钾（KH_2PO_4），共同溶于试剂水中并定容至 1L。配好的溶液应密封保存，避免被大气中的二氧化碳玷污，有效期 6 周，若出现沉淀需重新配制。

③ pH＝9 标准缓冲溶液：准确称取 3.81g 优级纯硼砂（$Na_2B_4O_7 \cdot 10H_2O$），溶于无二氧化碳的试剂水中并定容至 1L。配好的溶液应密封保存，避免与大气中的二氧化碳接触，有效期 1 个月（4 周），若出现浑浊需重新配制。

上述标准缓冲溶液在不同温度下的 pH 值如表 9-3 所示。

表 9-3　标准缓冲溶液在不同温度下的 pH 值

温度/℃	pH 值		
	邻苯二甲酸氢钾	中性磷酸盐	硼砂
5	4.0	6.95	9.39
10	4.00	6.92	9.33
15	4.00	6.90	9.27
20	4.00	6.88	9.22
25	4.01	6.86	9.18
30	4.01	6.85	9.14
35	4.02	6.84	9.10
40	4.03	6.84	9.07
45	4.04	6.83	9.04
50	4.06	6.83	9.01
55	4.07	6.84	8.99
60	4.09	6.84	8.96

（2）测定方法：（略）。

9.4.10.2　悬浮物测定

本方法参照 GB 11901《水质 悬浮物的测定 重量法》。

本标准适用于地面水、地下水、生活污水和工业废水中悬浮物测定。

（1）定义

水质中悬浮物是指水样通过孔径为 0.45μm 的滤膜，截留在滤膜上并于 103～105℃下烘干至恒重的固体物质。

（2）仪器

全玻璃微孔滤膜过滤器、CN-CA 滤膜（孔径 0.45μm，直径 60mm）、吸滤瓶、真空泵、无齿扁嘴镊子。

（3）采样及样品储存

① 采样。所用聚乙烯瓶或硬质玻璃瓶先用洗涤剂洗净，再依次用自来水和蒸馏水冲洗干净。在采样之前，再用即将采集的水样清洗三次。然后，采集具有代表性的水样 500～1000mL，盖严瓶塞。

注：漂浮或浸没的不均匀固体物质不属于悬浮物质，应从水样中除去。

② 样品储存。采集的水样应尽快分析测定，如需放置，应储存在 4℃冷藏箱中，但最长不得超过 7d。

注：不能加入任何保护剂，以防破坏物质在固、液间的分配平衡。

（4）测定方法：（略）。

9.4.10.3 氨氮测定

本方法参照 HJ 537《水质 氨氮的测定 蒸馏-中和滴定法》。

（1）适用范围

本方法适用于生活污水和工业废水中氨氮的测定。

（2）干扰及消除

在本标准规定的条件下可以蒸馏出来的能够与酸反应的物质均干扰测定。例如，尿素、挥发性胺和氯化样品中的氯胺等。

（3）原理

调节水样的 pH 在 6.0～7.4 范围内，加入轻质氧化镁使呈微碱性，蒸馏释出的氨用硼酸溶液吸收，以甲基红-亚甲基蓝为指示剂，用盐酸标准溶液滴定馏出液中的氨氮（以 N 计）。

（4）试剂

① 无氨水，其制备方法如下。

a. 离子交换法：蒸馏水通过强酸性阳离子交换树脂（氢型）柱，将馏出液收集在带有磨口玻璃塞的玻璃瓶内，每升馏出液中加 10g 同样的树脂，以利于保存。

b. 蒸馏法：在 1000mL 的蒸馏水中，加 0.1mL 硫酸（$\rho=1.84$g/mL），在全玻璃蒸馏器中重蒸馏，弃去前 50mL 馏出液，然后将约 800mL 馏出液收集在带有磨口玻璃塞的玻璃瓶内。每升馏出液中加 10g 强酸性阳离子交换树脂（氢型）。

c. 纯水器法：用市售纯水器直接制备。

② 盐酸（HCl），$\rho=1.19$g/mL。

③ 硫酸（H_2SO_4），$\rho=1.84$g/mL。

④ 无水乙醇，$\rho=0.79$g/mL。

⑤ 无水碳酸钠（Na_2CO_3），基准试剂。

⑥ 轻质氧化镁（MgO），不含碳酸盐：在 500℃下加热，以除去碳酸盐。

⑦ 1mol/L 氢氧化钠溶液：将 20g 氢氧化钠（NaOH）溶于约 200mL 水中，

冷却至室温，稀释至500mL。

⑧ 硫酸溶液，$c(1/2H_2SO_4)$ =1mol/L：量取2.8mL硫酸缓慢加入100mL水中。

硼酸（H_3BO_3）吸收液，ρ=20g/L：称取20g硼酸溶于水，稀释至1000mL。

⑨ 指示剂溶液

a. 甲基红指示剂溶液，ρ=0.5g/L：称取50mg甲基红溶于100mL乙醇中。

b. 溴百里酚蓝指示剂，ρ=1g/L：称取0.10g溴百里酚蓝溶于5mL水中，加入20mL乙醇，用水稀释至100mL。

c. 混合指示剂：称取200mg甲基红溶于100mL乙醇中；另称取100mg亚甲蓝溶于100mL乙醇中。取两份甲基红溶液与一份亚甲蓝溶液混合备用，此溶液可稳定1个月。

⑩ 碳酸钠标准溶液，$c(1/2Na_2CO_3)$ =0.0200mol/L。称取经180℃干燥2h的无水碳酸钠0.5300g，溶于新煮沸放冷的水中，移入500mL容量瓶中，稀释至标线。

⑪ 盐酸标准滴定溶液，$c(HCl)$ =0.02mol/L：量取1.7mL盐酸于1000mL容量瓶中，用水稀释至标线。

⑫ 玻璃珠。

⑬ 防沫剂，如石蜡碎片。

（5）测定方法：（略）。

9.4.10.4 化学需氧量测定

本方法参照HJ 828《水质 化学需氧量的测定 重铬酸盐法》。

本标准适用于地表水、生活污水和工业废水中化学需氧量的测定。本标准不适用于含氯化合物浓度大于1000mg/L（稀释后）的水中化学需氧量的测定。

（1）定义

在一定条件下，经重铬酸钾处理时，水样中的溶解性物质和悬浮物所消耗的重铬酸盐相对应的氧的质量浓度，以mg/L表示。

（2）原理

在水样中加入已知量的重铬酸钾溶液，并在酸性介质下以银盐作催化剂，经沸腾回流后，以试亚铁灵为指示剂，用硫酸亚铁铵滴定水样中未被还原的重铬酸钾，由消耗的硫酸亚铁铵的量计算出水中化学需氧量（以氧的质量浓度计）。

（3）试剂

① 硫酸银（Ag_2SO_4），分析纯。

② 硫酸汞（$HgSO_4$），分析纯。

③ 硫酸（H_2SO_4），ρ=1.84g/mL。

④ 硫酸银-硫酸溶液：向 1L 硫酸中加入 10g 硫酸银，放置 1～2d 使之溶解，并混匀，使用前小心摇匀。

⑤ 重铬酸钾标准溶液

a. $c(1/6K_2Cr_2O_7)=0.250$mol/L：准确称取 12.258g 重铬酸钾溶于水中，定容至 1000mL。

b. $c(1/6K_2Cr_2O_7)=0.0250$mol/L：将 0.250mol/L 的重铬酸钾标准溶液稀释至 1/10 倍。

⑥ 硫酸亚铁铵标准溶液，$c[(NH_4)_2Fe(SO_4)_2 \cdot 6H_2O] \approx 0.05$mol/L：称取 19.5g 硫酸亚铁铵溶解于水中，加入 10mL 硫酸，待溶液冷却后稀释至 1000mL。

每日临用前，必须用重铬酸钾标准溶液准确滴定硫酸亚铁铵标准溶液的浓度。

取 5.00mL 重铬酸钾标准溶液置于锥形瓶中，用水稀释至约 50mL，缓慢加入 15mL 硫酸，混匀，冷却后加入 3 滴（约 0.15mL）试亚铁灵指示剂，用硫酸亚铁铵溶液滴定，溶液的颜色由黄色经蓝绿色变为红褐色即为终点，记录硫酸亚铁铵溶液的消耗量 V（mL）。硫酸亚铁铵标准溶液的浓度按下式计算：

$$c(\text{mol/L})=\frac{5.00\text{mL}\times 0.250\text{mol/L}}{V}$$

式中 V——滴定时消耗硫酸亚铁铵溶液的体积，mL。

⑦ 邻苯二甲酸氢钾标准溶液，$c(KHC_8H_4O_4)=2.0824$mmol/L：称取 105℃下干燥 2h 的邻苯二甲酸氢钾（$HOOCC_6H_4COOK$）0.4251g 溶于水，并稀释至 1000mL，混匀。以重铬酸钾为氧化剂，将邻苯二甲酸氢钾完全氧化的 COD_{Cr} 值为 1.176g 氧/g（指 1g 邻苯二甲酸氢钾耗氧 1.176g），故该标准溶液的理论 COD_{Cr} 值为 500mg/L。

⑧ 试亚铁灵指示剂：溶解 0.7g 七水合硫酸亚铁（$FeSO_4 \cdot 7H_2O$）于 50mL 水中，加入 1.5g 1,10-邻菲啰啉，搅拌至溶解，加水稀释至 100mL。

⑨ 防暴沸玻璃珠。

（4）测定方法：（略）。

9.4.10.5 生化需氧量（BOD_5）测定

（1）适用范围

本方法适用于 BOD_5 大于或等于 2mg/L 且不超过 6000mg/L 的水样。BOD_5 大于 6000mg/L 的水样使用本方法时，由于稀释会造成误差，有必要要求对测定结果做慎重的说明。

本实验是生物化学和化学作用共同产生的结果，它们不像单一的、有明确定义的化学过程那样具有严格和明确的特性，但是它能提供用于评价各种水样质量的指标。

本实验的结果可能会被水中存在的某些物质所干扰，如对微生物有毒的物质（如杀菌剂、有毒金属或游离氯等）会抑制生化作用，水中的藻类或硝化微生物也可能造成虚假的偏高结果。

（2）定义

生化需氧量（BOD_5）是指在规定条件下，水中有机物和无机物在生物氧化作用下所消耗的溶解氧的量（以质量浓度表示）。

（3）原理

将水样注满培养瓶，塞紧瓶塞后应不透气，将培养瓶置于恒温条件下培养5d。培养前后分别测定溶解氧浓度，由两者的差值可以算出每升水消耗氧的质量，即 BOD_5 值。

由于多数水样中含有较多的需氧物质，其需氧量往往超过水中可利用的溶解氧（DO）量，因此在培养前需对水样进行稀释，使培养后剩余的溶解氧（DO）符合规定。

一般水质检测所测 BOD_5 包括含碳物质的耗氧量和无机还原性物质（硝化物质）的耗氧量。有时需要分别测定含碳物质的耗氧量和硝化物质的耗氧量。常用的区别含碳耗氧和含氮硝化耗氧的方法是向培养瓶中投加硝化抑制剂，加入适量硝化抑制剂后，所测出的耗氧量即为含碳物质的耗氧量。在5d培养时间内，硝化作用的耗氧量取决于是否存在足够数量的能进行此氧化作用的微生物，原污水或初级处理的出水中这种微生物的数量不足，不能氧化显著量的还原性氮；而许多二级生化处理的出水和受污染较久的水体中，往往含有大量硝化微生物，因此测定这种水样时应抑制其硝化反应。

在测定 BOD_5 的同时，需要进行葡萄糖-谷氨酸标准溶液验证实验。

（4）试剂

分析时，只采用公认的分析纯试剂和蒸馏水或同等纯度的水（在全玻璃装置中蒸馏的水或去离子水），水中含铜量不应高于0.01mg/L，且不应含有氯、氯胺、苛性碱、有机物和酸类。

① 接种水。如试验样品本身含有的合适性微生物不足，可采用下述方法之一获得接种水：

a. 城市废水，取自污水管或没有明显工业污染的住宅区污水管。这种水在使用前，应倾出上清液备用。

b. 在1L水中加入100g花园土壤，混合并静置10min，取100mL上清液用水稀释至1L。

c. 含有城市污水的河水或湖水。

d. 污水处理厂出水。

e. 当待分析水样为含难降解物质的工业废水时，取待分析水排放口下游 3～8km 的水或所含微生物适宜于待分析水并经实验室培养过的水。

② 盐溶液。下述溶液至少可稳定一个月，应储存在玻璃瓶内，置于暗处。一旦发现有生物滋长迹象，则应弃去不用。

a. 磷酸盐缓冲溶液：将 8.5g 磷酸二氢钾（KH_2PO_4）、21.75g 磷酸氢二钾（K_2HPO_4）、33.4g 七水磷酸氢二钠（$Na_2HPO_4 \cdot 7H_2O$）和 1.7g 氯化铵（NH_4Cl）溶于约 500mL 水中，稀释至 1000mL 并混合均匀。此缓冲溶液的 pH 值约为 7.2。

b. 22.5g/L 七水硫酸镁溶液：将 22.5g 的七水硫酸镁（$MgSO_4 \cdot 7H_2O$）溶于水中，稀释至 1000mL 并混合均匀。

c. 27.5g/L 氯化钙溶液：将 27.5g 的无水氯化钙（$CaCl_2$）（若用水合氯化钙，要取相当的量）溶于水，稀释至 1000mL 并混合均匀。

d. 0.25g/L 六水氯化铁（Ⅲ）溶液：将 0.25g 六水氯化铁（Ⅲ）（$FeCl_3 \cdot 6H_2O$）溶解于水中，稀释至 1000mL 并混合均匀。

③ 稀释水：取每种盐溶液各 1mL，加入约 500mL 水中，然后稀释至 1000mL 并混合均匀，将此溶液置于 20℃下恒温曝气 1h 以上，采取各种措施使其不受污染，特别是不被有机物质、氧化性物质、还原性物质或金属污染，确保溶解氧浓度不低于 8mg/L。

此溶液的 5 日生化需氧量不得超过 0.2mg/L。此溶液应在 8h 后应用。

④ 接种的稀释水：根据需要和接种水的来源，向每升稀释水中加 1.0～5.0mL 接种水，已接种的水在 20℃下保存，8h 后尽早应用。

接种的稀释水的 5 天（20℃）需氧量应在 0.3～1.0mg/L 之间。

⑤ 0.5mol/L 盐酸（HCl）溶液。

⑥ 20g/L 氢氧化钠（NaOH）溶液。

⑦ 1.575g/L 亚硫酸钠（Na_2SO_3）溶液，此溶液不稳定，需每天配制。

⑧ 葡萄糖-谷氨酸标准溶液：将无水葡萄糖（$C_6H_{12}O_6$）和谷氨酸（HOOC-CH_2-CH_2-$CHNH_2$-COOH）在 103℃下干燥 1h，各称量（150±1)mg，溶于蒸馏水中，稀释至 1000mL 并混合均匀。

此溶液于临用前配制。

（5）仪器

使用的玻璃器皿要认真清洗，不能吸附有毒的或生物可降解的化合物，并防止被沾污。常用的实验室仪器如下。

① 培养瓶：为细口玻璃瓶，容量在 250～300mL 之间，带有磨口玻璃塞，并具有供水封用的钟形口，瓶身最好是直肩设计。

② 培养箱：能控制在（20±1)℃。

③ 测定溶解氧的仪器。

④ 用于样品运输和贮藏的冷藏器具（0～4℃）。

⑤ 稀释容器：带塞玻璃瓶，刻度精确到毫升，其容积大小取决于使用稀释样品的体积。

（6）样品的储存

样品需充满并密封于瓶中，置于2～5℃下保存到进行分析时。一般应在采样后6h之内进行检验。若需远距离转运，在任何情况下储存皆不得超过24h。样品也可以深度冷冻储存。

（7）测定方法：（略）。

9.4.10.6 氟离子浓度测定

用PXD-2通用离子计测定。

（1）试剂

① NaF标准溶液：精确称取20.9940g经140～150℃干燥的优级纯氟化钠，溶于蒸馏水中，稀释至1000mL，贮于塑料瓶中，此浓度即为5×10^{-1}mol/L。

1×10^{-2}mol/L NaF：取5×10^{-1}mol/L NaF20mL，稀释至1000mL。

1×10^{-3}mol/L NaF：取10^{-2}mol/L NaF100mL，稀释至1000mL。

1×10^{-4}mol/L NaF：取10^{-3}mol/L NaF100mL，稀释至1000mL。

1×10^{-5}mol/L NaF：取10^{-4}mol/L NaF100mL，稀释至1000mL。

② 氟缓冲溶液［1mol/L $Na_3C_6H_5O_7$+2%（质量浓度）KNO_3溶液］：称取294.11g $Na_3C_6H_5O_7\cdot2H_2O$、20g KNO_3，溶于蒸馏水中，用1∶1（体积比）HCl调pH值为6，稀释至1000mL。

③ 氟离子定位溶液如下。

1×10^{-2}mol/L NaF（pF_2）：取5×10^{-1}mol/L NaF溶液20mL，加缓冲溶液300mL，稀释至1000mL；

1×10^{-3}mol/L NaF（pF_3）：取10^{-2}mol/L NaF溶液100mL，加缓冲溶液300mL，稀释至1000mL；

1×10^{-4}mol/L NaF（pF_4）：取10^{-3}mol/L NaF溶液100mL，加缓冲溶液300mL，稀释至1000mL；

1×10^{-5}mol/L NaF（pF_5）：取10^{-4}mol/L NaF溶液100mL，加缓冲溶液300mL，稀释至1000mL；

1×10^{-6}mol/L NaF（pF_6）：取10^{-5}mol/L NaF溶液100mL，加缓冲溶液300mL，稀释至1000mL。

（2）电极性能试验

利用通用离子计测定不同浓度NaF标准溶液的电位值（毫伏），若pF与电位值呈线性关系，则说明电极性能是良好的。

pF 与 F^- 浓度的关系式：

$$pF=-\lg[F^-]$$

(3) 测定方法：(略)。

9.5 化学清洗质量验收中所涉及的监测

9.5.1 挂片失重法腐蚀速率和腐蚀总量测定

(1) 试剂和仪器

① 无水乙醇；

② 镊子；

③ 分析天平：精度 0.0001g；

④ 试片：标准试片（面积为 $28cm^2$）。

(2) 试片试前准备

① 启封后用镊子将试片取出放在滤纸上；

② 在盛有蒸馏水的杯中用脱脂棉擦洗一遍，再用蒸馏水冲洗 15s；

③ 立即置于化学纯无水乙醇中，用脱脂棉擦洗两遍（每遍用无水乙醇 50mL/10 片）；

④ 置于干净滤纸上，冷风吹干；

⑤ 用滤纸包好，置于干燥器内保存，24h 后称重。

(3) 测定方法

将称量好的试片浸入酸洗液中，其浸入的时间与酸洗的时间相同，待酸洗结束后取出试片进行试片后处理，称重。

(4) 试片后处理

试片从清洗液中取出后，视试片表面的情况进行后处理，如表面较清洁，用自来水冲洗，再用无水乙醇清洗，然后用滤纸吸干，放入干燥器保存待称重。如试片表面上的腐蚀沉积物较多，可用化学清洗的方法清除表面的沉积物，在清洗前先用物理方法（如用竹片或塑片刮擦）初步清理。化学清洗方法可按表 9-4 中的方法进行。

(5) 计算

金属腐蚀速度 $K[g/(m^2 \cdot h)]=(m_1-m_2)/(S\times T)$

式中 m_1——试验前试片质量，g；

m_2——试验后试片质量，g；

S——试片面积，m^2；

T——腐蚀时间，h。

金属腐蚀总量 $A(g/m^2) = (m_1 - m_2)/S$

注：清洗时间的计算方法为从清洗系统开始加入酸洗液到排尽酸洗液的间隔时间。

表 9-4　金属试片常用化学处理方法

试片材质	清洗剂组成	清洗时间/min	温度	说明
碳钢	10% HCl+0.5%六甲基四胺	<20	室温	边洗边清擦，温度低于15℃时效果不好
铜及铜合金	15%～20% HCl 或 5%～10% H_2SO_4	3～5	室温	边洗边清擦
铝及铝合金	8% H_3PO_4 +2%铬酐或 70% HNO_3	6～10	80℃ 室温	表面留有氧化膜
不锈钢	10% HNO_3 或15%柠檬酸铵	10～20	室温 70℃	

9.5.2 腐蚀量计算

在化学清洗过程中进行腐蚀监测时，计算腐蚀量最常用的方法是重量法。但当设备和大型试件等不便于使用重量法，或需了解局部腐蚀情况时，可以通过测量试件的腐蚀失厚、孔蚀深度和析氢量等参数评估腐蚀程度。

9.5.2.1 腐蚀失厚测量

测量腐蚀前后或腐蚀过程中某两时刻的试样厚度，可直接得到腐蚀损失量，单位时间内的腐蚀失厚即为腐蚀速率（mm/a）。

目前可采用的方法主要有涡流法、超声波法、射线照相法和电量阻法等。

如果氧化膜可以被阴极还原，在已知还原反应的前提下，可根据还原膜所消耗的电量，按照法拉第定律计算膜的厚度，此即阴极还原法。可用于实验室中监测化学清洗的腐蚀情况。

9.5.2.2 孔蚀深度测量

测量孔蚀深度的方法主要有：用配有刚性细长探针的微米规探测孔深；在金相显微镜下观测试样蚀孔截面的磨片；以试样的某个未腐蚀面为基准面，通过机械切削达到蚀孔底部，再分别用显微镜观察未受腐蚀的蚀孔外缘和蚀孔底部的情况，以测量孔蚀深度等。

一般通过综合孔蚀密度、孔蚀直径和孔蚀深度来评估孔蚀的严重程度。此外，也可用孔蚀系数来表示。

由下式计算出金属的腐蚀量 W(g)。

$$W=MV_{H_2}(p-p_{H_2O})/(41nT)$$

式中 V_{H_2}——量气管上测得的析氢体积，cm^3；

M——金属原子的摩尔质量，g/mol；

n——金属离子价数；

p——气体总压力，Pa；

p_{H_2O}——饱和水蒸气压力，Pa；

T——温度，℃。

但需注意的是，由于气体体积与温度密切相关，因此测量时必须严格控制恒温。

9.5.3 除垢率（洗净率）测定

本小节内容详见第 10 章相关内容。

9.5.4 钝化效果测定

钝化是防止因清洗引起设备二次腐蚀的最重要的环节。是否形成了完整的钝化膜是评定清洗效果好坏的一项重要指标。

9.5.4.1 由腐蚀试片评价钝化效果

当清洗系统中充满钝化剂时，将腐蚀试片（经酸洗）悬挂于钝化液箱和被清洗系统中，通过试片表面状况和必要的试验评价钝化效果。

(1) 大气法

将经过钝化的试片暴露在大气中，使其充分受到各种大气环境的侵袭，在自然条件下观察试片的生锈期。此法周期较长，而且观测结果应结合各种气象资料进行综合分析。一般在现场不采用这种方法，其适用于实验室钝化效果评价，直接且易观察。现场直接使用的方法，要求试验速度较快，以便能快速准确地进行钝化效果的评定。

(2) 湿热箱法

采用湿热箱法可快速检验钝化膜的防锈能力。湿热试验主要通过模拟热带地区高温高湿条件，加速材料表面腐蚀，达到快速评定的效果。

进行湿热试验时，可控制温度为（55±2)℃，相对湿度为 98%～100%，并在该温度下保持 8h，然后停止加热，自然冷却至室温，闭箱 16h，记录试片出现锈点的时间与程度。

在没有湿热箱时，可将试片放入已取走干燥剂且盛有去离子水的干燥器内，使湿度达到饱和状态。一般在相对湿度接近100%的情况下，试片应在两周内不出现锈点。

在进行一定时间的试验后，称量试片，可由质量的变化计算腐蚀速度。大气腐蚀的评价标准为：如腐蚀速度<0.05mm/a，则钝化效果好；腐蚀速度>0.5mm/a，则钝化效果不理想；腐蚀速度>1.25mm/a，则钝化效果不成功。

(3) 红点法

详见第10章相关内容。

9.5.4.2 由饱和蒸汽含量评价钝化效果

金属材质在进行酸洗时会放出氢气，但如果金属材质处于钝态，则氢气量较少，因此可通过水中氢表测量蒸汽凝结水的含氢量来评价钝化效果。

$$V=\frac{\omega Q}{A}\times 3.14\times 10^{-2}\,(\text{mm/a})$$

式中 ω——实测得到的蒸汽凝结水的含氢量，μg/kg；

Q——测量时系统的循环量，t/h；

A——参与化学清洗和钝化的表面积，m^2。

9.5.4.3 膜厚测量

清洗后割取设备管样和腐蚀片钝化膜进行检验，可直观评价钝化质量。

通过电镜可测知钝化膜的厚度，经能谱分析可得知其主要成分。通常钝化膜的厚度为纳米级，不足1μm，但是也有厚达10μm以上的，例如由酸性磷酸盐形成的转化膜。一般每微米厚表面膜的质量为2.5g/m^2。

用椭圆仪可测量金属氧化膜引起的偏振光反射，也可测量纳米级钝化膜。

9.5.5 重量法除油效果测定

清洗中除油效果的评定可通过直接测量清洗前后的油含量完成，也可通过单独对清洗后设备表面的含油量进行测定实现。

可利用有机溶剂萃取碱洗液中的油质，用重量法测得含油量。

采用一定量的碱洗液对试件进行碱洗后，量取1000mL碱洗后的碱洗液倒入2000mL的分液漏斗中，加20mL正己烷，先加入10mL1∶1（体积比）H_2SO_4使pH值为1.0左右，再加入30mL正己烷，振荡2～3min，静置10min，待正己烷相和水相分层后，将水相移入烧杯中以备再次萃取。向正己烷层中加入100mL乙醇溶液，振荡2～3min，澄清5min，待分层后，将正己烷相移入充分干燥的烧杯中，将乙醇相倾出，再将干燥烧杯内的水层重复萃取两次。合并正己烷相于蒸发皿中，在通风橱中通过水浴或红外线灯蒸发正己烷后，在100～105℃的烘箱中干燥30min，再在干燥箱中冷却30min后称重。

$$G=(b-a)\times\frac{1000}{S}$$

式中　a——蒸发皿用前质量，g；

b——蒸发正己烷后蒸发皿的质量，g；

S——试样体积，L；

G——含油量，mg/L。

第 10 章

化学清洗质量标准与验收

化学清洗作业结束后，如何评价化学清洗效果成为最关键的问题。这就需要明确化学清洗的质量标准及其对应的验收方法以进行检测和评价。从目前我国的标准体系来看，仍然存在不同行业有不同的质量标准的情况。但是，各行业中最权威的质量标准当属国家标准与行业标准，下面介绍一些化学清洗相关的国家标准和部分重要行业的行业标准，以便于对比和使用。

10.1 化学清洗常用质量验收标准

工业设备化学清洗中主要设备如石油化工设备、电力锅炉、低压热水锅炉、蒸汽锅炉、船用锅炉等所涉及的重要国家标准、行业标准和团体标准如下：

GB/T 25146—2010《工业设备化学清洗质量验收规范》

GB/T 25147—2010《工业设备化学清洗中金属腐蚀率及腐蚀总量的测试方法 重量法》

GB/T 25148—2010《工业设备化学清洗中除垢率和洗净率测试方法》

GB/T 25149—2010《工业设备化学清洗中碳钢钝化膜质量的测试方法 红点法》

GB/T 25150—2010《工业设备化学清洗中奥氏体不锈钢钝化膜质量的测试方法 蓝点法》

CB/T 3639—1994《船用锅炉化学清洗技术要求》

DL/T 794—2024《火力发电厂锅炉化学清洗导则》

GB/T 34355—2017《蒸汽和热水锅炉化学清洗规则》

HG/T 6005—2022《化学清洗泵站及配套设备技术规范》

GB/T 31188—2014《化学清洗废液处理技术规范》

HG 20202—2014《脱脂工程施工及验收规范》

10.2 化学清洗质量指标

不同标准对化学清洗质量要求的主要指标见表 10-1。

表 10-1　化学清洗过程中的清洗质量指标

测控项目	材料种类	不同标准			
		GB/T 25148	DL/T 794	GB/T 34355	CB/T 3639
腐蚀速率 K /[g/(m² · h)]	碳钢	≤5	≤8	≤8	无
	不锈钢	≤1.5			
	紫铜	≤1.5			
	钛合金	≤1.5			
	铝及铝合金	≤1.5			
腐蚀总量 A /(g/m²)	碳钢	≤80	≤80	≤80	
	不锈钢	≤20			
	紫铜	≤20			
	钛合金	≤20			
	铝及铝合金	≤20			
除垢率 N /%	碳酸盐垢	≥95	≥90		
	硫酸盐垢	≥85	≥90		
	硅酸盐垢	≥85	≥90		
	锈垢	≥95	≥90		
	油垢	≥95			
	其他垢型	≥85	≥90		
洗净率 B /%	碳酸盐垢	≥95	≥90	≥90	65～75
	硫酸盐垢	≥85	≥90	≥70	65～75
	硅酸盐垢	≥85	≥90	≥70	65～75
	锈垢	≥95	≥90	≥90	65～75
	油垢	≥95			
	其他垢型	≥85	≥90	≥70	65～75

不同标准针对特定设备的特性，对清洗质量指标的细节描述存在差异，这一点不容忽视，使用时应遵循各自领域的质量标准。具体参考如下描述。

10.2.1 GB/T 25146—2010《工业设备化学清洗质量验收规范》清洗质量指标

10.2.1.1 腐蚀速率及腐蚀总量

在化学清洗期间，清洗液对设备材料的腐蚀速率和腐蚀总量，必须满足表 10-1 中的规定。《工业设备化学清洗质量验收规范》中只规定了便于现场测定的通用型均匀腐蚀形式，对局部腐蚀、渗氢腐蚀等其他类型的腐蚀，如果施工双方有异议，可用腐蚀试片进行破坏性检测或直接在设备上进行相应的测试分析。

10.2.1.2 除垢率及洗净率

对于工业设备化学清洗后的金属表面，可用视觉清洁法进行质量检验，若视觉清洁，无残留垢或达到表 10-1 中的指标要求即为合格。新建工业设备的清洗可不考虑除垢率，但洗净率应不低于 95%。当用数点法确定洗净率时，$100cm^2$ 被清洗金属表面上直径为 5～10mm 的残留污垢点三次取样平均值应不多于 2 个，5mm 以下的残留垢点三次取样平均值应不多于 5 个。运行中的工业设备结垢化学清洗的除垢率和洗净率应按表 10-1 中规定的指标执行。

10.2.1.3 油含量

直接或可能与氧、富氧、浓硝酸等氧化性介质接触的设备或管线表面的油污必须彻底清除，清洗质量应达到以下任一指标要求。

（1）擦拭法：用清洁干燥的白色滤纸擦拭被清洗金属表面，滤纸上应无油脂痕迹。

（2）黑光灯法：用波长 320～380nm 的紫外光检查被清洗金属表面，应无油脂荧光。

（3）纯樟脑球法：用无油蒸汽吹洗被清洗金属表面，取吹洗蒸汽冷凝液，放入一小粒直径不大于 1mm 的纯樟脑（萘）球，纯樟脑球应不停旋转。

（4）四氯化碳法：用蘸取四氯化碳的脱脂棉擦拭规定面积的被清洗金属表面，其油含量应不大于 $125mg/m^2$。

作为酸洗的预处理过程的油污清洗，只需要达到清洗方案的要求，无需用上述四种方法测试。其他情况下的除油（如储油罐除油、导热油系统除油）按表 10-1 中的除垢率和洗净率指标执行。

10.2.1.4 钝化膜质量

工业设备化学清洗后，对于碳钢材质，其钝化膜的质量用红点法检验，即用秒表记录从红点液滴到金属表面至红点液由蓝色变红色的时间，不少于 5s 为合格。对于有特殊要求的奥氏体不锈钢材质，其钝化膜的质量用蓝点法检验，即当蓝点液滴到钝化表面后，在蓝点液覆盖的面积内 10min 出现肉眼可见的蓝色小点不多于 8 个为合格。

10.2.2 DL/T 794—2024《火力发电厂锅炉化学清洗导则》清洗质量指标

（1）清洗后的金属表面应清洁，不应有镀铜现象。

（2）用腐蚀指示片测量的金属平均腐蚀速度应小于 $6g/(m^2 \cdot h)$，腐蚀总量应小于 $80g/m^2$。

（3）运行炉的除垢率不小于 90%为合格，除垢率不小于 95%为优良。

（4）基建炉的残余垢量小于 $30g/m^2$ 为合格，残余垢量小于 $15g/m^2$ 为优良。

（5）清洗后的设备内表面应形成良好的钝化保护膜。

（6）固定设备上的阀门、仪表等不应受到腐蚀损伤。

10.2.3 GB/T 34355—2017《蒸汽和热水锅炉化学清洗规则》清洗质量指标

10.2.3.1 工业锅炉清洗质量要求

（1）运行锅炉清质量应符合以下要求：

① 清洗以碳酸盐或者氧化铁为主的结垢物，除垢面积应达到原结垢物覆盖面积的 90%以上；清洗以硅酸盐或者硫酸盐为主的结垢物，除垢面积应达到原结垢物覆盖面积的 70%以上，必要时可以通过割管检查除垢效果。

② 用腐蚀指示片测定的金属腐蚀速率应小于 $6g/(m^2 \cdot h)$，腐蚀总量应不大于 $80g/m^2$。

③ 金属表面形成钝化保护膜，不出现明显的二次浮锈，并且无点蚀。

（2）清洗单位应采取有效措施，清除锅内酸洗后已松动或者脱落的残留渣，疏通受热面管子。对于清洗前已经堵塞的管子，清洗后仍然无法疏通畅流的，应由具有相应资格的单位修理更换，确保所有的受热面管子畅通无阻。

10.2.3.2 电站锅炉清洗质量要求

（1）被清洗的金属表面应清洁，基本上无残留氧化物和焊渣，无明显金属粗晶析出的过洗现象，不应有镀铜现象。

（2）用腐蚀指示片测量的金属腐蚀率的平均值应小于 $6g/(m^2 \cdot h)$，且腐蚀总量应不大于 $80g/m^2$。

（3）运行炉的除垢率不小于 90%。

（4）基建炉基本无残余垢量。

（5）固定设备上的阀门、仪表等不能受到腐蚀损伤。

（6）被清洗的表面应形成良好的钝化保护膜。

10.2.4 CB/T 3639—1994《船用锅炉化学清洗技术要求》清洗质量指标

（1）检查时打开人孔和手孔，在锅炉受热面的可见部分有60%～75%无明显的水垢与油污。

（2）清洗完毕后，应按CB/T 3641的要求进行水压试验检查。

10.3 除垢率（洗净率）测定

除垢率的检测方法很多，不同标准所规定的检测方法存在差异。对于锅炉类设备，管理要求中允许对清洗后的设备进行割管检测，完成割管后，可以采取比较直观的计量检测方法对除垢率、洗净率进行检查。但是大部分工业设备清洗后，通常业主不同意采用割管等破坏性检测手段，因此只能采用一些直接或间接手段来检查清洗质量。对此，GB/T 25146—2010《工业设备化学清洗质量验收规范》给出了很多参考方法。

10.3.1 视觉清洁法除垢率检测

本方法是利用污垢颜色与设备本色反差较大，容易用肉眼分辨的特点。在完成清洗后，直接打开设备，由验收小组成员直接通过肉眼观察和判断，估算洗净程度。本方法适用于大型容器等可用目测法直接观察到的设备内外表面清洗效果的判断。看不到明显污垢存在，或残留垢量目测达到规定要求时，则认为合格。当无法通过视觉清洁法确定除垢率或洗净率时，可用其他测定方法检验。这种方法看似简单，但对可以直接看到的大面积清洗作业面，其实这种方法的检测和判定结果比其他方法更为严格。通常若表面看不到明显污垢存在，则其他方法测试结果往往是合格或优秀的，因为业主方、监理方、清洗施工方三方目测效果达成共识时，整体清洗质量一般能满足要求。这种方法适用于大部分设备的清洗质量判定，其他方法可在双方意见不一致时使用。

10.3.2 容积法除垢率检测

容积法是根据同一带垢监视管与干净监视管存在容积差别这一原理，通过测定清洗前后污垢体积的变化值来计算体积除垢率的定量检验方法。具体方法是：

截取三个备用监视管，分别将一个端头用强力胶带平面密封，向监视管内注满蒸馏水，然后将监视管内的蒸馏水全部倒入量筒中进行体积测量，测量的监视管容积为V_1。测量完成后，去除强力胶带，将监视管挂入清洗系统中进行清洗。待结束全部清洗、钝化工作后，取出监视管，用无水乙醇将监视管外表面擦净，表面干净后将其一个端头用强力胶带平面密封，再次向监视管内注满蒸馏水。然后将监视管内的蒸馏水全部倒入量筒中进行体积测量，测量的监视管容积为V_2。

已知干净监视管内径D（或用游标卡尺测量），按式（1）计算干净监视管的容积V_0

$$V_0=\frac{3.14}{4000}\times D^2\times L \tag{1}$$

式中 V_0——干净监视管容积，mL；

D——干净监视管内径，mm；

L——监视管长度，mm。

再用式（2）计算除垢率：

$$N=\frac{V_2-V_1}{V_0-V_1}\times 100\% \tag{2}$$

式中 N——除垢率，%；

V_2——清洗后监视管容积，mL；

V_1——清洗前监视管容积，mL；

V_0——无垢监视管容积，mL。

这种检查方法在可找到双方都认可的监视管的情况下才能使用。多数情况下适用于管道类设备的清洗检测。

10.3.3 重量法除垢率检测

重量法是根据同一带垢监视管与干净监视管存在质量差别这一原理，通过测定清洗前后污垢质量的变化值来计算质量除垢率的定量检验方法。

从干燥器中取出三个备用监视管，用精密天平称重（精确到±0.001g），称得原始监视管质量为m_0；将称量后的监视管挂入清洗系统中进行现场清洗；待结束全部清洗、钝化后，取出监视管，用无水乙醇清洗，烘干、恒重后，称得现场清洗后监视管的质量为m_1。如果监视管上仍存在残留污垢，将称重后的监视管在实验室进行彻底清洗，使其表面达到没有污垢状态；取出监视管，水冲洗，无水乙醇清洗，烘干、恒重后，称得实验室彻底清洗后监视管的质量为m_2。经过现场清洗、钝化工作后，如果没有残留污垢存在，不需要在实验室进行彻底清洗，即$m_2=m_1$。用游标卡尺测量干净监视管被清洗表面的尺寸，并计算干净监视管被清洗总表面积S，再计算出现场清洗期间监视管的除垢量N。

按照式（3）计算重量法除垢率。

$$N=\frac{m_0-m_1-A_1\times S}{m_0-m_2-(A_1+A_2)\times S}\times 100\% \tag{3}$$

式中　N——除垢率，%；

m_0——原始监视管质量，g；

m_1——现场清洗后监视管的质量，g；

A_1——现场清洗期间监视管的腐蚀量，g/cm^2；

m_2——实验室彻底清洗后监视管的质量，g；

S——干净监视管被清洗表面积，cm^2；

A_2——实验室彻底清洗期间监视管的腐蚀量，g/cm^2。

这种检测方法适用于列管式换热器清洗质量的判定。

DL/T 794—2024《火力发电厂锅炉化学清洗导则》和GB/T 34355—2017《蒸汽和热水锅炉化学清洗规则》中除垢率检测方法与此方法相类似。

10.3.4　拓印法设备洗净率测定

拓印法是根据同一指定面在清洗前后残留污垢面积与未清洗指定面面积的比值变化，来计算洗净率的定量检验方法。具体方法是：在设备清洗前，由施工方和委托方共同划定三处用于洗净率测试的指定面，并进行标识，测量污垢覆盖面积为S_0；结束全部清洗、钝化工作后，用透明纸或描图纸在已标识的指定面上拓描残留污垢的印迹，测量残垢印迹的面积为S_1。

按式（4）计算洗净率。

$$B=\frac{S_0-S_1}{S_0}\times 100\% \tag{4}$$

式中　B——洗净率，%；

S_0——清洗前指定面中污垢覆盖面面积，cm^2；

S_1——清洗前指定面经化学清洗后残留污垢的面积，cm^2。

本方法更适用于运行设备结垢的洗净率检测。

10.3.5　数点法设备洗净率测定

数点法是在规定测试面积内，清点残留污垢的点数和测量残留污垢直径，由此来计算洗净率的定量检验方法。具体方法是：结束全部清洗、钝化工作后，任选定三处具有代表性的被清洗金属表面；用100mm×100mm柔性取样框框定已选定的被清洗金属表面，然后观察框定面残留污垢点的数量和直径。取三处选定面测定结果的算术平均值。

这种方法适用于设备内外表面的清洗检测。

10.4 腐蚀速率和腐蚀总量测定

化学清洗期间设备腐蚀速率和腐蚀总量的测定方法在几个重要标准中基本相同。主要有挂片失重法和动态清洗模拟法两种方法。这些方法在其他章节已经描述，这里不再赘述。

10.5 除油效果检验

这部分内容差异较大，主要取决于设备的清洗目的：如果以除水垢、锈垢为清洗目的，除油是为了达到更好除垢效果的辅助手段，这种情况下一般不需要检查除油效果。如果是原油设备除渣清洗，或储油设备清洗后仍用于储存油类，则表面残油量的检查无实际意义。如果是新建设备，或对油脂有特殊要求的场合，如双氧水装置，储氧、制氧、输氧的特种设备，就必须严格检查含油量。

直接或可能与氧、富氧、浓硝酸等氧化性介质接触的设备或管线表面的油污必须彻底清除，清洗质量指标要求见 10.2.1.3。

10.6 钝化膜检验

(1) 红点法检验

在钝化后的碳钢表面滴上红点液，红点液能破坏钝化膜，发生如下反应：

$$Fe + Cu^{2+} = Cu + Fe^{2+}$$

即钝化膜被破坏后形成了红色单质铜斑点，用秒表记录红点液由蓝色变红色的时间，根据该时间来判定钝化膜的质量。

红点液的配制方法：准确称取 4.1g 五水硫酸铜和 3.5g 氯化钠，溶于 60mL 水中，加入 1.3mL 0.1mol/L 盐酸溶液，用水稀释至 100mL。红点液应保存在棕色玻璃瓶中，在 5～35℃下有效期为 7d。

钝化膜质量的现场测试：在选定的金属表面上用 0.5mL 玻璃注射器滴出 0.1mL 红点液，用秒表记录从红点液滴到金属表面至红点液由蓝色全部变为红色的时间。

（2）蓝点法检验

在钝化后的奥氏体不锈钢表面滴上蓝点液，蓝点液能破坏钝化膜，发生如下反应：

$$2H^{+} + Fe = Fe^{2+} + H_2 \uparrow$$

$$3Fe^{2+} + 2[Fe(CN)_6]^{3-} = Fe_3[Fe(CN)_6]_2 \downarrow$$

用秒表记录蓝点液覆盖区内蓝点数量达到 8 个时的时间，以此评定钝化膜的质量。

蓝点液的配制方法：在通风橱中，分别量取 1mL 98％硫酸和 5mL 36％盐酸，搅拌下分别加入 60mL 水中，然后准确称取 5g 铁氰化钾溶于该酸性溶液中，稀释至 100mL。

蓝点液的保存：蓝点液不稳定，易分解，应使用前临时配制，并保存在棕色玻璃瓶中，储存期为 7d。

钝化膜质量的现场测试：在选定的金属表面上用 0.5mL 玻璃注射器滴出 0.1mL 蓝点液，开始用秒表计时，当蓝点液覆盖区内出现蓝点数量达到 8 个时，终止计时。

工业设备化学清洗后钝化膜质量指标见 10.2.1.4。

10.7 化学清洗工程竣工验收

10.7.1 质量验收

工业设备化学清洗工程的质量验收，是在施工质量得到有效监控的前提下，按事先约定的标准规范进行全面验收。

由施工单位负责组织，委托单位参加，根据清洗工程规模大小和设备性质，设计单位、监理单位可选择参加，参加工程验收的各单位委派代表共同组成化学清洗工程验收小组，对施工质量共同进行验收。验收结果填入“工业设备化学清洗工程质量验收表”，清洗质量符合本规范规定时，验收小组成员应当场在表中签字，并办理工程竣工验收手续。如验收方超过七天无理由不签字验收，则视为同意验收，工程质量视为合格。

10.7.2 资料验收和归档

化学清洗工程验收时，施工单位应向化学清洗工程验收小组提交以下技术资料和有效文件并归档：

① 化学清洗施工方案；

② 化学清洗现场施工应急预案；
③ 化学清洗作业计划书；
④ 现场施工记录；
⑤ 现场分析化验记录；
⑥ 腐蚀测试记录表；
⑦ 健康、安全、环境现场检查表；
⑧ 工业设备化学清洗工程质量验收表；
⑨ 竣工报告。

第 11 章

化学清洗废液处理

随着国家对环境保护的进一步加强，目前化学清洗行业最大的挑战就是化学清洗废液的处理。化学清洗废液不可直接排放，因为其污染性很强，多项指标远超排放标准。本章将结合国家相关法律法规要求，逐步介绍化学清洗各阶段废液的处理方法。

11.1 国家环境保护有关法律法规与标准及其办法

环境保护法规是国家环境保护方针政策的体现，用以加强环境管理、控制污染和促进污染治理。《中华人民共和国环境保护法》是各种环境保护法规的依据。我国环保法律法规与环保标准及其办法名录详见表 11-1。

表 11-1 环保法律法规与环保标准及其办法

全国性环保法律法规	《中华人民共和国环境保护法》
	《中华人民共和国水污染防治法》
	《中华人民共和国大气污染防治法》
	《中华人民共和国森林法》
	《中华人民共和国固体废物污染环境防治法》
	《中华人民共和国草原法》
	《中华人民共和国水法》
	《中华人民共和国海洋环境保护法》
	《中华人民共和国噪声污染防治法》
	《中华人民共和国环境影响评价法》
	《饮用水水源保护区污染防治管理规定》

续表

环保标准及其办法	《污水处理设施环境保护监督管理办法》
	《生态环境行政处罚办法》
	《污染源监测管理办法》
	《生态环境标准管理办法》
	《地表水环境质量标准》
	《环境空气质量标准》
	《生活饮用水卫生标准》
	《土壤环境质量 农用地土壤污染风险管控标准(试行)》
	《声环境质量标准》
	《大气污染物综合排放标准》
	《建筑施工场界环境噪声排放标准》
	《危险废物贮存污染控制标准》
	《危险废物焚烧污染控制标准》
	《污水排入城市下水道水质标准》
	《一般工业固体废物贮存和填埋污染控制标准》
	《危险废物鉴别标准》

11.2 国家及相关行业污水排放标准摘要

11.2.1 GB 8978—1996《污水综合排放标准》

在清洗过程中会产生废液、悬浮物及废渣等，这些物质的排放执行GB 8978—1996《污水综合排放标准》中的三级标准，但不同的区域对污水的排放要求存在差异。

排放标准按污水排向分为三级：一级为重点保护水域，二级为一般保护水域，三级为城镇下水道并进入二级污水处理厂。

本标准将排放的污染物按其性质及控制方式分为两类。

第一类污染物：不分行业和污水排放方式，也不分受纳水体的功能类别，一律在车间或车间处理设施排放口采样，其最高允许排放浓度必须达到本标准要求(采矿行业的尾矿坝出水口不得视为车间排放口)。

第二类污染物：在排污单位排放口采样，其最高允许排放浓度必须达到本标准要求。其中，pH、悬浮物、化学需氧量COD_{Cr}、石油类、氨氮、氟化物、磷酸盐、苯胺类、阴离子表面活性剂LAS、总铜等10项污染物与清洗剂、缓蚀剂和钝化剂有关，部分污染物的最高允许排放浓度见表 11-2。

表 11-2 部分第二类污染物的最高允许排放浓度

<table>
<tr><th rowspan="2">污染物</th><th rowspan="2">来源</th><th colspan="3">排放标准</th></tr>
<tr><th>一级</th><th>二级</th><th>三级</th></tr>
<tr><td>pH</td><td>使用强碱、强酸、弱碱、弱酸</td><td>6～9</td><td>6～9</td><td>6～9</td></tr>
<tr><td rowspan="3">悬浮物</td><td>无机悬浮物</td><td rowspan="3">70</td><td rowspan="3">150</td><td rowspan="3">400</td></tr>
<tr><td>有机悬浮物</td></tr>
<tr><td>胶状物</td></tr>
<tr><td rowspan="2">废渣</td><td>无机的废渣</td><td></td><td></td><td></td></tr>
<tr><td>有机的废渣</td><td></td><td></td><td></td></tr>
<tr><td rowspan="2">石油类</td><td>溶解性油脂</td><td rowspan="2">5</td><td rowspan="2">10</td><td rowspan="2">20</td></tr>
<tr><td>悬浊物质</td></tr>
<tr><td>氟化物</td><td>使用含氟的原材料</td><td>10</td><td>10</td><td>20</td></tr>
</table>

11.2.2 GB/T 31188—2014《化学清洗废液处理技术规范》

该标准规定了化学清洗废液的术语和定义、分类、现场预处理技术要求、深度处理技术要求及排放要求，适用于化学法清洗工业设备和产品时清洗现场产生废液的处理方法。本标准中有关现场预处理技术要求的一般规定为：①在处理化学清洗废液过程中，需要碱中和处理时，应先将碱配制成适合浓度的溶液，缓慢加入中和酸液。需要酸中和处理时，应先将酸稀释至适合的浓度，缓慢加入中和碱液。②化学清洗现场产生的废液经现场预处理后，统一送至经生态环境部门颁发了危险废物经营许可证的环保企业或污水处理厂（应达到污水处理厂所能接纳废水的水质和水量要求）进行深度处理，处理达标后方可排放。

按照化学清洗产生废水的程序，该标准依次对碱洗废液、酸洗废液和钝化废水给出了原则性处理方法。其方法主要涉及中和、简易加药分解及沉淀分离处理。

11.3 酸洗废液处理

11.3.1 酸洗废液中和处理工艺比较

酸洗废液的酸性较高，一般处理方法是先将其中的酸中和，再做后续处理，最后送污水处理厂处理后排放。中和方法有两种：一种是采用碱洗废液或钝化废液中和酸洗废液；另一种是用药剂中和，即采用 Na_2CO_3、NaOH、石灰乳、碳酸钙等中和。采用不同碱性物质进行中和时所消耗的碱量见表 11-3。两种中和方法的比较见表 11-4。

表 11-3 中和 1kg 酸所消耗的碱性物质的量（理论消耗量） 单位：kg

酸的种类	碱性物质				
	NaOH	Na_2CO_3	$NH_3 \cdot H_2O$	$Ca(OH)_2$	$CaCO_3$
盐酸	1.10	1.45	0.96	1.01	1.37
硝酸	0.64	0.84	0.56	0.59	0.80
硫酸	0.82	1.08	0.71	0.76	1.02
氢氟酸	2.00	2.65	1.75	1.85	2.50
磷酸	1.22	1.62	1.07	1.13	1.53
氨基磺酸	0.41	0.55	0.36	0.38	0.52
醋酸	0.64	0.84	0.58	0.62	0.83

表 11-4 酸性废液处理方法比较

处理方法	适用条件	主要优点	主要缺点
酸、碱性废液相互中和	各种酸性废液；废液中酸、碱浓度基本一致	节省中和药剂，费用低	废液量及浓度波动较大时，处理效果难以保证；废液中酸、碱浓度不足以中和时需补加中和药剂
投药中和	各种酸性废液；含重金属与杂质较多的酸性废液	适应性强；含重金属盐的废液经处理后可将金属离子沉淀下来	成本偏高

11.3.2 盐酸清洗废液

盐酸清洗废液中含有清洗过程中溶解的钙、镁、铁、铜等金属的离子，以及过剩的酸，氯离子含量较高，且常含有较多的悬浮物，废液颜色多呈红色至深绿色（所用的缓蚀剂不同导致颜色存在差异）。有些缓蚀剂有异味，导致清洗后的废液也有异味。如在清洗中为增强除油效果添加了表面活性剂，则清洗废液的 COD 值也较高。针对不同情况，需采用不同的处理方法。

（1）使用无毒无异味的酸洗缓蚀剂时，盐酸清洗主要以清洗钙镁盐水垢为主，则水中铁离子浓度较低，色度较浅，一般采用石灰水或氢氧化钠中和，絮凝沉降之后，使水的 pH 值达到 6～9；色度较浅时，COD 一般低于 2000mg/L，再送至污水处理系统进行生化处理，即可达到工业排放标准。也可以采用碱洗废液或钝化废液中的碱液来中和废液，之后再用上述方法处理达标后排放。

（2）使用有机胺类作缓蚀剂清洗铁锈垢时，废液中含有大量 Fe^{2+} 等有害离子。较为简单的方法是用碱中和之后，利用压缩空气搅动混合，将亚铁离子氧化，在铁离子的催化下，有机胺也可分解。在中和过程中所转化的三价铁离子可以以氢氧化铁形式沉淀出来，使废液澄清并去掉异味，然后絮凝沉降，送污水厂生化处理。

（3）如清洗含铜、锌等元素的污垢，废液中含有 Cu^{2+}、Zn^{2+} 等有毒离子，则必须监测废液中铜离子的含量，如果超过规定指标可采取沉淀法消除。具体方法是：在中和酸洗废液时，先使其 pH 值超过 10，此时铜离子将以氢氧化铜的形式沉淀，剩余铜离子的理论含量小于 0.1mg/L，使铜离子达到排放标准之后，应先进行固液分离，再用酸中和至 pH 值小于 9。排放液 pH 值不宜低于 8。

（4）如果在盐酸清洗液中加入氟化物等助剂，则对含氟化物废液的处理详见氢氟酸清洗废液的处理方法。

11.3.3 氢氟酸清洗废液

氢氟酸清洗废液除 pH 值较低之外，废液中含有大量的氟离子。含氟废液可采取混凝沉淀法或吸附法进行处理。其中，混凝沉淀法工艺比较成熟。根据所用药剂不同，又可分为石灰法、石灰-铝盐法、石灰-磷酸盐法等。

（1）石灰法

将石灰粉（CaO）或石灰乳与含氟废水混合，发生化学反应：

$$CaO + 2HF \longrightarrow CaF_2 + H_2O$$

$$Ca(OH)_2 + 2HF \longrightarrow CaF_2 + 2H_2O$$

石灰的理论加入量为氟含量的 1.4 倍，实际加入量应为氟含量的 2～2.2 倍，石灰中 CaO 含量应大于 30%。为了提高降氟效率，在采用石灰法处理的同时投加氯化钙，碱性条件下可取得更好的效果。

（2）石灰-铝盐法

向废液中投加石灰乳（氢氧化钙），调 pH 值至 6～7.5，然后投加硫酸铝或聚合氯化铝，生成氢氧化铝絮凝体，吸附水中氟化钙结晶及氟离子，沉淀后除去。其除氟效率与投加铝盐量成正比。

（3）石灰-磷酸盐法

向废液中投加磷酸盐，与氟生成难溶的氟磷灰石沉淀，予以除去。

$$3H_2PO_4^- + 5Ca^{2+} + 6OH^- + F^- \longrightarrow Ca_5F(PO_4)_3 \downarrow + 6H_2O$$

常用的磷酸盐有磷酸二氢钠、六偏磷酸钠、过磷酸钙等。经磷酸盐处理的废液，再经投加石灰处理，可使氟含量更低。

上述几种处理方法中，石灰法处理费用最低。

11.3.4 柠檬酸清洗废液

该清洗废液的 pH 值一般为 3.5～4.0，铁离子含量高达 2000～4000mg/L，一般含有氨、联氨等污染物，有时含有铜离子等有害离子，同时含有缓蚀剂、还原剂、铜离子掩蔽剂等其他污染物，化学需氧量一般为 20000～50000mg/L。柠檬酸清洗废液是较难处理的清洗废液之一。

柠檬酸是相当稳定的有机酸，因此常规氧化方法不能将其分解破坏，但是它可在高温下氧化分解（燃烧）：

$$2C_3H_4OH(COOH)_3 + 9O_2 \longrightarrow 12CO_2 + 8H_2O$$

在上述燃烧反应中，每千克碳生成二氧化碳可放出 34MJ 热量，每千克氢生成水可放出 143MJ 热量。但是由于酸洗废液中水占 95%以上，每千克常温水吸收的蒸发热为 2.45MJ，实际上柠檬酸清洗废液被直接加热到高温燃烧时，要吸收热量。

当将柠檬酸清洗废液通过专用的燃烧器在锅炉炉膛中燃烧分解时，其中所含的缓蚀剂也可随之分解，铁、铜等转变为氧化物进入飞灰及炉渣中。由于燃烧器多不耐酸，因此燃烧前应调节柠檬酸清洗废液 pH 为 6～9，然后经专用喷燃器雾化后送入炉膛随煤粉一起燃烧。以 410t/h 锅炉为例，以 1～3t/h 流量掺入燃烧时，不会影响燃烧。由于水分吸热，相当于燃料的低位发热量降低，在掺烧的短时间内煤耗稍有增加。

如果燃煤的水分较低，如干燥多风地区的电厂，也可把中和后的柠檬酸清洗废液作为防扬尘用水（或掺入防扬尘水中），随燃煤一起燃烧。

此外，也可将清洗废液直接中和处理后，送重污水处理厂进行生化处理。生化法可将有机物分解，使 COD 达到排放标准。也可采用膜法水处理技术进行有机物污水处理。

11.3.5 氨基磺酸清洗废液

该清洗废液酸性较强，同时含有大量 Ca^{2+}、Mg^{2+}、Fe^{2+} 等有害离子，氨基磺酸为无机酸，稳定性较差，在较高温度下可水解生成硫酸铵和硫酸氢铵。

$$NH_2SO_3H + H_2O \longrightarrow NH_4HSO_4$$

$$NH_4HSO_4 + NH_3 \longrightarrow (NH_4)_2SO_4$$

一般在中和处理后，采用通蒸汽法加热至 80～100℃，使其水解 24h 后，再按含氨废液进行处理，因为国家废液排放标准未对 SO_4^{2-} 作具体要求，所以 SO_4^{2-}

不需做进一步的处理。

11.3.6 EDTA清洗废液

EDTA 清洗是一种集清洗和钝化为一体的清洗方法，EDTA 清洗废液的 pH 一般大于 9。因 EDTA 价格昂贵，清洗后采用 H_2SO_4 酸化的方法回收废液中的 EDTA，回收率可达 90%以上，回收后的废液 pH 均小于 1.0，而且含有联氨，一般采用向废液中加入氧化剂的方法使其氧化。进行 EDTA 清洗时，通常需要配备容积较大的废液回收容器，用于中和处理和降解联氨。向废液中加入氢氧化钠调节 pH 到 7 以上，根据剩余联氨含量，按下式投加略过量的过氧化氢（双氧水）或次氯酸钠使联氨分解，此反应可迅速完成。

$$N_2H_4 + 2H_2O_2 \longrightarrow N_2\uparrow + 4H_2O$$

$$N_2H_4 + 2NaClO \longrightarrow N_2\uparrow + 2NaCl + 2H_2O$$

11.3.7 有机混酸清洗废液

如甲酸和羟基乙酸混酸清洗废液，这类清洗废液除 pH 低外，化学需氧量较高。如果不能通过中和后排入具备二级污水处理的城镇下水道，则可参照柠檬酸清洗废液的处理方式，将其掺入燃煤中燃烧。

11.3.8 硝酸清洗（含氨氮）废液

硝酸的溶垢能力超过盐酸，酸洗废液中铁离子浓度很高，硝酸根在废液中的浓度也可达 10000mg/L 以上，这使得废水中氨氮含量很高。氨氮废水的处理难度很大，处理方法一般分为三类：化学法、物理化学法和生物法。

11.3.8.1 化学法

（1）湿式催化氧化法：主要反应机理是经催化反应，污水中的氨氮、有机物被氧化分解生成 N_2、CO_2 等，最终从水中除去。

（2）折点加氯法：通过向水中加入足够量的氯，使氨氮转化为氮气并从水中除去。

11.3.8.2 物理化学法

（1）调节污水 pH，使污水中的 NH_4^+ 转化为游离氨，然后通入蒸汽或空气进行汽提，将污水中的氨转入气相，从水中除去。

（2）离子交换法：通常在工业上采用廉价的天然离子交换物质——沸石进行脱氮。沸石经活化处理后，具有较高的阳离子交换容量，并对 NH_4^+ 可进行选择性吸附。

11.3.8.3 生物法

(1) 硝化-反硝化法：在自养菌的作用下，氨氮发生硝化反应转化成硝酸盐，然后在异养菌的作用下进行反硝化反应，使硝酸盐还原成气态氮，最终从污水中除去。

(2) 生物塘法：利用人工或天然水塘中生长的微生物、藻类和水生植物（如凤眼莲）对污水中的氮进行处理。

这些处理方法具有较高的技术难度，并非在清洗现场均可实现，且必须配备成套的设备。

11.3.9 磷酸清洗废液

磷酸主要用于清洗和漂洗以铁元素为主的附着物，次磷酸与磷酸配合使用对清洗铁垢效果更好，它们对水体的污染表现在两方面：一是使水体富营养化；二是次磷酸还原能力较强，排入水体后易消耗水中溶解氧，造成水体缺氧，而《渔业水质标准》规定水中溶解氧在24h内必须有16h以上保持在5mg/L以上，其余8h中任何时刻的含氧量不得低于3mg/L。

现场简易的处理方法是利用过量的石灰水或氢氧化钠进行中和处理，使磷酸根离子沉淀生成磷酸钙，沉淀处理之后水中磷酸根离子浓度基本可以达到排放标准。

11.3.10 含重金属离子的酸洗废液

含重金属离子的清洗废液的处理方法很多，常用的有氢氧化物沉淀法、硫化物沉淀法、氧化还原法、离子交换法等，其中氢氧化物沉淀法使用最为普遍。

氢氧化物沉淀法是向含重金属离子的废液中投加碱性沉淀剂（如石灰、烧碱、纯碱等），使金属离子与OH^-反应，生成难溶的金属氢氧化物沉淀，然后予以分离。酸洗废液中的铁离子（Fe^{2+}、Fe^{3+}）、铜离子（Cu^{2+}）等均可用此法处理。

$$Fe^{2+}+2OH^- \longrightarrow Fe(OH)_2\downarrow$$

$$Fe^{3+}+3OH^- \longrightarrow Fe(OH)_3\downarrow$$

$$Cu^{2+}+2OH^- \longrightarrow Cu(OH)_2\downarrow$$

氢氧化物沉淀法处理含重金属离子废液的核心是调整、控制pH值。该方法受多因素影响，需特别注意两性金属氢氧化物（如氢氧化铜等）在高pH值时生成羟基络合物，出现返溶现象，从而影响处理效果。

11.4 碱洗废液处理

碱洗结束后，废液中碱含量一般为 0.5%～5%，废液的 pH>9，碱性较强，且含有较多的油污，一般采用以下几种方法进行处理。

11.4.1 酸、碱废液中和法

将碱洗废液与酸洗废液相互中和，使 pH 值达 6～9；或采用投药中和，常用的中和剂为工业用硫酸、盐酸或硝酸等。废碱液与酸反应如下：

$$NaOH+HCl \longrightarrow NaCl+H_2O$$

$$Na_2CO_3+H_2SO_4 \longrightarrow Na_2SO_4+H_2O+CO_2\uparrow$$

$$Na_3PO_4+3HNO_3 \longrightarrow 3NaNO_3+H_3PO_4$$

中和各种碱性废液所需酸量见表 11-5。

表 11-5 中和 1kg 碱所消耗的酸量（理论消耗量） 单位：kg

碱性物质	酸					
	H_2SO_4		HCl		HNO_3	
	100%	98%	100%	36%	100%	42%
NaOH	1.22	1.24	0.91	2.53	1.57	3.74
Na_2CO_3	0.92	0.94	0.69	1.92	1.19	2.83
Na_3PO_4	0.90	0.92	0.67	1.86	1.15	2.74
Na_2SiO_3	0.80	0.82	0.60	1.67	1.03	2.45
$Na_5P_3O_{10}$	0.67	0.68	0.50	1.96	0.86	2.05

11.4.2 烟道气中和法

利用烟道气中的二氧化碳和二氧化硫两种酸性氧化物中和废碱液。

此方法“以废治废”，是较好的废水处理方法，但是清洗现场实施较为困难，一般适用于工业生产线长期清洗废碱水的中和处理。另外，废碱液一般易起泡沫，是该处理方法的一大难点。

碱性废液各种处理方法的优缺点比较见表 11-6。

表 11-6　碱性废液处理方法比较

处理方法	适用条件	主要优点	主要缺点
碱性废液相互中和	各种碱性废液；废液中酸、碱浓度基本一致	节省中和剂，费用低	废液量及浓度波动较大时，处理效果难以保证；废液中酸、碱浓度不足以中和时，要补加中和剂
投药中和	各种碱性废液	处理时间短，适应性强	成本偏高
烟道气中和	要有足够的烟道气，在处理过程中烟道气不能间断	既能除尘，又能降低碱度，pH 可达 6～7	废液经烟道气中和后，色度、温度和悬浮物含量均有所提高，需进一步处理后才能排放

11.4.3　含磷酸盐碱洗废液

碱洗时，为了增强对矿物油的清除效果，可在碱洗液中加入 0.5%～2%磷酸盐。该废液的处理方法为：加入过量的石灰乳使磷酸根以磷酸钙的形式沉淀，使用压滤机进行固液分离。

$$2Na_3PO_4+3Ca(OH)_2 \longrightarrow Ca_3(PO_4)_2\downarrow+6NaOH$$

在石灰乳过量的情况下，可使磷酸根合格。对配制石灰乳的粉状石灰要求，与作为氟离子沉淀剂的石灰要求相同。

11.4.4　含油污碱洗废液

碱洗废液中的油污主要以乳化油的状态存在，这种油的分散粒径很小，不易从废液中去除，通常采用“破乳—油水分离—水质净化”处理方法。

（1）破乳：主要采用投加药剂的办法破坏废液中乳化胶体溶液的稳定性，使其破乳。常用的破乳剂有氯化钙、氯化钠、氯化镁等强电解质。为了使其他悬浮物和油珠尽快地分离，并生成微小的凝絮，还需投加混凝剂或助凝剂。常用的混凝剂和助凝剂有：硫酸铝、聚合氯化铝、硫酸亚铁、三氯化铁、活化硅酸、聚丙烯酰胺等。

（2）油水分离：通过破乳、凝聚处理，油珠和杂质生成絮凝，然后通过物理的方法使油水分层，将油泥刮出，达到油水分离的效果。油水分离的方法有：自然上浮、加压上浮、电解上浮、凝聚沉淀和粗粒化等。

（3）水质净化：经破乳、油水分离后，水中油分含量、有机物含量、COD 都大大降低，但水中还存在着微量的油和一些水溶性表面活性剂，可通过吸附、过滤除去。常用的吸附、过滤材料有活性炭、焦炭、磺化煤、砂、聚丙烯纤维、丙烯腈等。

含油污废水处理的工艺流程如图 11-1 所示。

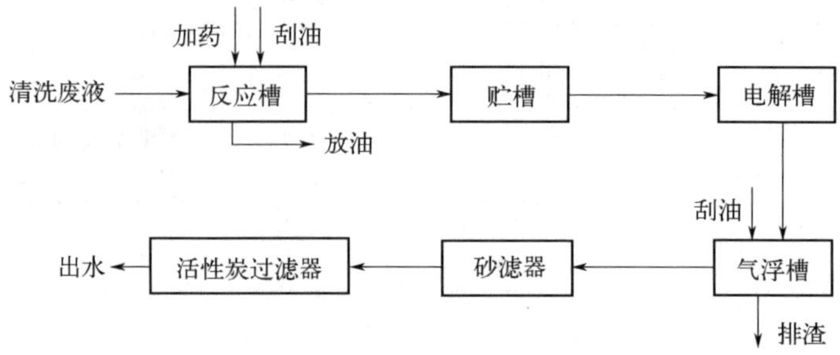

图 11-1　破乳—油水分离—水质净化处理流程图

11.5　钝化废液处理

11.5.1　亚硝酸钠钝化废液

亚硝酸根虽未被列入《污水综合排放标准》的控制指标范围之内，但在《地表水环境质量标准》中对其有严格的规定。由于《污水综合排放标准》是为确保地面水的环境质量而制定的，其排入水域依据《地表水环境质量标准》对水域功能的划分而分级，因此，对于排水中的亚硝酸根，高标准要求其含量≤0.1mg/L，低标准要求其含量≤1mg/L。从钝化废液中去除亚硝酸根的方法很多，如控制得当，这些方法均能取得良好的处理效果。

（1）尿素分解法

亚硝酸是很不稳定的酸，对亚硝酸钠进行酸化使其转化为亚硝酸时，很容易产生氮氧化物。在酸性环境中，它可被许多物质分解，尿素是其中之一，可按下式计算用量：

$$CO(NH_2)_2+2NaNO_2+2HCl \longrightarrow CO_2\uparrow+2N_2\uparrow+2NaCl+3H_2O$$

在向废液中加酸时必须缓慢，而且应充分循环搅动。如果局部酸度过大，则将冒出二氧化氮黄烟，危害人体，且造成大气污染。一般处理每千克亚硝酸钠需要投加尿素 0.45kg。

（2）氯化铵分解法

氯化铵分解法需控制体系为弱碱性或中性，加热并搅拌使反应物扩散均匀，以防止发生副反应生成二氧化氮，可按下式计算用量：

$$NH_4Cl+NaNO_2 \longrightarrow NaCl+N_2\uparrow+2H_2O$$

氯化铵的加入量应为亚硝酸钠含量的 3～4 倍。为了加快反应速率，防止亚硝酸钠在低 pH 值时分解而造成二次污染，可向废液中通入蒸汽，维持温度 70～

80℃，控制 pH 值在 5～9。

(3) 氨基磺酸分解法

氨基磺酸是清洗剂，可用于分解亚硝酸钠，其反应为

$$NH_2SO_3H + NaNO_2 \longrightarrow NaHSO_4 + N_2\uparrow + H_2O$$

可按上式计算用药量。该法较前面两种方法方便，而且不产生二氧化氮。氨基磺酸的投加量为亚硝酸钠含量的 1.41 倍，处理可在常温下进行。

(4) 漂粉精或次氯酸钠分解法

该方法利用次氯酸盐的氧化作用使亚硝酸钠分解。漂粉精的主要成分是次氯酸钙，与亚硝酸钠反应如下：

$$Ca(ClO)_2 + 2NaNO_2 \longrightarrow CaCl_2 + 2NaNO_3$$

$$NaClO + NaNO_2 \longrightarrow NaCl + NaNO_3$$

向亚硝酸钠钝化废液中加入氧化剂次氯酸盐时，应缓慢并循环搅拌，以免发生副反应。次氯酸钙的投加量为亚硝酸钠含量的 2.6 倍，处理可在常温下进行，通入压缩空气搅拌效果更佳。

11.5.2 联氨钝化废液

按下式投加略过量的过氧化氢（双氧水）或次氯酸钠，使联氨分解，此反应可迅速完成：

$$N_2H_4 + 2H_2O_2 \longrightarrow N_2 + 4H_2O$$

$$N_2H_4 + 2NaClO \longrightarrow N_2 + 2NaCl + 2H_2O$$

11.6 水基复合清洗剂废液处理

该类清洗废液的处理方法很多，可以视具体情况选用一种方法或几种方法联合使用。一般根据废液的状态将处理方法分为两类：分解法，即采用生物处理、氧化处理或光分解等方法将废液中的有害成分转化为无害成分；分离法，即将溶质从废液中分离出来或将溶剂从废液中分离出来。

现将几种常见处理方法介绍如下。

11.6.1 分解法

(1) 生物降解

在空气或氧存在的条件下，好氧菌形成絮凝体对废液中的有机物进行氧化分解。参与形成絮凝体的细菌由胶基杆菌、产碱杆菌、假单胞菌等 10 种微生物组成。分解过程中，富集的有机物被微生物降解。以表面活性剂为例，其首先被吸

附在渣泥表面的活性位点上，一旦发生生物降解就会脱离活性位点，随后此活性位点再吸附新的表面活性剂。上述降解过程可以看成“吸附—分解—再吸附”的循环过程。

（2）氧化分解（臭氧氧化法）

将臭氧通入废液中，利用臭氧的氧化作用将表面活性剂分解成二氧化碳。但一般臭氧不能将表面活性剂完全分解成二氧化碳，同时还会生成部分臭氧化物、乙醛、酸性物质等中间产物，这些中间产物使得处理过的废液倾向呈酸性。当废液的 pH 值为 9、温度为 30℃时，处理效果最好。分解所需臭氧的量，随废液中表面活性剂浓度的不同而变化。

11.6.2 分离法

（1）浮选法（重力分离法）

向废液中通入空气，有时还需同时加入浮选剂或混凝剂，使废液中的油污粒径在 0.5～25μm 之间，细小的固体颗粒黏附在空气泡上，随气泡一起上浮到水面，从而回收废水中的有用物质，同时也净化了水。

（2）离心分离法

根据离心力原理，将废液高速旋转以产生离心力。由于废液中悬浮颗粒（或乳化油）和废水的密度不同，所受离心力的大小不同，质量大的被甩在外侧，质量小的被留在内侧，并通过出口分别导引出来，从而实现废液中悬浮颗粒（或乳化油）的回收和废水的净化。

（3）反渗透法

这种方法依靠反渗透膜起作用。理想的反渗透膜能使溶剂通过，而溶质不能透过。如果在反渗透膜的两侧分别放上清水和废液，清水会透过反渗透膜流向废液侧，使废液得到稀释，这就是通常所说的渗透作用。当在废液一侧施加的压力超过废水的渗透压时，废水中的水分子将透过渗透膜流向清水一侧，这一过程叫作反渗透。就废水的处理与利用来说，通过反渗透，废水本身得到浓缩，而透过膜的水就是处理后的水。在实际应用中，因为所使用的反渗透膜还不能完全阻止溶质通过，所以经处理过的水中仍含有少量杂质。反渗透法是废水处理的新技术，它具有设备简单、操作方便、节约能量、适应性强等优点。

（4）混凝法

利用混凝法可除去废液中的细小分散固体颗粒、絮状油及胶体物质等。其作用原理是：将电解质或胶体混凝剂加入废液中，使其在废液中水解形成胶团，此胶团所带电荷与原废液中胶团或乳化油所带电荷相反，因此发生电中和作用而凝聚成絮状绒粒并发生沉降，废液中的细小分散固体颗粒亦被吸附形成絮状颗粒一起沉降。

常用的混凝剂有：硫酸铝、硫酸亚铁、三氯化铁、石灰、牛皮胶等。

（5）吸附法

吸附法是利用多孔性固体（称为吸附剂）的表面吸附废水中的溶质，以回收或去除某种溶质，同时净化废水。吸附分为物理吸附和化学吸附两类。物理吸附是固体表面粒子的剩余力场与被吸附粒子的力场相互作用，使被吸附粒子附着在固体表面。物理吸附没有选择性，可以是单层吸附，也可以是多层吸附，直到完全抵消固体表面力场。化学吸附是吸附剂与吸附质（被吸附物质）的原子或分子间发生电子转移或共用，也就是通过化学键进行吸附的，由于伴随化学反应，化学吸附具有选择性，且只在吸附剂表面进行，所以是单层吸附。

工业中常用的吸附剂有：活性炭、磺化煤、木炭、焦炭、白土、硅藻土、炉渣、矿渣、木屑，以及金属（如锌粒）及其化合物等。吸附剂种类不同，吸附效果不同，一般极性分子或离子型的吸附剂易吸附极性分子（或离子），非极性分子易吸附非极性分了。

11.7 溶剂类清洗废液处理及回收利用

11.7.1 石油溶剂类清洗废液处理及回收利用

石油溶剂类清洗液的特点是，清洗后其有效成分可以回收再利用，同时使废液得到了有效的处理。一般采用蒸馏处理法，其原理是根据溶剂与被洗涤油污的沸点差异，将废溶剂通过蒸馏从油污中分离。具体处理方法分为以下两步。

11.7.1.1 沉淀分离

先将废油进行过滤，以除去织物、纱头、木屑、铁屑等机械杂质，然后注入槽内沉淀，黏度大时需升温至 30～60℃，沉淀 10～20h；气温较高时，可以不升温，延长沉淀时间至 48h 以上。抽取溶剂层观察，若无明显水分杂质，即可抽取溶剂层进行蒸馏处理。

11.7.1.2 蒸馏回收

将分离出的溶剂（又称洗涤油）用泵抽入蒸馏釜中，最初抽入量不宜过多，仅为釜容积的 1/5～1/4。蒸馏釜中注油后打开轻油回收开关，使其内部与大气相通，并用冷却水进行循环冷却。蒸馏洗涤油时，冷却水温度控制在 50℃以下。检查各部件阀门后加热，此时应注意釜内压力，避免压力过大和发生暴沸现象。若加热至 90℃时出现暴沸现象，可用油泵循环搅拌；加热至 150℃后逐渐加入其余待蒸馏的洗涤油料，总加入量以釜容积的 3/4～4/5 为宜；加热至 160℃后便可通入蒸汽进行蒸馏。200℃前馏出的为洗涤溶剂油，其相对密度在20℃时应小于0.7950；300℃前馏出的为洗涤煤油，相对密度应小于0.840；350℃前馏出的为洗涤柴油，相对密度应小于0.880。若原来洗涤油是按品种回收的，蒸馏时按各品种的温度蒸馏即可。蒸馏结束后，釜内剩余的残留油除去杂质后可作为一般锅炉燃料油的调合组分直接燃烧；馏出的轻组分可重复利用。

11.7.2 氟氯有机溶剂清洗废液处理及回收利用

如利用氯代烃类（如三氯乙烯）清洗重油污的机械零件，具有清洗能力强、可重复使用、成本相对低等优点。该清洗方法的主要消耗源于有机溶剂的挥发。氯代烃类的挥发不仅浪费溶剂，而且超过了空气中允许浓度会引起公害，所以氯代烃类蒸气的净化与再生是重要的问题。此处介绍一种活性炭式三氯乙烯蒸气净化与再生的方法。此方法是利用活性炭的吸附性能捕捉三氯乙烯蒸气，而且活性炭又具有疏水性（不吸附水蒸气），所以对吸附有三氯乙烯的活性炭用水蒸气加热，可使被吸附的气体解吸，解吸的三氯乙烯气体经冷却后可重复使用。

氟氯系有机溶剂最大的特点是沸点较低，一般温度下不燃不爆，不溶于水，极易采用蒸馏方法进行回收再利用，蒸馏釜残余物也可以混入固体燃料中进行焚烧处理。

第 12 章

化学清洗现场安全

化学清洗是采用由一种或几种化学药剂配制而成的清洗剂对设备及装置表面的污垢进行清洗去除的过程。在安全施工方面具有一定的特点：清洗剂涉及多种化学品，具有腐蚀、易燃、有毒等化学危险性；被清洗设备、装置可能处于高温、高压、低温或减压状态；施工机具涉及机械设备、电气设备等，存在不安全因素；施工过程中存在由化学药剂及蒸汽引起灼伤的危险；施工现场环境复杂，可能涉及高空作业、受限空间作业，或与各施工单位交叉作业等；施工对象内部残存物质各种各样，许多属于危险品。因此，在化学清洗施工过程中，若稍有不慎，很容易发生重大人身伤亡事故，并给正常生产带来严重的影响。

安全是每个企业和个人都必须注意的首要问题。了解有关的安全常识，掌握一定的安全技术，提高每个人的安全知识水平和对各种事故的应变能力，有利于减少意外事故所造成的人身伤亡和财产损失。

12.1 危险化学品危害及防护

在化学清洗过程中，涉及多种危险化学品，因此，了解危险化学品的危害及安全注意事项，有利于化学清洗过程安全、顺利地进行。

12.1.1 氧化剂

（1）特性及危害

按氧化性强弱可分为一级氧化剂和二级氧化剂，按其组分可分为无机氧化剂和有机氧化剂。

一级氧化剂因分子中含有过氧基及高价态原子，性能极不稳定，易分解，且具有极强的氧化性，易放出具有强氧化性的原子氧，或易得电子变成低价态原子。二级氧化剂虽比一级氧化剂稳定，但也容易分解，具有较强氧化性。大多数氧化剂遇热易分解，如硝酸盐遇热能放出氧和氧化氮气体，遇有机物、易燃物能引起燃烧，如硝酸铵与易燃物混合后受热分解即燃烧或爆炸。大多数氧化剂遇酸分解，且反应十分激烈，往往引起爆炸，如过氧化钠遇酸能引起燃烧或爆炸。有些氧化剂容易吸收水分而变质，如三氧化铬吸水后变成铬酸；高锰酸锌吸水后接触有机物能立即引起燃烧；次氯酸钙遇水后放出大量的热及原子氧，接触有机物后引起燃烧和爆炸；尤其是活泼金属的过氧化物，如过氧化钠遇水或吸收空气中的水蒸气、二氧化碳就能分解而放出助燃气体，若遇有机物、易燃物就能引起燃烧。

（2）安全注意事项

有机氧化剂是性质不稳定的易燃物质，遇氧能加剧燃烧，故无机氧化剂与有机氧化剂不能混合储存；一级氧化剂的氧化能力很强，与易燃气体接触容易引起燃烧或钢瓶爆炸，因此，不得与压缩气体、液化气体存放在一起；亚硝酸盐、次氯酸盐等虽然也属于氧化剂，但它们能被多数氧化剂所氧化，存储时应与其他氧化剂分开；毒害性物质大多数是有机物，与无机氧化物接触能引起燃烧，而砷被氧化后生成的含砷化合物具有毒性，与氧化剂接触后毒性更大，故氧化剂与毒害性物质不得混存；有机氧化剂与溴、过氧化氢、硝酸等酸性物质接触，能发生剧烈反应；另外，硝酸与硫酸、发烟硫酸等接触，都会发生化学反应，不能混合储存。

氧化剂受热后易挥发、膨胀，同时还会加速分解，有些氧化剂容易吸潮而溶化，因此，氧化剂要避免暴晒、雨淋，储存于阴凉干燥处。一般储存温度应低于35℃，相对湿度低于80%。

在化学清洗现场，氧化剂应根据其特性，按储存安全要求与其他化学品隔离堆放。使用氧化剂时，应穿戴好工作服、安全帽及手套，避免与人体直接接触以防伤害；搬运时，应轻拿轻放。

12.1.2 易燃物质

（1）特性及危害

常温下以液体状态存在，极易挥发和燃烧，闪点在45℃以下的物质为易燃液体；燃点较低，遇明火、热源，或受摩擦、撞击，或与氧化剂接触能引起急剧燃烧的固体物质称为易燃固体。清洗用化学品中属易燃类的多为易燃液体。

易燃液体挥发产生的易燃蒸气与空气混合，若浓度达到爆炸极限范围，遇明火会立即发生爆炸。易燃液体受热后，不仅本身因温度升高发生体积膨胀，同时蒸气压增加，导致更多液体挥发成蒸气，体积膨胀更为迅速，如夏季盛装易燃液体的铁桶，在阳光下暴晒，常常会出现鼓桶或爆裂的现象。此外，大部分易燃液体黏度较小，容易流动。除醇、酮、醛等可以与水相溶外，多数易燃液体不溶于水。大部分易燃液体（如醚、酮、酯、芳香烃、石油及其产品等）都是电的不良导体，在灌装、输送、喷溅和流动过程中，由于摩擦接触等作用易产生静电，当静电荷聚积到一定程度时，就会放电而产生火花，进而引起燃烧和爆炸。

易燃固体在常温下是固态，受热后熔化，其燃烧过程与液体物质的燃烧类似。一般燃烧过程是：先受热熔化，然后蒸发汽化，再分解氧化，最后出现有火焰的燃烧（易燃固体由于其化学组成和性质的不同，燃烧方式存在差异）。

（2）安全注意事项

易燃液体有易燃、易挥发、受热膨胀和易流动扩散的特性，其蒸气与空气混合达到一定比例，遇火即能发生爆炸。因此，现场堆放时应注意通风、防晒，与明火保持一定的距离，并严禁烟火。储存温度以25℃左右为宜，最高不宜超过35℃。清洗时，循环泵电机应选用防爆电机，并安装可靠的接地装置，注意消除静电，防止泄漏。

易燃固体有燃点低、燃烧速度快、燃烧时能放出大量有毒气体等性质。因此，应存放于通风、阴凉处，避免阳光照晒，远离火源。易燃固体多属还原剂，遇氧反应激烈，应与氧和氧化剂隔离。有些易燃固体有毒，不仅与皮肤接触能引起中毒，其粉尘被人体吸入也会引起全身中毒，使用时应穿戴好工作服、口罩及手套等。

12.1.3 毒害物质

（1）特性及危害

凡少量进入人、畜体内或接触皮肤能与有机体组织发生作用，破坏正常生理功能，引起机体暂时或永久性病理状态甚至死亡的物质，称为毒害物质。毒害物质的种类很多，按其化学结构可分为有机毒物和无机毒物；按毒性大小可分为剧毒品和有毒品；按性质和作用特点，一般可分为刺激性毒物、窒息性毒物和麻醉性毒物。刺激性毒物，如酸蒸气、氨、二氧化硫等，尽管这类气体或蒸气在物化性能上有所不同，但接触机体组织时，都能引起组织发炎；窒息性毒物，如氮气、一氧化碳等；麻醉性毒物，如芳香族化合物、脂肪族硫化物、苯胺等，这类毒物主要对神经系统产生麻醉作用。此外，凡对人体有毒害作用而不属于上述三类的气体和挥发性毒物均属于无机化合物及金属有机化合物，如金属蒸气、砷与锑的有机化合物等。

工业毒物被人体吸收后，通过血液循环分布到全身各组织，毒物本身的理化性及各组织的生化、生理特点，使人体的正常生理机能遭到破坏。工业毒物接触皮肤可引发皮炎、湿疹、溃疡、脓疱疹、皮肤瘙痒等病变。工业毒物接触眼睛易引起视觉病变或其他眼部病变。某些工业毒物由于其致癌作用，可能诱发人体癌症。

（2）安全注意事项

毒害物质的主要危险是浸入人体体内或接触皮肤引起中毒。有些毒害物质具有腐蚀性、易燃性、遇水燃烧性、挥发性等，储放时应注意干燥、通风，避免日晒、雨淋，远离火源，与酸类及食品隔离，当包装破损或洒漏时，应尽快用土或锯末屑覆盖，然后清扫洗刷。化学清洗现场时常会有刺激性毒物产生，操作人员应按规定穿戴防护用品，如工作服、口罩、手套等，加强对呼吸器官、眼、口和皮肤的保护，禁止用手直接接触毒害物质。在使用现场，应备有中毒急救、清洗、中和、消毒用的药物等。对毒害物质污染的区域，可采取的处理措施为用一定压力的水进行喷射冲洗、热水冲洗、蒸汽熏蒸，或用药物中和、氧化或还原，以破坏或减弱其危害性。

12.1.4 腐蚀性物质

（1）特性及危害

按腐蚀性强弱及酸碱性，可将腐蚀性物质分类如下：

一级无机酸性腐蚀性物质，具有强烈的腐蚀性，主要是一些具有氧化性的强酸，如硝酸、硫酸、氯磺酸等。还有遇水能生成强酸的物质，如二氧化硫、三氧化硫、五氧化二磷等。

一级有机酸性腐蚀性物质，具有强腐蚀性及酸性的有机物，如甲酸、溴乙酸等。

二级无机酸性腐蚀性物质，主要是一些氧化性较差的强酸（如盐酸）、中强酸（如磷酸），以及与水接触能部分生成酸的物质，如四氯化锡等。

二级有机酸性腐蚀性物质，主要是一些较弱的有机酸，如乙酸、氯乙酸等。

无机碱性腐蚀性物质，主要是一些碱性较强的腐蚀性物质，如氢氧化钠、氢氧化钾等，以及与水作用生成碱性腐蚀性物质的物质，如硫化钠、氧化钙、硫化钙等。

有机碱性腐蚀性物质，具有碱性的有机腐蚀性物质，主要是有机碱金属化合物和胺类，如丙醇钠、二乙醇钠等。

无机腐蚀性物质，如氯酸钙、次氯酸钠等。

有机腐蚀性物质，如苯酚、甲醛等。

腐蚀性物质中的酸和碱能使金属遭受不同程度的腐蚀。特别是无机酸，如盐酸、硝酸等，以及挥发产生的酸蒸气，对金属设备、包装容器、车辆和船舶的金属结构、仓库及厂房的钢筋混凝土结构、门窗、照明设施、通风设备等都有较强的腐蚀性。

腐蚀性物质也可破坏有机物，如浓度较高的氢氧化钠溶液接触棉花，能使其纤维组织溶解。

腐蚀性物质接触人体皮肤、眼睛，或进入肺部等，会破坏表皮细胞组织而造成灼伤。人体内部器官被灼伤时，严重的会引发炎症（如肺炎等），甚至会导致死亡。固体腐蚀性物质如氢氧化钠能直接灼伤表皮，而液体或气体状态的腐蚀性物质，如氢氟酸、硫酸、二氧化氮、四氧化二氮等，能很快地进入人体内部器官。此外，腐蚀性物质还有很多是具有毒性和易燃性的。

（2）安全注意事项

腐蚀性物质种类较多，性能各异，使用及储存要求也各不相同。在腐蚀性物质中，有的易挥发，有的易分解，还有的易吸潮、怕晒、怕冻等。储存时，应注意干燥、通风、防晒、防雨、防冻，包装容器应具有相应的防腐蚀性能。化学清洗现场使用的强酸、强碱都是腐蚀性毒物，使用时应根据各类腐蚀性物质的物化性质配备相应的防护用具，如工作服、手套、靴、口罩和护目镜等。针对盐酸、硝酸等易挥发的腐蚀性物质，作业场所应有良好的通风条件，操作人员应处于上风口，并穿戴相应的防护用品。

12.1.5 放射性物质

（1）特性及危害

某些物质能从原子核内部自行不断地放出具有穿透力且肉眼看不见的射线（高速粒子），这种性质称为放射性，具有这种特性的物质称为放射性物质。放射性物质按毒性分为极毒、高毒、中毒及低毒，常见类型有放射性同位素、含放射性元素的化学试剂及矿石等，如碳-14、钴 60、镭-226、碘-131、铀的化合物及铀矿石等。

放射性物质所放出的射线有 X 射线、α 射线、β 射线、γ 射线和中子流。其中 α 射线是放射性蜕变过程中原子核中射出的带正电荷的质点，在空气中的射程为几厘米至几十厘米，穿透力较弱，但有很强的电离作用；β 射线是由放射性物质射出的带负电荷的质点，在空气中的射程可达 20m，它的电离作用较弱，但穿透力很强，能穿透 6mm 厚的船板或 25mm 厚的木板；X 射线和 γ 射线为波长很短的电离辐射，二者都是穿透力极强的放射线，γ 射线在空气中的射程为数百米，能穿透几十厘米厚的固体物质；中子流是原子核在放射性蜕变过程中放出的不带电荷的高能量粒子，具有很强的穿透力，与物质相互作用能引起散射和核反应。

放射性物质对人体的危害是由超过允许剂量的射线作用于机体而引发的，放射危害分为体外危害和体内危害。体外危害是射线由体外穿入机体而造成的伤害，X 射线、γ 射线和中子流都能造成体外危害。体内危害是吞食、吸入放射性物质或放射性物质通过受伤的皮肤直接侵入体内而造成的。在放射性物质中，低能量的 β 射线和穿透力很弱的 α 射线由于能被皮肤阻止，不致造成严重的体外伤害；但电离作用强的 α 粒子侵入体内后，将导致严重的体内伤害。

射线对人体细胞组织的伤害作用主要是，阻碍和伤害细胞活动机能及导致细胞死亡。射线对人体的伤害程度与照射剂量有关，剂量越大，伤害越重。人体受到射线伤害时的常见症状为：眼球晶状体混浊、皮肤干燥、毛发脱落、内分泌失调、出血、贫血、胃肠道溃疡、皮肤坏死或溃疡，严重时可导致死亡。

（2）安全注意事项

放射性防护的基本原则是：避免放射性物质或射线污染环境和侵入人体，减少人体接受的内外照射的剂量。基本措施是：缩短接触时间，增大与放射源的距离，设置屏蔽，采用机械化操作和加强人体防护。在日常操作中，在任何可能有放射性污染或危险的场所，都必须穿戴好工作服、胶皮手套、鞋套、面罩和护目镜等；在有吸入放射性粒子危险的场所，要佩戴氧气呼吸器；在离开放射性作业场前，必须彻底清洗身体的暴露部分，并用肥皂和温水洗手 2～3min；在放射性作业场所，严禁饮食和吸烟。

化学清洗工作现场与探伤等涉及放射性的施工单位交叉作业时，在时间允许的情况下，应先暂停清洗施工，施工人员应回避；若必须进行清洗施工，则应了解探伤对象所在位置，清洗施工必须在安全距离以外。尤其是在探伤机工作时，任何人员都不得靠近。

12.1.6 压缩气体和液化气体

（1）特性及危害

气体经加压或降温后，气体中分子与分子之间的距离大大缩小，成为压缩气体。对压缩气体继续加压，有时还需降低温度，压缩气体变成液体状态，称为液化气体。另外，有的气体极不稳定，需要溶于溶剂中，如乙炔需要溶解于丙酮并储存于钢瓶中，称为溶解气体。

气体受热的温度越高，膨胀后形成的压力越大。盛装在容器内的压缩气体及液化气体如受高温、日晒，气体就会急剧地膨胀，产生很大的压力，当压力超过容器的耐压强度时，会引起爆炸。如果气体钢瓶泄漏，气体逸散到空气中急剧地扩散，并能随风流动，可燃气体容易与空气形成爆炸性混合气体，遇明火能引起燃烧、爆炸，且火势易随气体蔓延扩展。

（2）安全注意事项

压缩气体和液化气体必须与爆炸物质、氧化剂、易燃物质、自燃物质和腐蚀性物质隔离存放；易燃气体不得与助燃气体、剧毒气体混合存放，如乙烷、乙炔等不得与氧、压缩空气等助燃气体混合存储；易燃气体和剧毒气体不能与腐蚀性物质（如硝酸、盐酸、硫酸）混合存放，因为这些酸有较强的腐蚀性，能使钢瓶受到损坏；氧气不得与油脂（包括动、植物性油）矿物油（如润滑油、松节油等）混合存放，因为氧气能使油脂氧化而产生热量，引发燃烧，燃烧中产生的高温进一步引起气体膨胀，最后可能引发爆炸。

压缩气体和易燃气体气瓶储存温度不宜超过 35℃，储存时应远离热源并旋紧安全帽。化学清洗现场使用氧气、乙炔时，两种气瓶放置应有一定的安全距离，并注意避光，防止暴晒和接触高温。氧气瓶瓶口及氧气表应绝对禁油。乙炔瓶应竖放，不允许卧置，周围10m内不许堆放易燃物且不得动用明火。化学清洗现场时常使用氮气保护清洗后的金属壁面以防止氧腐蚀，使用氮气时要有人监护，注意通风，防止窒息。

12.2 化学清洗过程安全

12.2.1 灼伤危害及其防护

12.2.1.1 灼伤危害

人体受热源或化学物质作用，引起局部组织损伤，并进一步导致病理和生理改变的过程称为灼伤。根据发生原因，灼伤可分为化学灼伤、热力灼伤和复合性灼伤。

由化学物质直接接触皮肤所造成的损伤，属化学灼伤。在化学清洗施工过程中，可导致化学灼伤的物质形态有固体（如烧碱）、液体（如硫酸、硝酸、高氯酸、双氧水等）和气体（如氟化氢）。发生化学灼伤时，化学物质与皮肤或黏膜接触后发生化学反应，因具有渗透性，吸收细胞组织水分、溶解组织蛋白和皂化脂肪组织，从而破坏细胞组织的生理机能。化学灼伤的伤害部位不仅是表皮，对呼吸道、消化道也能造成灼伤。有些物质溅入眼睛后，易造成失明。

接触炽热物体、火焰、高温表面和蒸汽等，所造成的伤害称为热力灼伤。化学清洗施工中，电焊、气焊作业，电加热器、裸露的加热蒸汽管及高温蒸汽等热源，若操作不当，容易造成热力灼伤。

由化学灼伤与热力灼伤同时造成的伤害，或化学灼伤伴随中毒反应等，都属于复合性灼伤。

12.2.1.2 灼伤预防

在化学清洗现场，必须穿戴工作服、护目镜、面罩、手套、安全帽等防护用品。对临时加热系统，如临时蒸汽管线，要在施工人员容易接触到的地方用保温材料隔离，并悬挂“蒸汽危险，注意防烫”等警告牌。搬运和添加清洗药剂时，要注意泄漏和飞溅。如需施工人员在槽上投加药剂，应在槽上安装跳板、护栏，以防跌入槽内灼伤。

12.2.1.3 灼伤现场救治

发生灼伤后，首先要确定是热力灼伤还是化学灼伤。如不太严重的热力灼伤，可按一般烧伤、烫伤等处理，先使用大量常温清水冲洗降温，然后涂抹烫伤药剂等。如果伤势较重，应先迅速采用大量清水冲洗降温，然后及时送往医院救治。对于化学灼伤，要先确定致伤物质种类、侵害途径、灼伤面积及程度，以便采取相应救治措施。化学灼伤程度同化学物质与人体组织接触时间长短有关，接触时间越长，灼伤越严重。因此，当化学物质接触人体组织发生灼伤时，应迅速脱去污染衣服及所佩戴的其他防护用品，用大量清水冲洗创面，不应延误。冲洗时要考虑到各受害部位，尤其要注意眼、耳、鼻、口腔等处。眼睛冲洗一般用生理盐水或清洁自来水，冲洗水流应柔和且不宜正对角膜，更不要搓揉眼睛；也可将面部浸泡于清洁水中，用手撑开上、下眼睑，或用力睁大眼睛，头部在水中左右摆动。其他部位灼伤，先用大量水冲洗，然后用中和剂洗涤（用中和剂的时间不宜过长）或湿敷，然后用清水清洗干净，再视灼伤程度予以适当处理。

化学清洗施工过程中常涉及的化学药剂有碱类（烧碱等）、酸类（硝酸、盐酸、硫酸、氢氟酸等），发生化学灼伤后可按下列方法进行现场处理：

碱类（烧碱）灼伤后，先用清水冲洗，然后用2%醋酸溶液洗涤中和，也可用2%以上的硼酸水溶液湿敷。

酸类（硝酸、盐酸、硫酸）灼伤后，先用大量清水冲洗，再用5%碳酸氢钠水溶液洗涤中和，然后用净水冲洗。

氢氟酸灼伤后，先用大量的水冲洗，再用5%碳酸氢钠溶液洗涤，再涂以甘油-氧化镁（2∶1）悬浮剂，然后用消毒纱布包扎。

对各种灼伤的救治，必须考虑现场情况，小面积灼伤创面，可根据灼伤部位及深度，采取相应的包扎疗法或暴露疗法；对中、大面积的灼伤，经现场处理后及时就医。

12.2.2 机械设备安全

12.2.2.1 电气设备设施

化学清洗施工所涉及的电气设备设施主要有电动机、电焊机、配电盘、变压器、电炉、分析仪器及照明等。常用电压为220～380V，个别仪器电压为110V。按电压分类，对地电压250V以上为高压，250V以下为低压，低于40V为安全电压。清洗过程所涉及的电压均超出安全电压范围，而且多为380V的高压。清洗现场通常潮湿且腐蚀性介质较多，设备、仪器容易受潮和腐蚀，导致环境触电的可能性和危险性增加，人体触电事故非常容易发生，通常应使用防爆电器。

人体触电造成的伤害有两种类型，即电击和电伤。电击是人体直接触及带电体时有一定量的电流流过人体，或因距离不足，在带电体与人体之间发生击穿放电时产生的伤害。被电击的人体，如果不能立即脱离电源，电流会使人体中枢神经受到伤害，引起呼吸困难、心脏停搏，甚至死亡。电伤则是电对人体外部造成的局部伤害，包括电弧烧伤、高温熔融的金属对皮肤的伤害等。这两类伤害有可能同时发生，但大多数触电事故是由电击造成的。

为了避免电气事故发生，在化学清洗现场，凡涉及电动机、电焊机及各类仪器的接线、配电盘的安装等电气作业，均应由专职电工按电工安全操作规程进行作业。认真落实绝缘、屏护、间隔及接地接零等安全措施。保证绝缘等级与电压等级、周围的环境和运行条件相适应；对裸露的带电部分以空气绝缘为基础设置屏护栅栏，并保证可靠的安全距离；对超过安全电压的各类电气设备、仪器均采取接零接地，并安装触电保安器。

现场施工人员应了解并掌握基本的触电急救常识，以减小触电的危害程度。触电急救必须动作迅速，首先应立即断开近处电源开关或拔掉电源插头，使触电者尽快脱离电源。若电源开关较远，可用绝缘物（如干燥的衣服、手套、绳索、木板、木棒等）拉开或挑开电线，或用干燥的木柄斧、胶柄钳等切断电源。如果事故发生在高压设备上，应立即通知有关部门停电，或戴上绝缘手套、穿上绝缘靴，用相应等级的绝缘工具切断电源。救人时严禁直接用手、金属或潮湿的物件作救护工具。救人时最好用一只手操作，以防自己触电。同时，要注意防止触电者脱离电源后可能造成的高处坠落及摔伤。触电者脱离电源后，应尽量在现场抢救，根据触电情况，分别采取休息观察、胸外心脏按压、心肺复苏等方法抢救，同时通知医生到场抢救。

清洗泵及小型高压清洗机的电机在使用时，要注意检查电机电压、电流是否过高，电机运行有无异常声音，通风降温及绝缘是否良好，连接线是否正确，接地是否良好。正常操作时要避免频繁启动，如发现异常现象要及时停机，查找原因。清洗时要避免电机与水接触，一旦电机受潮，需经烘干后方可使用。

电焊机使用前应检查接线、防潮电闸及接地是否良好，焊接电压和电源电压是否相等。推电门时脸部要闪开，电焊机禁止设置在有易燃、易爆气体的场所，要有良好的防雨及绝缘措施。电焊机应设有专用接线开关，配用电线需用橡胶绝缘电缆，由电工负责接线，电焊钳要有可靠的绝缘防护。在生产装置中施工时，要严格执行“动火管理制度”，具备动火条件时，方可施工。在焊接作业时，要随时观察电焊机发热情况，接地线不得搭在含易燃、易爆物料的管线上。禁止将焊件浸入化学污水中冷却，以免发生爆炸事故。在雨天或地面有水的情况下焊接时，采取良好的绝缘措施后方可作业。

用于功率较大的电动机的降压启动装置，要注意通风、散热、防雨和防潮。尤其是手动降压启动装置，严禁将水混入冷却油中，以避免发生短路事故。操作时，要严格按规程进行。

电动工具的使用也越来越多。由于它们没有固定的使用地点，且多是手持操作，因此，触电的风险很大，使用时应特别注意。必须采取相应的安全措施，如设置触电保安器，使用者应戴绝缘手套、穿绝缘鞋或站在绝缘垫上；在容器内使用时，需有专人在外监护。在特殊环境下，如在爆炸性气体场所，要选用防爆型电动工具。各类电动工具在使用前，均应检查电动工具本身、电源线、插头、插座等是否完好无损，接零装置和漏电保护器是否可靠。

12.2.2.2 机、泵

化学清洗用泵及小型高压清洗机用泵与电动机分别采用联轴器和皮带轮连接，且安装高度较低，若施工人员衣着不紧或女职工的长发未束等，易被卷入运转部件而造成伤亡事故，因此，在这类设备上要设置安全罩或安全防护栏。设备运转时，施工人员不得从上跨越。

小型高压清洗机水流压力较高，施工时，清洗枪口不得对准人体，以免高压水流伤人。

砂轮切割机要安装防护罩，定期检查砂轮片是否完好，发现损伤及时更换，以防砂轮片破碎飞出伤人。

12.2.2.3 临时系统安装

化学清洗临时系统的安装包括清洗站建立、临时管线安装等工作，涉及起重、电气焊等作业及相应设备。由于施工现场时常存在上下交叉作业，存在诸多不安全因素。

清洗泵、槽等大型设备安装时的起重作业要由专职起重工负责。需划出作业区，并在区域四周安排警戒人员，严禁无关人员入内。作业时，要严格执行起重作业安全技术规程，不得违章作业。

进行电、气焊施工时，首先要办理动火手续，经审批合格后再动火。电焊施工应严格执行有关电气安全规程。气焊施工前，要穿戴好防护用品，认真检查所用工具、氧气瓶、乙炔气瓶等。氧气瓶和乙炔气瓶要保持安全距离且安置于气温适宜之处，不得在阳光下暴晒，不得接近明火。氧气及乙炔气阀、软管及各连接部位不得漏气。乙炔软管严禁用铜管连接。氧气表、氧气软管及氧气瓶严禁与油脂接触，装配气表时，焊工应站在气瓶出口侧面，严禁正对气瓶出口，防止气表飞出伤人。施工时，如发生回火、气管爆裂燃烧，应及时关闭乙炔和氧气总阀。

12.2.3 受限空间作业安全

化学清洗施工过程中，时常需要进入塔、釜、槽、罐、炉、器及其他闭塞场所进行沉积物清理、表面处理等作业，这类作业均属于受限空间作业。由于活动空间狭窄，空气流动不畅，可能存在有害气体积聚，稍有不慎，会发生中毒、窒息、着火或爆炸等事故。

施工作业前，要先办理受限空间作业许可手续，对设备进行安全隔离，不允许其他系统中的介质混入；同时，切断设备上与清洗无关的电源，悬挂相关的警告牌及标志牌；然后用空气进行置换，直至安全分析指标合格。在清洗过程中，也应加强通风换气，定期进行有害气体监测，及时清除清洗过程中产生的有害气体。作业人员应根据施工要求、设备情况、介质及周围环境，佩戴相应的防护用品。设备外要安排包括甲方在内的专人进行监护，并制订方便实施的现场抢救措施。实时通过人孔观察设备内部情况，与施工人员保持密切联系，以便发生异常情况时能做到及时处理。施工结束后，清理所有工具、材料、垫板、梯子及污垢等杂物，防止遗漏而影响生产。

12.2.4 高空作业安全

凡在坠落高度基准面 2m 及以上进行的工作，即为高空作业。在无平台、栏杆的储罐、塔、槽车等设备上，在易泄漏有害气体、液体和粉尘等设备的顶部，以及在下方或附近有坑、井、池等设施的场所，即便距地面不足 2m，也属高空作业范围。化学清洗过程中，常有高处安装、焊接、清洗等作业，存在高空坠落、物体打击等事故隐患。

高空作业时，需佩戴安全带，安全带挂钩应挂在站立位置上方牢固部位，严禁挂在移动或不牢固的物体上。安全带绳长应符合规范，以防止坠落时触碰地面或下方物体。高空作业一律要使用工具袋，工具用完后应及时放回工具袋。上下传递工具或器材时，应用吊绳进行传递，严禁投掷；大件工具或材料需要吊篮升降。高空作业时，要了解空中电线的电压，必须与高压线保持安全距离，并防止较长工具或材料触电。随时监测厂房、设备顶部的有害气体放空管，当有害气体放空时，应立即停止工作，撤离现场。在屋面、斜坡、框架边缘及设备顶部等立足不稳的场所施工，应搭设符合规范的脚手架、栏杆或安全网。遭遇六级以上大风、暴雨、雷电及大雾等恶劣天气时，应停止露天高空作业。阴天或夜晚无足够照明条件时，也应禁止高空作业。高空作业现场的工作人员必须戴好安全帽。凡饮酒后、年老体弱、疲劳过度、视力不佳、行动不便、妊娠或患有不适应症的（如高血压、心脏病、精神类疾病、癫痫等）人员不得从事登高作业。

12.3 个人防护用品

个人防护用品是指施工人员在施工过程中，为保证安全与健康，防止外界伤害或职业性毒害而佩戴使用的各种用品的总称，是劳动保护的重要措施之一，是施工过程中不可缺少的防护手段。化学清洗施工过程中涉及多种化学药品、交叉作业、受限空间作业、高空作业等，环境十分复杂。因此，为了避免或减少人体伤害，必须穿戴必要的防护用品。各种防护用品应符合规范，能有效预防对人体各暴露部位的危害并达到全面保护；力求穿着舒适、佩戴方便、质量轻、不妨碍作业；还应耐腐蚀、抗老化、对皮肤无刺激、各部位吻合严密且牢固等。根据化学清洗作业特点，常用防护用品按用途可分为头部保护用品、呼吸器官及面部防护用品、防酸碱用品、防坠落用品、防噪声用品等。

12.3.1 头部保护

安全帽是保护施工人员免受或减轻飞来或落下物体对头部的伤害。化学清洗施工人员使用的通用型安全帽由聚乙烯塑料制成，可耐酸、碱、油及化学溶剂，可承受 3kg 钢球在 3m 高度自由坠落的冲击力。

安全帽应端正佩戴。帽衬完好，且不与帽壳直接接触。下颏带要具有一定强度，系牢后不能脱落。

12.3.2 呼吸器官及面部防护

化学清洗过程中，呼吸器官及面部易受到多种危害：配制清洗液时，遇到的固体化学原料的粉尘、各种酸碱性物质的飞溅以及酸性气体的挥发；在进塔入罐施工时，清理杂物、处理设备内壁表面产生的粉尘；清洗液中的挥发性化学品对施工人员的面部灼伤和对正常呼吸带来的不利影响。针对呼吸器官和面部的防护用品有各种防尘防毒口罩、面罩等。简便且常用的为过滤式防尘防毒口罩或面罩和隔离式通风面罩。过滤式防尘防毒口罩或面罩是利用滤尘盒和滤毒罐将粉尘和有毒物质滤去，供人正常呼吸。隔离式通风面罩是通过压缩机、送风机或长管将外部新鲜空气引入，供人呼吸。

使用过滤式口罩、面罩时，应注意检查部件是否完整，连接是否严密，管路、接头是否畅通。滤料应定期更换，滤毒罐内吸收剂要根据防护范围选择（对常见的酸性气体可选用活性炭为主要吸收剂）。隔离式通风面罩使用前要做气密性检查；使用时设专人监护供气设备，定期检查供气胶管，以防止胶管扭结或被其他物体压住。自吸式隔离面罩的胶管吸气口应置于新鲜空气的上风头，离地面 10cm 以上。胶管总长一般不超过 10m，以防止呼吸阻力过大，造成呼吸困难。

口罩、面罩使用后，可将过滤部分取下，用肥皂水或清水洗涤口罩、面罩主体，不得用有机溶剂清洗，以免损坏变形。保存时应放在盒内，置于干燥、清洁、空气流通的库房内，防止受潮和过热。

12.3.3 防酸、防碱

为防止酸、碱伤害，应正确使用防护用品。常用的有护目镜或面罩、工作服、手套及靴等。耐酸、碱工作服一般由橡胶、塑料薄膜、合成纤维、柞丝绸或生毛呢制成。化学清洗工作中选用合成纤维、柞丝绸或生毛呢制成的工作服比较适宜，可耐常见的酸类（硝酸、盐酸、氢氟酸、柠檬酸等）和碱类（烧碱、纯碱等）。耐酸、碱手套由橡胶、乳胶或塑料等制成。耐酸靴均由橡胶制成。化学清洗用各种药剂主要由较强的酸、碱组成，人体直接接触能引起严重的灼伤、中毒。因此，施工时一定要穿戴好防护用品。

12.3.4 防坠落

安全带用于高处施工。使用前，要认真检查有无缺陷；使用时，应牢固挂好，将挂钩绳搭在肩背上，不得拖在地面行走，以免磨损；存放时，应悬挂保存，不得乱堆乱放，严禁与酸、碱等腐蚀性物品接触，要保持干燥。平时要注意安全带的定期维护与检查，发现缺陷应及时修理或更换。

12.3.5 防噪声

由于各种机械运转、排气放空、蒸汽及空气吹扫等作业，清洗现场噪声通常在 80～100dB。为了减轻噪声对施工人员身体的不良影响及给施工过程带来的干扰，在无法消除噪声源的情况下，可以采取个人防护措施。市售的防噪声用品有：硅橡胶耳塞、防噪声耳塞、防噪声棉耳塞、防噪声耳罩和防噪声头盔等。这些防噪声用品分别由特殊硅橡胶、软橡胶、塑料、超细玻璃纤维、泡沫塑料、橡胶等材料制成，分别适用于不同的噪声环境，各具特点，可根据需要选择使用。

12.4 化学清洗现场必要安全防范措施

（1）应设专人负责安全监督与保障工作，制订安全措施，并检查措施的落实情况，确保人身与设备安全。

（2）安全注意事项：

① 清洗单位应根据本单位具体情况制定切实可行的安全操作规程。化学清洗前，有关工作人员必须学习并熟悉清洗工艺的安全操作规程，了解所使用的各种药剂的特性及灼伤急救方法，并做好自身的防护。

② 清洗人员应经演练和考试合格后才能参加清洗作业。参加化学清洗的人员应佩戴专用标志，与清洗无关的人员不得进入清洗现场。

③ 清洗现场应照明充足，备有消防通信设备、安全灯、急救药品和劳保用品。

④ 现场应设有“注意安全”“严禁明火”“有毒危险”“请勿靠近”等安全警示牌。

（3）化学清洗系统的安全检查应符合下列要求：

① 与化学清洗无关的仪表及管道应隔绝；

② 临时安装的管道应与清洗系统图相符；

③ 对影响安全的扶梯、孔洞、沟盖板、脚手架，要进行妥善处理；

④ 清洗系统所有管道焊接应可靠，所有法兰垫片、阀门及水泵盘根均应严密且耐腐蚀，应设防溅装置，同时应备有毛毡、胶皮垫、塑料布、胶带和专用卡子等；

⑤ 循环泵、取样点、化验站和监视管附近应设专用水源和石灰粉；

⑥ 临时加热蒸汽阀门的压力等级应高于所连接汽源阀门一个压力等级，并采用铸钢阀门。

（4）清洗时，禁止在清洗系统上进行明火作业和其他作业。加药场地及设备顶部杜绝火源。清洗过程中，应有专人值班，定时巡回检查，随时检修清洗设备的缺陷。

（5）搬运浓酸、浓碱时，应使用专用工具，禁止肩扛、手抱。直接接触苛性碱或酸的操作人员和检修人员，应穿戴专用的防护用品。尤其在配酸（包括使用氢氟酸或氟化物）及加氨、加碱液时，应注意戴好防护眼镜或防毒面具。

（6）在配碱地点，应备有自来水、毛巾、药棉和浓度为0.2%的硼酸溶液。

（7）酸液泄漏的处理：

① 酸液漏到地面上时，应用石灰中和；

② 酸溅到衣服上时，应先用大量清水冲洗，然后用2%～3%碳酸钠溶液中和，最后再用水冲洗；

③ 酸液溅到皮肤上时，应立即用清水冲洗，再用2%～3%碳酸钠溶液清洗，最后涂上一层凡士林；

④ 酸液或结晶状药品溅入眼睛里时，应立即用大量清水冲洗，再用0.5%的碳酸氢钠溶液冲洗并立即送医务室急救，切忌用手搓揉；

⑤ 氢氟酸一旦溅于皮肤上，应用饱和石灰水冲洗。

（8）清洗过程中，现场应备有医药箱并含有如下急救药品：

① 0.2%硼酸溶液、0.5%碳酸氢钠溶液、2%～3%碳酸钠溶液各5L，凡士林250g，饱和石灰水50L。

② 氢氟酸灼伤急救用药：

a. 药膏：由乳酸钙（或葡萄糖酸钙）20g、氧化镁20g、甘油15g、水44g和盐酸普鲁卡因1g混合而成；

b. 静脉注射剂：含10%葡萄糖酸钙溶液10mL的注射器30～40支、含10%碘化钠溶液5～10mL的注射器10支；

c. 止痛片药片。

（9）易燃、易爆、有毒的化学药品在存放、运输、使用过程中应遵守有关的安全规定。

（10）禁止随意排放清洗废液。

12.5 化学清洗作业安全保障制度

为了强化全员安全意识、加强安全管理，实现“预防第一，安全至上，全员动手，综合处理”的管理目标，各清洗单位必须制定适合自身实际的安全制度和规定，成立相应安全监督管理部门。从施工准备到现场具体实施的全过程，都应以人为本，将安全放在至高无上的地位，单位主要负责人要亲自抓安全工作。

12.5.1 建立健全健康、安全和环境（HSE）体系

有关这方面的法规和制度已有很多，其中最有效的、从根源实施控制的方法是，清洗队伍需通过相关管理体系的认证，如 OHSAS 18000（职业健康安全管理体系），ISO 14000（环境管理体系），SY/T 6276—2014《石油天然气工业健康、安全与环境管理体系》。

与 ISO 9000 质量管理体系一样，企业或清洗组织如取得上述标准体系的认证，将使清洗过程中的安全、健康和环境因素都处于受控状态。实现过程的优质控制才能达到安全的目的。

第一，清洗机构必须制定自己的安全、健康和环境管理方针、目标，并将之分解至各相关部门，责任落实到人，与每一位员工签订安全、环保协议，安全才能有保障。

第二，成立相关的管理部门，专门负责各项安全、环保和健康制度的制定、落实、监督和管理。

第三，将每一个清洗工程的各个细节进行分析解剖，识别每个细节可能存在的危险和污染因素（包括对操作人员、他人及后代有潜在的不利影响），该过程也叫因素识别。只有明确了这些潜在的因素，才有可能制订相应的对策并采取预防措施。

第四，对所识别的因素进行评价和分析，进行风险等级的评价，并制定相应的安全策划书。

12.5.2 不安全因素过程控制

化学清洗过程涉及采购、库管、装卸、运输、安装、升温、动火、受限空间作业及高空作业等多个环节，每个环节均存在不安全因素，对这些环节实施有效控制的原则主要包括：

① 合同评审阶段，需纳入安全因素评价；

② 准备阶段制定的施工计划书、策划书、方案等都必须包含安全的内容和具体防护措施；

③ 施工前要对作业人员进行安全、环保培训，进行技术交底；

④ 制订完善的施工安全防护预案，如紧急情况如何应对；

⑤ 清洗现场要挂、立各种安全警示牌；

⑥ 施工过程要严格按方案执行，配备专人监督管理安全工作，并做好记录；

⑦ 工程验收增加文明施工和安全管理的考核内容。

（1）安全作业计划书

安全作业计划书需针对具体作业项目进行策划，属于项目宏观管理文件，随项目特点动态调整，且必须是每个化学清洗操作人员应知应会的内容。其主要内容包括：项目概况描述、岗位职责、现场安全防护用品配置、危险品识别和控制方法、不安全因素转化为事故时的应急措施、信息交流方式、监测和整改方案总结。

（2）项目安全策划书

项目安全策划书应包括：项目概况与安全目标、清洗过程中的安全及环境要求和内容、人员的职责和分工、资源配置计划及进度要求、风险控制要求与方法、检验和试验的要求、清洗时安全环境情况、验收准则。

（3）健康、安全、环境管理方案

健康、安全、环境管理方案的内容应包括：健康、安全、环境管理的目标和指标，部门机构设置，岗位职责和权限，实现目标的方案、应急预案、保障措施和进度计划，实现目标所需的人力、物力等资源的配置。

（4）过程控制程序

全过程需严格执行下列程序：有方案、有预案、有控制、有监督、有记录、有验证、有评价。

12.6 化学清洗现场安全禁令

12.6.1 人身安全十大禁令

① 安全岗位技术考核不合格者，严禁独立顶岗操作。

② 不按规定着装或上岗前饮酒者，严禁进入施工现场，严禁穿裙子和高跟鞋上岗。

③ 不戴安全帽者，严禁进入施工现场。

④ 不系好安全带者，严禁高空作业。

⑤ 未经安全监测、检查的容器等，严禁入内作业。

⑥ 非专业人员，严禁从事特殊工种作业。

⑦ 清洗设备的安全附件、防护装置破损不全时，严禁启动使用。

⑧ 设备的转动部件在运转中，严禁擦洗、触摸、拆卸。

⑨ 设备运行中，操作人员严禁通过蹬、踏手轮观察配液槽内情况。

⑩ 严禁单独巡查长距离管线。

12.6.2 安全作业十大禁令

① 严禁违反公司及指挥部所颁布的安全规章制度和各项规定。

② 严禁以人抱、肩扛、背驮、甩、抛、扔等危险方式装卸、搬运化工原料。

③ 严禁擅自拆、接电器导线、设备。

④ 严禁不系安全带进行高空作业。

⑤ 严禁未穿戴好工作服、安全帽等防护用品上岗操作。

⑥ 严禁擅自离岗、串岗和在岗睡觉。

⑦ 严禁设备带病运行和超温、超压、超速、超负荷运行。

⑧ 严禁不按工艺文件和安全操作规程随意加药配液或改变操作程序。

⑨ 严禁上岗前和工作中饮酒。

⑩ 严禁违章指挥和违章作业。

12.6.3 防止中毒、窒息十大规定

① 清洗人员应接受防毒、窒息急救的安全知识教育。

② 工作环境氧含量必须达到20%以上，保证良好的通风，符合国家规定标准后方可进行工作。

③ 在有毒有辐射场所清洗时，必须佩戴专用防护用具，且必须有监护人在场。

④ 在空间狭小的室内进行设备清洗时，应打开所有通风口，必要时接通风设备，确保环境符合要求。

⑤ 加药配液时（有害气体较浓），必须制订专门的防护措施和配置相应的防护用具。

⑥ 在有毒有害物质存放场所以及容器内作业时，应经常检测有害气体含量，确保符合国家标准。

⑦ 有害物品和防毒器具必须分类保管，避免交叉污染。

⑧ 监测仪器要定期检查，保持精确度和完好。

⑨ 发生人员中毒、窒息时，处理及救护要及时、正确。

⑩ 制订清洗现场防毒制度及有毒有害物质仓储制度，并严格执行。长期达不到规定卫生标准的作业、仓储场所，应停止作业并整改。

第 13 章

化学清洗案例及其分析

前文已对各类化学清洗方法进行了全面介绍，接下来将结合具体案例展开分析。所选案例涵盖三个维度：一是清洗过程规范有序、效果显著的成功范例；二是清洗参数控制失当、流程执行偏差等导致清洗失败的案例；三是忽视清洗安全常识、违规操作引发安全事故的案例。本章通过正面案例提炼科学操作要点，从反面案例总结教训警示，旨在引导大家从正反双重视角系统学习清洗知识，强化安全作业意识，筑牢安全生产防线，确保化学清洗工作全程合规、高效、安全。

13.1 新建成套装置循环化学清洗案例分析

成套化工装置在加工制造、包装运输、安装组合和存放待用等环节中，难免产生各种类型的污染物，如油污、铁锈、铁鳞、焊渣、泥土、砂粒、灰尘等。对碳钢设备而言，污染物的覆盖率大于 95%。化工装置中的污染物可能会导致各种不良后果，如催化剂中毒、聚合反应爆聚、原材料浪费、反应中间体消耗、产品不合格、工艺管道被堵塞等。因此，在装置投料试车之前，清除设备及管线内表面的污染物，并使之形成完整均匀的防腐钝化膜，即进行装置投产前的化学清洗和钝化防锈处理至关重要。

大型成套装置的化学清洗，常常需要考虑许多因素：管道、设备构造和布局的特殊性；金属材质的复杂性；设备高低位差大，死角多；装置总容积大，清洗药剂耗量高，人工加药劳动强度大；配药过程中设备等受酸液侵蚀时间长；清洗后如不立即投入运行容易返锈等。针对这些因素，大型装置投产前的化学清洗应采用合理有效的清洗方法和工艺。

13.1.1 茂名 30 万吨/年乙烯工程中 5 万吨/年丁二烯装置投产前的化学清洗

13.1.1.1 设备概况

丁二烯装置中绝大多数设备的材质为碳素钢，局部采用不锈钢、合金钢和铸铁等。需要清洗的设备为10座塔、15台容器、34台换热器及附属管线约400m。最高的塔高61m、容积375m^3，最小的管径15mm。装置总容积1680m^3，其内表面被油污、铁锈、铁鳞、焊渣等脏物全面覆盖。该装置的化学清洗要求为：清洗完毕到化工投料前，装置的内表面不能产生二次浮锈。

13.1.1.2 化学清洗系统的建立

鉴于本工程工期较紧，根据现场设备构成和布局特点，选用了全封闭式双向循环清洗流程。将全部设备按安装位置划分成两部分，并建立东、西两个清洗站。东站设备主要包括丁二烯第一萃取、第一汽提系统在内的T101A、T101B、T102、V101及其附属的容器、再沸器、冷却器、管线，以及全部溶剂回收系统。西站设备主要包括丁二烯第二萃取、第二汽提、精馏、水洗和溶剂精制系统在内的所有设备、管线。每个清洗站均由清洗泵、清洗槽、流量计和阀组等构成，其中清洗泵为IS125-100-315A型离心式清水泵（$Q=216\text{m}^3/\text{h}$，$H=97.2\text{m}$，$N=90\text{kW}$）；清洗槽为高1.0m、容积1.3m^{3}的碳钢槽。清洗站具有全封闭、双向、循环、计量上水、快排等20多种操作功能，是清洗工艺操作的枢纽，也是本次清洗取得成功的关键设施。

13.1.1.3 建立清洗回路和设置监测点

① 清洗回路的连接：塔器与塔器之间以并联形式连接；塔器与附属管线之间以串联形式连接；部分换热器管壳串通连接；其他工艺管线串联或并联于清洗系统中。清洗管路连接后，需确保系统中所有设备及管线既无漏洗，也无重复清洗。为达到此目的，根据清洗流程，在清洗系统中增加了八十余块限流孔板和盲板。

② 拆除或加盲板隔断被清洗装置与外车间的联系，拆除或隔离清洗范围内的所有单向阀、安全阀、过滤器滤芯变送器、温度变送器、压力和液位变送器、液位计、孔板流量计、调节阀等仪器仪表，以防止其受到损伤。同时确定各盲肠口工序排放点和高位放空点的具体位置。

③ 在清洗系统中选择多处有代表性的位置，悬挂与设备材质相同的标准腐蚀试片，采用失重法监测清洗期间的腐蚀速率。在清洗槽内悬挂有代表性的带垢监视管。

13.1.1.4 化学清洗工艺及过程指标控制

主要清洗工艺流程为：

碱洗→水冲洗→酸洗→水冲洗→漂洗→钝化→净风吹扫→验收→防锈处理

（1）碱洗

采用421强碱性配方，控制温度90～98℃，时间8～10h，每隔30～60min分析一次溶液碱度和含油量。该步骤的主要目的是脱除装置内表面的所有油性物质和碱溶性杂质，提高酸洗液对金属内表面的浸润能力。采用酸碱中和滴定法分析溶液总碱度和 NaOH 的含量，采用有机溶剂萃取法测定碱液中的含油量，根据分析结果，判断碱液对油污的溶解能力，确定碱洗终点。当碱液浓度在有效范围内，且连续三次分析的含油量偏差值很小时，即确定为除油脱脂终点。随后用热水冲洗至 pH≤8.5。

（2）酸洗

配方为：3%的加氨柠檬酸、0.1%LAN-826 多用酸洗缓蚀剂、0.05%LH-1 型铁离子还原剂、少量渗氢抑制剂及其他助剂。控制温度为 90～98℃，pH 值为 3.0～3.5，时间 6～8h，根据需要每隔 5～30min 分析一次酸浓度、铁含量和 pH 值。酸洗是清洗的关键步骤，主要目的是清除装置内表面的所有铁锈、铁鳞、焊渣和灰尘等，使被清洗金属表面呈现金属本色。采用酸碱中和滴定法测定酸浓度，采用络合滴定法测定 Fe^{3+}、Fe^{2+} 含量，使用 pH C-3 型精密 pH 计测 pH 值，根据分析结果，判断酸洗液的溶垢能力，并确定酸洗终点。当酸液浓度足够、Fe^{3+} 浓度达到最高值开始迅速降低、pH 值上升且带垢监视管已清洗干净时，则可以确认已经达到酸洗终点。酸洗过程中，严禁温度低于 85℃或直接向系统内补加冷水。当铁含量达到 4000mg/L 时，必须迅速排掉全部酸洗液。酸洗结束后，先用热水冲洗，然后快速打开人孔、手孔，人工清理塔、容器底部等处的沉积淤渣。

（3）漂洗

配方为 0.05%加氨柠檬酸。控制温度 90～98℃，pH＝3.5～4.0，时间 2h，根据需要每隔 10～20min 分析一次酸浓度、铁含量和 pH 值。当铁含量大于 500mg/L 时，应该更换新鲜漂洗液。漂洗的目的是将酸洗后水冲洗、人工清理垢渣过程中活化金属表面产生的二次浮锈清洗干净，为形成完整均匀的钝化膜提供良好的先决条件。

（4）钝化和验收

漂洗后先调 pH 值，然后直接加水降温，当降温至（60±2）℃时，加入 2%亚硝酸钠，控制温度和 pH 值，每隔 30min 采用氧化还原滴定法分析亚硝酸钠浓度。钝化处理 10～12h，废液处理后排放，净风吹扫，组织验收。

（5）装置投产前防锈处理

碳钢设备清洗后，如不进行防锈处理，返锈是必然的。在酸洗钝化膜中，以氧化膜为主的亚硝酸钠法钝化膜，呈银灰色，防锈效果好，经湿热试验防锈时间长达 168h，而以沉淀膜为主的磷酸三钠法钝化膜，呈黑色，防锈效果较差，防锈期仅为 27h。化学清洗后，如装置不能立即投料生产，就必须进行防锈处理。本工艺采用 0.5%LH105 长效防锈剂（浸泡十年不锈）实施防锈保护。投产前经检查返锈率极低，防锈效果良好。

（6）废液综合处理

利用东、西两站联网，将碱洗后的废碱液与酸洗后的废酸液中和处理后排放。

钝化液采用尿素分解法处理，其反应方程式为：

$$2NaNO_2+CO(NH_2)_2+2HCl \longrightarrow 2NaCl+3H_2O+2N_2\uparrow+CO_2\uparrow$$

当 pH＝6～9，亚硝酸根含量达到要求后，排送至污水处理厂统一处理排放。

13.1.1.5 清洗质量要求及验收结果

（1）质量要求

① 按 HG/T 2387《工业设备化学清洗质量标准》（该工程施工于 1995 年，当时该标准是执行标准，现已作废），清洗后合格率应为 100%，优良率应为 90% 以上。

② 脱脂检验按以下标准：用蘸有三氯乙烷的白布擦拭，无油污、变色及纤维。用亮白光检查无可见松散微粒，无二维尺寸超过 0.5mm 和三维尺寸超过 0.2mm 的可见松散微粒。用紫外线（波长 0.32～0.38μm）检查时无荧光。

③ 酸洗、钝化检验标准：进入设备系统内部以目测法观察，金属表面应清洗干净，无老锈和浮锈，钝化膜应均匀完整、呈铁灰色或银灰色。

（2）验收结果

除垢率大于 99%，平均腐蚀速率为 1.5349g/(m^2 · h)，折合设备腐蚀减薄量小于 0.025mm，除油除锈彻底，钝化膜完整均匀，清洗质量达到国际先进水平。

13.1.1.6 经验与体会

① 将整个装置分两部分清洗，工期短，劳动强度小。同时两个清洗站联网，有利于废液综合利用和就地处理。

② 清洗系统采用全封闭式双向循环，有利于提高清洗温度，使被清洗装置的上下部清洗、钝化效果均匀一致。

③ 主体设备并联，灵活多变，既可全线贯通大循环，减小清洗液、钝化液的浓度差，也可以局部高流速重点突破（如高塔）；各盲肠口和高位放空点由专人负责，有规律的工序排放，达到了被清洗装置下部无死角、上部全充满、各台设备清洗效果均匀一致的理想清洗状态。

④ 本次清洗需要投加的药剂量达 200 多吨，采用高 1m 的小容积（1.3m^3）清洗槽和大流量（216m^3/h）清洗泵，完成了总容积达 1680m^3 装置的化学清洗，降低了工人劳动强度，缩短了设备受酸液侵蚀的时间。

⑤ 装置清洗后采用 LH105 长效防锈剂保护，对防止返锈、确保投产前不产生浮锈非常有效。

该案例是大型成套石化装置全充满循环化学清洗，设备构造复杂，高低落差达到几十米，最粗的管道 800mm，最细的管道 15mm，塔器、容器、换热器、管线均涉及，化学清洗工艺包括碱洗、酸洗、漂洗、钝化等，具有一定的参考价值。

13.1.2 某石油二厂150万吨/年重油催化裂化装置清洗工程案例

13.1.2.1 工程概述

某石化分公司石油二厂150万吨/年重油催化裂化装置是国家投资40多亿元的新建设项目。为保证装置的安全、高效、长期运行，开车前需进行化学清洗。

某清洗企业向该石油二厂重油催化裂化装置清洗工程项目指挥部呈报《石油二厂150万吨/年重油催化裂化低温热回收系统化学清洗施工方案》和《石油二厂150万吨/年重油催化裂化装置低温热回收系统化学清洗项目质量策划书》，制定《石油二厂150万吨/年重油催化裂化装置低温热回收系统化学清洗质量保证计划书》，以确保质量，并达到合同要求。

13.1.2.2 清洗范围

150万吨/年重油催化裂化装置低温热回收系统脱盐除氧水部分，包括真空除氧器D101、除氧水输水管线、除氧水预热换热器组、热工除氧器、外取热器、油浆蒸发器、余热锅炉及其相关液相管线。

13.1.2.3 清洗前状况

清洗前，设备管道内含有铁锈及鳞片焊渣等。

13.1.2.4 清洗后状况

热工除氧器1#、2#省煤器及相关管线经4天化学清洗后，除垢率达99%，腐蚀速率为0.6272g/(m^2·h)，清洗合格，达到规定要求。

真空除氧器D101及相关管线经3天化学清洗后，除垢率达99%，腐蚀速率为0.6789g/(m^2·h)，清洗合格，达到合同规定的质量要求。

供水总管及换热部分经2天化学清洗后，除垢率达99%，腐蚀速率为0.49g/(m^2·h)，清洗合格，达到合同规定的质量要求。

外取热器及相关管线经3天化学清洗后，除垢率达99%，腐蚀速率为0.5357g/(m^2·h)，清洗合格，达到合同规定的质量要求。

油浆蒸发器系统（汽包D2221、D2220）、换热器（E-2208/1～E-2208/4号及相关管线总容积为65m^3，清洗后，除垢率达99%，腐蚀速率为0.6344g/(m^2·h)，清洗合格，达到合同规定的质量要求。

余热锅炉系统总容积97.5m^3，经2天化学清洗，除垢率达99%，腐蚀速率为0.48g/(m^2·h)，清洗合格，达到合同规定的质量要求。

该案例包括管线、储罐、换热器、锅炉等石化设施，既有单元设备清洗，又有小规模成套装置清洗，是典型的全充满循环化学清洗案例。

13.2 运行装置/设备循环化学清洗案例分析

13.2.1 北京焦化厂西鼓风 4# 煤气初冷器化学清洗

13.2.1.1 工程概况

北京焦化厂西鼓风 4＃煤气初冷器自投入生产至 1996 年底已运行 4 年，在运行中管内壁结垢，发现换热效率下降，经检查，管程附着水垢、微生物、泥沙沉积及腐蚀产物。1996 年 11 月至 12 月，焦化厂委托某清洗公司对 4＃煤气初冷器进行化学清洗。

13.2.1.2 清洗范围

清洗部分为中段和下段。

13.2.1.3 清洗前状况

中段结垢主要是生物黏泥、泥沙、碳酸盐水垢、铁锈的混合垢层，其中夹杂一些灰渣沉淀。下段结垢中生物黏泥较少，泥沙、铁锈较多，也是混合垢层。

13.2.1.4 清洗后效果

据有关资料介绍，混合附着物达 0.2mm 时，能耗将上升 15％，且会引起设备垢下腐蚀。该系统内平均垢厚 3mm，经过清洗，90％以上垢层、锈除尽，露出金属层，管内预膜完整，清洗质量合格。

13.2.2 大连化学工业公司合成氨厂 500# 工区甲醇系统化学清洗工程案例

13.2.2.1 工程概述

大连化学工业公司 30 万吨合成氨装置 500＃工区甲醇洗系统由于各方面原因，在热区和冷区单元内串入炭黑，且该系统内部腐蚀严重。

特别是冷区四台缠绕式换热器已发生严重堵塞。在 1996 年大停期间，厂方决定对 500＃工区进行深度化学清洗，以保证设备安全高效地运行。

13.2.2.2 清洗范围

将本次清洗工程所要求清洗的设备、管线划分为两个清洗系统，其中冷区为一个系统，主要包括四台缠绕式换热器（E0501、E0503、E0507、E0509）及其相连的管线。

13.2.2.3 清洗前状况

四台缠绕式换热器被腐蚀产物堵塞严重，加之其结构的特殊性，需要在大流量、高压力下进行强制循环清洗。

13.2.2.4 清洗后状况

各项要求均符合国家标准，一次性通过厂方验收。

13.3 新建石化设备喷淋化学清洗案例分析

13.3.1 新建铝制内浮顶储罐喷淋化学清洗案例

13.3.1.1 概述

在大型化工装置开车投产前，常有大量的储罐（槽）类设备需要进行清洗。这类设备的特点是形状规则、对称性好、所需清洗壁面平滑、内部容积大。而内浮顶储罐实际上是在普通立式圆柱形拱顶罐内加设一个浮动顶盖，它可以漂浮在液面上随液面的升降而浮动。采用这种内浮顶覆盖暴露的液体表面，可以大量减少液体的蒸发损失，节约能源，降低环境污染及火灾风险。

此外，装配式铝制内浮顶还具有安装迅速方便，安装现场动火作业少，施工安全，使用安全，抗腐蚀性能好，浸没深度浅等特点。

铝浮顶以密封的浮筒作浮力构件，所以在使用过程中，没有下沉的危险，即使个别浮筒漏油，也不会导致浮顶下沉。另外，浮顶采用柔性防旋装置，不存在卡顶的危险。铝浮顶结构合理，且采用铝合金制造，因此其整体质量小，浸没在液面以下的深度浅，一般可以比钢制内浮顶增大100mm高度的储油容积。

装配式铝制内浮顶储罐在安装完毕后的清洗是非常有必要的，常用的洁净方式有喷砂、高压水射流、涂酸洗膏、化学清洗等，其中化学清洗使用最为广泛。

储罐在制造、运输、储存及安装过程中会不可避免地产生轧制鳞片、油污、泥沙、焊渣、表面浮层及各种氧化物，在储罐投运前采用化学清洗将上述各种污垢、杂质清除，使被清洗表面达到要求的清洁度，为中间体、精制产品的优良品质提供了有力保证。

13.3.1.2 清洗工艺的确定

装配式铝制内浮顶储罐的容积比较大，一般在1000m^3以上，最大能达到2000m^3。由于储罐的内表面积与体积之比较小，如果采用常规的充满循环清洗法将造成很大的浪费，且高昂的清洗成本往往超出企业承受范围，因此较多采用喷淋清洗法，然而这种方法在实施过程中仍存在以下难点。

第一，设计安装喷淋器。大型储罐的喷淋清洗最重要的是要使清洗液均匀覆盖其整个内表面并保持一定的反应时间，以溶解铁锈等垢类。如果喷淋器的位置、角度不当，造成喷淋不均匀，将直接影响清洗效果。对于特大型储罐，一般采用的是鸭嘴式旋转喷头，在现场制作安装后经调试达到清洗要求。

第二，清洗剂的筛选。清洗剂包括酸洗主剂、缓蚀剂和中和钝化剂，对于清洗剂的选择需考虑以下几个因素：

① 酸洗剂的除锈能力。常用的酸洗剂有 HCl、HF、HNO_3、柠檬酸等，除锈能力均较好，但柠檬酸清洗时的温度需 80～85℃，对于大型储罐喷淋清洗，现场条件难以达到或保持这一温度，因此常以无机酸作为酸洗主剂。

② 酸洗缓蚀剂的选择。酸洗缓蚀剂的品种很多，考虑到本次清洗工作涉及多种材质，选用 LAN-826 多用酸洗缓蚀剂。

③ 中和钝化剂的防锈能力。常用的中和钝化剂有磷酸三钠、亚硝酸钠、联氨、氨水、双氧水等，目前，用于碳钢的钝化剂仍以磷酸三钠、亚硝酸钠为主。

④ 清洗剂对铝制浮顶的腐蚀损伤。铝是活泼金属，但因其表面所形成氧化膜的保护作用，它具有良好的耐腐蚀性。氧化膜电导率极小，且完全覆盖铝制构件的整个表面，故阻止了阴极反应，腐蚀不能进行。氧化膜一般在 pH 为 5～8 的水溶液中稳定，在此范围内铝的耐腐蚀性良好；稀释的 HCl、H_2SO_4、H_3PO_4 和 HNO_3 可侵蚀铝，在碱性较高的溶液中铝的耐腐蚀性通常较差；硫酸盐、硝酸盐等中性盐对铝几乎没有侵蚀性，但当它们含有贵金属或 Cl^- 时可侵蚀铝。

综合以上因素，虽然硝酸的除锈能力较氢氟酸、盐酸差，但考虑到硝酸对铝的腐蚀速率比较低，从设备安全的角度出发，我们决定采用以稀 HNO_3、LAN-826 缓蚀剂作为酸洗主剂，亚硝酸钠、磷酸三钠作为中和钝化剂的清洗配方，具体配比则通过下面的正交筛选实验来确定。

第三，铝制内浮顶的保护。在清洗作业开始之前，必须拆除铝浮顶边缘与储罐接触的密封橡胶带，但由此会产生整个铝浮顶支撑不牢的问题，加之铝浮顶整体质量小，不耐压，在清洗过程中除了清洗剂选用不当会对其造成腐蚀外，还可能因清洗液聚集在铝浮顶造成其垮塌、浮筒折断等重大清洗质量事故。因此，铝制内浮顶清洗前的保护也是不容忽视的。

13.3.1.3 清洗剂腐蚀速率的实验结论

通过正交实验计算分析，确定清洗剂的具体配比及工艺参数：

酸洗主剂　　8%～10% HNO_3

缓蚀剂　　0.3%LAN-826

酸洗时间　　　　10～12h
中和钝化剂　　　2%氨水、1%磷酸三钠、1%亚硝酸钠
钝化的 pH 值　　9～10

13.3.1.4 清洗效果

2000 年 9 月，受吐哈油田甲醇厂装置建设指挥部委托，对内浮顶甲醇储罐进行清洗。

（1）储罐概况

储罐主体为立式拱顶碳钢罐，采用 Q235A 焊接而成，内浮顶是可上下升降的浮动顶盖，采用铝制材料制成。各储罐的基本情况如表 13-1。

表 13-1　各储罐概况

位号	设备名称	容积/cm^3	标高/m	直径/m
TK-500A/B	粗甲醇储罐	2000	16	12
TK-502A/B	精甲醇储罐	5000	21	17
J5E A/B	精甲醇装车储罐	1000	12	10

（2）清洗前的准备工作

① 将罐底、罐壁上的浮尘、锈皮清理干净；

② 按图 13-1 所示连接循环系统，将喷淋器安装到位并进行调试；

③ 将铝浮顶的橡胶带拆除，用架子管将浮顶支撑牢固，支撑点越多越好。

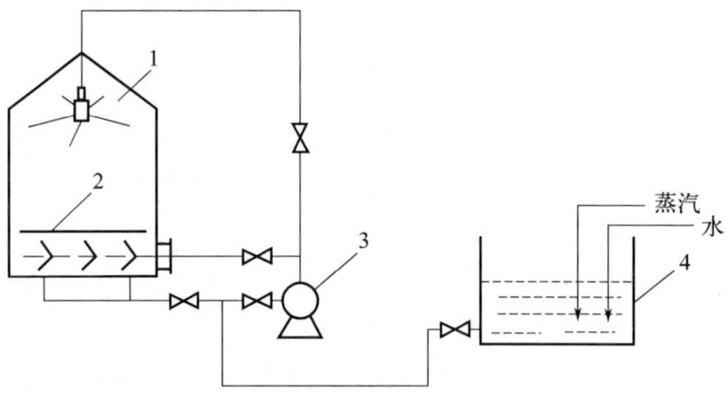

图 13-1　储罐喷淋清洗流程示意图

1—喷淋器；2—保护后的内浮顶；3—循环泵；4—清洗槽

由于罐底面积大，为保证清洗液均匀和中和钝化效果，在进液口增加了一条去罐底的管线，管线进入罐底后再分为数支，实践证明，这一措施非常有效。

（3）清洗过程简述

按计算的最佳循环量（循环量一般为总容积的 10%～30%）配制相应体积的

清洗液，然后开始酸洗，分析、观察确定终点，用水稀释酸液后，加碱中和至 pH>9，然后加入钝化剂进行钝化，钝化结束后，排尽罐底钝化液，用小型清洗机对清洗表面进行清扫、清渣，并对死角部位进行处理。待验收后将铝浮顶复位，最后干燥、封存。

清洗效果评定：储罐内表面清洁光亮，无二次浮锈，钝化膜完整，铝制内浮顶表面状况良好，无损伤，经挂片法测得碳钢和铝的腐蚀速率均小于 $6g/(m^2 \cdot h)$，清洗成本低。

13.3.1.5 存在的问题及改进方向

（1）存在的问题

① 铝浮顶的保护措施比较烦琐，操作人员劳动强度大。

② 回液位置较低时，须设置辅助回流装置。

③ 清洗时间过长。

（2）改进方向

① 开发、研制对锈垢反应速率快且不腐蚀铝浮顶的清洗剂。

② 喷淋器的设计安装尽量简捷，易拆卸，使用周期长。

采用这种清洗工艺清洗带有铝制内浮顶的储罐，的确是一种比较好的清洗方法，吐哈油田甲醇厂的储罐清洗是喷淋化学清洗的成功范例，尽管存在一定的局限性，但根据现场实际情况加以改进，可取得很好的效果，实用性、经济性较高。

13.3.2 北京东方化工厂仓储分厂球罐清洗案例

（1）工程概况

混合碳四球罐及相关管线在停车检修期间会产生大量铁锈及聚合物，为使其储运产品混合碳四不受污染和发生意外，必须在其投入使用之前进行全系统的化学清洗，以保持表面清洁度，保障安全生产。施工时间为 2001 年 3 月至 4 月。

（2）清洗范围

混合碳四球罐 VO110A/B 及相关管线。

（3）清洗前状况

混合碳四球罐及相关管线在停车检修期间产生大量铁锈及聚合物。

（4）清洗后状况

被清洗的设备、管线表面经外观检查，可见部位清洁无污，钝化膜完整，未出现二次浮锈。

被清洗表面无局部腐蚀，平均腐蚀速率小于 $6g/(m^2 \cdot h)$。

13.4 化学清洗质量事故案例分析

13.4.1 锅炉循环清洗腐蚀质量事故案例

13.4.1.1 事故简述

某电厂锅炉为E-420-137-560KT型锅炉，属单汽包膜式冷壁、自然循环立式水管、固态排渣锅炉，最大连续出力420t/h，过热蒸汽出口压力为13.7MPa。2012年大修中，割管取样检查13号炉后墙B向A数12根、标高15～17m处向火侧结垢量为203.67g/m^2，14号炉后墙B向A数21根、标高16～17m处向火侧结垢量为213.93g/m^2。2013年13号炉C检修中，割管取样检查水冷壁甲侧后墙第43根、标高14～16m处向火侧结垢量为269.81g/m^2。

清洗后监视管、汽包出现大面积的生锈和二次锈蚀，未形成任何钝化膜，甚至出现镀铜的情况。

13.4.1.2 原因分析

此次清洗选择盐酸酸洗、柠檬酸漂洗、双氧水钝化工艺。

清洗设备容积为70m^3。锅炉结构左右完全对称，回路按照左右对称方式设计清洗工艺，正回路为：清洗箱—清洗泵—临时管道—左半侧水冷壁—汽包—右半侧水冷壁—临时管道—清洗箱。反回路为：清洗箱—清洗泵—临时管道—右半侧水冷壁—汽包—左半侧水冷壁—临时管道—清洗箱。

采用锅炉上水方式将过热器充满氨——联氨保护液，通过正回路将汽包水位调整至清洗液位，启动清洗泵建立清洗模拟循环，同时打开辅助蒸汽阀门加热清洗箱内的除盐水，当系统回水温度为55℃，出水温度为50℃时，向清洗箱中加入缓蚀剂（IS-129），缓慢调整汽包水位至150～200mm，循环1～1.5h后，启动浓酸泵向清洗箱中加入盐酸，在清洗系统加入盐酸1.5h后将监视管段投入循环系统，并控制监视管内流速与锅炉水冷壁管内流速相近，在监视管投入循环系统6h后，检查监视管发现大面积黄色的锈，并取出试片。检查试片表面颜色由投入前的钢亮色变为虎纹的暗灰色，其腐蚀速率为2.4734g/(m^2·h)，腐蚀总量为14.84g/m^2。

（1）缓蚀剂选择失当

由于该锅炉被清洗表面含有Fe_2O_3、Fe_3O_4等铁的氧化物，清洗过程中清洗液中存在大量的Fe^{3+}，且清洗过程中Fe^{3+}的质量浓度一直维持在224～448mg/L之间。一般酸洗工艺中，当Fe^{3+}的质量浓度大于300mg/L时，腐蚀速率会增大

5～10 倍，主要是因为在盐酸溶液中存在大量的 Fe^{3+} 使金属表面发生歧化腐蚀反应，形成不均匀腐蚀：

$$Fe+2Fe^{3+}=\!=\!=3Fe^{2+}$$

（2）除铜工艺剂量失当

酸洗监视管拆下后，出现了明显的镀铜现象。清洗公司出于成本考虑，加入的掩蔽剂硫脲只有 50kg，相当于 0.07％的添加量，明显低于《火力发电厂锅炉化学清洗导则》的除铜工艺中硫脲含量＞0.3％的要求，导致除铜工艺没有达到理想的效果，出现了镀铜反应：

$$Fe+Cu^{2+}=\!=\!=Fe^{2+}+Cu$$

13.4.1.3 危害分析

这样的结果是，铁被腐蚀，铜离子被还原，像电镀一样镀在铁基金属表面。将来锅炉运行中，铜充当原电池的阴极，铁为阳极，铁会不断遭受腐蚀。

这种现象与船体镶上锌块保护船体铁不受腐蚀的原理一样：当双金属同时存在于腐蚀介质中时，相对活泼的金属会不断腐蚀，这被称为牺牲阳极法。在本次清洗中，铁比铜活泼，成为被牺牲的阳极。因此，在化学清洗中务必杜绝发生镀铜现象。

13.4.2 空冷器铝翅片浸泡酸洗腐蚀质量事故案例

某石化工厂芳烃联合装置有较多空冷器，碳钢管外铝翅片通过风机鼓风散热。经长时间运行，铝翅片上沉积尘垢油泥，影响冷却效果，需喷淋清洗。

曾采用 5％HNO_3＋LAN-826＋表面活性剂清洗剂配方，该配方虽能基本去除表面尘垢油污，但铝翅片并不光亮，为此在上述清洗剂中再加少量 HF。经喷淋，虽然铝翅片表面“焕然一新”，但仔细观察铝翅片已严重腐蚀，有的甚至薄如纸片。

原因分析：使用 5％HNO_3＋LAN-826＋表面活性剂配方喷淋酸洗除垢时，污垢为空气粉尘结垢，酸洗除垢效果良好，缓蚀剂选用 LAN-826 多用酸洗缓蚀剂，针对铝材翅片和碳钢管材，缓蚀剂缓蚀效率良好。但在体系中加入氢氟酸后，LAN-826 缓蚀剂在含有氢氟酸的体系中对铝材不具有缓蚀能力，所以出现了翅片的严重腐蚀。因此，选择缓蚀剂时要了解缓蚀剂的使用范围和使用方法。

13.4.3 奥氏体不锈钢腐蚀破裂质量事故案例

某电站锅炉的过热器由 24 排蛇形管构成，第一排至第九排由 0Cr18Ni11Nb 不锈钢制造，其余由低合金 Cr-Mo 钢制造。锅炉正式试车时，发现气压上不去，停车检查发现不锈钢管出现多孔性泄漏，破裂多发生于焊缝附近，破裂由内壁开始，以晶间腐蚀沟为起点。金相分析确证属于穿晶型应力腐蚀。扫描电镜 EDAX 分析显示，断口上有大量 Cl^- 存在，这说明过热器不锈钢管的损坏是由氯化物引起的应力腐蚀。

分析与验证试验证实，氯化物来自运转前不适当的化学清洗工艺。该次酸洗工艺条件为：70～100℃，3%柠檬酸＋0.2%若丁缓蚀剂，浸泡 24h。当时检查清洗效果良好，通过质量验收。

事故原因分析：

国产若丁缓蚀剂是一款价廉物美的酸洗缓蚀剂，其主要化学组成为（质量分数）：

邻二甲苯硫脲	25%
糊精	20%
皂角粉	5%
NaCl	50%

而 0Cr18Ni11Nb 不锈钢是在钢中加入铌的奥氏体不锈钢，可使奥氏体更稳定，其耐蚀性和耐应力腐蚀性能良好。但是它仍属于奥氏体不锈钢，当介质中有大量 Cl^- 存在时，易被不锈钢表面吸附，从而加速应力腐蚀破裂的发生与扩展。

这是不了解奥氏体不锈钢腐蚀知识，选择缓蚀剂失当造成的化学清洗质量事故。

13.5 化学清洗安全事故案例分析

13.5.1 某石化公司承包商氢氟酸灼伤事故案例

事故经过：某清洗公司承接了某石化公司管道清洗业务。清洗工艺为氢氟酸和硝酸混合溶液浸泡清洗，清洗槽高度为 1m。

当日，当地有雨，项目经理安排清洗工甲配制清洗溶液。清洗工甲将酸桶提起放置在清洗槽边沿过程中用力过猛，酸桶与清洗槽碰撞，使得少量 40%氢氟酸从桶中溅出，喷到清洗工甲右手臂雨衣上，雨水和酸液顺着雨衣流进了防酸手套中。由于当天下雨，防酸手套一直比较潮湿，清洗工甲未及时发现酸液进入手套内部。工作一段时间后，甲感到右手不适，意识到有酸进入手套中，便摘下手套，用清水冲洗右手手臂和手腕，冲洗后感觉恢复正常，便继续进行施工。午间休息时，清洗工甲向项目经理反映手部疼痛，但可以忍受，项目经理安排其下午休息观察。晚 7 时，清洗工甲右手疼痛加剧，出现约 5cm 的灼烧区域，且灼烧区域出现水泡和红肿（图 13-2）。项目经理马上将清洗工甲送医就诊，医生诊断为氢氟酸灼伤，因救治不及时，对清洗工甲进行了植皮处理，一个月后才出院。

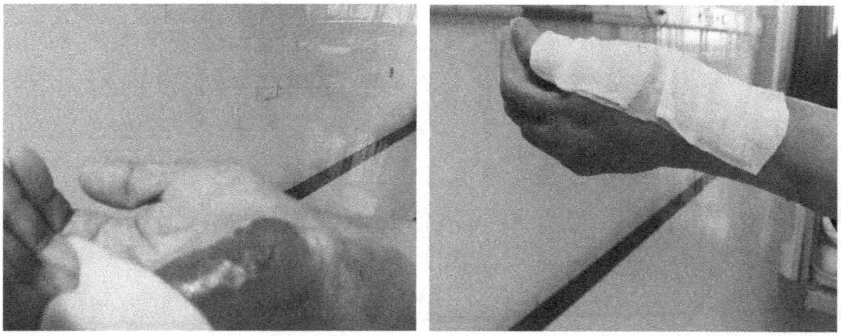

图 13-2　氢氟酸灼烧区域

直接原因：清洗工甲在雨天进行危险化学品操作时，没有做到轻拿轻放，且防酸碱手套没有扎进雨衣袖口中，使溅出的氢氟酸进入手套内部，接触到皮肤，导致被氢氟酸烧伤。

根本原因：

① 安全培训不到位，员工劳动防护用品穿戴不合格。

② 清洗工对化学品危害了解不足，发现皮肤接触到酸液后，不能正确进行医疗处置。

③ 员工安全意识淡薄，雨天施工时，对防酸碱手套可能已进水产生麻痹，导致即使有酸液进入也不能及时察觉。

④ 项目部安全管理存在漏洞，清洗施工前，风险分析不到位。

应对措施：

① 加强员工危险化学品知识培训。化学清洗施工前，应让员工充分掌握化学品操作注意事项，熟悉危险化学品性质，发生与化学品有关的安全事故后，知道如何正确处置。

② 加强劳动防护用品使用培训，让员工学会正确穿戴劳动防护用品。

经验和教训：

① 加强清洗施工安全队伍建设，现场安全人员应能正确分析施工过程中存在的安全隐患和风险，并采取正确的处置措施。

② 装卸或配制化学药剂时，应优先采用自动化装置，尽量不采用人工直接装卸或配制。

13.5.2　化学清洗蒸汽烫伤事故案例

事故经过：某清洗公司根据甲方安排，对化工装置系统管线进行化学清洗。清洗工艺为柠檬酸加热清洗。

由于清洗系统规模不大，业主就近指定一个蒸汽导淋阀供清洗公司加热使用。

工人用临时高压黑胶管从业主指定起源点接蒸汽引入清洗槽。清洗过程中发现蒸汽管线上的控制阀门关不严，施工队长乙判断是蒸汽管道中的垢渣吹进了阀门的阀槽中，导致阀门关闭不严。因此施工队长乙打算将蒸汽阀再开大一点儿，将垢渣吹出。没有考虑到蒸汽的冲力大小，在打开阀门的瞬间，导引蒸汽的高压软管被吹脱，高温蒸汽直接吹到了施工队长乙的腿上，导致其小腿烫伤。

直接原因：施工队长乙在没有采取任何防护措施的情况下，打开蒸汽阀门，因高压软管脱落，高压蒸汽直接吹到其腿上，导致被蒸汽烫伤。

根本原因：员工安全意识差，风险辨识不到位，在进行蒸汽阀门开关操作时，未意识到压力突然增大可能导致连接软管脱落、喷射出蒸汽的风险。

应对措施：加强培训，提高操作人员安全风险辨识能力。

经验和教训：

① 在汽、水共存的管道等设备上进行开关阀门操作时，需要格外小心，操作者应注意自身所处位置，并按要求穿戴个人安全防护用品，防止蒸汽突然喷溅导致烫伤。

② 蒸汽管线等带压管线连接必须采用硬连接。

13.5.3 化学清洗工未佩戴护目镜导致化学药品溅入眼睛事故案例

事件经过：某清洗公司在对某化工厂装置管线酸洗结束后进行水冲洗时，清洗工戊（临时雇工）负责导淋操作。导淋过程中，清洗工戊未按要求佩戴护目镜。在某阀门处，因导淋阀门开启过大，连接排空导淋管线的塑料软管突然脱落，管道里的酸液残留物（硝酸）喷到戊的脸部和眼睛内。事故发生后，现场其他人员立即用纯净水冲洗其面部和眼睛，随后送医诊治，所幸眼睛无大碍。

直接原因：清洗工戊违反了在化学清洗时应全程佩戴护目镜的安全规定，违反了导淋时慢开导淋阀门的工艺要求。开启阀门动作过快，造成气流过大使连接软管受到冲击而脱落，导致酸液残留物喷溅到其面部和眼部。

根本原因：

① 清洗工戊违反安全管理规定，在化学清洗施工过程中，未佩戴护目镜。

② 清洗工戊存在侥幸心理，未意识到软管脱落对其造成的伤害。

③ 施工前，技术人员对施工人员技术交底不彻底，未确保所安排的工作与清洗工实施的一致。

④ 安全检查不到位，未及时发现并制止违章作业。

应对措施：

① 施工负责人应加大施工检查力度，对安排给工人的工作要进行深入核查确认，确保安排的工作与雇工实施的一致。

② 强化施工人员的安全意识教育，并对劳动保护用品的使用做出强制性规定

并严格执行。

③ 今后的工作中，作业前必须强化风险预判意识，杜绝不安全操作习惯，施工前需做好劳保防护措施，才能进行施工作业。

④ 在化学清洗施工过程中，应全程佩戴护目镜。

经验和教训：

① 每个清洗现场，作业前都应确保每位施工人员正确穿戴劳动防护用品。

② 安全技术交底务必彻底。

③ 应加强对临时雇工的安全教育，施工过程中，安全员要重点检查临时雇工是否按规定进行施工。

④ 在可能接触到液体的施工环境中，应佩戴护目镜。

13.5.4 化学清洗槽溢出液体烫伤脚踝事故案例

事件经过：某日，某清洗公司对锅炉进行化学清洗，当进液温度稳定在 70℃时，清洗工已穿戴好防酸手套和面罩后在清洗槽口开始进行缓蚀剂加注作业。加注过程中，清洗槽液位突然上涨，70℃的清洗液溢出槽口，将清洗工已的右侧脚踝烫伤。

直接原因：在原料加注过程中，因蒸汽压力不稳定，清洗槽液位剧烈波动，清洗液溢出而烫伤清洗工已。

根本原因：

① 管道瞬时蒸汽压力过大，且蒸汽分配器距离清洗泵站吸入口较近，导致泵站抽空，清洗槽液位波动剧烈，进而造成清洗液溢出清洗槽。

② 作业前未与业主共同准确评估蒸汽管道内的实际压力，未识别出现场蒸汽管道压力不稳定的风险，增加溢液发生的安全隐患。

③ 使用蒸汽管道时，未对蒸汽会造成清洗泵站汽蚀抽空做出充分准备，蒸汽阀门开度较大。

改进措施：针对现场蒸汽管道压力不稳定的情况，在与业主反复确认的情况下，调小蒸汽阀门开度。

经验和教训：

① 化学清洗加注原料时，应优先采用自动化加注工艺，尽量不采用人工方式。

② 蒸汽阀门开度应合理。

13.5.5 化工厂灰管化学清洗过程中气体外泄未遂事故案例

事件经过：某日，某清洗公司对某化工厂灰管进行化学清洗。酸洗完毕且清水置换酸液停泵后，按照业主要求，3 名清洗工到工序 4 楼对临时管与正式管连接处进行螺栓拆除，检查管口清洗效果。临时管与正式管连接处拆除 5s 后，从管道处喷出气体后又喷出少量液体，清洗工躲闪不及，液体喷溅到工作服上。

直接原因：在被清洗管道内压力未释放完全的情况下打开管路，导致清洗液喷溅到清洗工身体上。

根本原因：

① 清洗工没有意识到管道内存在气阻。

② 项目部只对施工现场和清洗工艺进行了重点安全培训，忽略了螺栓拆除专项的培训，导致清洗工对拆除螺栓危险性认知不足。

③ 风险识别不到位，未识别出装置停电造成连接管道气动阀自动关闭，可能产生气阻情况，在拆卸管路时因外部压力突然降低，导致气阻产生的气体突然喷出的风险。

④ 技术交底不彻底，没有进行螺栓拆除工作交底。

改进措施：

① 针对螺栓紧固方面进行培训，对雇工进行拆除螺栓交底，明确拆除螺栓的操作规范：拆除螺栓过程中，不得将螺栓全部拆卸，需留几颗螺栓临时固定管道，防止气体或液体意外喷出。

② 与工艺人员对接，明确清洗流程需要的单阀单控制。

③ 施工期间，项目部人员不仅要注意现场周边安全，更要注意设备管道（特别是可能带压的设备管道）的安全状态，保证项目顺利完工。

经验和教训：

① 带压管道打开前，务必确认压力是否完全释放。

② 拆除螺栓过程中，不得全部拆卸。

③ 生产区域内管道，严禁靠近。

13.5.6 锅炉化学清洗施工人员气体中毒事故案例

事故经过：某发电公司委托某清洗企业对其 11 号机组凝汽器水室管束进行化学清洗。施工过程中，施工人员检查发现酸洗循环泵存在打空现象，回水量很少，清洗企业技术人员判断凝汽器水室气体过多压力偏高，于是安排人员多次打开凝汽器北侧放水阀门进行泄压。

清洗工彭某按照指令进入－3m 凝汽器水室南侧排污阀门处准备操作时，身体出现发抖，在 0m 位置的清洗人员韦某、张某、孙某等见状立刻前往救助，张某、孙某走在前面，韦某走在后面，张某、孙某靠近彭某位置时相继晕倒，韦某见状立即后撤，停止酸洗设备运行后，立即到控制室向控长报告并请求援助，控长立刻汇报值长李某。值长李某立即通知厂消防队，并安排运行人员石某与清洗公司人员韦某佩戴好正压式呼吸器赶至现场，进入－3m 处进行施救。同在现场 0m 位置的王某（某清洗公司人员）、黄某（设备部项目监护人）等5名人员利用绳子一同救援。此后不久，厂消防队到场将最后一名受伤人员救至0m处，被救出的3名人员出现胸闷、呕吐等症状。救护车将三名伤者送医院检查救治，诊断为有毒有害气体中毒。治疗后，三人康复出院。

直接原因：清洗公司在施工作业过程中，造成有毒有害气体（液体）泄漏至凝汽器－3m空间，作业人员进入－3m空间时吸入不明气体后中毒。

根本原因：

① 项目施工方案不完善、过于简单，未具体描述所涉及化学品的化学反应机理，酸洗系统设计不够完善；方案操作指引性差，未明确酸洗过程的具体操作步骤及注意事项。

② 风险辨识不足和控制措施缺乏，未辨识出施工作业过程中可能引发有毒有害气体（液体）泄漏的风险，并未制订相应的安全防护措施和应急预案。

③ 应急预案不完善，施工作业现场未按要求配备相应的应急救援器材，如正压式空气呼吸器、防毒面具等。

④ 清洗公司缺乏变更管理程序，作业过程中不按照施工方案进行作业，在甲方项目负责人和运行人员不知情的情况下，对设备系统进行施工方案之外的操作，多次打开凝汽器北侧放水阀门，直接将化学清洗液排至凝汽器－3m空间，造成有毒气体泄漏到此处。

⑤ 某发电公司对项目管控不力，责任落实不到位。凝汽器化学冲洗项目涉及汽机和化学两个专业，且为首次实施，技术监管难度较大，但项目管理部门不够重视，未成立项目组或专项组，未制订与施工方案相衔接的工作方案，安全组织措施、技术措施不到位；相关部门对方案的制订、审核把关不严、流于形式，未能发现方案中存在的各方面不足和隐患；施工现场安全质量监管人力不足，项目负责人、监护人对酸洗过程监管不到位，没有及时掌握施工动态过程，化学专业、安全监督人员参与监管不足，安全、技术力量不能满足监管要求。

⑥ 作业票办理流于形式，现场所用作业票没有起到有效防止发生人身伤害事件的作用。凝汽器化学清洗前的清洗装置安装与凝汽器化学清洗是两项不同阶段的工作，所需安全隔离措施存在差异，应分别办理作业票。但实际两项工作只办理了一张作业票，造成在清洗过程中相应的安全措施未被有效落实。

改进措施：

① 增加变更管理程序，严格执行变更管理，未经相关部门批准，严禁擅自变更施工工艺、人员、机具等。

② 加强应急管理，对应急预案进行演练，提高应急救援水平和能力。

③ 加强风险辨识管控，提高风险辨识能力，及时发现并消除不安全因素。

④ 业主方严格作业票管理，对夜间施工作业和经风险评估为高风险的作业作

出明确安全管控规定：归口部门的部门领导或公司分管领导以及相关专业管理人员、安全管理人员必须到场且全程现场监管等，确保人员到位、安全技术措施到位后，方可作业。

经验和教训：

① 重视变更管理。清洗项目实施过程中，会因各种原因发生技术、工期、人员或设备等的变更，一旦对变更带来的影响重视不够、分析不足，将可能对产品和服务带来安全、质量和环境上的风险。为确保工程质量和施工安全，减少工程变更对环境造成的影响，做到实时有效的变更管理，应编制完善的变更管理控制程序，发生变更时要严格按照变更管理程序执行。

② 提高风险辨识的能力，加强应急管理并定期开展应急演练。

13.6　违法处置清洗危险废弃物造成环境污染事故案例分析

事故经过：上海某公司（以下简称甲公司）在清洗过程中产生的钢板清洗废液属于危险废物，需要委托具有相应资质的专门机构予以处置。2016 年 3 月至 2017 年 12 月，公司负责人在明知某公司（以下简称乙公司）无危险废物经营许可资质的情况下，既未填写危险废物转移联单，也未经相关部门批准，多次要求乙公司丙某将甲公司产生的钢板清洗废液拉回常州市并处置。

2017 年 2 月至 2017 年 12 月，丙某多次驾驶卡车将甲公司的钢板清洗废液非法倾倒于常州市新北区春江路与辽河路交叉口附近的污水井、常州市新北区罗溪镇黄河西路等处。

2017 年 12 月 30 日，丙某驾驶卡车从甲公司运载钢板清洗废液至常州市新北区黄河西路 685 号附近，利用塑料管引流将钢板清洗废液非法倾倒至下水道，造成兰陵河水体被严重污染。经抽样检测，兰陵河增光桥断面河水超过Ⅳ类地表水环境质量标准。

经查，乙公司丙某、丁某、戊某等 3 人非法倾倒涉案钢板清洗废液共计 67.33t。

案件处理结果：

本案由江苏省常州市武进区人民检察院于 2018 年 8 月 9 日，以被告单位甲公司以及被告人丙某等 3 人犯污染环境罪向江苏省常州市武进区人民法院提起公诉。

2018 年 12 月 17 日，常州市武进区人民法院作出判决：

① 认定被告单位甲公司犯污染环境罪，判处罚金三十万元。

② 被告人丙某犯污染环境罪，判处有期徒刑一年三个月，并处罚金五万元。

③ 被告人丁某犯污染环境罪，判处有期徒刑一年，缓刑二年，并处罚金五万元；被告人戊某犯污染环境罪，判处有期徒刑一年，缓刑二年，并处罚金五万元；禁止被告人丁某、戊某在缓刑考验期内从事与排污有关的活动。

13.7 某石化公司较大中毒窒息死亡重大安全事故案例分析

2017 年 11 月 18 日 19 时 13 分，某清洗公司（以下简称清洗公司）在清洗某石化公司运行三部硫黄回收装置 E7001A-D 换热器管束时，发生人员中毒窒息事故，造成 3 人死亡，6 人受伤，直接经济损失 368 万元。

依据《中华人民共和国安全生产法》《生产安全事故报告和调查处理条例》（国务院令第 493 号）等法律法规，事发地市人民政府成立了某石化公司较大中毒窒息事故调查组（以下简称事故调查组），开展事故调查工作。事故调查组按照“科学严谨、依法依规、实事求是、注重实效”和“四不放过”的原则，通过现场勘查、调查取证、分析检测、技术鉴定和综合分析，查明了事故发生的经过、原因、人员伤亡和直接经济损失情况，认定了事故性质和责任，提出了对有关责任单位、责任人的处理建议和事故防范措施。有关情况如下。

（1）基本情况

某石化公司于 2017 年 10 月批准了清洗公司提交的《三部硫黄回收装置 E7001A-D 换热器系统整体采用化学药剂清洗钝化防腐蚀保护处理项目施工方案》（以下简称《施工方案》）、《修理修缮工程合同》和《承包商安全环保合同书》。换热器管束清洗作业由清洗公司组织实施，某石化公司有监督检查职权。

按照清洗公司制定的换热器清洗项目《施工方案》，换热器清洗作业共有三道工序：一是化学清洗前钝化工序，将换热器管束表面的硫化物污垢冲洗降解；二是化学清洗工序，将清洗剂倒入配酸罐混合后，用泵循环至清洗槽内，对换热器管束进行正、反、上、下方向冲洗；三是化学清洗后钝化工序，清除换热器管束残留的清洗液，形成钝化膜。实施方案明确清洗剂的主要成分是：高锰酸钾、重铬酸钾、偶氮二异丁腈、乙二胺四乙酸（EDTA）、LAN-826 缓蚀剂、NP-10 分散剂、丁醇、三聚磷酸钠、硫脲、十二烷基苯磺酸钠、乌洛托品及苯骈三氮唑（BTA）。

（2）事故发生经过

2017 年 11 月 18 日 9 时左右，清洗公司作业负责人冯某带领 9 名作业人员乘车将 98 桶清洗剂运至清洗现场。

16 时左右，换热器管束全部被放置到清洗槽中，9 名清洗公司作业人员开始往清洗槽中加水，16 时 30 分左右完成加水，开始用水泵进行循环，冲洗 1 号槽和 2 号槽中的管束。冲洗 20min 左右，停止冲洗。开始将清洗槽中的污水用排水泵排至路边装运污水的槽车中。

18 时 30 分左右，清洗槽中的污水排放结束，冯某用扁铁探查管束内的污垢，告知作业人员管束内污垢不多，可以直接将清洗剂倒在管束上。

19 时左右，1 号槽清洗人员先行作业，陈某站在操作平台西侧给齐某递送清洗剂，齐某站在槽内南侧管束上，负责往管束上倒清洗剂；倒了约 2 桶清洗剂后，冯某喊“别倒了，气味大”，齐某转身欲将空桶交给陈某时即晕倒在陈某身上，两人一起栽倒在操作平台下方。与此同时，李某站在操作平台东侧位置，负责给梁某递送清洗剂，梁某站在槽内南侧管束上，负责往管束上倒清洗剂，当梁某倒第二桶清洗剂时，李某听到冯某喊声，摘下口罩，看见齐某栽倒，随即自己也晕倒在操作台上，站在管束东侧的梁某也随即栽倒在 1 号槽内。

2 号槽作业的葛某站在清洗槽东侧的地面上，欲施救昏倒在操作平台上的李某时，自己也昏倒在 1 号槽操作台下方。站在 2 号槽内管束东侧的冯某和站在管束西侧上的梁某以及站在 1 号槽和 2 号槽中间操作平台西侧的司某，为救助 1 号槽内昏倒人员梁某，穿越操作台护栏进入 1 号槽，均因中毒倒在两个管束中间。

19 时 13 分，某石化公司郭某在巡检时发现作业现场操作台上疑似有人倒下，并且发现操作台上无人，便向清洗作业区快速走去。在行至距作业区 50m 处，其携带的有毒气体报警仪报警，在距现场 7～8m 处发现有人躺倒，立即向控制室报警。

(3) 救援抢救后果

经现场急救和紧急送医救治，冯某、司某和梁某 3 人经抢救无效死亡，其他 6 人脱离生命危险，住院治疗。

(4) 事故原因和性质

① 直接原因：清洗公司施工作业人员，在清洗 1 号槽（事故槽）中两台换热器污垢（含硫化亚铁和二硫化亚铁的混合物）的作业中，将含盐酸的清洗剂（清洗剂的盐酸平均含量为 27.482%）直接倒在含有硫化亚铁和二硫化亚铁垢污的管束上，盐酸与垢污中的硫化亚铁和二硫化亚铁的混合物直接接触发生化学反应，释放出硫化氢毒性气体，导致现场清洗作业人员 9 人中毒，其中 3 人死亡。

② 间接原因：

a. 清洗公司违章指挥、违规作业问题突出。尽管制定了《施工方案》，但实际管束清洗作业均不符合《施工方案》要求，使用的清洗剂中盐酸含量为 27.482%，不符合《施工方案》中关于药剂组分的要求；且未将清洗剂倒入配酸罐进行混配后用泵循环至清洗槽内，而是直接将清洗剂倒于管束上，发生剧烈化学反应，导致事故发生。

b. 清洗公司安全生产主体责任落实不到位。企业法定代表人和安全生产管理人员未严格履行安全生产管理职责，对作业现场未进行安全监督，没有及时发现和纠正现场作业人员违章指挥、违反实施方案的行为。

c. 清洗公司全员安全生产责任制、安全培训、隐患排查治理等制度均未有效落实。企业员工不熟悉操作规程，未掌握安全生产和应急救援基本知识。隐患排查治理工作不到位，未有效研判和识别管束清洗作业过程中存在的硫化氢中毒风险。

d. 某石化公司检维修作业审批把关不严。公司生产调度会议确定当日除抢修作业外，不允许其他施工作业。但设备部门仍违规批准了管束清洗作业。

e. 某石化公司安全管理不严格，对承包商的施工作业监督管理不到位。11 月 18 日，清洗作业前，虽运行三部对施工现场进行了检测，但作业过程中，设备部门和运行三部均未对该作业进行监督检查，没有及时发现和纠正清洗公司违反《施工方案》作业的问题。

③ 事故性质：经事故调查组调查，认定某石化公司中毒窒息事故是一起较大生产安全责任事故。

（5）对事故相关责任单位和责任人员的处理意见

对事故责任单位的处理建议：清洗公司未按《施工方案》要求组织施工作业。全员安全生产责任制针对性不强，没有建立针对管束清洗作业的安全责任制。安全培训教育流于形式，没有制订员工教育培训计划，企业员工不熟悉操作规程，未掌握安全生产和应急救援基本知识。隐患排查治理工作不到位，未有效研判和识别管束清洗作业过程中存在的硫化氢中毒风险。

违反了《中华人民共和国安全生产法》第十九条、第三十八条的规定，对事故发生负有责任。依据《中华人民共和国安全生产法》第一百零九条第（二）项“发生较大事故的，处五十万元以上一百万元以下的罚款”的规定，建议给予清洗公司罚款人民币 55 万元的处罚。

对相关人员的处理：

追究刑事责任人员：陈某，清洗公司法定代表人、总经理，公司安全生产工作第一责任人，对事故发生负有主要领导责任。依据有关法律追究其刑事责任。

给予党纪、政纪处分人员：

① 曲某，某石化公司副总经理，负责设备管理和检维修管理工作，负责保运单位管理工作和质量安全环保管理工作。

② 王某，某石化公司设备部部长，负责设备管理工作和日常保运工作的管

理、监督、考核。

③ 高某，某石化公司设备部副部长，负责设备管理和各生产单位日常检维修工作。

④ 闫某，某石化公司运行三部主任兼党支部书记，负责运行三部全面工作。

⑤ 崔某，某石化公司运行三部工艺工程师，事故当日运行三部值班员。

⑥ 陈某，清洗公司安全生产管理人员。

（6）经验和教训

化学清洗含有硫化亚铁和二硫化亚铁的污垢时，不能使用酸性清洗剂，否则会产生大量毒性较大、密度较空气大的无色硫化氢气体，极易造成人员死亡！这是化学清洗方案制订中的本质错误，即使工人防护到位、现场监管严格，仍会发生事故。基础科学知识的缺失、清洗现场的作业安全与环境识别不足、风险防范检查流于形式等诸多因素的叠加，是造成本次或类似危险事故的本质原因。

附录

附录 1　化学清洗中常用物质的物理化学性质

附录 1.1　常用酸、碱试剂的浓度和密度关系

符号说明

A——质量分数，%；

$\rho\ (D_{20}^{20})$——20℃时溶液的密度（以 20℃的水为参考），g/cm^3；

$\rho\ (D_{4}^{20})$——4℃时溶液的密度（以 4℃的水为参考），g/cm^3；

c——物质的量浓度，mol/L；

T——溶质的质量浓度，g/L。

（1）氨水

$A(NH_3)/\%$	$A(NH_3 \cdot H_2O)/\%$	$\rho(D_{20}^{20})/(g/cm^3)$	$\rho(D_4^{20})/(g/cm^3)$	$T/(g/L)$	$c/(mol/L)$
0.50	1.03	0.9960	0.9978	5.0	0.292
1.00	2.06	0.9938	0.995	9.9	0.584
1.50	3.09	0.9917	0.9934	14.9	0.873
2.00	4.12	0.9895	0.9913	19.8	1.162
2.50	5.15	0.9874	0.9891	24.7	1.449
3.00	6.17	0.9853	0.9870	29.6	1.736
3.50	7.20	0.9832	0.9849	34.4	2.021
4.00	8.23	0.9811	0.9828	39.2	2.304
4.50	9.26	0.9790	0.9808	44.1	2.587
5.00	10.29	0.9770	0.9787	48.8	2.868
5.50	11.32	0.9750	0.9767	53.6	3.149
6.00	12.35	0.9730	0.9747	58.4	3.428
6.50	13.38	0.9710	0.9727	63.1	3.706

续表

$A(NH_3)$/%	$A(NH_3 \cdot H_2O)$/%	$\rho(D_{20}^{20})/(g/cm^3)$	$\rho(D_4^{20})/(g/cm^3)$	T/(g/L)	c/(mol/L)
7.00	14.41	0.9690	0.9707	67.8	3.983
7.50	15.44	0.9671	0.9688	72.5	4.259
8.00	16.47	0.9651	0.9668	77.2	4.534
8.50	17.49	0.9632	0.9649	81.9	4.807
9.00	18.52	0.9613	0.9630	86.5	5.080
9.50	19.55	0.9594	0.9611	91.1	5.352
10.00	20.58	0.9575	0.9592	95.8	5.623
11.00	22.64	0.9538	0.9555	104.9	6.161
12.00	24.70	0.9502	0.9519	114.0	6.695
13.00	26.76	0.9466	0.9483	123.1	7.226
14.00	28.81	0.9431	0.9447	132.0	7.753
15.00	30.87	0.9396	0.9412	140.9	8.276
16.00	32.93	0.9361	0.9378	149.8	8.795
17.00	34.99	0.9327	0.9344	158.6	9.311
18.00	37.05	0.9294	0.9310	167.3	9.823
19.00	39.10	0.9261	0.9277	176.0	10.332
20.00	41.16	0.9288	0.9245	184.6	10.823
22.00	45.28	0.9164	0.9181	201.6	11.839
24.00	49.40	0.9102	0.9118	218.4	12.827
26.00	53.51	0.9040	0.9056	235.0	13.802
28.00	57.63	0.8980	0.8996	251.4	14.764
30.00	61.74	0.8920	0.8936	267.6	15.731

（2）氢氧化钠

A/%	$\rho(D_{20}^{20})$/(g/cm^3)	$\rho(D_4^{20})$/(g/cm^3)	T/(g/L)	c/(mol/L)
0.50	1.0399	1.0057	5.0	0.125
1.00	1.0095	1.0113	10.1	0.252
1.50	1.0151	1.0169	15.2	0.381
2.00	1.0207	1.0225	20.4	0.510
2.50	1.0262	1.0281	25.7	0.941
3.00	1.0318	1.0336	31.0	0.774
3.50	1.0373	1.0391	36.3	0.907

续表

A/%	$\rho(D_{20}^{20})$ /(g/cm^3)	$\rho(D_4^{20})$ /(g/cm^3)	T/(g/L)	c/(mol/L)
4.00	1.0428	1.0446	41.7	1.043
4.50	1.0483	1.0502	47.2	1.179
5.00	1.0538	1.0557	52.7	1.317
5.50	1.0593	1.0612	58.3	1.456
6.00	1.0648	1.0667	63.9	1.597
6.50	1.0703	1.0722	69.6	1.739
7.00	1.0758	1.0777	75.3	1.882
7.50	1.0813	1.0833	81.1	2.027
8.00	1.0869	1.0888	86.9	2.173
8.50	1.0924	1.0943	92.9	2.321
9.00	1.0979	1.0998	98.8	2.470
9.50	1.1034	1.1054	104.8	2.620
10.00	1.1089	1.1109	110.9	2.772
11.00	1.1199	1.1219	123.2	3.079
12.00	1.1309	1.1329	135.7	3.392
13.00	1.1419	1.1440	148.5	3.710
14.00	1.1530	1.1550	161.4	4.034
15.00	1.1640	1.1660	174.6	4.364
16.00	1.1751	1.1771	188.0	4.699
17.00	1.1861	1.1882	201.6	5.040
18.00	1.1971	1.1993	215.5	5.386
19.00	1.2082	1.2103	229.6	5.737
20.00	1.2192	1.2214	243.8	6.094
22.00	1.2412	1.2434	273.1	6.825
24.00	1.2631	1.2653	303.1	7.576
26.00	1.2848	1.2871	334.0	8.314
28.00	1.3064	1.3087	365.8	9.142
30.00	1.3277	1.3301	398.3	9.956
32.00	1.3488	1.3512	431.6	10.788
34.00	1.3697	1.3721	465.7	11.639
36.00	1.3901	1.3926	500.5	12.508
38.00	1.4102	1.4127	535.9	13.394
40.00	1.4299	1.4324	571.9	14.295

（3）盐酸

A/%	$\rho(D_{20}^{20})$ /(g/cm^3)	$\rho(D_4^{20})$ /(g/cm^3)	T/(g/L)	c/(mol/L)
0.50	1.0007	1.0025	5.0	0.137
1.00	1.0031	1.0049	10.0	0.275
1.50	1.0056	1.0074	15.1	0.414
2.00	1.0081	1.0098	20.2	0.553
2.50	1.0105	1.0123	25.3	0.693
3.00	1.0130	1.0148	30.4	0.833
3.50	1.0154	1.0172	35.5	0.975
4.00	1.0179	1.0197	40.7	1.116
4.50	1.0204	1.0222	45.9	1.259
5.00	1.0228	1.0246	51.1	1.402
5.50	1.0253	1.0271	56.4	1.546
6.00	1.0278	1.0296	61.7	1.691
6.50	1.0302	1.0321	67.0	1.836
7.00	1.0327	1.0345	72.3	1.982
7.50	1.0352	1.0370	77.6	2.129
8.00	1.0377	1.0395	83.0	2.276
8.50	1.0401	1.0420	88.4	2.424
9.00	1.0426	1.0445	93.8	2.573
9.50	1.0451	1.0469	99.3	2.722
10.00	1.0476	1.0494	104.8	2.872
11.00	1.0526	1.0544	115.8	3.175
12.00	1.0576	1.0594	126.9	3.480
13.00	1.0626	1.0645	138.1	3.788
14.00	1.0676	1.0695	149.5	4.098
15.00	1.0726	1.0745	160.9	4.412
16.00	1.0777	1.0796	172.4	4.728
17.00	1.0828	1.0847	184.1	5.047
18.00	1.0878	1.0898	195.8	5.369
19.00	1.0929	1.0949	207.7	5.694
20.00	1.0980	1.1000	219.6	6.022
22.00	1.1083	1.1102	243.8	6.686

续表

A/%	$\rho(D_{20}^{20})$ /(g/cm^3)	$\rho(D_4^{20})$ /(g/cm^3)	T/(g/L)	c/(mol/L)
24.00	1.1185	1.1205	268.4	7.361
26.00	1.1288	1.1308	293.5	8.047
28.00	1.1391	1.1411	318.9	7.745
30.00	1.1492	1.1513	344.8	9.454
32.00	1.1594	1.1614	371.0	10.173
34.00	1.1693	1.1714	397.6	10.901
36.00	1.1791	1.1812	424.5	11.639
38.00	1.1886	1.1607	451.7	12.385
40.00	1.1977	1.1999	479.1	13.137

（4）硝酸

A/%	$\rho(D_{20}^{20})$ /(g/cm^3)	$\rho(D_4^{20})$ /(g/cm^3)	T/(g/L)	c/(mol/L)
0.50	1.0009	1.0027	5.0	0.079
1.00	1.0037	1.0054	10.0	0.159
1.50	1.0064	1.0082	15.1	0.240
2.00	1.0091	1.0109	20.2	0.320
2.50	1.0119	1.0137	25.3	0.401
3.00	1.0146	1.0164	30.4	0.483
3.50	1.0174	1.0192	35.6	0.565
4.00	1.0202	1.0220	40.8	0.648
4.50	1.0230	1.0248	46.0	0.730
5.00	1.0257	1.0276	51.3	0.814
5.50	1.0286	1.0304	56.6	0.898
6.00	1.0314	1.0332	61.9	0.982
6.50	1.0342	1.0360	67.2	1.067
7.00	1.0370	1.0389	72.6	1.152
7.50	1.0399	1.0417	78.0	1.238
8.00	1.0427	1.0446	83.4	1.324
8.50	1.0456	1.0475	88.9	1.410
9.00	1.0485	1.0504	94.4	1.497
9.50	1.0514	1.0533	99.9	1.585

续表

A/%	$\rho(D_{20}^{20})$ /(g/cm³)	$\rho(D_{4}^{20})$ /(g/cm³)	T/(g/L)	c/(mol/L)
10.00	1.0543	1.0562	105.4	1.673
11.00	1.0602	1.0620	116.6	1.850
12.00	1.0660	1.0679	127.9	2.030
13.00	1.0720	1.0739	139.4	2.211
14.00	1.0780	1.0799	150.9	2.395
15.00	1.0840	1.0859	162.6	2.580
16.00	1.0901	1.0921	174.4	2.768
17.00	1.0982	1.0984	186.4	2.957
18.00	1.1025	1.1044	198.4	3.149
19.00	1.1087	1.1107	210.7	3.343
20.00	1.1150	1.1170	223.0	3.538
22.00	1.1277	1.1297	248.1	3.937
24.00	1.1406	1.1426	273.7	4.344
26.00	1.1536	1.1557	299.9	4.759
28.00	1.1668	1.1688	326.7	5.184
30.00	1.1801	1.1822	354.0	5.618
32.00	1.1934	1.1955	381.9	6.060
34.00	1.2068	1.2090	410.3	6.511
36.00	1.2202	1.2224	439.3	6.970
38.00	1.2335	1.2357	468.7	7.438
40.00	1.2466	1.2489	498.7	7.913

（5）硫酸

A/%	$\rho(D_{20}^{20})$ /(g/cm³)	$\rho(D_{4}^{20})$ /(g/cm³)	T/(g/L)	c/(mol/L)
0.50	1.0016	1.0034	5.0	0.051
1.00	1.0049	1.0067	10.0	0.102
1.50	1.0083	1.0101	15.1	0.154
2.00	1.0116	1.0134	20.2	0.206
2.50	1.0150	1.0168	25.4	0.259
3.00	1.0183	1.0201	30.6	0.311
3.50	1.0217	1.0235	35.8	0.365

续表

$A/\%$	$\rho(D_{20}^{20})$ /(g/cm^3)	$\rho(D_4^{20})$ /(g/cm^3)	T/(g/L)	c/(mol/L)
4.00	1.0250	1.0269	41.0	0.418
4.50	1.0284	1.0302	46.3	0.472
5.00	1.0318	1.0336	51.6	0.526
5.50	1.0352	1.0370	56.9	0.580
6.00	1.0385	1.0404	62.3	0.635
6.50	1.0419	1.0438	67.7	0.691
7.00	1.0453	1.0472	73.2	0.746
7.50	1.0488	1.0506	78.7	0.802
8.00	1.0522	1.0541	84.2	0.858
8.50	1.0566	1.0575	89.7	0.915
9.00	1.0591	1.0610	95.3	0.972
9.50	1.0626	1.0645	100.9	1.029
10.00	1.0661	1.0680	106.6	1.087
11.00	1.0731	1.0750	118.0	1.204
12.00	1.0802	1.0821	129.6	1.322
13.00	1.0874	1.0893	141.4	1.441
14.00	1.0941	1.0966	153.3	1.563
15.00	1.1020	1.1039	165.3	1.685
16.00	1.1094	1.1114	177.5	1.810
17.00	1.1169	1.1189	189.9	1.936
18.00	1.1245	1.1265	202.4	2.064
19.00	1.1321	1.1341	215.1	2.193
20.00	1.1398	1.1418	228.0	2.324
22.00	1.1554	1.1575	254.2	2.592
24.00	1.1714	1.1735	281.1	2.866
26.00	1.1872	1.1893	308.7	3.147
28.00	1.2031	1.2052	336.9	3.435
30.00	1.2191	1.2213	365.7	3.729
32.00	1.2353	1.2375	395.3	4.030
34.00	1.2518	1.2540	425.6	4.339
36.00	1.2685	1.2707	456.7	4.656
38.00	1.2855	1.2878	488.5	4.981

续表

$A/\%$	$\rho(D_{20}^{20})$ /(g/cm³)	$\rho(D_{4}^{20})$ /(g/cm³)	T/(g/L)	c/(mol/L)
40.00	1.3028	1.3051	521.1	5.313
42.00	1.3205	1.3229	554.6	5.655
44.00	1.3386	1.3410	589.0	6.005
46.00	1.3570	1.3594	624.2	6.365
48.00	1.3759	1.3783	660.4	6.734
50.00	1.3952	1.3977	697.6	7.113
52.00	1.4149	1.4174	735.8	7.502
54.00	1.4351	1.4377	775.0	7.901
56.00	1.4558	1.4584	815.3	8.312
58.00	1.4770	1.4796	856.7	8.734
60.00	1.4987	1.5013	899.2	9.168
62.00	1.5200	1.5227	942.4	9.608
64.00	1.5421	1.5448	986.9	10.062
66.00	1.5646	1.5674	1032.6	10.528
68.00	1.5874	1.5902	1079.4	11.005
70.00	1.6105	1.6134	1127.4	11.495
72.00	1.6338	1.6337	1176.3	11.993
74.00	1.6574	1.6603	1226.5	12.505
76.00	1.6810	1.6840	1277.6	13.026
78.00	1.7043	1.7073	1329.4	13.554
80.00	1.7272	1.7303	1381.8	14.088
82.00	1.7491	1.7522	1434.3	14.624
84.00	1.7693	1.7724	1486.2	15.153
88.00	1.8022	1.8054	1585.9	16.169
90.00	1.8144	1.8176	1633.0	16.650
92.00	1.8240	1.8272	1678.1	17.110
94.00	1.8312	1.8344	1721.3	17.550
96.00	1.8355	1.8388	1762.1	17.966
98.00	1.8361	1.8394	1799.4	18.346
100.00	1.8305	1.8337	1830.5	18.663

（6）乙酸

A/%	$\rho(D_{20}^{20})$ /(g/cm^3)	$\rho(D_4^{20})$ /(g/cm^3)	T/(g/L)	c/(mol/L)
0.50	0.9989	1.0007	5.0	0.083
1.00	0.9996	1.0014	10.0	0.166
1.50	1.0003	1.0021	15.0	0.250
2.00	1.0011	1.0028	20.0	0.333
2.50	1.0018	1.0035	25.0	0.417
3.00	1.0025	1.0042	30.1	0.501
3.50	1.0031	1.0049	35.1	0.585
4.00	1.0038	1.0056	40.2	0.669
4.50	1.0045	1.0063	45.2	0.753
5.00	1.0052	1.0070	50.3	0.837
5.50	1.0059	1.0077	55.3	0.921
6.00	1.0066	1.0084	60.4	1.006
6.50	1.0073	1.0091	65.5	1.090
7.00	1.0080	1.0098	70.6	1.175
7.50	1.0087	1.0105	75.7	1.260
8.00	1.0093	1.0111	80.7	1.345
8.50	1.0100	1.0118	85.9	1.430
9.00	1.0107	1.0125	91.0	1.515
9.50	1.0114	1.0132	96.1	1.600
10.00	1.0121	1.0138	101.2	1.685
11.00	1.0134	1.0152	111.5	1.856
12.00	1.0147	1.0165	121.8	2.028
13.00	1.0161	1.0178	132.1	2.200
14.00	1.0174	1.0192	142.4	2.372
15.00	1.0187	1.0205	152.8	2.545
16.00	1.0200	1.0218	163.2	2.718
17.00	1.0213	1.0231	173.6	2.891
18.00	1.0225	1.0243	184.1	3.065
19.00	1.0238	1.0256	194.5	3.239
20.00	1.0250	1.0269	205.0	3.414
22.00	1.0275	1.0293	226.1	3.764
24.00	1.0299	1.0388	247.2	4.116

续表

A/%	$\rho(D_{20}^{20})$ /(g/cm³)	$\rho(D_{4}^{20})$ /(g/cm³)	T/(g/L)	c/(mol/L)
26.00	1.0323	1.0341	268.4	4.470
28.00	1.0346	1.0365	289.7	4.824
30.00	1.0369	1.0388	311.1	5.180
32.00	1.0391	1.0410	332.5	5.537
34.00	1.0413	1.0431	354.0	5.896
36.00	1.0434	1.0452	375.6	6.255
38.00	1.0454	1.0473	397.3	6.615
40.00	1.0474	1.0492	419.0	6.977
42.00	1.0493	1.0511	440.7	7.339
44.00	1.0510	1.0529	462.5	7.701
46.00	1.0528	1.0547	484.3	8.065
48.00	1.0545	1.0564	506.2	8.429
50.00	1.0562	1.0581	528.1	8.794
52.00	1.0577	1.0596	550.0	9.159
54.00	1.0592	1.0611	572.0	9.525
56.00	1.0605	1.0624	593.9	9.890
58.00	1.0618	1.0636	615.8	10.255
60.00	1.0629	1.0648	637.7	10.620
62.00	1.0640	1.0659	659.7	10.985
64.00	1.0650	1.0668	681.6	11.350
66.00	1.0659	1.0678	703.5	11.715
68.00	1.0668	1.0687	725.4	12.080
70.00	1.0673	1.0692	747.1	12.441
72.00	1.0676	1.0695	768.7	12.800
74.00	1.0678	1.0697	790.2	13.158
76.00	1.0680	1.0699	811.7	13.516
78.00	1.0681	1.0700	833.1	13.956
80.00	1.0680	1.0699	854.4	14.227
82.00	1.0677	1.0696	875.5	14.579
84.00	1.0673	1.0692	896.5	14.928
86.00	1.0666	1.0685	917.3	15.275
88.00	1.0658	1.0677	937.9	15.618
90.00	1.0644	1.0663	958.0	15.953

续表

$A/\%$	$\rho(D_{20}^{20})$ /(g/cm^3)	$\rho(D_4^{20})$ /(g/cm^3)	T/(g/L)	c/(mol/L)
92.00	1.0629	1.0648	977.9	16.284
94.00	1.0606	1.0625	997.0	16.602
96.00	1.0578	1.0597	1015.0	16.912
98.00	1.0538	1.0557	1032.7	17.196
100.0	1.0477	1.0496	1047.7	17.446

(7)磷酸

$A/\%$	$\rho(D_{20}^{20})$ /(g/cm^3)	$\rho(D_4^{20})$ /(g/cm^3)	T/(g/L)	c/(mol/L)
0.50	1.0010	1.0028	5.0	0.051
1.50	1.0065	1.0083	15.1	0.154
2.00	1.0092	1.0110	20.2	0.206
2.50	1.0119	1.0137	25.3	0.258
3.00	1.0146	1.0164	30.4	0.311
3.50	1.0173	1.0191	35.6	0.363
4.00	1.0200	1.0218	40.8	0.416
4.50	1.0227	1.0245	46.0	0.470
5.00	1.0254	1.0272	51.3	0.523
5.50	1.0281	1.0299	56.5	0.577
6.00	1.0309	1.0327	61.9	0.631
6.50	1.0336	1.0354	6702	0.686
7.00	1.0363	1.0381	72.5	0.740
7.50	1.0391	1.0409	77.9	0.795
8.00	1.0418	1.0437	83.3	0.850
8.50	1.0446	1.0465	88.8	0.906
9.00	1.0474	1.0493	94.3	0.962
9.50	1.0503	1.0521	99.8	1.018
10.00	1.0531	1.0550	105.3	1.075
11.00	1.0589	1.0607	116.5	1.189
12.00	1.0647	1.0665	127.8	1.304
13.00	1.0705	1.0724	139.2	1.420
14.00	1.0765	1.0784	150.7	1.538

续表

A/%	$\rho(D_{20}^{20})$ /(g/cm³)	$\rho(D_{4}^{20})$ /(g/cm³)	T/(g/L)	c/(mol/L)
15.00	1.0825	1.0844	162.4	1.657
16.00	1.0885	1.0905	174.2	1.777
17.00	1.0947	1.0966	186.1	1.899
18.00	1.1009	1.1028	198.2	2.022
19.00	1.1071	1.1091	210.4	2.146
20.00	1.1135	1.1154	222.7	2.272
22.00	1.1263	1.1283	247.8	2.528
24.00	1.1395	1.1415	273.5	2.790
26.00	1.1528	1.1549	299.6	3.059
28.00	1.1665	1.1685	326.6	3.333
30.00	1.1804	1.1825	354.1	3.613
32.00	1.1945	1.1966	382.2	3.900
34.00	1.2089	1.2111	411.0	4.194
36.00	1.2236	1.2257	440.5	4.194
38.00	1.2385	1.2407	470.6	4.802
40.00	1.2536	1.2558	501.4	5.117

注：摘自《Handbook of Chemistry and Physics》，61 版，1980－1981：228-276，以及常文保、李克安编著的《简明分析化学手册》。

附录 1.2　石灰乳的密度和含量

$\rho(D_{20}^{20})$ /(g/cm³)	A(CaO) /%	A[C(OH)$_2$] /%	$\rho(D_{20}^{20})$ /(g/cm³)	A(CaO) /%	A[C(OH)$_2$] /%	$\rho(D_{20}^{20})$ /(g/cm³)	A(CaO) /%	A[Ca(OH$_2$] /%
1.0085	0.99	1.31	1.0825	10.16	13.43	1.1545	18.19	24.04
1.0170	1.96	2.59	1.0895	11.01	14.55	1.1615	18.94	25.03
1.0245	2.93	3.87	1.0965	11.86	15.67	1.6585	19.08	26.01
1.0315	3.88	5.13	1.1040	12.68	16.76	1.1760	20.41	26.96
1.0390	4.81	6.36	1.1110	13.50	17.84	1.1835	21.12	27.91
1.0460	5.74	7.58	1.1185	14.30	18.90	1.1905	21.84	28.86
1.0535	6.65	8.79	1.1255	15.10	19.95	1.1975	22.55	29.80
1.0605	7.54	9.96	1.1325	15.89	21.00	1.2050	23.24	30.71
1.0675	8.43	11.14	1.1400	16.67	22.03	1.2125	23.92	31.61
1.0750	9.30	12.29	1.1475	17.43	23.03	1.2195	24.60	32.51

附录 1.3　市售的几种酸的近似密度和浓度

试剂名称	化学式	密度/(kg/m^3)	A/%	c/(mol/L)
盐酸	HCl	1.18～1.19	36～38	11.6～12.4
硝酸	HNO_3	1.39～1.40	65～68	14.4～15.2
硫酸	H_2SO_4	1.83～1.84	95～98	17.8～18.4
磷酸	H_3PO_4	1.69	85	14.6
高氯酸	$HClO_4$	1.68	70～72	11.7～12.0
乙酸(无水)	CH_3COOH	1.05	99.8(优级纯)	17.4
氢氟酸	HF	1.13	40	22.5
氢溴酸	HBr	1.49	47	8.6

附录 1.4　常用国产定量滤纸的灰分质量

直径/cm	7	9	11	12.5
灰分/(g/张)	35×10^{-5}	5.5×10^{-5}	8.5×10^{-5}	1.0×10^{-4}

附录 1.5　国产定量滤纸的类型

类型	滤纸盒上色带标志	过滤速度/(s/100mL)	适用范围
快速滤纸	蓝	60～100	无定形沉淀，如 $Fe(OH)_2$
中速滤纸	白	100～160	粗粒及中等粒度晶形沉淀，如硫化物
慢速滤纸	红	160～200	细粒晶形沉淀，如硫酸钡

附录 1.6　常用指示剂变色范围

指示剂名称	pH 值范围	终点颜色变化
酚酞	8.0～10	无色→红色
甲基橙	3.0～4.4	红色→黄色
甲基红	4.2～6.2	红色→黄色

续表

指示剂名称	pH 值范围	终点颜色变化
中性红	6.8～8.0	红色→黄橙色
溴酚蓝	3.0～4.6	黄色→紫色
溴甲酚绿	3.8～5.4	黄色→蓝绿色
溴百里酚蓝	6.0～7.6	黄色→蓝色
百里香酚酞	9.3～10.5	无色→蓝色
对硝基酚水溶液	5.6～7.4	无色→黄色
溴甲酚绿-甲基红混合指示剂	5.1	酒红→绿色
甲基红-亚甲基蓝混合指示剂	7.0	紫红色→亮绿色
PAN[1-(2-吡啶偶氮)-2-萘酚]	4.2	黄色→亮紫色
磺基水杨酸	1.8～2.0	紫红色→黄色
铬黑 T	9～10	酒红色→蓝色
钙黄绿素-酚酞	12～13	荧光绿→红色
酸性铬蓝 K-萘酚绿	9～10	红色→蓝色

附录 2　化学清洗施工开工相关表格

附录 2.1　项目工程开工报告

项目编号：　　　　　　　　　　　　顺序号：

<table>
<tr><td colspan="2">　　　　部：
　　由××××承接的工程，施工前的各项准备工作已全部完成，计划于××年××月××日开工，施工周期××天。
请批示
项目经理(签字)：　　　　　　　　　　　　年　月　日</td></tr>
<tr><td>管理者代表</td><td>签字：　　　　　　　　　　　　年　月　日</td></tr>
<tr><td>安全质量部</td><td>签字：　　　　　　　　　　　　年　月　日</td></tr>
<tr><td>备注</td><td></td></tr>
</table>

保存部门：　　　　　　　　　　　　　　　　保存期：永久

附录 2.2 技术交底记录

<table>
<tr><td>项目工程名称</td><td colspan="2"></td><td>系统名称</td><td colspan="2"></td></tr>
<tr><td>交底时间</td><td colspan="2"></td><td>交底地点</td><td colspan="2"></td></tr>
<tr><td>接受交底人员</td><td colspan="5">签字：</td></tr>
<tr><td>技术交底内容</td><td colspan="5">1. 工艺流程及参数：
2. 安全注意事项：
3. 健康和环境保护要求：
4. 作业计划书及应急注意事项：
5. 其他要求：</td></tr>
<tr><td>接受交底
单位负责人</td><td></td><td>交底人</td><td></td><td>安全质量
负责人</td><td></td></tr>
</table>

项目编号：　　　　　　　　　　　　　　顺序号：

保存部门：　　　　　　　　　　　　　　保存期：一年

附录 2.3 项目施工设备设施进场记录

项目编号：　　　　　　　　　　　　　　顺序号：

项目工程名称：

进场时间	设备设施名称	设备规格	设备数量	验证结果

设备员：

保存部门：　　　　　　　　　　　　　　保存期：一年

附录 2.4　人员、设备、原材料配备计划

需用部门：　　　　　　　　　　　　工程名称：

项目编号：　　　　　　　　　　　　顺序号：

<table>
<tr><th>项目</th><th colspan="3">品名</th><th>规格或型号</th><th>数量</th><th>单位</th><th>备注</th></tr>
<tr><td rowspan="3">原材料</td><td colspan="3"></td><td></td><td></td><td></td><td></td></tr>
<tr><td colspan="3"></td><td></td><td></td><td></td><td></td></tr>
<tr><td colspan="3"></td><td></td><td></td><td></td><td></td></tr>
<tr><td rowspan="5">车辆、机具</td><td colspan="3">高压清洗设备</td><td></td><td></td><td></td><td></td></tr>
<tr><td colspan="3">化学清洗泵站</td><td></td><td></td><td></td><td></td></tr>
<tr><td colspan="3">小型清洗机</td><td></td><td></td><td></td><td></td></tr>
<tr><td colspan="3">车辆</td><td></td><td></td><td></td><td></td></tr>
<tr><td colspan="3">其他</td><td></td><td></td><td></td><td></td></tr>
<tr><td rowspan="5">人员</td><td>工种</td><td>名额</td><td colspan="5">工作安排计划</td></tr>
<tr><td>班长</td><td></td><td colspan="5"></td></tr>
<tr><td>操作员</td><td></td><td colspan="5"></td></tr>
<tr><td>特种工</td><td></td><td colspan="5"></td></tr>
<tr><td>其他</td><td></td><td colspan="5"></td></tr>
<tr><td colspan="2">备注</td><td colspan="6"></td></tr>
</table>

需方单位主管：　　　　　　领料员：　　　　　　　　　　日期：

保存部门：　　　　　　　　　　　　　　　　　　　　　　保存期：三年

附录 2.5　信息联络处理单

项目编号：　　　　　　　　　　　　顺序号：

<table>
<tr><td>发出单位</td><td></td><td>发出人</td><td></td><td>发出时间</td><td></td></tr>
<tr><td>接收单位</td><td></td><td>接收人</td><td></td><td>接收时间</td><td></td></tr>
<tr><td colspan="6">信息描述(如另附其他资料，请注明数量并附后)：</td></tr>
<tr><td colspan="6">发出单位负责人意见：

签名：　　　　　　　　　　　　日期：</td></tr>
<tr><td colspan="6">接收单位负责人意见：

签名：　　　　　　　　　　　　日期：</td></tr>
<tr><td colspan="6">备注：</td></tr>
</table>

保存部门：　　　　　　　　　　　　保存期：一年

附录 2.6　新员工入厂“三级”健康安全与环境教育培训登记卡

单位：

<table>
<tr><td rowspan="2">员工基本概况</td><td>姓名</td><td></td><td>性别</td><td></td><td>年龄</td><td></td><td>毕业院校</td><td colspan="3"></td></tr>
<tr><td>文化程度</td><td></td><td>来源</td><td></td><td>入厂时间</td><td colspan="2"></td><td>岗位</td><td colspan="2"></td></tr>
<tr><td rowspan="2">厂级教育培训</td><td colspan="10">培训内容：

培训时间：</td></tr>
<tr><td>讲课人</td><td></td><td>考核负责人</td><td></td><td>考核成绩</td><td></td><td>本人签字</td><td></td><td>考核时间</td><td></td></tr>
<tr><td rowspan="2">单位（车间）教育培训</td><td colspan="10">培训内容：

培训时间：</td></tr>
<tr><td>讲课人</td><td></td><td>考核负责人</td><td></td><td>考核成绩</td><td></td><td>本人签字</td><td></td><td>考核时间</td><td></td></tr>
<tr><td rowspan="2">班组教育培训</td><td colspan="10">培训内容：

培训时间：</td></tr>
<tr><td>讲课人</td><td></td><td>考核负责人</td><td></td><td>考核成绩</td><td></td><td>本人签字</td><td></td><td>考核时间</td><td></td></tr>
<tr><td>安全操作证取证考试</td><td>考试时间</td><td></td><td>成绩</td><td></td><td>考核负责人</td><td></td><td>本人签字</td><td></td><td>证号</td><td></td></tr>
</table>

附录3　化学清洗施工过程记录报告

附录3.1　施工领用物品清单

项目编号：　　　　　　　　　　　　　　　　　　　顺序号：

领料单位：　　　　　　　　　　　　　　　　　　　年　　月　　日

名称	规格	单位	数量	名称	规格	单位	数量	名称	规格	单位	数量	名称	规格	单位	数量
泵站	大型	套		梅花扳手	30mm-32mm			乙炔瓶				工作服		套	
	中型	套			27mm-30mm			氧气瓶				其他			
	小型	套			24mm-27mm			乙炔瓶							
抽酸泵		台			22mm-24mm			氧软管							
配电柜	110kW	台			19mm-22mm			割炬							
	75kW	台			17mm-19mm							氢氧化钠			
	55kW	台			14mm-17mm							磷酸三钠			
	15kW	台			其他			焊把线				碳酸钠			
	4kW	台			6寸			焊帽				亚硝酸钠			
空气开关				管钳	12寸			焊把				硝酸			
					15寸			活动扳手				盐酸			

续表

名称	规格	单位	数量	名称	规格	单位	数量	名称	规格	单位	数量	名称	规格	单位	数量
空气开关				锯弓		把		活动扳手				氢氟酸			
电缆	70	m		锯条		把						柠檬酸			
	50	m		手锤		把		防毒面具				氨基磺酸			
	35	m		手钳		把		护目镜				OP-10			
	25	m		螺丝刀		把		帆布手套				氨水			
	16	m		剪刀		把		防酸手套							
	10	m		铁丝		kg		安全帽							
绝缘胶布			圈	电焊机		台		雨鞋							
电工用具			套	氧气瓶		个		雨衣							
条件部主任				项目经理				库管员				领料员			

工程名称：

保存部门：　　　　　　　　　　　　　　保存期：一年

附录 3.2　施工设备运行维修保养记录

项目编号：　　　　　　　　　　　　顺序号：

项目工程名称		
时间	施工设备运行及保养记录	施工设备维修内容及结果

设备员：

保存部门：　　　　　　　　　　　　　　保存期：一年

附录 3.3　安全施工及事故隐患整改记录

项目编号：　　　　　　　　　　　　　　　顺序号：

<table>
<tr><td>项目工程名称</td><td colspan="3"></td></tr>
<tr><td colspan="4">安全与文明施工记录：

安全员：　　　　　　　　　　　　日期：</td></tr>
<tr><td>整改事项</td><td colspan="3"></td></tr>
<tr><td>整改责任人</td><td></td><td>完成期限</td><td>年　月　日</td></tr>
<tr><td>实际整改结果及未整改说明</td><td colspan="3"></td></tr>
<tr><td>验收人</td><td></td><td>验收时间</td><td>年　月　日</td></tr>
<tr><td>签发单位负责人</td><td></td><td>制单</td><td></td></tr>
</table>

保存部门：　　　　　　　　　　　　　　　保存期：三年

附录 3.4 材料验证记录

项目编号：　　　　　　　　　　　　　　　　　　顺序号：

工程名称					工程地点		
材料名称	规格	数量	单位	生产厂家	材料合格证	外观检查	质量评定

验证单位：　　　验证人：　　　分包单位：　　　负责人：　　　日期：

保存部门：　　　　　　　　　　　　　　　　　保存期限：永久

附录 3.5 设备、仪器、仪表的使用、维修、校正记录单

项目编号：　　　　　　　　　　　　　　　　　　顺序号：

名称	型号	编号	使用情况	维修情况	校正记录

验证单位：　　　　　　　　　　　　　　　　　分包单位：

保存部门：　　　　　　　　　　　　　　　　　保存期限：三年

附录 3.6 清洗工序交接记录

<table>
<tr><td>工程名称</td><td colspan="3"></td></tr>
<tr><td>工程地点</td><td></td><td>交接工序</td><td></td></tr>
<tr><td>交出单位</td><td></td><td>承接单位</td><td></td></tr>
<tr><td colspan="4">交出状态描述：</td></tr>
<tr><td colspan="4">交出单位意见：

交出单位代表：　　　　年　月　日</td></tr>
<tr><td colspan="4">承接单位意见：

承接单位代表：　　　　年　月　日</td></tr>
</table>

项目编号：　　　　　　　　顺序号：

保存部门：　　　　　　　　保存期：一年

附录 3.7 施工投用原材料登记表

项目编号：　　　　　　　　顺序号：

工程名称：　　　　　　　　系统名称：

投用时间	品名	规格	数量/kg	领用人	备注

保存部门：　　　　　　　　保存期：一年

附录 3.8 标识登记表

项目编号：　　　　　　　　　　顺序号：

工程名称：　　　　　　　　　　系统名称：

<table>
<tr><td rowspan="2">类别</td><td colspan="3">标识内容</td><td rowspan="2">标识地点</td><td rowspan="2">标识时间</td><td rowspan="2">标识人</td></tr>
<tr><td>品名</td><td>规格</td><td>数量/kg</td></tr>
<tr><td rowspan="5">原材料</td><td></td><td></td><td></td><td></td><td></td><td></td></tr>
<tr><td></td><td></td><td></td><td></td><td></td><td></td></tr>
<tr><td></td><td></td><td></td><td></td><td></td><td></td></tr>
<tr><td></td><td></td><td></td><td></td><td></td><td></td></tr>
<tr><td></td><td></td><td></td><td></td><td></td><td></td></tr>
<tr><td rowspan="6">公用
工程</td><td>品名</td><td colspan="2">主要指标</td><td>标识地点</td><td>标识时间</td><td>标识人</td></tr>
<tr><td></td><td colspan="2"></td><td></td><td></td><td></td></tr>
<tr><td></td><td colspan="2"></td><td></td><td></td><td></td></tr>
<tr><td></td><td colspan="2"></td><td></td><td></td><td></td></tr>
<tr><td></td><td colspan="2"></td><td></td><td></td><td></td></tr>
<tr><td></td><td colspan="2"></td><td></td><td></td><td></td></tr>
<tr><td rowspan="8">施工
工序</td><td colspan="3">工序名称</td><td>标识地点</td><td>标识时间</td><td>标识人</td></tr>
<tr><td colspan="3"></td><td></td><td></td><td></td></tr>
<tr><td colspan="3"></td><td></td><td></td><td></td></tr>
<tr><td colspan="3"></td><td></td><td></td><td></td></tr>
<tr><td colspan="3"></td><td></td><td></td><td></td></tr>
<tr><td colspan="3"></td><td></td><td></td><td></td></tr>
<tr><td colspan="3"></td><td></td><td></td><td></td></tr>
<tr><td colspan="3"></td><td></td><td></td><td></td></tr>
</table>

保存部门：　　　　　　　　　　保存期：一年

附录 3.9 监视和测量状态标识登记表

项目编号： 顺序号：

工程名称： 系统名称：

序号	原材料或 工序名称	批号	数量	检验单号	标识状态	标识人	标识时间	备注

记录人： 日期：

保存部门： 保存期：三年

附录 3.10　顾客财产的验证记录

项目编号：　　　　　　　　　　　　　　　　顺序号：

项目工程名称		系统名称	
验证时间		验证地点	
验证内容	1. 顾客提供的水、电、气、汽等公用工程条件及临时配管情况： 2. 顾客需要进行清洗、防腐或干燥施工的设备、装置或建(构)筑物情况： 3. 顾客的知识产权(包括所提供的规范、图纸和技术资料情况)： 4. 其他验证内容：		
结论	验证人：		

保存部门：　　　　　　　　　　　　　　　　保存期：三年

附录 3.11 外委搬运委托书

项目编号：　　　　　　　　　　　　　　　　　　　　顺序号：

<table>
<tr><td rowspan="2">委托方</td><td colspan="2" rowspan="2"></td><td rowspan="2">地址</td><td colspan="4" rowspan="2"></td><td>电话</td><td></td></tr>
<tr><td>邮编</td><td></td></tr>
<tr><td rowspan="2">承运方</td><td colspan="2" rowspan="2"></td><td rowspan="2">地址</td><td colspan="4" rowspan="2"></td><td>电话</td><td></td></tr>
<tr><td>邮编</td><td></td></tr>
<tr><td rowspan="2">卸货地点</td><td colspan="7" rowspan="2"></td><td>起点</td><td></td></tr>
<tr><td>止点</td><td></td></tr>
<tr><td rowspan="2">收货人</td><td>姓名</td><td></td><td colspan="3">货主是否与车同行</td><td colspan="3">发车时间</td><td></td></tr>
<tr><td>电话</td><td></td><td colspan="3"></td><td colspan="3">要求到达时间</td><td></td></tr>
<tr><td>货物名称</td><td>单位</td><td>数量</td><td colspan="4">长×宽×高</td><td colspan="2">总质量</td><td>总计运费
（人民币大写）</td></tr>
<tr><td></td><td></td><td></td><td colspan="4"></td><td colspan="2"></td><td rowspan="2"></td></tr>
<tr><td></td><td></td><td></td><td colspan="4"></td><td colspan="2"></td></tr>
<tr><td></td><td></td><td></td><td colspan="4"></td><td colspan="2"></td><td>付款方式</td></tr>
<tr><td></td><td></td><td></td><td colspan="4"></td><td colspan="2"></td><td rowspan="2"></td></tr>
<tr><td></td><td></td><td></td><td colspan="4"></td><td colspan="2"></td></tr>
<tr><td colspan="2">委托方记载事项</td><td colspan="3"></td><td colspan="2">承运方意见</td><td colspan="3"></td></tr>
<tr><td colspan="2">驾驶员姓名</td><td colspan="3"></td><td colspan="2">身份证号</td><td colspan="3"></td></tr>
<tr><td colspan="2">车型</td><td colspan="3"></td><td colspan="2">营运证号</td><td colspan="3"></td></tr>
<tr><td colspan="2">车牌号</td><td colspan="3"></td><td colspan="2">驾驶证号</td><td colspan="3"></td></tr>
<tr><td colspan="5">委托方盖章：

经手人签字：</td><td colspan="5">承运单位盖章：

经手人签字：</td></tr>
<tr><td colspan="10">备注：1. 承运方应确保及时、安全、完好地将货物运到目的地，并在货到之时由收货人按照运输物品清单通知委托方。
2. 本合同一式两份，双方各执一份，效力相同</td></tr>
</table>

保存部门：　　　　　　　　　　　　　　　　　　　　保存期：一年

附录 3.12 分析化验原始记录单

项目编号：　　　　　　　　顺序号：

工程名称：　　　　　　　　系统名称：　　　　　　　　工序：

标准溶液名称：　　　　　　　　　　　　　　　　　　　分析项目：

序号	取样时间	取样点	取样量/mL	[标准溶液]消耗量/mL	[标准溶液]浓度/(mol/L)	[标准溶液]消耗量/mL	铁离子浓度/(mg/L)		其他检测项目	温度/℃	备注
							Fe^{3+}	Fe^{2+}			

分析、化验员：　　　　　　　　日期：　　　　　　　　共　页　第　页

保存部门：　　　　　　　　　　保存期限：三年

附录 3.13　现场腐蚀速率记录单

项目编号：　　　　　　　　　　　　　　顺序号：
项目名称：

序号	试片编号	试片规格	试片材质	原始质量/g	腐蚀后质量/g	被腐蚀质量/g	腐蚀时间/h	腐蚀速率/[g/(m^2·h)]	备注

记录人：　　　　日期：　　　　审核人：　　　　日期：
保存部门：　　　　　　　　　　保存期限：三年

附录 3.14　清洗工程报检单

项目编号：　　　　　　　　　　　　　　　　　　　　　　　　顺序号：

检验单位：

我单位施工的××××××工程，已按合同要求完成，经自检合格，资料齐全。定于××年××月××日××时，对××××进行检验，届时请派出检查人员联合验收。

报检单位：

报检人：

年　月　日

检查单位意见：

接收人：

年　月　日

附录 3.15　工程验收单

项目编号：　　　　　　　　　　　　　　　　　　　　　顺序号：

<table>
<tr><td>工程名称</td><td></td><td>系统名称</td><td></td></tr>
<tr><td>开工日期</td><td></td><td>竣工日期</td><td></td></tr>
<tr><td colspan="4">工程自检结果：

项目经理(签字)：　　　　技术负责人(签字)：　　　　　　日期：</td></tr>
<tr><td colspan="4">工程验收结果：
工程质量：　　□优秀　□良好　□合格　□不合格
施工健康安全：□优秀　□良好　□合格　□不合格
环境保护：　　□优秀　□良好　□合格　□不合格
其他评语：

验收单位(盖章)：　　　　　代表签字：　　　　　日期：</td></tr>
</table>

保存部门：　　　　　　　　　　　　　　　　　　　　保存期：永久

附录 3.16 现场检查记录表

项目编号：　　　　　　　　　　　　顺序号：

检查人：　　　　　记录人：　　　　　监督人：　　　　　检查日期：

检查内容：化学清洗 HSE 管理及施工作业、环境影响情况

序号	检查内容	检查结果		情况说明	备注
		是	否		
1	HSE 作业计划书、应急计划是否编制				HSE 管理情况
2	警示标志是否设立				HSE 管理情况
3	是否配备了灭火器材				HSE 管理情况
4	是否配备了急救药品				HSE 管理情况
5	是否发生过 HSE 事故				HSE 管理情况
6	在施工过程中施工人员是否穿戴工作服、安全帽				施工过程检查
7	在施工过程中高空作业是否系安全带				施工过程检查
8	在施工过程中进罐作业时罐外是否有人监护				施工过程检查
9	清洗设备的电源接线是否符合要求				施工过程检查
10	巡线人员是否按时进行系统的排空和导淋				施工过程检查
11	施工区域内是否有异常泄漏				施工过程检查
12	电焊时焊机散热情况是否良好				施工过程检查
13	电焊机是否接到有保护功能的电控柜上				施工过程检查
14	控制柜的交流接触器是否可靠				施工过程检查
15	泵站的电机绝缘是否良好				施工过程检查
16	清洗用工具是否齐全				施工过程检查
17	清洗区域是否无杂物，卫生是否合格				环境影响情况
18	清洗废液是否经过处理后排放				环境影响情况
19	固体废弃物是否定点投放				环境影响情况

附录 3.17　特种设备作业人员登记样表

工程名称：

序号	姓名	工种	证书编号	批准日期	有效期
备注					
编制人： 日期：　　年　　月　　日			审核人： 日期：　　年　　月　　日		

附录 4　特种环境施工作业票样表

附录 4.1　临时用电作业许可证样表

<table>
<tr><td colspan="2">申请单位/部门</td><td colspan="2"></td><td colspan="2">现场安全负责人</td><td></td></tr>
<tr><td colspan="2">作业内容</td><td colspan="2"></td><td colspan="2">作业/施工地点</td><td></td></tr>
<tr><td colspan="2">用电设备及功率</td><td colspan="2"></td><td colspan="2">工作电压</td><td></td></tr>
<tr><td colspan="2">电源接入点</td><td colspan="5"></td></tr>
<tr><td colspan="2">临时用电人</td><td colspan="2"></td><td colspan="2">作业电工操作证号</td><td></td></tr>
<tr><td colspan="2">对应动火作业票编号</td><td colspan="5"></td></tr>
<tr><td colspan="2">批准临时用电时间</td><td colspan="5">年　月　日　时　分至　　年　月　日　时　分</td></tr>
<tr><td rowspan="2">危害辨识</td><td colspan="2">□无证操作
□指挥混乱
□无警戒线或警示标志
□未严格执行吊装作业“十不吊”</td><td colspan="4">□起重机与输电线路安全距离不符合规范要求
□涉及危险作业组合，未落实相应安全措施，未办理相应许可证
□施工条件发生重大变化，未重新办理许可证
□其他</td></tr>
<tr><td colspan="6">辨识人：</td></tr>
<tr><td>序号</td><td colspan="5">主要安全措施</td><td>确认人</td></tr>
<tr><td>1</td><td colspan="5">现场安全负责人已向作业人员进行安全交底</td><td></td></tr>
<tr><td>2</td><td colspan="5">安装临时线路人员持有电工作业操作证</td><td></td></tr>
<tr><td>3</td><td colspan="5">在防爆场所使用的临时电源、电气元件和线路达到相应的防爆等级要求（储罐、油管线等储存可燃、易燃介质的设备设施大修时前期开罐、抽油、照明、通风作业必须使用防爆设备，后期施工作业在经过安全管理部门检测合格后，方可将非防爆设备带入划定的施工现场）</td><td></td></tr>
<tr><td>4</td><td colspan="5">临时用电的单相和混用线路采用五线制，线路电压等级符合要求，绝缘测试合格</td><td></td></tr>
<tr><td>5</td><td colspan="5">临时用电线路架设位置、支撑符合要求，架空高度在装置内不低于 2.5m，在道路不低于 5m</td><td></td></tr>
<tr><td>6</td><td colspan="5">临时用电线路架空进线不得采用裸线，不得在树上或脚手架上架设</td><td></td></tr>
</table>

续表

<table>
<tr><td>序号</td><td colspan="4">主要安全措施</td><td>确认人</td></tr>
<tr><td>7</td><td colspan="4">暗管埋设及地下电缆线路设有“走向标志”和安全标志，电缆埋深大于 0.7m</td><td></td></tr>
<tr><td>8</td><td colspan="4">现场临时用电配电盘、箱应有防雨措施并编号，盘、柜门能可靠关闭并有标志</td><td></td></tr>
<tr><td>9</td><td colspan="4">临时用电设施安有漏电保护器，移动工具、手持工具应“一机一闸一保护”</td><td></td></tr>
<tr><td>10</td><td colspan="4">用电设备、线路容量、负荷符合要求</td><td></td></tr>
<tr><td>11</td><td colspan="4">行灯电压符合要求，电气元件符合要求</td><td></td></tr>
<tr><td>12</td><td colspan="4">其他安全措施（可另附）</td><td></td></tr>
<tr><td colspan="6">所需安全防护装备（请在适用的方框中打“√”）：
□工作服　□绝缘　□安全帽　□安全带　□防毒面具　□防尘口罩　□空气呼吸器
□绝缘手套　□护目镜　□护耳器具　□防护服　□其他</td></tr>
<tr><td colspan="2">施工单位/部门</td><td colspan="2">电气运行主管人员（变配电）</td><td colspan="2">设备/工程管理部门</td></tr>
<tr><td colspan="2">签名：

年　月　日</td><td colspan="2">签名：

年　月　日</td><td colspan="2">签名：

年　月　日</td></tr>
<tr><td colspan="3">用电开始：
送电执行人：　年　月　日　时　分
临时用电负责人：　年　月　日　时　分</td><td colspan="3">施工结束：临时用电设备已拆并清理
停电执行人：　年　月　日　时　分
临时用电负责人：　年　月　日　时　分</td></tr>
</table>

附录 4.2　动土作业许可证样表

<table>
<tr><td colspan="2">申请单位/部门</td><td></td><td>施工地点</td><td colspan="2"></td></tr>
<tr><td colspan="2">项目名称</td><td></td><td>现场监护人</td><td colspan="2"></td></tr>
<tr><td colspan="2">作业人员</td><td colspan="4">（总数人）</td></tr>
<tr><td colspan="2">作业内容</td><td></td><td>现场安全负责人</td><td colspan="2"></td></tr>
<tr><td colspan="2">批准作业时间</td><td colspan="4">年　月　日　时　分至　年　月　日　时　分</td></tr>
<tr><td rowspan="2">危害辨识</td><td colspan="2">□开挖破坏管线、电缆（人工开挖、机械开挖）
□开挖方式或边坡处理不当，发生坍塌</td><td colspan="3">□深度开挖，出现中毒
□深度开挖，造成坠落</td></tr>
<tr><td colspan="5">辨识人：</td></tr>
<tr><td>序号</td><td colspan="4">主要安全措施</td><td>确认人签名</td></tr>
<tr><td>1</td><td colspan="4">电力电缆已确认，保护措施已落实</td><td></td></tr>
<tr><td>2</td><td colspan="4">电信电缆已确定，保护措施已落实</td><td></td></tr>
<tr><td>3</td><td colspan="4">地下供排水管线、工艺管线已确认，保护措施已落实</td><td></td></tr>
</table>

续表

序号	主要安全措施	确认人签名
4	挖掘方式：□人工　□机械 (经确认存在地下电线电缆、电信电缆、供排水管线、工艺管线等设施)	
5	作业前现场安全负责人向作业人员进行安全交底，施工机具检查合格	
6	已按施工方案图划线施工，并已办理断路/占道许可证	
7	作业现场围栏、警戒线、警告牌、夜间警示灯已按要求设置	
8	已进行放坡处理和固壁支撑	
9	道路施工作业已报交通、消防、保卫、生产调度、安全监督管理部门	
10	人员进出口和撤离保护措施已落实：A. 梯子；B. 修坡道	
11	备有可燃气体检测仪、有毒介质检测仪	
12	作业现场夜间有充足照明：A. 普通灯；B. 防爆灯	
13	作业人员必须佩戴防护用具、用品	
14	作业器械符合安全要求	
15	挖掘机进入库区道路行驶对路面采取保护措施	
16	其他安全措施(可另附)	

所需安全防护装备(请在适用的方框中打“√”)：
□工作服　□安全鞋　□安全帽　□安全带　□防毒面具　□防尘口罩
□防护手套　□护目镜　□护耳器具　□防护服　□其他

地下设备设施审核	相关部门意见	签字
	电力电缆主管人员意见：	
	电信电缆主管人员意见：	
	供排水主管人员意见：	
	工艺管线主管人员意见：	
	消防管线主管人员意见：	

施工单位/部门	作业点管辖部门	HSE 管理部门	设备/工程管理部门
签名： 年　月　日	签名： 年　月　日	签名： 年　月　日	签名： 年　月　日

完工验收
本证所列之动土作业已于　日　时结束，作业现场已经清理。
监护人(施工单位)：　　　时间：　日　时　分
监护人(公司)：　　　　　时间：　日　时　分

附录 4.3　高空作业许可证样表

<table>
<tr><td colspan="2">申请单位/部门</td><td colspan="2"></td><td>现场安全负责人</td><td colspan="2"></td></tr>
<tr><td colspan="2">施工地点</td><td colspan="2"></td><td>作业点管理部门</td><td colspan="2"></td></tr>
<tr><td colspan="2">作业内容</td><td colspan="5"></td></tr>
<tr><td colspan="2">作业高度/m</td><td colspan="2"></td><td colspan="3">作业级别:□一级 □二级 □三级 □特级</td></tr>
<tr><td colspan="2">作业人</td><td colspan="5"></td></tr>
<tr><td colspan="2">批准作业时间</td><td colspan="5">年　月　日　时　分至　　年　月　日　时　分</td></tr>
<tr><td rowspan="2">危害辨识</td><td colspan="2">□作业人员患禁忌证或不熟悉作业环境或不具备安全技能
□防坠落、防滑用品未佩戴或使用不当
□脚手架搭设不规范,存在缺陷
□登高过程中人员坠落或机具、材料掉落
□作业下方站位不当或未采取隔离措施</td><td colspan="4">□作业周边有带电的电气设备
□现场照明亮度不良
□30m 以上高空作业无通信工具或联络不良
□未派监护人或未能履行监护职责
□涉及危险作业组合,未落实相应安全措施,未办理相应许可证
□作业条件发生重大变化,未重新办理许可证
□其他</td></tr>
<tr><td colspan="6">辨识人:</td></tr>
<tr><td>序号</td><td colspan="5">主要安全措施</td><td>确认人</td></tr>
<tr><td>1</td><td colspan="5">作业人员身体条件符合要求</td><td></td></tr>
<tr><td>2</td><td colspan="5">作业人员着装符合工作要求,做好必要的防护措施</td><td></td></tr>
<tr><td>3</td><td colspan="5">作业人员佩戴安全带,要系在垂直上方且无尖锐锋利棱角的构件上,不能低挂高用</td><td></td></tr>
<tr><td>4</td><td colspan="5">作业人员携带工具袋,不准在高处投掷材料、工具或杂物</td><td></td></tr>
<tr><td>5</td><td colspan="5">高空作业采用登高设备:□固定式脚手架　□移动式脚手架　□梯子　□绳索或吊篮</td><td></td></tr>
<tr><td>6</td><td colspan="5">现场搭设的脚手架、防护围栏符合安全规程,搭设不影响现场生产操作和巡回检查</td><td></td></tr>
<tr><td>7</td><td colspan="5">作业中使用的梯子要牢固,并设防滑装置;人字梯拉绳须牢固;金属梯不应在电气设备附近使用;梯脚不稳固时,须有专人扶梯旁监护</td><td></td></tr>
<tr><td>8</td><td colspan="5">垂直分层作业中间设有隔离设施</td><td></td></tr>
<tr><td>9</td><td colspan="5">梯子或绳梯符合安全规程规定</td><td></td></tr>
</table>

续表

序号	主要安全措施	确认人
10	在石棉瓦等不承重物上作业时，应搭设并站在固定承重板上	
11	高空作业有充足照明，安装临时灯，防火防爆区域使用防爆灯	
12	遇有六级以上强风、浓雾等恶劣气候下的露天攀登与悬空高空作业，应严格落实拟定的安全措施，但不得进行特级高空作业。抢险需要时，必须采取可靠的安全措施，此时负责人需在现场指导，以确保安全	
13	进行 30m 以上高空作业配备通信、联络工具	
14	其他安全措施(可另附)	

所需安全防护装备(请在适用的方框中打“√”)：
☐工作服 ☐安全鞋 ☐安全帽 ☐安全带 ☐防毒面具 ☐防尘口罩 ☐空气呼吸器
☐防护手套 ☐护目镜 ☐护耳器具 ☐防护服 ☐其他

施工单位/部门	作业点管辖部门	设备/工程管理部门	HSE 管理部门
签名： 年 月 日	签名： 年 月 日	签名： 年 月 日	签名： 年 月 日

完工验收
本证所列之高空作业已于 日 时结束，作业现场已经清理。
监护人(施工单位)： 时间： 日 时 分
监护人(公司)： 时间： 日 时 分

附录 4.4 人孔开启作业许可证样表

<table>
<tr><td>申请单位/部门</td><td colspan="2"></td><td>现场安全负责人</td><td></td></tr>
<tr><td>作业地点</td><td colspan="4"></td></tr>
<tr><td>作业内容</td><td colspan="4"></td></tr>
<tr><td>作业人</td><td colspan="4"></td></tr>
<tr><td>批准作业时间</td><td colspan="4">年 月 日 时 分至 年 月 日 时 分</td></tr>
<tr><td rowspan="2">危害辨识</td><td colspan="2">☐罐内储存物料未确认，盲目开启
☐使用非防爆工具作业
☐在暴雨、雷电天气下作业
☐周边有明火及其他火源</td><td colspan="2">☐涉及危险作业组合，未落实相应安全措施，未办理相应许可证
☐作业条件发生重大变化，未重新办理许可证
☐其他</td></tr>
<tr><td colspan="4">辨识人(施工单位)： 确认人(签发部门)：</td></tr>
</table>

续表

序号	主要安全措施	确认人签名
1	作业人员清楚储罐曾经储存介质(施工单位、监护人)	
2	暴雨、雷电天气,停止作业(施工单位、监护人)	
3	□作业人员确认使用防爆工具　□已落实防爆措施(施工单位)	
4	作业人员劳动保护用品(如工作服、呼吸面具)穿戴符合要求(施工单位、监护人)	
5	作业场所设有警戒线或警示牌(人孔开启后挂"危险!严禁入内"警示牌,人孔周围5m内可燃气浓度低于爆炸下限的20%可拆除警戒线)(施工单位、HSE)	
6	作业管辖部门落实加强巡检频次(施工单位、生产管理部门)	
7	联络工具通信畅通(施工单位)	
8	夜间作业必须有足够照明且使用防爆灯具(施工单位、监护人)	
9	与储罐相连的工艺管线已做隔离(施工单位、监护人、HSE)	
10	监护人落实到位(施工单位、监护人)	
11	作业过程不影响现场生产操作和保证消防通道畅通(施工单位、监护人)	
12	补充安全措施(可另附)	

所需安全防护装备(请在适用的方框中打"√"):
□工作服　□安全鞋　□安全帽　□安全带　□防毒面具　□防护手套
□护目镜　□护耳器具　□防护服　□其他

施工单位/部门	HSE管理部门	生产管理部门
签名: 年　月　日	签名: 年　月　日	签名: 年　月　日

完工验收
本证所列之人孔开启作业已于　日　时结束,作业现场已经清理。

监护人(施工单位):　　时间:　日　时　分
监护人(公司):　　时间:　日　时　分

附录 4.5　受限空间作业许可证样表

<table>
<tr><td>申请单位/部门</td><td colspan="2"></td><td>现场安全负责人</td><td></td></tr>
<tr><td>作业点属地管辖部门</td><td colspan="2"></td><td>设备设施名称</td><td></td></tr>
<tr><td>内部原有介质</td><td colspan="2"></td><td>主要危险因素</td><td>□窒息　□中毒
□触电等人身伤害</td></tr>
<tr><td>作业内容</td><td colspan="4"></td></tr>
<tr><td>作业人</td><td colspan="2"></td><td>监护人</td><td></td></tr>
<tr><td colspan="5">气体检测记录、危害辨识另附</td></tr>
<tr><td>批准作业时间</td><td colspan="4">年　月　日　时　分至　年　月　日　时　分</td></tr>
<tr><td>序号</td><td colspan="3">主要安全措施</td><td>确认人签名</td></tr>
<tr><td>1</td><td colspan="3">作业人员已经过安全培训教育</td><td></td></tr>
<tr><td>2</td><td colspan="3">作业前对进入受限空间的危险性进行分析，并向作业人员进行安全交底</td><td></td></tr>
<tr><td>3</td><td colspan="3">所有与受限空间有关联的阀门、管线加盲板隔离，列出盲板清单，并落实拆装盲板责任人</td><td></td></tr>
<tr><td>4</td><td colspan="3">受限空间设备经过置换、吹扫、蒸煮，并检测合格</td><td></td></tr>
<tr><td>5</td><td colspan="3">设备打开通风孔进行自然通风，温度适宜人员作业；必要时采用强制通风或佩戴空气呼吸器；当设备内缺氧时，严禁用通氧气的方法补充氧</td><td></td></tr>
<tr><td>6</td><td colspan="3">对相关设备进行处理，带搅拌机的设备应切断电源，挂“禁止合闸”标志牌，上锁或设专人监护</td><td></td></tr>
<tr><td>7</td><td colspan="3">检查受限空间内部，具备作业条件，清罐时应用防爆工具</td><td></td></tr>
<tr><td>8</td><td colspan="3">检查受限空间进出口通道，不得有阻碍人员进出的障碍物</td><td></td></tr>
<tr><td>9</td><td colspan="3">盛装可燃有毒液体、气体的受限空间，还应分析可燃、有毒有害气体含量</td><td></td></tr>
<tr><td>10</td><td colspan="3">作业人员清楚受限空间内存在的其他危害因素，如内部附件、集渣坑等</td><td></td></tr>
<tr><td>11</td><td colspan="3">作业人员必须穿戴符合安全规定的劳动保护用品和防护器具</td><td></td></tr>
<tr><td>12</td><td colspan="3">作业前后登记清点人员、工具、材料等，防止遗留在设备内</td><td></td></tr>
<tr><td>13</td><td colspan="3">所有照明应使用安全电压，电线绝缘良好。在特别潮湿场所和金属设备内作业，行灯电压应<12V，使用的手持电动工具应有漏电保护</td><td></td></tr>
<tr><td>14</td><td colspan="3">受限空间作业每次进入不得超过 3 人，外面需有专人监护，并规定互相联络方法和信号</td><td></td></tr>
<tr><td>15</td><td colspan="3">监护措施：□消防器材　□救生绳　□气防装备</td><td></td></tr>
</table>

续表

<table>
<tr><td>序号</td><td colspan="3">主要安全措施</td><td>确认人签名</td></tr>
<tr><td>16</td><td colspan="3">其他安全措施(可另附)</td><td></td></tr>
<tr><td colspan="5">所需安全防护装备(请在适用的方框中打“√”):
□工作服 □安全鞋 □安全帽 □安全带 □防毒面具 □防尘口罩 □空气呼吸器
□防护手套 □护目镜 □护耳器具 □防护服 □其他</td></tr>
<tr><td colspan="2">施工单位/部门</td><td>作业点管辖部门</td><td>设备/工程管理部门</td><td>HSE 管理部门</td></tr>
<tr><td colspan="2">签名:
年 月 日</td><td>签名:
年 月 日</td><td>签名:
年 月 日</td><td>签名:
年 月 日</td></tr>
<tr><td colspan="5">完工验收
本证所列之受限空间作业已于 日 时结束,作业现场已经清理。
监护人(施工单位): 时间: 日 时 分
监护人(公司): 时间: 日 时 分</td></tr>
</table>

附录 4.6 盲板抽堵作业许可证样表

<table>
<tr><td colspan="2">申请单位/部门</td><td colspan="3"></td><td>设备管线名称</td><td colspan="4"></td></tr>
<tr><td colspan="2">现场安全负责人</td><td colspan="3"></td><td>监护人</td><td colspan="4"></td></tr>
<tr><td colspan="2" rowspan="2">设备、管线情况</td><td>原有介质</td><td>温度</td><td>压力</td><td rowspan="2">盲板</td><td>材质</td><td>规格</td><td>数量</td><td>编号</td></tr>
<tr><td></td><td></td><td></td><td></td><td></td><td></td><td></td></tr>
<tr><td colspan="2">加装盲板</td><td colspan="4">年 月 日 时 分</td><td colspan="2" rowspan="2">作业人员</td><td></td><td></td></tr>
<tr><td colspan="2">拆卸盲板</td><td colspan="4">年 月 日 时 分</td><td></td><td></td></tr>
<tr><td colspan="10">盲板位置示意图(可另附): 编制人: 年 月 日</td></tr>
<tr><td rowspan="2">危害辨识</td><td colspan="2">□盲板有缺陷
□危险有害物质(能量)释放
□周边有明火及其他火源
□操作失误
□通风不良</td><td colspan="7">□监护不当
□应急设施不足或措施不当
□涉及危险作业组合,未落实相应安全措施,未办理相应许可证
□作业条件发生重大变化,未重新办理许可证
□其他</td></tr>
<tr><td colspan="9">辨识人(施工单位): 确认人(签发部门):</td></tr>
<tr><td>序号</td><td colspan="8">主要安全措施</td><td>确认人签名</td></tr>
<tr><td>1</td><td colspan="8">关闭待检维修设备管线仪表出入口阀门(施工单位、HSE)</td><td></td></tr>
</table>

续表

序号	主要安全措施	确认人签名
2	在拆装盲板前，将管道压力泄至常压或微正压（施工单位、监护人）	
3	盲板按编号挂牌（施工单位）	
4	已确认与作业点相关设备管线物料走向和加、拆盲板的法兰位置（施工单位、监护人）	
5	严禁在同一管道上同时进行两处及两处以上抽堵盲板作业（施工单位、监护人）	
6	距作业地点30m区域内停止所有动火作业（施工单位、监护人、HSE）	
7	作业前，现场安全负责人向作业人员进行安全交底，施工机具检查合格（施工单位、HSE）	
8	作业时站在上风向，并背向作业（施工单位、监护人）	
9	作业人员劳动防护品配备、佩戴符合要求（在有毒物料环境中，佩戴防毒面具或空气呼吸器；在腐蚀性物料环境中，佩戴防酸碱护目镜等防护用具、用品）（施工单位、监护人）	
10	高空作业时系挂安全带（施工单位、监护人）	
11	工作照明使用防爆灯具（施工单位、监护人）	
12	使用防爆工具，严禁使用产生火花的工具作业，禁止用铁器敲打管线、法兰等	
13	其他安全措施（可另附）	

所需安全防护装备（请在适用的方框中打“√”）：
□工作服 □安全鞋 □安全帽 □安全带 □空气呼吸器 □防护手套
□防毒面具 □护目镜 □防护服 □其他

施工单位/部门	HSE管理部门	生产管理部门
签名： 年 月 日	签名： 年 月 日	签名： 年 月 日

完工验收
本证所列之盲板抽堵作业已于 日 时结束，作业现场已经清理。
监护人（施工单位）： 时间： 日 时 分
监护人（公司）： 时间： 日 时 分

附录 4.7　断路作业许可证样表

<table>
<tr><td colspan="2">申请单位/部门</td><td colspan="3"></td></tr>
<tr><td colspan="2">作业人员</td><td></td><td>监护人</td><td></td></tr>
<tr><td colspan="2">断路原因</td><td colspan="3"></td></tr>
<tr><td colspan="2">堵塞(开挖)路段</td><td colspan="3">断路地段示意图(可另附)：</td></tr>
<tr><td colspan="2">批准作业时间</td><td colspan="3">年　月　日　时　分至　　年　月　日　时　分</td></tr>
<tr><td rowspan="2">危害辨识</td><td colspan="2">□标识不明，信息沟通不畅，影响交通
□作业期间，无适当安全措施或安全措施不到位
□单向道路，临时应急措施失效
□作业结束后，现场清理不彻底，阻碍交通</td><td colspan="2">□变更未经审批
□涉及危险作业组合，未落实相应安全措施，未办理相应许可证
□施工条件发生重大变化，未重新办理许可证
□其他</td></tr>
<tr><td colspan="4">辨识人(施工单位)：　　　　　　确认人(签发部门)：</td></tr>
<tr><td>序号</td><td colspan="3">主要安全措施</td><td>确认人签名</td></tr>
<tr><td>1</td><td colspan="3">与作业道路相连的道路设置相应的标志与防护设施(施工单位、HSE)</td><td></td></tr>
<tr><td>2</td><td colspan="3">如作业路段为单向道路，分段作业，现场已采取临时应急措施，保证消防车的通行(施工单位、HSE)</td><td></td></tr>
<tr><td>3</td><td colspan="3">开挖部位周围用围栏封闭，夜间用红灯警示，且开挖破土作业相应防范措施落实到位(施工单位、HSE)</td><td></td></tr>
<tr><td>4</td><td colspan="3">吊装作业断路，驾驶员不得离开作业车辆，作业结束车辆不得停放现场，保持道路畅通(施工单位、监护人)</td><td></td></tr>
<tr><td>5</td><td colspan="3">遇到火警立即停止作业让道(施工单位、监护人)</td><td></td></tr>
<tr><td>6</td><td colspan="3">其他安全措施(可另附)</td><td></td></tr>
<tr><td colspan="5">所需安全防护装备(请在适用的方框中打“√”)：
□工作服　□安全鞋　□安全帽　□防护手套　□护目镜　□护耳器具　□防护服　□其他</td></tr>
<tr><td colspan="2">施工单位/部门</td><td colspan="2">作业点管辖部门</td><td>HSE 管理部门</td></tr>
<tr><td colspan="2">签名：

年　月　日</td><td colspan="2">签名：

年　月　日</td><td>签名：

年　月　日</td></tr>
<tr><td colspan="5">完工验收
本证所列之断路作业已于　日　时结束，作业现场已经清理。
监护人(施工单位)：　　　　　时间：　日　时　分
监护人(公司)：　　　　　　　时间：　日　时　分</td></tr>
</table>

附录 4.8　夜间作业许可证样表

<table>
<tr><td rowspan="2">申请单位/部门</td><td rowspan="2"></td><td>项目名称</td><td></td></tr>
<tr><td>编码</td><td></td></tr>
<tr><td>作业人员</td><td colspan="3"></td></tr>
<tr><td>作业地点</td><td colspan="3"></td></tr>
<tr><td>作业内容</td><td colspan="3"></td></tr>
<tr><td>是否附安全工作方案</td><td>是□　否□</td><td>是否附应急救援预案</td><td>是□　否□</td></tr>
<tr><td>是否附图纸</td><td>是□　否□</td><td>图纸说明</td><td></td></tr>
<tr><td>申请有效期</td><td colspan="3">年　月　日　时　分至　年　月　日　时　分</td></tr>
</table>

<table>
<tr><td>序号</td><td>作业开工条件</td><td>确认结果</td><td>确认人</td></tr>
<tr><td>1</td><td>夜间是否有充足、合格的照明</td><td>□是　□否</td><td></td></tr>
<tr><td>2</td><td>是否有作业管理人员、HSE人员、电工和值班司机</td><td>□是　□否</td><td></td></tr>
<tr><td>3</td><td>现场的孔洞等隐患是否已提前得到消除</td><td>□是　□否</td><td></td></tr>
<tr><td>4</td><td>夜间作业的专用设施是否已经配备</td><td>□是　□否</td><td></td></tr>
<tr><td>5</td><td>作业风险是否已经得到辨识</td><td>□是　□否</td><td></td></tr>
<tr><td>6</td><td>作业风险是否已采取控制措施并向作业人员交底</td><td>□是　□否</td><td></td></tr>
<tr><td>7</td><td>是否制订了夜间作业管理方案或应急预案</td><td>□是　□否</td><td></td></tr>
<tr><td>8</td><td>作业现场是否检查并消除安全隐患</td><td>□是　□否</td><td></td></tr>
<tr><td>9</td><td>使用的机具、设备是否满足安全要求</td><td>□是　□否</td><td></td></tr>
<tr><td>10</td><td>补充的要求和措施：</td><td>□是　□否</td><td></td></tr>
<tr><td>施工单位作业人、监护人</td><td colspan="3">该项作业将在我的全权负责下展开，我明白自己肩负的责任。在我的监管下，我将确保每项防范措施都得到落实，每个人都得到充分的指导，项目的各项HSE管理制度得到严格的贯彻和执行。
作业负责人（签字）：　年　月　日
作业监护人（签字）：　年　月　日</td></tr>
<tr><td>许可证申请与审批</td><td colspan="3">本人已同施工单位（人员）讨论了该作业及安全计划，并对作业内容进行了检查，我对本次作业及作业人员的安全负责。
批准人（建设/监理工程师）：　年　月　日</td></tr>
</table>

续表

<table>
<tr><td>许可证关闭</td><td>工作结束，本人已经确认现场没有遗留任何安全隐患，申请本许可证关闭。

申请人（施工单位负责人）：　　　　年　月　日
相关方（确认人）：　　　　年　月　日
批准人（建设/监理工程师）：　　　　年　月　日</td></tr>
<tr><td>许可证取消</td><td>因以下原因，许可证取消：

申请人（施工单位负责人）：　　　　年　月　日
相关方（确认人）：　　　　年　月　日
批准人（建设/监理工程师）：　　　　年　月　日</td></tr>
</table>

附录 4.9　吊装作业许可证样表

<table>
<tr><td>申请单位/部门</td><td colspan="2"></td><td colspan="2">申请人</td><td colspan="2"></td><td>作业区域</td><td></td></tr>
<tr><td>操作人员</td><td colspan="2"></td><td colspan="2">指挥人员</td><td colspan="2"></td><td>司索人员</td><td></td></tr>
<tr><td>特种作业操作证编号</td><td colspan="2"></td><td colspan="2">起重车型</td><td colspan="2"></td><td>起重车号</td><td></td></tr>
<tr><td>监护人</td><td colspan="4"></td><td colspan="3">现场安全负责人</td><td></td></tr>
<tr><td>作业内容</td><td colspan="8"></td></tr>
<tr><td colspan="9">批准作业时间：　年　月　日　时　分—　年　月　日　时　分</td></tr>
<tr><td rowspan="2">危害辨识</td><td colspan="3">□无证操作
□指挥混乱
□无警戒线或警示标志
□未严格执行吊装作业“十不吊”</td><td colspan="5">□起重机与输电线路安全距离不符合规范要求
□涉及危险作业组合，未落实相应安全措施，未办理相应许可证
□施工条件发生重大变化，未重新办理许可证
□其他</td></tr>
<tr><td colspan="8">辨识人：</td></tr>
<tr><td>序号</td><td colspan="7">安全措施</td><td>确认人签字</td></tr>
<tr><td>1</td><td colspan="7">作业人员持有有效特种设备操作证书、起重机械检验合格证书</td><td></td></tr>
<tr><td>2</td><td colspan="7">吊装 40t 以上重物，施工方案、安全措施、应急预案经过审批</td><td></td></tr>
<tr><td>3</td><td colspan="7">警戒区域及吊装现场设置安全警戒标志</td><td></td></tr>
<tr><td>4</td><td colspan="7">起重机具制动、液压、吊具、钢索等符合安全技术要求</td><td></td></tr>
<tr><td>5</td><td colspan="7">作业人员清楚起重物件重量、地面附着物情况及周围作业环境情况</td><td></td></tr>
</table>

续表

序号	安全措施	确认人签字
6	起重作业时指挥人员和指挥信号要明确、清楚	
7	指派专人监护，并坚守岗位，非作业人员禁止入内	
8	穿戴个人防护用品，做好必要的防护措施	
9	夜间抢修吊装，现场要有足够照明	
10	严禁利用管道、管架、电杆、机电设备等作吊装锚点	
11	遇六级以上强风或其他恶劣气候条件，禁止起重作业	
12	吊装过程中如需阻断道路交通，应办理“断路作业许可证”；作业人员登 2m 以上高处作业时，应办理“高空作业许可证”；涉及其他危险作业须办理相关许可证	
13	其他安全措施(可另附)	

所需安全防护装备(请在适用的方框中打“√”)：
□工作服 □安全鞋 □安全帽 □安全带 □防尘口罩 □防护手套
□防毒面具 □护目镜 □护耳器具 □防护服 □其他

施工单位/部门	作业点管辖部门	设备/工程管理部门	HSE 管理部门
签字 年 月 日	签字 年 月 日	签字 年 月 日	签字 年 月 日

完工验收
本证所列之吊装作业已于 日 时结束，作业现场已经清理。

监护人(施工单位)： 时间： 日 时 分
监护人(公司)： 时间： 日 时 分

附录 4.10 动火作业许可证样表

申请单位/部门		现场安全负责人	
动火区域、设备位号及内容			
动火人		特殊工程类别及编号	
动火监护人		动火监护人工种	
动火方式	□电焊 □气焊[割] □喷砂 □防爆区使用非防爆电器 □铁锤击(产生火花)物件 □手持电动工具(砂轮机等) □风镐 □防爆区临时用电 □其他产生火花或明火的作业		

续表

<table>
<tr><td colspan="3">动火点周围 40m 范围内未安排生产作业：是□　否□
本人已了解本次动火作业的详细内容，并随时将有关的生产作业动态通知监火人
动火作业属地管辖部门责任人：　　年　　月　　日</td></tr>
<tr><td colspan="3">可燃气体检测分析(LEL)记录、危害辨识另附</td></tr>
<tr><td>批准动火时间</td><td colspan="2">年　月　日　时　分至　　年　月　日　时　分</td></tr>
<tr><td>序号</td><td>主要安全措施</td><td>确认人签字</td></tr>
<tr><td>1</td><td>作业人员持有效的特种作业操作证，并已经安全培训教育</td><td></td></tr>
<tr><td>2</td><td>已接受作业点管辖部门对动火现场的工艺生产情况和周围环境的交底，并向作业人员进行了安全技术措施交底</td><td></td></tr>
<tr><td>3</td><td>作业所用机具进行了安全检查并合格</td><td></td></tr>
<tr><td>4</td><td>动火设备内部物料清理干净，蒸汽吹扫或水洗合格，达到动火条件</td><td></td></tr>
<tr><td>5</td><td>断开与动火设备相连接的所有管线，断开方式：□加盲板　□采用介质封堵</td><td></td></tr>
<tr><td>6</td><td>高空动火作业采取防火花飞溅措施：□摊放石棉防火布、金属等不燃物　□周围拉设警戒线　□其他</td><td></td></tr>
<tr><td>7</td><td>电焊回路线应接在焊件上，把线不得穿过下水井或与其他设备搭接</td><td></td></tr>
<tr><td>8</td><td>乙炔气瓶(禁止卧放)、氧气瓶与火源间的距离不得少于 10m</td><td></td></tr>
<tr><td>9</td><td>临时用电实行“三级配电、二级保护”，满足“一机一箱一闸一漏”配电原则</td><td></td></tr>
<tr><td>10</td><td>动火点周围(最小半径 15m)的下水井、地漏、地沟、电缆沟等已清除易燃物，并已采取覆盖、铺湿土、水封等手段进行有效隔离</td><td></td></tr>
<tr><td>11</td><td>罐区防火堤内动火时，动火点同一围堰内和防火间距内的储罐不得进行脱水作业</td><td></td></tr>
<tr><td>12</td><td>油轮靠泊，从油轮边缘向外延伸 40m 区域内禁止动火作业</td><td></td></tr>
<tr><td>13</td><td>现场配备消防带(　　)根，灭火器(　　)具，防火毯(　　)块，消防车(　　)辆，消防道路畅通</td><td></td></tr>
<tr><td>14</td><td>发现异常，立即停止动火作业</td><td></td></tr>
<tr><td>15</td><td>动火结束，熄灭残火，清理好残渣</td><td></td></tr>
<tr><td>16</td><td>其他安全措施(可另附)</td><td></td></tr>
</table>

续表

<table>
<tr><td colspan="5">所需安全防护装备(请在适用的方框中打“√”)：
□工作服 □安全鞋 □安全帽 □安全带 □防毒面具 □防尘口罩 □空气呼吸器
□焊接面罩 □防护手套 □护目镜 □护耳器具 □防护服 □其他</td></tr>
<tr><td>施工单位</td><td>作业点所在部门</td><td>项目管理部门</td><td>HSE 管理部门</td><td>公司领导</td></tr>
<tr><td>签名：
年 月 日</td><td>签名：
年 月 日</td><td>签名：
年 月 日</td><td>签名：
年 月 日</td><td>签名：
年 月 日</td></tr>
<tr><td colspan="5">完工验收
本证所列之动火作业已于 日 时结束,作业现场已经清理。
监护人(施工单位)： 时间： 日 时 分
监护人(公司)： 时间： 日 时 分</td></tr>
</table>

参考文献

[1] 李德福，张学发．工业清洗技术［M］．北京：化学工业出版社，2003.

[2] 李德福，刘洁．石油化工设备清洗技术［M］．北京：化学工业出版社，2003.

[3] 刘炀．化工清洗工［M］．北京：化学工业出版社，2007.

[4] 丰云．化学清洗技术及应用实例［M］．北京：化学工业出版社，2018.

[5] 李立．工业清洗剂——配方、工艺及设备［M］．北京：化学工业出版社，2019.

[6] GB/T 25146—2010：工业设备化学清洗质量验收规范．

[7] GB/T 25148—2010：工业设备化学清洗中除垢率和洗净率测试方法．

[8] GB/T 25147—2010：工业设备化学清洗中金属腐蚀率及腐蚀总量的测试方法 重量法．

[9] GB/T 25149—2010：工业设备化学清洗中碳钢钝化膜质量的测试方法 红点法．

[10] GB/T 25150—2010：工业设备化学清洗中奥氏体不锈钢钝化膜质量的测试方法 蓝点法．

[11] DL/T 794—2024：火力发电厂锅炉化学清洗导则．

[12] GB/T 34355—2017：蒸汽和热水锅炉化学清洗规则．

[13] CB/T 3639—1994：船用锅炉化学清洗技术要求．

[14] HG/T 6005—2022：化学清洗泵站及配套设备技术规范．

[15] GB/T 31188—2014：化学清洗废液处理技术规范．

[16] GB/T 34355—2017：蒸汽和热水锅炉化学清洗规则．

[17] GB/T 5612—2008：铸铁牌号表示方法．

[18] GB/T 221—2008：钢铁产品牌号表示方法．

[19] GB/T 20878—2024：不锈钢 牌号及化学成分．